普通高等教育“十二五”规划教材

U0809446

反应与分离过程

班玉凤　朱　静　朱海峰　沈国良　编著

中国石化出版社

内 容 提 要

全书包括反应过程和分离过程两部分。反应过程部分主要介绍间歇操作釜式反应器、连续操作釜式反应器、连续操作管式反应器、固定床反应器、流化床反应器等的基本原理、选型、工艺计算、设计等。分离部分主要介绍多组分单级平衡分离、多组分普通精馏、特殊精馏、多组分吸收与蒸出等的基本原理、基本操作、计算方法、设计等，详细介绍了 Excel 应用于分离过程复杂计算和 ChemCAD 应用于分离过程的模拟计算。全书注重基本理论、基本计算及其在工程实际中的应用，内容简明、实用。

本书可作为高等学校高职高专化工类专业的教学用书、本科化学及化工类专业少学时的教学参考书，也可供石油、石化、化工相关生产、设计部门的工程技术人员参考。

图书在版编目（CIP）数据

反应与分离过程／班玉凤等编著．—北京：中国石化出版社，2012.2（2025.2 重印）
普通高等教育“十二五”规划教材
ISBN 978-7-5114-1382-6

Ⅰ.①反… Ⅱ.①班… Ⅲ.①化学工程-高等学校-教材 Ⅳ.①TQ02

中国版本图书馆 CIP 数据核字（2012）第 013750 号

中国石化出版社出版发行
地址：北京市东城区安定门外大街 58 号
邮编：100011 电话：(010)57512500
读者服务部电话：(010)57512575
http://www.sinopec-press.com
E-mail：press@sinopec.com
北京鑫益晖印刷有限公司印刷
全国各地新华书店经销
*
787×1092 毫米 16 开本 17 印张 424 千字
2025 年 2 月第 1 版第 4 次印刷
定价：38.00 元

前　言

化工生产过程是由反应过程和分离过程组成的。学习和掌握反应过程、分离过程的基本原理、基本操作、基本计算和设计内容十分重要。目前，公开出版的单独介绍化学反应过程方面的或化工分离过程方面的书籍很多，而两者有机结合在一起的书籍很少。

为满足高职高专化工类专业培养应用型人才的需要和适应课程改革的要求，本书将过去独立开设的化学反应工程与化工分离工程有机结合起来，整合为反应与分离过程。

按照应用型人才培养规律的要求，本书力求避免繁琐的数学描述，着重基本知识、基本理论、基本计算和技术应用的阐述。

反应器是化工生产中的关键设备，在反应过程部分主要介绍间歇操作釜式反应器、连续操作釜式反应器、连续操作管式反应器、固定床反应器、流化床反应器的原理、结构及工艺计算、设计，对工业生产有现实指导意义。

分离过程主要介绍多组分单级平衡分离、多组分普通精馏、特殊精馏、多组分吸收与蒸出等的基本原理、基本操作、基本计算方法。分离过程的基本计算主要涉及平衡分离过程的计算。平衡分离过程的计算是以平衡常数的计算为基础的，严格的平衡常数计算过程非常复杂，一般平衡分离过程的严格计算只能通过编程由计算机来完成。编程比较麻烦，学生自己编程进行计算很难实现。虽然有些书中给出计算程序供学生使用，但读懂乃至应用这些程序同样需要编程技巧，并且程序冗长、难懂。因此，在以往的高职高专化工类专业教学中，对平衡分离过程的严格计算只作简单介绍，并不要求进行严格计算，在一定程度上限定了教学内容，也影响了学生对这部分内容的掌握。

Microsoft Office 是常用的办公软件，其中 Excel 具有强大的运算功能，但过去一直仅用于简单计算。实际上，充分利用 Excel 提供的运算功能，只需输入相应的公式，无需编程，就能完成复杂的化工计算，计算过程简单、直观，学生非常容易掌握。由于 Excel 具有较强的数组公式和公式的复制功能，所以使用 Excel 计算混合物性质具有无可比拟的优越性。本教材首次尝试将 Excel 用于分离过程的计算，既可以实现节省学生做练习的时间，又可在没有编程的情况下对分离过程进行严格计算。

书中编入的例题多为工业生产实际反应、分离过程的例子，理论联系实际，有利于提高学生的学习兴趣和分析解决实际问题的能力。

本教材由班玉凤、朱静、朱海峰、沈国良编著，其中 1 ~6 章由朱静执笔，7 ~11 章由班玉凤执笔，12 章和 13 章由朱海峰执笔，全书由沈国良审定。

由于编著者的水平有限，教材中存在错误在所难免，恳切希望读者批评指正。

编者

目　录

第1篇　反应过程

第2篇　分离过程

第1篇　反应过程

第1章　绪　　论

用化学方法将原料加工成产品是化学工业、冶金、石油炼制等所采用的主要手段。一个典型的化工生产过程大致由三个部分组成，如图1－1所示。

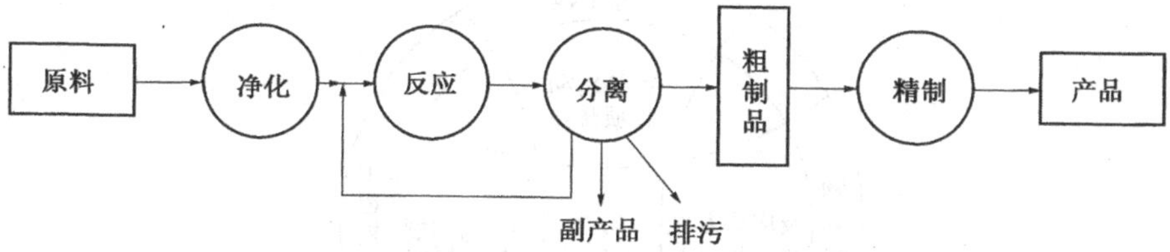

图1－1　化工生产过程示意图

① 原料的预处理　为了使原料符合进行化学反应所要求的状态和规格，根据具体情况，不同的原料需要经过净化、提浓、混合、乳化或粉碎(对固体原料)等多种不同的预处理。

② 化学反应　经过预处理的原料，在一定的温度、压力等条件下进行反应，以达到所要求的反应转化率和收率。反应类型是多样的，可以是氧化、还原、复分解、磺化、异构化、聚合、焙烧等。通过化学反应，获得目的产物或其混合物。

③ 产品精制　将由化学反应得到的混合物进行分离，除去副产物或杂质，以获得符合组成规格要求的产品。

其中化学反应是整个加工过程的核心，是化学反应工程学科的研究对象。化学反应工程主要研究化学反应过程的原理和反应设备，即反应器的设计计算。而其他两步从属于第二步，属于单元操作范畴，是流体流动与传热和分离工程课程所研究的内容。

1.1　化学反应过程

1.1.1　研究内容

化学反应过程是建立在数学、物理及化学等基础学科上而又有着自己特点的应用学科，主要研究反应动力学和反应器设计与分析。反应动力学主要研究化学反应进行的机理和速率。由于化学反应器中进行化学反应的同时还伴有许多物理过程，使得反应过程变得非常复杂，因此对反应动力学往往要进行合理的简化，才能得到便于应用的定量关系。对于一般的反应体系，化学反应速率只取决于反应体系的温度、浓度和压力。反应动力学方程就是表示反应速率与物系参数(温度、浓度)之间的定量关系式。当反应器内进行间歇反应时，反应器内物系参数随反应时间而变；当反应器内进行连续反应时，反应器内物系参数随反应器空间位置而变；当反应器内进行半间歇反应时，反应器内物系参数既随反应时间而变，又随反应器空间位置而变。所以，反应器内进行的化学反应的反应速率是变化的。反应器设计是由给定的生产任务确定合适的反应器型式和适宜的尺寸及其相应的操作条件，使化工生产中的反应过程达到最优化，以获得最大的经济效益。

1.1.2　与其他学科的关系

化学反应过程不仅包含化学现象，同时也包含物理现象，即传递现象。传递现象包括动量传递、热量传递和质量传递，再加上化学反应，就是通常所说的“三传一反”。化学反应过程与一些基础学科诸如化工热力学、反应动力学、催化剂、化学工艺、传递工程、工程控制等相互渗透又相互交叉。因此，化学反应过程必然和其他学科之间存在交叉关系，如图 1－2 所示。

图 1－2　化学反应过程与其他学科的关系

由图可见，化学反应过程与化工热力学、反应动力学、催化剂、化学工艺、传递工程等学科相关，但又存在着差别。

① 化工热力学　主要确定物系各种物性常数（如热容、反应热、压缩因子等）。分析反应的可能性和可能达到的程度，如计算反应的平衡常数和平衡转化率等。

② 反应动力学　专门阐述化学反应速率（包括主反应及副反应）与各项物理因素（如浓度、温度、压力、催化剂等）之间的定量关系。

③ 催化剂　催化剂的问题一般属于化学或工艺的范畴，但也牵涉到许多工程上的问题。如颗粒内的传热、微孔中的扩散、催化剂中活性组分的有效分布、催化剂扩大制备时各阶段操作条件对催化剂活性结构的影响、催化剂的活化及再生等。

④ 化学工艺　主要研究原料和生产方法的选择、流程组织、所用设备（反应器、分离器、热交换器等）的作用、结构和操作、催化剂及其他物料的影响、操作条件的确定、生产控制、产品规格及副产品的分离和利用，以及安全技术和技术经济等问题。

⑤ 传递工程　装置中流体流动与混合的情况如何，温度与浓度的分布如何，都直接影响到反应的进程，而最终离开装置的物料组成，就完全由组成这一物料的各质点在装置中的停留时间和所经历的温度及浓度变化所决定。而装置中的这种动量传递、热量传递及质量传递（三传）过程往往是极其复杂的。当规模放大时，“三传”的情况也改变了，因此就出现了所谓的“放大效应”，其实放大效应并不具有科学的必然性，只是由于在大装置中未能创造出与小装置中相同的传递条件而出现的差异而已。如果能做到条件相同，加以适当的匹配，则不一定出现放大效应。总的来说，传递过程与反应动力学是构成化学反应工程最基本的两

个支柱，是反应工程学的基础。

1.1.3 操作方式

工业反应器的操作方式分为三种类型，即间歇(分批)操作、连续操作和半连续(或半间歇)操作。

(1) 间歇(分批)操作

采用间歇操作的反应器叫做间歇反应器(或分批反应器)，其特点是反应物料一次性装入反应器内，然后进行化学反应，经过一定时间后，达到所要求的反应程度时卸出全部物料，然后清洗、安装反应器，继而进行下一批反应物料的装入、反应、卸料清洗和安装反应器。间歇反应过程反应器内物系的组成(如反应温度、物料浓度等)随时间而变，是一个非定态过程，这是间歇过程的基本特征。间歇反应器在反应过程中既没有物料的输入，也没有物料的输出，整个反应过程都是在恒容下进行的。反应物系若为气体，则必充满整个反应器空间，体积当然恒定；若为液体，虽不充满整个反应器空间，但由于压力的变化而引起液体体积的改变通常可以忽略，因此也可以按照恒容处理。

采用间歇操作的反应器几乎都是釜式反应器，间歇反应器适用于反应速率慢的化学反应，以及产量小的化学品生产过程，如医药等精细化工产品的生产。

(2) 连续操作

其特征是原料连续地输入到反应器中，反应产物也连续地从反应器输出，采用连续操作的反应器叫做连续反应器。连续操作的反应器多属于定态操作，此时反应器内任何部位的物系参数，如浓度及反应温度等均不随时间而改变，但却随空间位置而改变。

大规模工业生产中的反应器绝大部分都采用连续操作，因为它具有产品质量稳定、劳动生产率高、便于实现机械化和自动化等优点。

(3) 半连续(或半间歇)操作

原料与产物只要其中一种为连续输入或输出，而其余为分批加入或卸出的操作均属于半连续(或半间歇)操作，相应的反应器称为半连续反应器或半间歇反应器。半连续(或半间歇)操作具有连续操作和间歇操作的某些特征。因此，半连续反应器的反应物系组成必然既随时间改变，也随反应器内的空间位置改变。管式、釜式、塔式以及固定床反应器都可采用半连续操作方式。

1.1.4 研究方法

(1) 经验归纳法

经验归纳法是以相似论和因次论为基础的相似放大法，以试验为主要依据。首先在实验室小型反应器上进行试验，确定合适的反应器型式和最佳的操作条件，之后将反应器规模扩大进行模型试验，根据其试验结果再将反应器放大，进行中间试验，继而放大到工业规模的生产装置。由于工业生产装置规模较大，在由中间试验放大到工业规模装置过程中，需要放大的倍数太大会造成之前得到的许多结论不适用，与实际生产有很大偏差，因此需要经历多次放大，这样逐级放大既费事又费钱，偏差也较大，所以现在很少应用。

(2) 数学模型法

数学模型方法就是用数学模型来分析和研究化学反应过程的工程问题。数学模型就是用数学语言来表达过程中各种变量之间的关系。

数学模型法是以试验为研究基础的，其基本特征是过程的分解和过程的简化。过程的分解分别研究化学反应器中两个不同特征的化学过程和物理过程的规律。数学模型方法中对研究对象的简化，不是数学方程中某些项的增减，而是对研究对象本身的某种简化。

数学模型法的一般程序如下：

① 实验室小型装置试验　即忽略传递过程对化学反应过程的影响，进行动力学研究；

② 小型试验　考察物理传递过程对化学反应的影响；

③ 大型冷模试验　探索物理传递过程的规律；

④ 中间试验　对数学模型进行检验和修正；

⑤ 计算机试验　对各步实验结果进行综合分析，使其达到最优化，建立数学模型进行反应器设计。

1.2　化学反应及反应器分类

1.2.1　化学反应分类

化学反应器内进行的化学反应种类繁多，性质各异，但它们之间并非毫无相似之处。为了研究上的方便，需要将化学反应按照反应的特性或过程进行的条件分类，其分类方法见表1－1。

表1－1　化学反应的分类

<table>
<tr><td colspan="3">Ⅰ按化学反应的特性分类</td></tr>
<tr><td colspan="2">反应机理</td><td>单一反应；复杂反应(平行反应；连串反应；连串－平行反应)</td></tr>
<tr><td colspan="2">反应可逆性</td><td>可逆反应；不可逆反应</td></tr>
<tr><td colspan="2">反应分子数</td><td>单分子反应；双分子反应；三分子反应</td></tr>
<tr><td colspan="2">反应级数</td><td>零级反应；一级反应；二级反应；三级反应；分数级反应</td></tr>
<tr><td colspan="2">反应热效应</td><td>放热反应；吸热反应</td></tr>
<tr><td colspan="3">Ⅱ按反应系统中相的类别与数目分类</td></tr>
<tr><td rowspan="2">均相</td><td>催化反应</td><td rowspan="2">气相反应；液相反应</td></tr>
<tr><td>非催化反应</td></tr>
<tr><td rowspan="2">非均相</td><td>催化反应</td><td rowspan="2">液液相反应；气液相反应；液固相反应；气固相反应；固固相反应；气液固三相反应</td></tr>
<tr><td>非催化反应</td></tr>
<tr><td colspan="3">Ⅲ按反应过程条件分类</td></tr>
<tr><td colspan="2">操作温度</td><td>等温反应；绝热反应；非绝热变温反应</td></tr>
<tr><td colspan="2">操作压力</td><td>常压反应；加压反应；减压反应</td></tr>
<tr><td colspan="2">操作方式</td><td>间歇反应；连续反应；半连续反应</td></tr>
</table>

1.2.2　化学反应器分类

化学反应器是化工生产的核心部分，也是化学反应过程的主要研究对象，各种反应器的构形和尺寸相差甚远，但共同点都是为了实现化学反应。化学反应器的分类方法很多，按其结构原理的特点可分为如下几种类型，如图1－3所示。

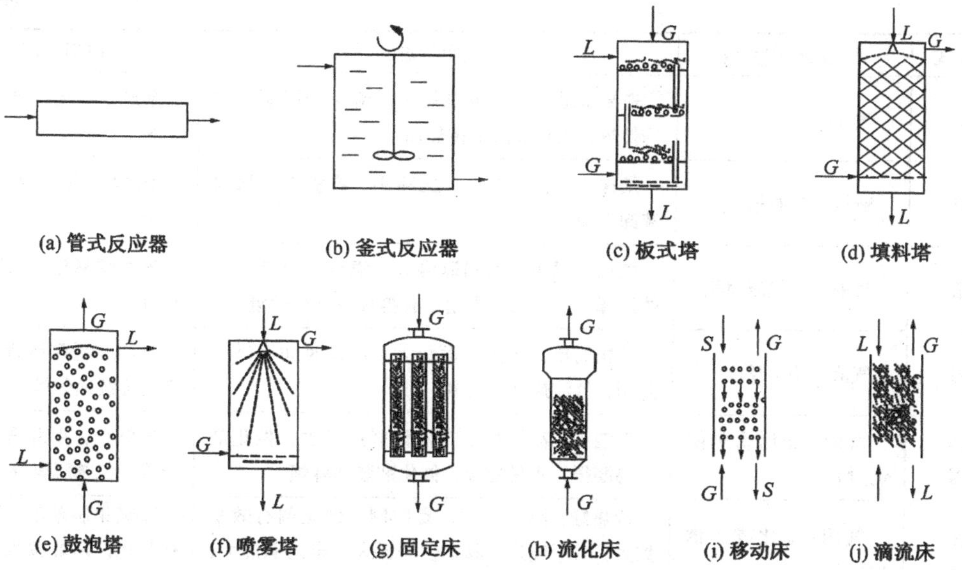

图1-3　各类化学反应器示意图

① 管式反应器　如图1-3(a)所示，其特征是长度远大于管径，内部中空，不设置任何构件；

② 釜式反应器　又称反应釜或搅拌反应器，如图1-3(b)所示，其高度一般与其直径相等或稍高，约为直径的2~3倍；

③ 塔式反应器　其高度一般为直径的数倍至十余倍，内部设有为了增加两相接触的构件如塔板、填料等，这类反应器包括如图1-3(c)板式塔、(d)填料塔、(e)鼓泡塔和(f)喷雾塔反应器等；

④ 固定床反应器　如图1-3(g)所示，其特征是反应器内填充有固定不动的固体颗粒，这些颗粒可以是固体催化剂，也可以是固体反应物；

⑤ 流化床反应器　如图1-3(h)所示，是一种有固体颗粒参与的反应器，与固定床反应器不同的是这些颗粒处于运动状态，且运动方向是多种多样的；

⑥ 移动床反应器　如图1-3(i)所示，它也是一种有固体参与的反应器，与固定床反应器相似，不同的是固体颗粒自反应器顶部连续加入，自上而下移动，由底部卸出，如固体颗粒为催化剂，则用提升装置将其输送至反应器顶部后返回反应器内；

⑦ 滴流床反应器　如图1-3(j)所示，滴流床又称涓流床反应器，从某种意义上说，这种反应器也属于固定床反应器。

表1-2为各类反应器的应用特点与生产应用举例。

表1-2　化学反应器的应用特点与生产应用举例

反应器型式	适用的反应类型	应用特点	应用举例
管式反应器	气相，液相	返混小，所需反应器体积较小，比传热面积大，对慢速反应所需管长，压降大	石脑油裂解，甲基丁炔醇合成等
釜式反应器，单釜或多釜串联	液相，液液相，液固相	适用性强，操作弹性大，连续操作时温度、浓度易控制，产品质量均一，要求高转化率时，反应器体积大	甲苯硝化，氯乙烯聚合，酯化反应等

续表

反应器型式	适用的反应类型	应用特点	应用举例
板式塔	气液相	逆流接触，气液返混均小，流速受限制，如需传热，需在板间加传热面	苯连续磺化，异丙苯氧化等
填料塔	液相，气液相	结构简单，返混小，压降小，有温差，填料装卸麻烦	化学吸收，丙烯连续聚合
鼓泡塔	气液相，气液固相	气相返混小，液相返混大，温度易调节，气体压降大，流速有限制，有挡板可减少返混	苯的烷基化，二甲苯氧化等
喷雾塔	气液相快速反应	结构简单，液体表面积大，停留时间受塔高限制，气流速度受限制	氯乙醇制丙烯腈，高级醇的连续磺化等
固定床反应器	气固（催化或非催化）相	返混小，高转化率时催化剂用量少，催化剂不易磨损，不易控温，催化剂装卸麻烦	苯氧化，甲醇合成，氨合成，氯苯脱氢等
流化床反应器	气固（催化或非催化）相	传热好，温度均匀，易控制，催化剂有效系数大，粒子输送容易，但磨耗大，床内返混大，对高转化率不利，操作条件受限制	萘氧化制苯酐，石油催化裂化，丙烯胺氧化制丙烯腈等
移动床反应器	气固（催化或非催化）相	固体返混小，固气比可变性大，粒子传送较易，床内温差大，调节困难	石油催化裂化，矿物的焙烧或冶炼
滴流床反应器	气液固（催化剂）相	催化剂带出少，易分离，气液分布要求均匀，温度调节较困难	焦油加氢精制，丁炔二醇加氢等

1.3 反应器计算的基本内容和基本方程

化学反应器是化工生产中一系列设备的核心。反应器的型式、尺寸大小、流体流动状态等，在很大程度上影响产品的产量和质量。所以化学反应器的选型、计算、选择最优化的操作条件，是化工生产中极为重要的课题。

1.3.1 反应器计算的基本内容

反应器计算主要包括以下三项内容：

① 选择合适的反应器型式；

② 确定最优的操作条件；

③ 计算所需的反应体积。

选择合适的反应器型式，就是根据反应系统动力学特性，如反应过程的浓度效应、温度效应及反应的热效应，结合反应器的流动特征和传递特性，如反应器的返混程度，选择合适的反应器，以满足反应过程的需要，使反应结果最优。

操作条件，如反应器的进口物料配比、流量、温度、压力和最终转化率等，直接影响反应器的反应结果，也影响反应器的生产能力。

反应体积的确定是反应器计算的核心内容，根据所确定的操作条件，针对所选定的反应器型式，计算完成规定生产能力所需的反应器有效体积，同时由此确定反应器的结构和尺寸。

1.3.2 反应器计算的基本方程

反应器计算可以用经验法和数学模型法进行计算。在反应器型式和操作条件已定的前提下，反应体积的大小由反应组分的转化速率决定，而反应组分的转化速率又取决于反应物系的组成、压力和温度。但是，对绝大多数反应器而言，反应器内反应物系的组成、温度和压力总是随时间或空间位置而改变的，或随两者同时而变。所以，在反应器内化学反应是以变速进行的。为了确定反应体积，就需要找出这些物理量在反应器内变化的属性关系式，即应用以下四个基本方程：

① 描述浓度变化的物料衡算式；

② 描述温度变化的能量衡算式；

③ 描述压力变化的动量衡算式；

④ 描述反应速率变化的动力学方程式。

（1）物料衡算式

物料衡算式以质量守恒定律为基础，是计算反应器体积的基本方程。它给出了反应物浓度或转化率随反应器空间位置或反应时间变化的函数关系。对任何型式的反应器，若知其传递特性，都可以取某一反应组分或产物作物料衡算。如果反应器内的参数是均一的，则可取整个反应器建立衡算式，如浓度、温度均一的全混流反应器。如果反应器内参数是变化的，可认为在反应器的微元体积内参数是均一的，则微元时间内取微元体积建立衡算式，如间歇操作釜式反应器及连续操作管式反应器。

$$\begin{pmatrix}\text{微元时间内}\\\text{进入微元体}\\\text{积的反应物量}\end{pmatrix}=\begin{pmatrix}\text{微元时间内}\\\text{离开微元体}\\\text{积的反应物量}\end{pmatrix}+\begin{pmatrix}\text{微元时间微元}\\\text{体积内转化掉}\\\text{的反应物量}\end{pmatrix}+\begin{pmatrix}\text{微元时间微}\\\text{元体积内反}\\\text{应物的积累量}\end{pmatrix}\tag{1-1}$$

式(1－1)是普遍式，对流动系统或间歇系统都适用，对于不同的情况可作相应简化。

（2）热量衡算式

热量衡算式以能量守恒与转换定律为基础，给出了温度随反应器位置或反应时间变化的函数关系，反映换热条件对过程的影响。当过程恒温时，反应器有效体积的计算不需要热量衡算式，但是要计算维持恒温条件而应交换的热量和所需的换热面积却必须有热量衡算式。微元时间对微元体积所作的热量衡算如式(1－2)所示。

$$\begin{pmatrix}\text{微元时间内进入}\\\text{微元体积的物料}\\\text{所带进的热量}\end{pmatrix}=\begin{pmatrix}\text{微元时间内离开}\\\text{微元体积的物料}\\\text{所带走的热量}\end{pmatrix}-\begin{pmatrix}\text{微元时间微元}\\\text{体积内由于反}\\\text{应产生的热量}\end{pmatrix}+\begin{pmatrix}\text{微元时间内微元}\\\text{体积传递至环境}\\\text{或载热体的热量}\end{pmatrix}+\begin{pmatrix}\text{微元时间}\\\text{微元体积}\\\text{内累积热量}\end{pmatrix}\tag{1-2}$$

式(1－2)也是普通式，对于不同的情况也可作相应简化。

（3）动量衡算式

动量衡算式以动量守恒与转化定律为基础，计算反应器的压力变化。当气相流动反应器的进出口压差很大，以致影响到反应组分浓度时，就要考虑流体的动量衡算。

动量衡算式与物料衡算式、热量衡算式类似，可简写成：

$$\begin{pmatrix}\text{单位时间内}\\\text{输入的动量}\end{pmatrix}=\begin{pmatrix}\text{单位时间内}\\\text{输出的动量}\end{pmatrix}+\begin{pmatrix}\text{单位时间内}\\\text{消耗的动量}\end{pmatrix}+\begin{pmatrix}\text{单位时间内}\\\text{累积的动量}\end{pmatrix}\tag{1-3}$$

式(1－3)系根据牛顿第二定律针对运动着的流体而建立。对于流动反应器的动量衡算，只需考虑压力降及摩擦力。压力降不大而作恒压反应处理时，动力衡算式可略去。通常许多常压反应器都可以这样处理。

以上三大衡算方程可根据具体情况作相应的简化。

（4）动力学方程式

对于均相反应，需要有本征动力学方程；对于非均相反应，应该有包括相际传递过程在内的宏观动力学方程。

其中物料衡算式和动力学方程式是描述反应器性能的两个最基本的方程式。

习 题

1. 化学反应工程的研究内容包括哪些？
2. 化学反应器有哪几种操作方式？各有什么特点？
3. 化学反应按反应特性分为哪些类？
4. 化学反应按反应过程条件分为哪些类？
5. 化学反应器按结构原理可分为哪几种类型？各自适用于哪些工业反应？
6. 什么是数学模型法？
7. 反应器计算的基本方程有哪些？

第2章　动力学基础

化学反应过程主要研究如何使化学反应在工业规模反应器中得以有效实现。在工业反应器中，化学反应过程受质量、热量和动量传递等物理过程的影响，是化学反应与物理变化过程的综合，称为宏观反应过程。研究宏观反应过程的动力学称为宏观反应动力学。而排除一切物理传递过程对化学反应的影响，得到的反应动力学称为化学动力学或本征动力学。

2.1　化学动力学方程

2.1.1　化学反应速率

(1) 反应速率的定义

任何化学反应都以一定的反应速率进行，通常把反应系统中某一物质在单位时间、单位反应区域内的反应量定义为反应速率，见式(2-1)。

$$\text{反应速度} = \frac{\text{反应量}}{(\text{反应区域}) \times (\text{反应时间})} \tag{2-1}$$

反应速率是对于某一物质而言的，常以符号 r_i 表示。这种物质可以是反应物，也可以是产物。反应 $|\nu_A| A + |\nu_B| B \to \nu_R R + \nu_S S$ 的反应速率分别以反应组分 A、B 及产物 R、S 的反应量表示如下：

$$r_A = -\frac{1}{V}\frac{dn_A}{dt},\quad r_B = -\frac{1}{V}\frac{dn_B}{dt},\quad r_R = \frac{1}{V}\frac{dn_R}{dt},\quad r_S = \frac{1}{V}\frac{dn_S}{dt}$$

对于反应物，其量总是随反应的进行而减少，即 $\frac{dn_A}{dt} < 0$，$\frac{dn_B}{dt} < 0$，为保持反应速率为正，等式右边赋予负号；对于产物，其量则随反应的进行而增加，即 $\frac{dn_R}{dt} > 0$，$\frac{dn_S}{dt} > 0$，所以等式右边取正号。因此，在一般情况下，对于同一个反应，按不同物质计算的反应速率在数值上常常是不相等的。

对于多组分单一反应系统，各个组分的反应速率受化学计量关系的约束，存在一定的比例关系。对于 $|\nu_A| A + |\nu_B| B \to \nu_R R + \nu_S S$ 反应，根据化学反应计量学可知，各组分的变化量符合下列关系：

$$\frac{n_{A0} - n_A}{|\nu_A|} = \frac{n_{B0} - n_B}{|\nu_B|} = \frac{n_R - n_{R0}}{\nu_R} = \frac{n_S - n_{S0}}{\nu_S} \tag{2-2}$$

式中　ν_A、ν_B、ν_R、ν_S——各组分的化学计量系数；

n_{A0}、n_{B0}、n_{R0}、n_{S0}——反应起始时组分 A、B、R 和 S 的物质的量，kmol；

n_A、n_B、n_R、n_S——反应到某一时刻时组分 A、B、R 和 S 的物质的量，kmol。

则各组分的反应速率必然满足式(2-3)：

$$\frac{r_A}{|\nu_A|} = \frac{r_B}{|\nu_B|} = \frac{r_R}{\nu_R} = \frac{r_S}{\nu_S} \tag{2-3}$$

式中　r_A、r_B——组分 A、B 的消耗速率，$kmol/(m^3 \cdot h)$；

r_R、r_S——组分 R、S 的生成速率，$kmol/(m^3 \cdot h)$。

由式(2－1)可知，反应速率的单位取决于反应量、反应区域和反应时间的单位。均相反应过程的反应区域常取反应混合物的总体积，则反应速率的单位以 $kmol/(m^3 \cdot h)$表示。

对于流动系统，常用隐含时间的反应速率来表示，即：

$$r_A = -\frac{dF_A}{dV_r}$$

式中，F_A表示 A 组分的摩尔流量，V_r表示反应区域。

(2) 反应速率的其他表示方法

为了生产上使用方便，人们常将反应速率定义式中的反应量由物质的量改换成其他物理量，从而使反应速率有其他表示方式。

① 用组分转化率表示　转化率定义为某一反应物 A 转化的百分率或分率，即：

$$x_A = \frac{\text{转化了的 A 组分的量}}{\text{起始时 A 组分的量}} = \frac{n_{A0} - n_A}{n_{A0}} \tag{2-4}$$

转化率 x_A是反应时间的函数，其数值介于 0 和 1 之间。转化率是针对反应物而言的。如果反应系统中有两个或两个以上的反应物时，一般根据不同反应物计算所得的转化率数值不同，因此在计算转化率时必须注明是根据哪种反应物计算的。在实际反应器中所用的原料往往有一种原料是过量的，因此用这种物料计算的转化率的最大值远小于 100%，所以常选用不过量的物料计算反应的转化率，因此把不过量的组分称为关键组分。

一些反应系统由于化学平衡的限制或其他原因，原料通过反应器后的转化率较低，为了提高原料的利用率以降低产品成本，往往将反应器出口物料中的反应产物分离出来，余下的物料再送回反应器入口，与新鲜原料一起进入反应器再进行反应，然后再分离、再循环，这样的系统属于有循环物料的反应系统，如图 2－1 所示。对于这种系统，有两种不同含义的转化率。一种是新鲜原料通过反应器一次所到达的转化率，叫做单程转化率，即以反应器进口物料为基准的转化率。另一种是新鲜原料从进入反应系统起到离开反应系统止所到达的转化率，称为全程转化率或总转化率，即以新鲜原料为基准计算的转化率。单程转化率及全程转化率分别用式(2－5)和式(2－6)计算。

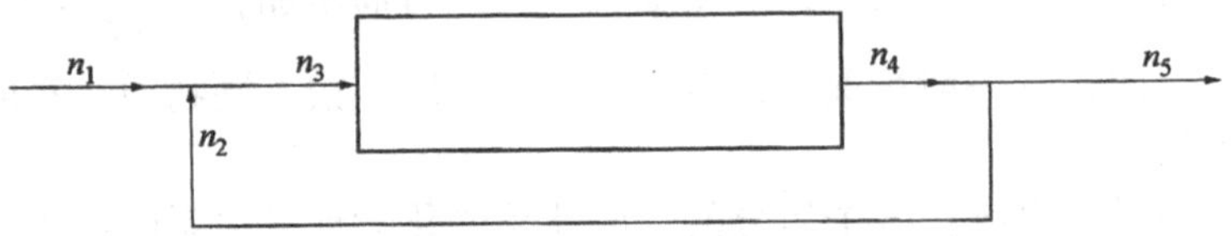

图 2－1　有循环物料的反应系统

$$\text{单程转化率} = \frac{n_3 - n_4}{n_3} \tag{2-5}$$

$$\text{全程转化率} = \frac{n_1 - n_5}{n_1} = \frac{(n_3 - n_2) - (n_4 - n_2)}{n_1} = \frac{n_3 - n_4}{n_1} \tag{2-6}$$

显然，全程转化率必定大于单程转化率，可见，物料的循环提高了反应物的转化率。本书中除特殊说明外，只研究没有循环物料的反应系统。

由式(2－4)可知，$n_A = n_{A0}(1 - x_A)$，则 A 组分的反应量 $dn_A = -n_{A0}dx_A$，若反应区域选取反应体积 V，则有

$$r_A = \frac{n_{A0}}{V} \times \frac{dx_A}{dt} \tag{2-7}$$

式中 V——反应体积，m^3；

t——反应时间，h。

② 用浓度表示

因为

$$n_A = Vc_A$$

所以

$$r_A = -\frac{1}{V} \times \frac{d(Vc_A)}{dt} = -\frac{dc_A}{dt} - \frac{c_A}{V} \times \frac{dV}{dt} \tag{2-8}$$

对于恒容过程，反应体积 V 为常数，则式(2-8)可写成：

$$r_A = -\frac{dc_A}{dt} \tag{2-9}$$

2.1.2 反应速率方程

影响反应速率的因素有反应温度、组成、压力、溶剂的性质、催化剂的性质等。但并不是所有的反应都采用溶剂和催化剂，而反应压力对液相反应影响也较小，因此反应速率的影响因素以反应物浓度和反应温度为主。定量描述反应速率与影响反应速率因素(温度及浓度)之间的关系式称为化学动力学方程或速率方程，即

$$r_i = f(\vec{c},\ T) \tag{2-10}$$

式中 r_i——组分 i 的反应速率，$kmol/(m^3 \cdot h)$；

$\vec{c}$——反应物料的浓度向量，表示影响反应速率的物料浓度不限于1个，$kmol/m^3$；

T——反应温度，K。

在恒温条件下化学动力学方程可以写成

$$r_i = kf(c_A,\ c_B \cdots) \tag{2-11}$$

式中 c_A，$c_B \cdots$——A，B…组分的浓度，$kmol/m^3$；

k——反应速率常数，$kmol^{1-n}/[(m^3)^{1-n} \cdot h]$。

在非恒温时，化学动力学方程可写成

$$r_i = f'(T)f(c_A,\ c_B \cdots) \tag{2-12}$$

式中 $k = f'(T)$，是温度的函数，其关系式可用阿伦尼乌斯(Arrhcenius)方程表示：

$$k = A_0 \exp(-E/RT) \tag{2-13}$$

式中 A_0——频率因子，$kmol^{1-n}/(m^3)^{1-n} \cdot h$；

E——反应活化能，kJ/kmol；

R——气体常数，$R = 8.314kJ/(kmol \cdot K)$。

各组分浓度对反应速率的影响可以用幂函数型或双曲型两种形式表示，其中幂函数型表示比较常用，则反应速率方程式为

$$r_i = k_i c_A^{\alpha_1} c_B^{\alpha_2} \tag{2-14}$$

所以同一反应的不同组分的消耗速率可分别表示为

$$r_A=-\frac{1}{V}\times\frac{dn_A}{dt}=k_Ac_A^{\alpha_1}c_B^{\alpha_2} \tag{2-15}$$

$$r_B=-\frac{1}{V}\times\frac{dn_B}{dt}=k_Bc_A^{\alpha_1}c_B^{\alpha_2} \tag{2-16}$$

对于气相反应，由于分压与浓度成正比，也常常使用分压来表示

$$r_A=-\frac{1}{V}\times\frac{dn_A}{dt}=k_pp_A^{\alpha_1}p_B^{\alpha_2} \tag{2-17}$$

$$k_p=\frac{k_A}{(RT)^{\alpha_1+\alpha_2}}=\frac{k_A}{(RT)^n} \tag{2-18}$$

式中 k_p——以分压表示的反应速率常数，$kmol/(m^3 \cdot h \cdot Pa^n)$；

n——总反应级数。

当 $\alpha_1=\alpha_2=1$ 时，式(2－15)中反应速率的单位为 $kmol/(m^3 \cdot h)$，浓度的单位为 $kmol/m^3$，则反应速率常数 k 的单位为 $m^3/(kmol \cdot h)$；而在式(2－17)中，若反应速率的单位为 $kmol/(m^3 \cdot h)$，分压的单位为 Pa，则反应速率常数 k_p 的单位为 $kmol/(m^3 \cdot h \cdot Pa^2)$。

对于基元反应，反应速率方程由质量作用定律写出，而对于非基元反应需要将其分解为多个基元反应，按照反应机理推出反应速率方程。

2.1.3 收率与选择性

转化率是针对反应物而言的，而收率是针对反应产物而言的，收率用 Y 来表示，其定义式为

$$Y=\frac{\text{为生成目的产物所消耗的关键组分的量}}{\text{关键组分的起始量}}=\left|\frac{\nu_A}{\nu_R}\right|\frac{\text{目的产物的生成量}}{\text{关键组分的起始量}} \tag{2-19}$$

式中 ν_A 和 ν_R 分别是关键组分 A 和反应产物 R 的化学计量系数。由式(2－19)和式(2－4)可知，对于单一反应来说，其转化率与收率在数值上是相等的，且无论按哪一种反应产物计算的收率，数值都是相等的。但是，若反应系统中进行的是复杂反应，则转化率与收率在数值上就不相等了。例如在银催化剂上进行甲醇氧化生成甲醛的反应：

主反应　　$2CH_3OH+O_2 \longrightarrow 2HCHO+2H_2O$

副反应　　$2CH_3OH+3O_2 \longrightarrow 2CO_2+4H_2O$

在该反应中甲醇氧化生产甲醛的同时，也可以生成二氧化碳，因此，甲醇的转化率不等于甲醛的收率，也不等于二氧化碳的收率。

对于有物料循环的系统，与转化率一样，收率也有单程收率和全程收率(或总收率)之分，前者指的是原料一次通过反应器时反应产物的收率，即以反应器入口物料为基准计算的收率，后者则是多次循环后所到达的收率，即以新鲜原料为基准计算的收率。因此也是全程转化率大于单程转化率。

评价复合反应时，除了采用转化率和收率外，还可以采用选择性 S 进行评价，其定义式为

$$S=\frac{\text{为生成目的产物所消耗的关键组分的量}}{\text{关键组分转化的量}} \tag{2-20}$$

选择性说明了主副反应进行程度的相对大小。结合式(2－4)、式(2－19)和式(2－20)

三式可得转化率、收率与选择性三者的关系。

$$Y = S \cdot x_A$$

2.2 反应速率方程的建立

2.2.1 单一反应

如果在系统中仅发生一个不可逆化学反应，或只用一个反应速率方程式就能表示的反应称为单一反应。

$$|\nu_A| A + |\nu_B| B \rightarrow \nu_R R + \nu_S S$$

此时动力学方程以式(2-21)表示：

$$r_i = kc_A^{\alpha_1} c_B^{\alpha_2} \tag{2-21}$$

(1) 恒温恒容过程

$$r_A = -\frac{dc_A}{dt} = kc_A^{\alpha_1} c_B^{\alpha_2}$$

移项并积分得

$$t = -\frac{1}{k}\int_{c_{A0}}^{c_A} \frac{dc_A}{c_A^{\alpha_1} c_B^{\alpha_2}}$$

设系统内进行一个不可逆反应 A→P，若反应为一级不可逆反应，则

$$r_A = -\frac{dc_A}{dt} = kc_A \tag{2-22}$$

积分得

$$t = -\int_{c_{A0}}^{c_A} \frac{dc_A}{kc_A} \tag{2-23}$$

在恒温条件下，k 为常数，则式(2-23)积分得到

$$kt = \ln\frac{c_{A0}}{c_A} \tag{2-24}$$

即

$$c_A = c_{A0} e^{-kt} \tag{2-25}$$

如果用转化率表示则式(2-24)可写为

$$kt = \ln\frac{1}{1 - x_A} \tag{2-26}$$

式(2-25)和式(2-26)表示一级不可逆反应的反应浓度或转化率与反应时间的关系。

若反应为二级不可逆反应，其反应速率与反应物浓度的平方成正比。其反应速率方程有两种情况：一种是对某一反应物为二级且无其他反应物，或者是其他反应物大量存在，因而在反应过程中可视为常值；另一种是对某一反应物为一级，对另一反应物也是一级，而且两反应物初始浓度相等且为等分子反应，此时也就演变成第一种情况。此时动力学方程为

$$r_A = -\frac{dc_A}{dt} = kc_A^2 \tag{2-27}$$

恒温时 k 为常数，积分得

$$kt = \frac{1}{c_A} - \frac{1}{c_{A0}} \tag{2-28}$$

或

$$c_A = \frac{c_{A0}}{1 + ktc_{A0}} \tag{2-29}$$

若用转化率 x_A 表示，则

$$ktc_{A0} = \frac{x_A}{1 - x_A}$$

则

$$x_A = \frac{ktc_{A0}}{1 + ktc_{A0}} \tag{2-30}$$

(2) 恒温变容过程

设有化学反应 $|\nu_A| A + |\nu_B| B \rightarrow \nu_R R + \nu_S S$，当反应物 A 每反应 1mol 时，引起整个系统物质的量的变化定义为膨胀因子 δ_A，如式(2-31)所示。

$$\delta_A = \frac{\nu_A + \nu_B + \nu_R + \nu_S}{|\nu_A|} \tag{2-31}$$

进料中带有的惰性气体并不影响 δ_A 的大小。$\delta_A > 0$，说明该反应为物质的量增大的反应；$\delta_A < 0$，为物质的量减少的反应；$\delta_A = 0$，为等分子反应。

设反应开始时($x_{A0} = 0$)，反应中各物质的物质的量分别为 n_{A0}、n_{B0}、n_{R0}、n_{S0}，此时系统总物质的量为 $n_{t0} = n_{A0} + n_{B0} + n_{R0} + n_{S0}$。当反应经过 t 时间后，A 的转化率为 x_A 时，系统的总物质的量为

$$n_t = n_{t0} + \delta_A n_{A0} x_A = n_{t0}(1 + \delta_A y_{A0} x_A)$$

式中，$y_{A0} = n_{A0}/n_{t0}$，为反应起始时 A 组分占总物质的量的百分数。

一般可设各气体的性质符合理想气体定律，则有：

$$V = \frac{RT}{P} n_t = \frac{RT}{P} n_{t0}(1 + \delta_A y_{A0} x_A) = V_0(1 + \delta_A y_{A0} x_A) \tag{2-32}$$

c_A 和 x_A 的关系为

$$c_A = \frac{n_A}{V} = \frac{n_{A0}(1 - x_A)}{V_0(1 + \delta_A y_{A0} x_A)}$$

即

$$c_A = c_{A0} \frac{1 - x_A}{1 + \delta_A y_{A0} x_A} \tag{2-33}$$

当 $\delta_A = 0$ 时，即恒容过程，则有 $c_A = c_{A0}(1 - x_A)$，说明式(2-33)适用于恒容和变容过程。

当反应速率用分压表示时，对于理想气体，有

$$P_A = \frac{n_A RT}{V} = c_A RT$$

则

$$c_A = \frac{P_A}{RT}$$

同理

$$c_{A0} = \frac{P_{A0}}{RT}$$

将以上两式代入式(2－33)，可得

$$P_A = P_{A0}\frac{1-x_A}{1+\delta_A y_{A0} x_A} \tag{2-34}$$

将以上相关关系式代入反应速率方程式，得

$$r_A = -\frac{1}{V}\times\frac{dn_A}{dt} = \frac{1}{V_0(1+\delta_A y_{A0} x_A)}\times\frac{dn_{A0}(1-x_A)}{dt}$$

由此得出

$$r_A = -\frac{1}{V}\times\frac{dn_A}{dt} = \frac{c_{A0}}{1+\delta_A y_{A0} x_A}\times\frac{dx_A}{dt} \tag{2-35}$$

【例2－1】25℃时，酸催化蔗糖转化反应如下式所示

$$\underset{(蔗糖)}{C_{12}H_{22}O_{11}} + H_2O \longrightarrow \underset{(葡萄糖)}{C_6H_{12}O_6} + \underset{(果糖)}{C_6H_{12}O_6}$$

反应温度下其动力学数据如下表(蔗糖初始浓度 c_{A0} 为 1.0023mol/L，时刻 t 的浓度为 c_A)。

t/min	0	30	60	90	130	180
$(c_{A0}-c_A)$/(mol/L)	0	0.1001	0.1946	0.2770	0.3726	0.4676

① 试用作图法说明此反应为一级反应，并求反应速率常数；

② 问蔗糖转化 95% 时所需时间为多少?

③ 若蔗糖初始浓度增加 1 倍，问蔗糖转化 95% 时所需时间又为多少?

解： ① 根据已知数据求出不同时刻 t 时的浓度 c_A 及 $\ln(c_{A0}/c_A)$ 值，列于下表：

t/min	0	30	60	90	130	180
$(c_{A0}-c_A)$/(mol/L)	0	0.1001	0.1946	0.2770	0.3726	0.4676
c_A/(mol/L)	1.0023	0.9022	0.8077	0.7253	0.3749	0.5347
$\ln(c_{A0}/c_A)$	0	0.10522	0.21871	0.32664	0.46847	0.63266

作 $\ln(c_{A0}/c_A)\sim t$ 图如下：

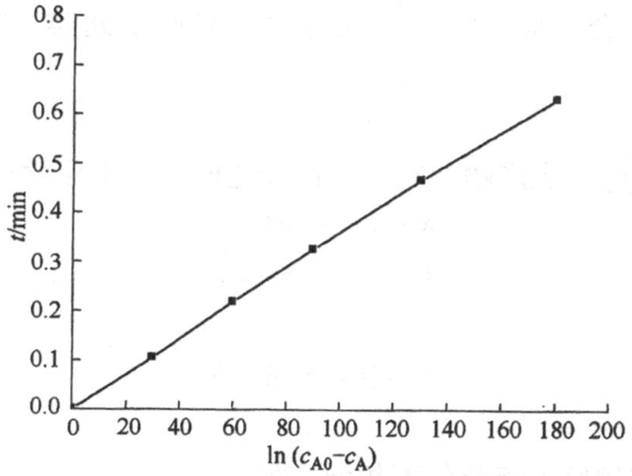

从图中可以看出，$\ln(c_{A0}/c_A)\sim t$ 图为一条直线，所以该反应为一级反应。

图中直线斜率即为该反应的反应速率常数，由图可求得该反应的反应速率常数 k = 0.00358 min^{-1}。

② 对于一级不可逆反应有

$$kt = \ln \frac{1}{1 - x_A}$$

即

$$0.00358t = \ln \frac{1}{1 - 0.95}$$

所以

$$t = 836.8\text{min}$$

③ 当蔗糖初始浓度增加 1 倍时，所需反应时间为 836.8min，与②结果相同，说明对于一级不可逆反应，尽管反应物初始浓度不同，但要达到相同转化率，所需反应时间却相同。

【例 2－2】在一等温间歇反应器中进行某二级不可逆反应 A→P，反应速率方程为 $r_A = 0.1c_A^2$mol/(L·s)，当 A 组分的初始浓度分别为 0.1mol/L、1mol/L、10mol/L 时，求反应物 A 的浓度为 0.01mol/L 时所需的反应时间。

解：由式(2－26)可知

$$kt = \frac{1}{c_A} - \frac{1}{c_{A0}}$$

所以

$$t_1 = \frac{1}{0.1}\left(\frac{1}{0.01} - \frac{1}{0.1}\right) = 900\text{s}$$

$$t_2 = \frac{1}{0.1}\left(\frac{1}{0.01} - \frac{1}{1}\right) = 990\text{s}$$

$$t_3 = \frac{1}{0.1}\left(\frac{1}{0.01} - \frac{1}{10}\right) = 999\text{s}$$

结果表明，对于二级不可逆反应而言，若要求反应物残余浓度很低时，尽管反应物初始浓度相差甚大，但所需反应时间相差较小。

2.2.2 复杂反应

在同一个反应物系中同时进行若干个化学反应，或用两个或两个以上反应动力学方程式才能表示的反应，称为复合反应。实际的反应物系多属于此类。复合反应包括以下几种类型。

(1) 可逆反应

在反应物发生化学反应生成产物的同时，产物之间也发生化学反应生成原料。如

$$A + B \longrightarrow R + S$$

$$R + S \longrightarrow A + B$$

也可以写成

$$A + B \rightleftharpoons R + S$$

(2) 并列反应

反应系统中各个反应的反应组分各不相同，如

$$A \longrightarrow P$$

$$B \longrightarrow Q$$

并列反应中，若干个反应同时进行，任何一个反应的反应速率不受其他反应各组分浓度的影响，个别多相催化反应除外，因此，各个反应都可以按单一反应来处理得到相应的动力

学方程。

(3) 平行反应

在系统中反应物完全相同但反应产物不相同或不完全相同的反应。如

乙烷裂解生成乙烯

$$C_2H_6 \longrightarrow C_2H_4 + H_2$$

同时乙烷也能裂解生成碳和氢

$$C_2H_6 \longrightarrow 2C + 3H_2$$

对于该类反应，常用瞬时选择性来评价主副反应速率的相对大小。

(4) 连串反应

反应物发生化学反应生成产物的同时，该产物又能进一步反应而生成另一种产物。如一氧化氮氧化生成二氧化氮，而二氧化氮又可以进一步叠合生成四氧化二氮。

$$2NO + O_2 \longrightarrow 2NO_2 \rightarrow N_2O_4$$

简写成

$$A \rightarrow R \rightarrow S$$

(5) 复合复杂反应

在反应系统中，同时进行可逆反应、并列反应、平行反应和连串反应等。如

$$A + B \rightleftharpoons C + D$$

$$A + C \rightleftharpoons E$$

$$D \longrightarrow R + S$$

对于复合反应，由于同时存在多个化学反应，物系中任一反应组分既可能参加其中的一个反应，也可能同时参加其中的若干个反应。当某一组分同时参加多个反应时，它既可以是某个反应的反应物，又可以是另一个反应的生成物。这样复杂反应的动力学方程通常采用下述方法进行计算：

① 复杂反应分解为若干个单一反应，并按单一反应过程求得各自的动力学方程。

② 在复杂反应系统中，某一组分对化学反应的贡献通常用该组分的生成速率表示。某组分可能同时参与若干个单一反应时，该组分的生成速率应该是它在各个单一反应中的生成速率之和，即：

$$r_i = \sum_{j=1}^{M} v_{ij} r_{ij} \tag{2-36}$$

式中 r_{ij}——组分 i 在第 j 个反应中的生成速率，$kmol/(m^3 \cdot h)$；

v_{ij}——组分 i 在第 j 个反应中的化学计量系数，若为反应物取负值，若为产物则取正值。

习 题

1. 什么是反应速率？写出均相系统反应速率的表示方式。
2. 什么是变容反应？膨胀因子的定义及其物理意义是什么？
3. 什么是复杂反应？复杂反应通常可以分为哪几种类型？
4. 什么是本征动力学和宏观动力学？两者有何区别与联系？
5. 反应物 A 按二级反应动力学方程式等温分解，在间歇釜式反应器中 5min 后转化率为

50%，试问在该反应器中反应物 A 转化 75%，需要增加多少分钟？

6. 某0.5级液相反应在恒温间歇反应器中进行，15min 转化了 75%，试求反应 40min 时的转化率是多少？

7. 某气相一级反应 $A \rightarrow 2R + S$，在一等温等压间歇反应器中进行，原料中含 70% 的 A 及 30% 的惰性气体（摩尔分数），已知反应 6min 后其体积增加 80%，求此时的转化率及该反应在此操作条件下的反应速率常数。

8. 某一级液相可逆反应 $A \rightleftharpoons R$，已知 $c_{A0} = 0.5mol/L$，$c_{R0} = 0$。当此反应在间歇反应器中进行时，经过 8min 后，A 的转化率为 33.3%，而平衡转化率为 66.7%，求此反应的动力学方程式。

9. 等温下在间歇反应器中进行一级不可逆液相分解反应 $A \rightarrow B + C$，在 5min 内有 50% 的 A 分解，要达到分解率为 75%，问需要多少时间？若反应为二级反应，则需要多少时间？

10. 苯加氢可制得环己烷。已知苯气相催化加氢反应器入口原料的组成（摩尔分数）为 C_6H_6 7%，H_2 93%，若出口苯的转化率为 98%，试求反应器出口的气体组成。

11. 甲烷与水蒸气在镍催化剂及 750℃ 等温下的转化反应为：

$$CH_4 + 2H_2O \longrightarrow CO_2 + 4H_2$$

原料气中甲烷与水蒸气物质的量比为 1:4，该反应对各反应物均为一级。已知在反应温度下反应速率常数 $k = 2L/(mol \cdot s)$。

（1）反应在恒容下进行，系统的初始压力为 0.1013MPa，当反应器出口的甲烷转化率为 80% 时，试求 CO_2、H_2 的生成速率。

（2）反应在恒压下进行，其他条件如（1），则 CO_2、H_2 的生成速率又是多少？

第3章 釜式反应器

釜式反应器是一种低高径比的圆筒形反应器，用于实现液相单相反应过程和液液、气液、液固、气液固等多相反应过程，是工业上广泛应用的反应器之一。在操作方式上可以是连续操作，也可以是间歇或半间歇操作。

当釜式反应器内进行均相反应时，由于反应器内装有搅拌(机械搅拌、气流搅拌等)装置，在高径比较大时，可用多层搅拌桨叶，因此可以认为反应区内物料的浓度均一、温度均一，这是处理釜式反应器问题的一个重要假设。但如果反应器内进行的是非均相反应，则该假设不成立。本章只研究反应器内进行均相反应的情况。

3.1 间歇釜式反应器的结构

间歇操作釜式反应器(或称间歇釜)，其优点是结构简单、操作方便灵活、易于适应不同操作条件和产品品种，适用于小批量、多品种、反应时间较长的产品生产。间歇釜的缺点是需有装料和卸料等辅助生产时间，产品质量也不易稳定。但有些反应过程，如一些发酵反应和聚合反应，实现连续生产尚有困难，现仍采用间歇釜。典型的间歇操作釜式反应器的基本结构如图3-1所示。

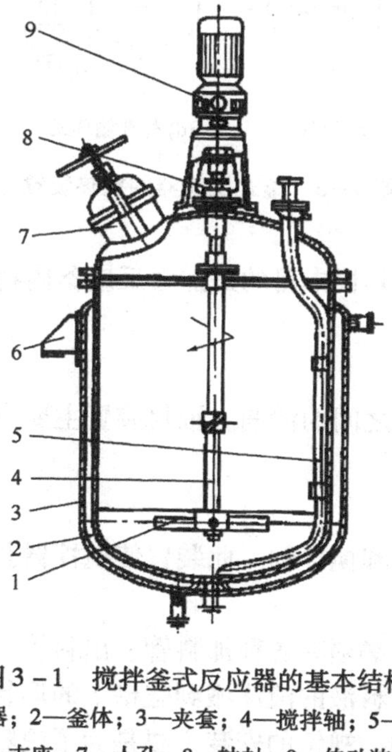

图3-1 搅拌釜式反应器的基本结构

1—搅拌器；2—釜体；3—夹套；4—搅拌轴；5—压料管；6—支座；7—人孔；8—轴封；9—传动装置

(1) 釜体

由钢板卷焊成圆筒体再焊上钢板压成的釜底，配上釜盖，形成釜体。釜底和釜盖常用的形状有平面形、碟形、椭圆形和球形，如图 3-2 所示。平面形结构简单，容易制造，但承压能力差，一般在釜体直径小、常压（或压力不大）条件下操作时采用；椭圆形或碟形应用较多；球形多用于高压反应器，当反应后物料需用分层法使其分离时可用锥形底。

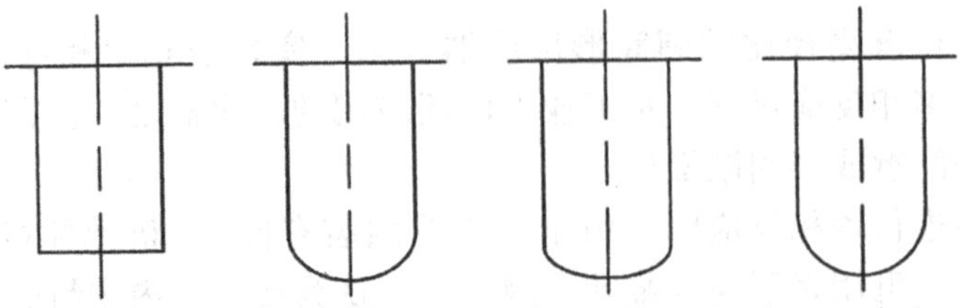

图 3-2　反应釜底的几种形状

(2) 换热装置

换热装置是用来加热或冷却反应物料，使之符合工艺要求的温度条件的设备。其结构型式主要有夹套式、蛇管式、列管式、外部循环式等，也可用直接火焰或电感加热，如图3-3 所示。

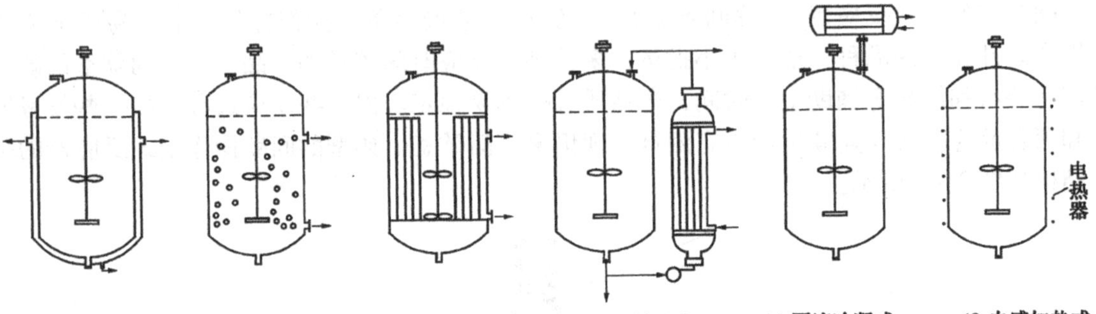

图 3-3　釜式反应器的换热装置

(3) 搅拌装置

由搅拌轴和搅拌电机组成。其根本目的是加强反应釜内物料的均匀混合，以强化传质和传热。

(4) 轴封装置

用来防止釜的主体与搅拌轴之间的泄漏。轴封装置主要有填料密封和机械密封两种，还可用新型密封胶密封。

(5) 传动装置

包括电机、减速器、联轴节和搅拌轴。此装置使搅拌器获得动能以强化液体流动。

(6) 工艺接管

为了适应工艺需要，反应器必须有各种加料管、出料管、视镜、人孔、测温孔及测压孔等。进料管或加料管应做成不使料液的液沫溅到釜壁上的形状，以避免由于料液沿反应釜内壁向下流动而引起釜壁局部腐蚀。视镜的安装主要是为了观察设备内部的物料反应情况，其结构确定的原则是使其有比较宽阔的视察范围。当釜体直径较大时，可以根据需要开设圆形或椭圆形的人孔。手孔的结构一般是在封头上接一短管，并盖以盲板。人孔或手孔的安设是为了检查设备内部空间以及安装和拆卸设备内部构件。除出料管口外，其他工艺接口一般都开在顶盖上。

3.2 间歇釜式反应器尺寸及数量的计算

3.2.1 反应器直径及高度的计算

一般搅拌反应釜的高度与直径之比 $H/D=1.2$ 左右，如图 3-4(a)所示。釜盖与釜底采用椭圆形封头，如图 3-4(b)所示，图中注明的封头体积($V=0.131D^3$)，不包括直边高度(25~50mm)的体积在内。

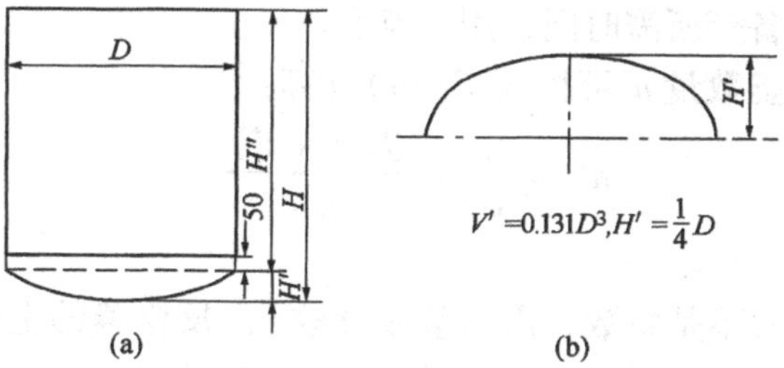

图 3-4 反应釜的主要尺寸

由工艺计算决定了反应器的体积后，即可按式(3-1)求得其直径与高度。

$$V=\frac{\pi}{4}D^2H''+0.131D^3 \tag{3-1}$$

所求得的圆筒高度及直径需要圆整，并检验装料系数是否合适。

3.2.2 反应器体积及数量的计算

由物料衡算求出每小时需处理的物料体积后，即可进行反应釜的体积和数量的计算。计算时，在反应釜体积 V 和数量 n 这两个变量中必须先确定一个。由于数量一般不会很多，通常可以用几个不同的 n 值来算出相应的 V 值，然后再决定采用哪一组 n 和 V 值比较合适。

(1) 给定 V，求 n

每天需操作的批次为

$$\alpha=\frac{24Q_0}{V_r}=\frac{24Q_0}{V\eta} \tag{3-2}$$

式中 α——每天操作批次；

Q_0——每小时处理的物料体积，m^3/h；

V_r——反应器有效体积，即反应区域，m^3；

V——反应器体积，m^3；

η——装料系数。

设备中物料所占体积 V_r(反应器有效体积)与设备实际体积 V(反应器体积)之比称为设备装料系数，以符号 η 表示。其具体数值根据实际情况而变化，见表 3-1。

表3-1　设备装料系数

条件	装料系数 η 范围	条件	装料系数 η 范围
不带搅拌或搅拌缓慢的反应釜	0.8~0.85	易起泡沫和在沸腾下操作的设备	0.4~0.6
带搅拌的反应釜	0.7~0.8	储槽和计量槽	0.85~0.9

每天每只反应釜可操作的批次为

$$\beta = \frac{24}{t + t'} \qquad (3-3)$$

式中　β——每天每只釜操作批次；

t——反应时间，h；

t'——辅助时间，h。

操作周期$(t+t')$又称工时定额，是指生产每一批物料的全部操作时间。由于间歇反应器是分批操作，其操作时间由两部分构成：一是反应时间，用t表示；二是辅助时间，即装料、卸料、检查及清洗设备等所需时间，用t'表示。

生产过程需用的反应釜数量n'可按式(3-4)计算：

$$n' = \frac{\alpha}{\beta} = \frac{Q_0(t + t')}{\eta V} \qquad (3-4)$$

式中　n'——反应釜数量，只。

由上式得到的n值通常不是整数，需圆整成整数n。反应釜的生产能力较计算要求提高了，其提高程度称为生产能力的后备系数，即

$$\delta = n/n' \qquad (3-5)$$

式中　δ——后备系数，一般在1.1~1.15较为合适；

n——圆整后的反应釜数量，只。

反应器有效体积V_r按式(3-6)计算。

$$V_r = \eta V = \frac{Q_0(t + t')}{n'} \qquad (3-6)$$

（2）给定n，求V

有时由于受生产厂房面积的限制或工艺过程的要求，先确定了反应釜的数量n，此时每台反应釜的体积可按式(3-7)求得：

$$V = \frac{Q_0(t + t')}{\eta n} \qquad (3-7)$$

【例3-1】在间歇反应器中进行乙酸和乙醇的酯化反应，每小时生产乙酸乙酯$4m^3$，每批反应时间为2h，装料、卸料及清洗等辅助生产时间为1h。计算反应釜的数量与体积。装料系数取0.75。

解：由式(3-7)可知

$$nV = \frac{Q_0(t + t')}{\eta} = \frac{4 \times (2 + 1)}{0.75} = 16(m^3)$$

若取2只釜，即$n=2$，则每只釜的体积为

$$V = \frac{16}{2} = 8(m^3)$$

若取3只釜，即$n=3$，则每只釜的体积为

$$V=\frac{16}{3}=5.33(\text{m}^3)$$

具体选取几只釜进行反应，应根据具体情况而定。

3.3 等温间歇釜式反应器的计算

间歇操作釜式反应器的特点是：反应物料一次性加入到反应器中，待反应达到所要求的转化率之后，停止反应，再将产物一次性卸出；反应器内物料的温度和浓度随反应时间连续变化，如图 3－5 所示，属于非稳态操作；在反应器内，由于剧烈搅拌，所以在任一瞬间，反应器各点的温度相同、浓度相同。

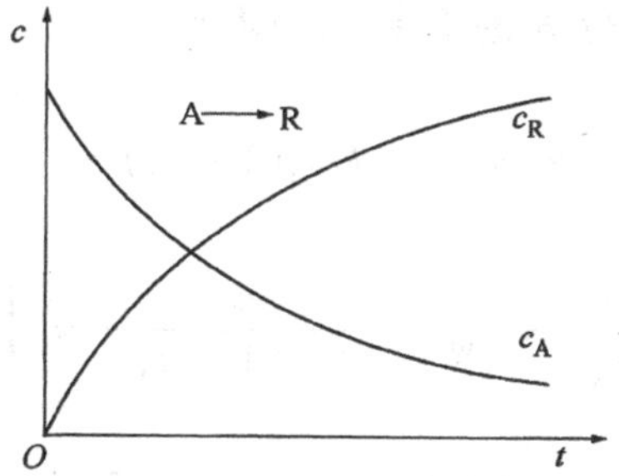

图 3－5　间歇釜式反应器内物料浓度随时间的关系

由于任一瞬间反应器内各处组成是均一的，所以取整个反应器对组分 A 进行物料衡算。根据反应器特点对物料衡算式(1－1)进行简化，即

微元时间内进入微元体积的反应物量	=	微元时间内离开微元体积的反应物量	+	微元时间微元体积内转化掉的反应物量	+	微元时间微元体积内反应物的积累量
0		0		$r_A V_r \mathrm{d}t$		$\mathrm{d}n_A$

则有：

$$r_A V_r \mathrm{d}t + \mathrm{d}n_A = 0 \tag{3-8}$$

式中　r_A——反应速率，kmol/(m^3·h)；

n_A——当转化率为 x_A 时反应器内组分 A 的物质的量，kmol。

以 n_{A0} 表示反应器内最初物质的量，则得

$$\mathrm{d}n_A = \mathrm{d}[n_{A0}(1-x_A)] = -n_{A0}\mathrm{d}x_A$$

将上式代入式(3－8)并整理积分得

$$t = n_{A0}\int_0^{x_A}\frac{\mathrm{d}x_A}{r_A V_r} \tag{3-9}$$

式中　n_{A0}——反应开始时反应器内组分 A 的物质的量，kmol；

x_{A0}——初始转化率；

x_{Af}——最终转化率。

式(3－9)是计算间歇操作釜式反应器中反应时间的通式，表达了在一定操作条件下为达到所要求的转化率 x_{Af} 所需的反应时间 t。它适用于任何间歇反应过程、均相或非均相过程、恒温或非恒温过程。但对于非恒温过程需结合反应器的热量衡算求解。

对于液相反应，反应前后物料体积变化不大，可视为恒容过程，即反应器有效体积 V_r 为一常数，则式(3-9)变为

$$t = c_{A0}\int_{x_{A0}}^{x_{Af}}\frac{dx_A}{r_A} \tag{3-10}$$

式中 c_{A0}——组分 A 的初始浓度，kmol/m^3。

式(3-9)也可用组分 A 的浓度表示，在恒容时有：

$$c_A = c_{A0}(1-x_A)$$

等式两边取微分，有

$$dc_A = -c_{A0}dx_A$$

则

$$t = -\int_{c_{A0}}^{c_A}\frac{dc_A}{r_A} \tag{3-11}$$

式中 c_A——当转化率为 x_A 时组分 A 的浓度，kmol/m^3。

对于一级不可逆反应

$$r_A = kc_A = kc_{A0}(1-x_A)$$

所以

$$t = c_{A0}\int_0^{x_A}\frac{dx_A}{r_A} = c_{A0}\int_0^{x_A}\frac{dx_A}{kc_{A0}(1-x_A)} = \frac{1}{k}\ln\frac{1}{1-x_A} \tag{3-12}$$

对于二级不可逆反应

$$r_A = kc_A^2 = kc_{A0}^2(1-x_A)^2$$

所以

$$t = c_{A0}\int_0^{x_A}\frac{dx_A}{kc_{A0}^2(1-x_A)^2} = \frac{1}{k}\left(\frac{1}{c_A}-\frac{1}{c_{A0}}\right) = \frac{1}{k}\cdot\frac{x_A}{c_{A0}(1-x_A)} \tag{3-13}$$

从式(3-11)可以得到一个极重要的结论：间歇操作釜式反应器达到一定转化率所需的反应时间，只取决于过程的反应速率，而与反应器的大小无关。反应器的大小仅取决于反应物料的处理量。

【例3-2】在搅拌良好的间歇操作釜式反应器中，以 H_2SO_4 为催化剂，在86℃等温下将浓度为3.2kmol/m^{3}过氧化氢异丙苯分解生产苯酚和丙酮，处理量为3m^3/h。已知该反应为一级不可逆反应，其动力学方程为 $r_A = kc_A$，反应条件下反应速率常数 $k=0.08s^{-1}$。要求达到的转化率为99.8%，求所需间歇操作釜式反应器的实际体积为多少？已知辅助生产时间为15min，装料系数 η 为0.65(因为反应过程起泡沫)。

解：(1) 计算反应时间

$$t = c_{A0}\int_0^{x_A}\frac{dx_A}{r_A} = c_{A0}\int_0^{x_A}\frac{dx_A}{kc_{A0}(1-x_A)} = \frac{1}{k}\ln\frac{1}{1-x_A}$$

$$=\frac{1}{0.08}\times\ln\frac{1}{1-0.998}=77.68(s)$$

(2) 计算反应器有效体积

$$V_r = Q_0(t+t') = \frac{3}{3600}\times(15\times60+77.68) = 0.81(m^3)$$

(3) 计算反应器实际体积

$$V = \frac{V_r}{\eta} = \frac{0.81}{0.65} = 1.25(m^3)$$

3.4 变温间歇釜式反应器的计算

对于间歇操作釜式反应器，要做到绝对恒温是极其困难的。当反应热效应不大时，近似恒温是可以做到的，但当反应热效应很大时就很难做到。另一方面，对于许多化学反应，恒温操作的效果不如变温操作好。

温度是影响反应器操作的敏感因素，它对转化率、收率、反应速率以及反应器的生产强度都有影响。温度不同，反应物系的物理性质也不同，从而影响到传热和传质速率及搅拌功率。因此，对间歇反应器而言，确定反应过程的温度与时间的关系非常必要，也是进行反应器设计或分析时不可缺少的。

间歇反应过程温度与时间的关系可由热量衡算式来确定。由于反应器内物料具有相同的温度，因此，根据式(1-2)有：

$$\begin{pmatrix}\text{微元时间内进入}\\\text{微元体积的物料}\\\text{所带进的热量}\end{pmatrix}=\begin{pmatrix}\text{微元时间内离开}\\\text{微元体积的物料}\\\text{所带走的热量}\end{pmatrix}-\begin{pmatrix}\text{微元时间微元}\\\text{体积内由于反}\\\text{应产生的热量}\end{pmatrix}+\begin{pmatrix}\text{微元时间内微元}\\\text{体积传递至环境}\\\text{或载热体的热量}\end{pmatrix}+\begin{pmatrix}\text{微元时间}\\\text{微元体积}\\\text{内累积热量}\end{pmatrix}$$

$$0 \qquad\qquad 0 \qquad\qquad (-\Delta H_A)r_AV_r\mathrm{d}t \qquad\qquad KA(T-T_s)\mathrm{d}t \qquad\qquad m_tc_{pt}\mathrm{d}T$$

即

$$-(-\Delta H_A)r_AV_r\mathrm{d}t+KA(T-T_s)\mathrm{d}t+m_tc_{pt}\mathrm{d}T=0$$

整理后得

$$m_tc_{pt}\frac{\mathrm{d}T}{\mathrm{d}t}=(-\Delta H_A)r_AV_r+KA(T_s-T) \tag{3-14}$$

式中 m_t——反应物料总质量，kg；

c_{pt}——物料的平均比热容，kJ/(kg·K)；

$(-\Delta H_A)$——化学反应热，kJ/kmol；

r_A——反应速率，kmol/(m³·s)；

K——传热系数，kW/(m²·K)；

A——传热面积，m²；

T——反应液体温度，K；

T_s——传热介质温度，K。

式(3-14)即为间歇操作釜式反应器反应物料的温度与时间的关系式。对于变温过程，必须将物料衡算式和热量衡算式联立求解，方可求得反应的转化率、温度和反应时间的关系。将物料衡算式(3-8)代入式(3-14)可得

$$m_tc_{pt}\frac{\mathrm{d}T}{\mathrm{d}t}=(-\Delta H_A)n_{A0}\frac{\mathrm{d}x_A}{\mathrm{d}t}+KA(T_s-T) \tag{3-15}$$

由此可知，对于一定的反应系统而言，温度与转化率的关系取决于系统与换热介质的换热速率。

由式(3-15)得

$$m_tc_{pt}\int_{T0}^{T}\mathrm{d}T=\int_0^t KA(T_s-T)\mathrm{d}t+\int_{x_{A0}}^{x_A}(-\Delta H_A)n_{A0}\mathrm{d}x_A$$

即

$$m_t c_{pt}(T - T_0) - (-\Delta H_A) n_{A0}(x_{Af} - x_{A0}) = \int_0^t KA(T_s - T)\,dt \quad (3-16)$$

式中　T_0——反应开始时的物料温度，K。

当反应在绝热条件下进行时，反应物系与环境无热量交换，上式变为

$$T - T_0 = \frac{n_{A0}(-\Delta H_A)}{m_t c_{pt}}(x_{Af} - x_{A0}) \quad (3-17)$$

由式(3－17)可知，绝热反应过程的热量衡算式通过积分而变成反应温度与转化率的代数式。且这一关系为线性关系，称为绝热方程式。则上式可以写成

$$T - T_0 = \lambda(x_{Af} - x_{A0}) \quad (3-18)$$

其中，$\lambda = n_{A0}(-\Delta H_A)/(m_t c_{pt})$，称为绝热温升，其意义为当反应系统中组分A全部转化时，系统温度升高(放热)或降低(吸热)的度数。c_{pt}为常数时，λ为常数。式(3－18)为线性关系式，否则T与x_A为非线性关系。当$x_{A0}=0$时，式(3－17)变为

$$T = T_0 + \lambda x_{Af} \quad (3-19)$$

在此情况下，把式(3－19)得到的温度与转化率之间的关系代入式(3－9)，则式(3－9)变成只含有x_A的微分方程，解此微分方程即可得到反应时间，或用图解法求得反应时间，如图3－6所示。

3.5　连续操作釜式反应器

连续操作釜式反应器的结构和间歇操作釜式反应器的结构相同，但进出口物料的操作是连续的，即一边连续恒定地向反应器内加入反应物，同时又连续不断地把反应产物引出反应器，如图3－7所示。这样的流动状况很接近理想混合流动模型(或全混流模型)。其特点是反应物料连续的输入，而产物连续地输出；反应器内各处物料的浓度、温度不随空间位置及反应时间变化，即反应器内各处物料的浓度、温度相同，且等于反应器出口处物料的浓度、温度。

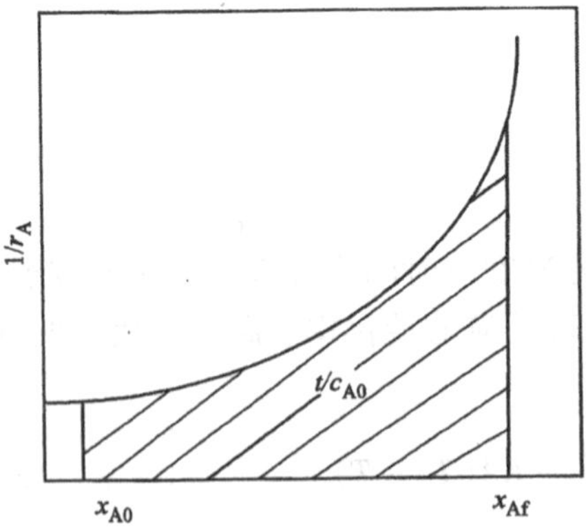

图3－6　间歇反应器非恒温过程

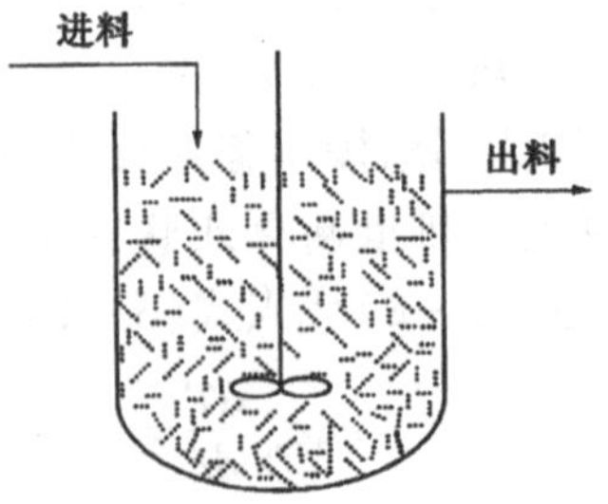

图3－7　连续操作釜式反应器示意图

3.5.1　单个连续操作釜式反应器

图3－8所示为理想混合单个连续操作釜式反应器的性能示意图。

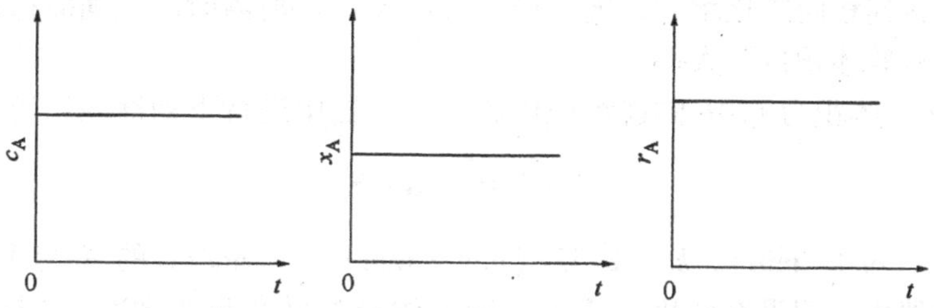

图 3-8　理想混合单个连续操作釜式反应器的性能示意图

连续操作釜式反应器内设有搅拌器，使反应器内物料的浓度均一、温度均一，因此可以取整个反应釜对组分 A 做物料衡算。在稳定状况下，没有物料的累积，则式(1-1)物料衡算式可简化为

$$\begin{pmatrix}\text{单位时间内}\\\text{物料流入量}\end{pmatrix}=\begin{pmatrix}\text{单位时间内}\\\text{物料流出量}\end{pmatrix}+\begin{pmatrix}\text{单位时间内}\\\text{物料消耗量}\end{pmatrix}+\begin{pmatrix}\text{单位时间内}\\\text{物料累积量}\end{pmatrix}$$

$$F_{A0} \qquad\qquad F_A \qquad\qquad r_A V_r \qquad\qquad 0$$

即

$$F_{A0}=F_A+r_A V_r$$

因为

$$F_A=F_{A0}(1-x_A)$$

故有

$$F_{A0}x_A=r_A V_r$$

整理得

$$\frac{V_r}{F_{A0}}=\frac{x_A}{r_A} \qquad (3-20)$$

或

$$\bar{\tau}=\frac{V_r}{Q_0}=\frac{V_r}{\dfrac{F_{A0}}{c_{A0}}}=\frac{V_r}{F_{A0}}\cdot c_{A0}=\frac{c_{A0}x_A}{r_A} \qquad (3-21)$$

式中　F_{A0}——进口物料中组分 A 的摩尔流量，kmol/h；

F_A——出口物料中组分 A 的摩尔流量，kmol/h；

Q_0——进口物料体积流量，m^3/h；

$\bar{\tau}$——物料在釜式反应器中的平均停留时间，h。

【例 3-3】用一只搅拌良好的连续操作釜式反应器进行过氧化氢异丙苯分解生产苯酚、丙酮的反应，其反应条件与【例 3-2】相同，试计算该连续操作釜式反应器的有效体积。

解：

$$V_r=\bar{\tau}\cdot Q_0=\frac{x_A}{k(1-x_A)}\cdot Q_0$$
$$=\frac{0.998}{0.08\times(1-0.998)}\times\frac{3}{3600}$$
$$=5.198(m^3)$$

通过【例 3-1】与【例 3-2】的计算结果比较可以看出，因连续操作釜式反应器内的返混程度最大，物料一进入反应器内，其浓度立刻降低到出口处浓度(最低浓度)，使整个反应过程在低速率下进行，而间歇操作反应器内物料浓度由初始浓度逐渐降低，反应速率也是逐渐降低的，因此达到相同转化率时，连续操作釜式反应器所需时间较间歇操作反应器生产时间要长，相应的有效体积也要大些。

【例 3-4】在一体积为 120L 的连续操作釜式反应器中进行下列液相反应：

$$A + B \underset{k_2}{\overset{k_1}{\rightleftharpoons}} R + S$$

式中 $k_1 = 8L/(mol \cdot min)$，$k_2 = 2.5L/(mol \cdot min)$，2.8mol/L 的 A 与 1.5mol/L 的 B 以等体积加入反应器内。假设系统密度不变，限制组分的转化率为 80%，求两种物料的流量各为多少？

解：

$$c_{A0} = \frac{2.8}{2} = 1.4(mol/L)$$

$$c_{B0} = \frac{1.5}{2} = 0.75(mol/L)$$

由于组分 A、B 是等分子反应，且 B 组分的起始浓度小于 A 组分的起始浓度，所以 B 组分为限制组分，其转化率 $x_B = 80\%$，因此

$$c_A = c_{A0} - c_{B0}x_B = 1.4 - 0.75 \times 0.8 = 0.8(mol/L)$$

$$c_B = c_{B0}(1 - x_B) = 0.75 \times (1 - 0.8) = 0.15(mol/L)$$

$$c_R = c_S = c_{B0}x_B = 0.75 \times 0.8 = 0.6(mol/L)$$

由反应速率常数单位可知该反应为二级可逆反应，则

$$\begin{aligned} r_A &= k_1c_Ac_B - k_2c_Rc_S \\ &= 8 \times 0.8 \times 0.15 - 2.5 \times 0.6 \times 0.6 \\ &= 0.06[mol/(L \cdot min)] \end{aligned}$$

对于连续操作釜式反应器有

$$\bar{\tau} = \frac{V_r}{2Q_0} = \frac{c_{A0}x_A}{r_A} = \frac{c_{B0}x_B}{r_A}$$

即

$$\bar{\tau} = \frac{c_{B0}x_B}{r_A} = \frac{0.6}{0.06} = 10(min)$$

所以

$$Q_0 = \frac{V_r}{2\tau} = \frac{120}{2 \times 10} = 6(L/min)$$

则两种物料流量均为 6L/min。

3.5.2 多个串联连续操作釜式反应器

为了克服单个连续操作釜式反应器的严重返混问题，可以采用多釜串联的方法。这样不但抑制了返混程度，同时还可以在各釜内控制不同的反应温度和物料浓度以及不同的搅拌和加料情况，以适应工艺上的不同要求。

求取多釜串联操作釜式反应器的体积有两种方法，即解析法和图解法。

（1）解析法

将几个全混釜串联起来就构成多釜串联连续操作釜式反应器。假设各釜内均为理想混合，且各釜之间没有逆向混合，如图 3-9 所示。

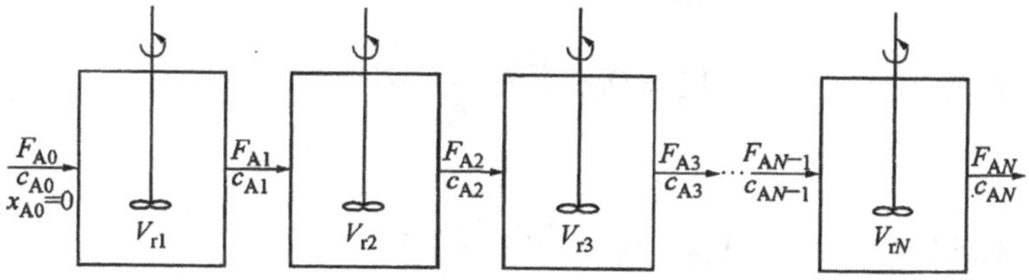

图 3－9　多釜串联连续操作示意图

$$V_r = V_{r1} + V_{r2} + V_{r3} + \cdots + V_{rN}, \quad V_{r1} = V_{r2} = V_{r3} = \cdots = V_{rN}$$

V_{r1}、V_{r2}、V_{r3}、…、V_{rN}为各釜的有效体积；c_{A1}、c_{A2}、…、c_{AN}为各釜内反应组分 A 的浓度。

对稳定操作、恒容过程的串联反应器中的 i 釜作组分 A 的物料衡算，有

$$\begin{pmatrix}\text{单位时间内}\\\text{物料流入量}\end{pmatrix} = \begin{pmatrix}\text{单位时间内}\\\text{物料流出量}\end{pmatrix} + \begin{pmatrix}\text{单位时间内}\\\text{反应消耗量}\end{pmatrix} + \begin{pmatrix}\text{单位时间内}\\\text{物料累积量}\end{pmatrix}$$

$$F_{A(i-1)} \qquad F_{Ai} \qquad r_{Ai}V_{ri} \qquad 0$$

即

$$F_{A(i-1)} = F_{Ai} + r_{Ai}V_{ri}$$

又

$$F_{A(i-1)} = Q_0 c_{A(i-1)}$$
$$F_{Ai} = Q_0 c_{Ai}$$

整理得

$$\frac{V_{ri}}{Q_0} = \frac{c_{A(i-1)} - c_{Ai}}{r_{Ai}}$$

式中，V_{ri}/Q_0 为物料在第 i 釜内的平均停留时间，以$\overline{\tau}_i$表示则有

$$\overline{\tau}_i = \frac{V_{ri}}{Q_0} = \frac{c_{A(i-1)} - c_{Ai}}{r_{Ai}} \tag{3-22}$$

若用反应转化率表示，则有

$$\overline{\tau}_i = \frac{V_{ri}}{Q_0} = c_{A0}\frac{x_{Ai} - x_{A(i-1)}}{r_{Ai}} \tag{3-23}$$

式中　V_{ri}——第 i 釜的有效体积，m^3；

c_{Ai}——第 i 釜内组分 A 的浓度，$kmol/m^3$；

$c_{A(i-1)}$——第 $i-1$ 釜内组分 A 的浓度，$kmol/m^3$；

x_{Ai}——第 i 釜内组分 A 的转化率；

$x_{A(i-1)}$——第 $i-1$ 釜内组分 A 的转化率；

r_{Ai}——第 i 釜内反应速率，$kmol/(m^3 \cdot h)$；

$\overline{\tau}_i$——物料在第 i 釜中的平均停留时间，h。

式(3－22)和式(3－23)为多釜串联恒容反应器计算的基本公式，具体应用仍然按不同的反应动力学方程式代入，依次逐釜进行计算，直至达到要求的转化率为止。

第一釜的有效体积　$$V_{r1} = Q_0 c_{A0}\frac{x_{A1} - x_{A0}}{r_{A1}} \tag{3-24}$$

第二釜的有效体积　$$V_{r2} = Q_0 c_{A0}\frac{x_{A2} - x_{A1}}{r_{A2}} \tag{3-25}$$

…　　　　　　　　　　　　　　…

第 i 釜的有效体积　　　$V_{ri} = Q_0 c_{A0} \dfrac{x_{Ai} - x_{A(i-1)}}{r_{Ai}}$

…　　　　　　　　　　　　　　…

第 N 釜的有效体积　　　$V_{rN} = Q_0 c_{A0} \dfrac{x_{AN} - x_{A(N-1)}}{r_{AN}}$　　　(3-26)

则反应器的总有效体积为　　$V_r = V_{r1} + V_{r2} + \cdots + V_{rN}$　　　(3-27)

对于一级不可逆反应

$$r_A = kc_{A0}(1 - x_A)$$

则

$$V_{ri} = \frac{Q_0(x_{Ai} - x_{Ai-1})}{k_i(1 - x_{Ai})} \quad (i=1,\ 2,\ 3\cdots N)$$

假定各釜反应温度相同，则

$$k_1 = k_2 = \cdots = k_N = k$$

又

$$\bar{\tau}_i = \frac{V_{ri}}{Q_0}$$

而各釜反应体积又相等，所以

$$\bar{\tau}_1 = \bar{\tau}_2 = \cdots = \bar{\tau}_N = \bar{\tau}$$

则

$$k\bar{\tau} = \frac{x_{Ai} - x_{Ai-1}}{1 - x_{Ai}} \qquad (i=1,\ 2,\ 3\cdots N)$$

即

$$1 + k\bar{\tau} = \frac{x_{Ai} - x_{Ai-1}}{1 - x_{Ai}} + 1 = \frac{1 - x_{Ai-1}}{1 - x_{Ai}} \qquad (i=1,\ 2,\ 3\cdots N)$$

所以

$$(1 + k\bar{\tau})^N = \frac{1}{1 - x_{AN}}$$

即

$$1 - x_{AN} = \frac{1}{(1 + k\bar{\tau})^N}$$

或

$$\bar{\tau} = \frac{1}{k}\left[\left(\frac{1}{1 - x_{AN}}\right)^{\frac{1}{N}} - 1\right] \qquad (\bar{\tau}\text{ 为单个釜的空时})$$

【例 3-5】某液相反应 A→R 在两个等体积串联连续操作釜式反应器中进行，该反应为一级不可逆反应，反应速率常数 $k = 0.38\text{min}^{-1}$，进口处物料流量为 20L/min，试求当出口转化率为 70% 时所需反应器的总体积为多少？

解：对于串联全混流反应器，有

$$V_{ri} = \frac{Q_0 c_{A0}(x_{Ai} - x_{Ai-1})}{r_{Ai}} = \frac{Q_0(c_{Ai-1} - c_{Ai})}{r_{Ai}}$$

因为

$$Q_0 = 20\text{L/min},\ x_{A2} = 0.7,\ k = 0.38\text{min}^{-1},\ r_A = kc_A$$

所以

$$V_1 = Q_0 \cdot \frac{x_{A1}}{k(1 - x_{A1})}$$

$$V_2 = Q_0 \cdot \frac{x_{A2} - x_{A1}}{k(1 - x_{A2})}$$

因为两釜体积相同，所以 $V_1 = V_2$。

所以

$$\frac{Q_0 \cdot \dfrac{x_{A1}}{k(1 - x_{A1})}}{Q_0 \cdot \dfrac{x_{A2} - x_{A1}}{k(1 - x_{A2})}} = \frac{V_1}{V_2} = 1$$

即

$$\frac{x_{A1} \cdot (1 - x_{A2})}{(1 - x_{A1})(x_{A2} - x_{A1})} = 1$$

带入已知数据得

$$x_{A1} = 0.45$$

所以

$$V_1 = Q_0 \cdot \frac{x_{A1}}{k(1 - x_{A1})} = 20 \times \frac{0.45}{0.38 \times (1 - 0.45)} = 43.06(\mathrm{L})$$

所以

$$V_r = 2V_1 = 2 \times 43.06 = 86.12(\mathrm{L})$$

(2) 图解法

对于反应级数较高的化学反应过程，采用解析法计算多釜串联连续操作釜式反应器的有关参数是比较麻烦的，因此常采用图解法计算。

首先根据动力学方程式或实验数据绘出在操作温度下的反应动力学关系曲线，如图 3－10 中的 MQ 线；然后将同一温度下多釜串联中的某一釜的物料衡算式(3－25)改写成

$$r_{Ai} = \frac{c_{A0}}{\bar{\tau}_i} x_{Ai} - \frac{c_{A0}}{\bar{\tau}_i} x_{Ai-1}$$

的形式，此为一直线方程式，直线斜率为$c_{A0}/\bar{\tau}_i$，截距为 $-c_{A0}x_{A(i-1)}/\bar{\tau}_i$，它表示了反应速率 r_A和浓度 x_A之间的操作关系。在同一图上绘出相同温度下的操作线，如图 3－10 中的 OM、$x_{A1}N$、$x_{A2}P$、$x_{A3}Q$，所得交点同时满足动力学方程式和物料衡算式。交点所对应的坐标值，即为多釜串联中某釜内的化学反应速率和该釜的出口转化率。由此可根据式(3－25)进一步求出反应体积及连续串联操作所需要的釜式反应器的只数。

3.5.3 连续操作釜式反应器的稳定操作

连续操作釜式反应器内反应物料温度均匀一致，若为定态操作，反应是在等温下进行的。若为非定态操作，则属变温过程，即反应温度随时间而变，但不随空间位置而变。无论是定态操作还是非定态操作，反应过程的温度均需由反应器的热量衡算式和物料衡算式来决定。这样会出现定态不惟一的问题，即同时存在多个定态，操作温度都能满足反应器的热量及物料衡算式。

影响反应器可操作性的首要因素是热稳定性。所谓热稳定性是指反应器本身对热的扰动

有无自行恢复平衡的能力。当反应过程的放热或移热因素发生某些变化时，过程的温度等因素将产生一系列的波动，在干扰消除后，如果反应过程能自动恢复到原来的平衡状态，则为热稳定性的，否则为热不稳定性的。

(1) 连续操作釜式反应器的热量衡算式

要讨论热稳定性问题，首先对连续操作釜式反应器进行热量衡算，如图 3－11 所示。

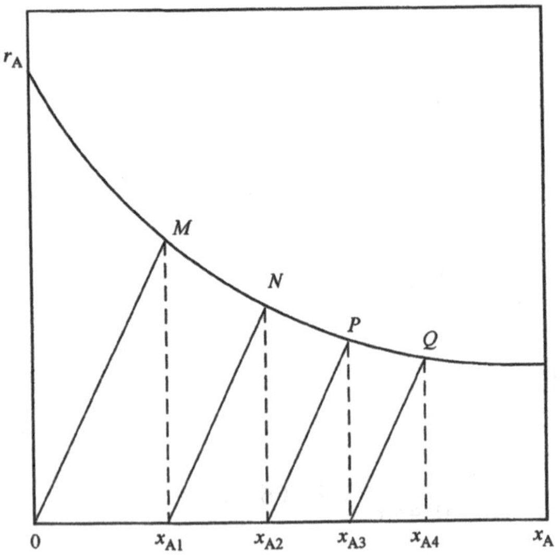

图 3－10　串联釜式反应器出口转化率图解

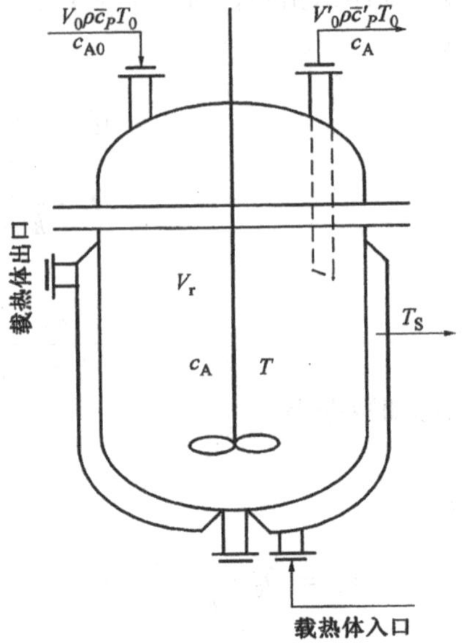

图 3－11　连续釜式反应器热量衡算示意图

连续操作釜式反应器是一个敞开物系，根据热力学第一定律，对于定态操作，其热量衡算式如下式：

微元时间内进入微元体积的物料所带进的热量	=	微元时间内离开微元体积的物料所带走的热量	−	微元时间微元体积内由于反应产生的热量	+	微元时间内微元体积传递至环境或载热体的热量	+	微元时间微元体积内累积热量
$Q_0\rho\,\overline{c_p}(T_0-T_b)\Delta\tau$		$Q_0'\rho'\,\overline{c_p}'T(-T_b)\Delta\tau$		$(-\Delta H_A)r_AV_r\Delta\tau$		$KA(T-T_s)\Delta\tau$		0

即

$$Q_0\rho\,\overline{c_p}(T_0-T_b)\Delta\tau-Q_0'\rho'\,\overline{c_p}'(T-T_b)\Delta\tau+(-\Delta H_A)r_AV_r\Delta\tau-KA(T-T_s)\Delta\tau=0$$

因为

$$Q_0\rho\,\overline{c_p}\approx Q_0'\rho'\,\overline{c_p}'$$

故

$$-Q_0\rho\,\overline{c_p}(T-T_0)+(-\Delta H_A)r_AV_r-KA(T-T_s)=0$$

将上式整理，得

$$Q_0\rho\,\overline{c_p}(T-T_0)+KA(T-T_s)=(-\Delta H_A)r_AV_r \tag{3-28}$$

式中　ρ——反应釜进口处物料密度，kg/m^3；

ρ'——反应釜出口处物料密度，kg/m^3；

$\overline{c_p}$——$T_0\sim T_b$温度范围内物料的平均比热容，kJ/(kg·K)；

$\overline{c_p}'$——$T\sim T_b$温度范围内物料的平均比热容，kJ/(kg·K)；

Q_0'——反应釜出口处物料体积流量，m^3/h；

T_b——基准温度，K。

式(3-28)右端为放热速率，用Q_τ来表示：

$$Q_\tau = (-\Delta H_A) r_A V_r \tag{3-29}$$

式(3-28)左端为移热速率，用Q_c来表示：

$$Q_c = Q_0 \rho \bar{c}_p (T - T_0) + KA(T - T_s) \tag{3-30}$$

(2) 连续釜式反应器的热稳定性

以连续操作釜式反应器内进行恒容一级不可逆放热反应为例，其反应速率为$r_A = kc_A$，则对反应物A的物料衡算式(3-21)可改写为

$$c_A = \frac{c_{A0}}{1 + k\bar{\tau}} \tag{3-31}$$

式(3-31)联立物料衡算式、热量衡算式和反应速率方程式，可得

$$Q_\tau = (-\Delta H_A) V_r \frac{kc_{A0}}{1 + k\tau} = (-\Delta H_A) V_r \frac{kF_{A0}}{Q_0 (1 + k\tau)} = \frac{k\bar{\tau} F_{A0} (-\Delta H_A)}{1 + k\bar{\tau}} \tag{3-32}$$

当反应系统及釜内物料转化率确定后，Q_τ主要取决于反应速率常数k，即取决于釜内反应物料的温度T，由阿伦尼乌斯公式可知

$$k = A_0 \exp[-E/(RT)]$$

则

$$Q_\tau = \frac{F_{A0} \bar{\tau} (-\Delta H_A) A_0}{A_0 \bar{\tau} + \exp[E/(RT)]} \tag{3-33}$$

Q_τ为放热速率，在$Q \sim T$坐标图上为一条S形曲线。

在定常态下$Q_\tau = Q_c$，将Q_c对T作图分别得移热直线Q_{c1}、Q_{c2}、Q_{c3}。若为绝热过程，则

$$Q_c = Q_0 \rho \bar{c}_p (T - T_0) \tag{3-34}$$

由图3-12可以看出，放热曲线Q_τ与移热直线Q_{c2}的交点有b、c、d，这三个交点均满足$Q_\tau = Q_c$，即放热速率与移热速率相等，称为定常状态点。对于b点(或d点)；如果温度升高，则$\frac{dQ_c}{dT} > \frac{dQ_\tau}{dT}$，可使釜温下降，恢复到$b$点(或$d$点)，反之，釜温下降，则$\frac{dQ_c}{dT} < \frac{dQ_\tau}{dT}$，而使釜温上升又恢复到$b$点(或$d$点)，因此$b$点和$d$点为热的稳定点。而在$c$点操作时，当外界稍有波动，如釜温升高，则$\frac{dQ_c}{dT} < \frac{dQ_\tau}{dT}$，将使釜温继续升高至$d$点为止；反之则由于$\frac{dQ_c}{dT} > \frac{dQ_\tau}{dT}$使釜温下降到$b$点为止，即在$c$点温度略有升降，系统均不能恢复到原来的热平衡状态。故c点为热的不稳定点。

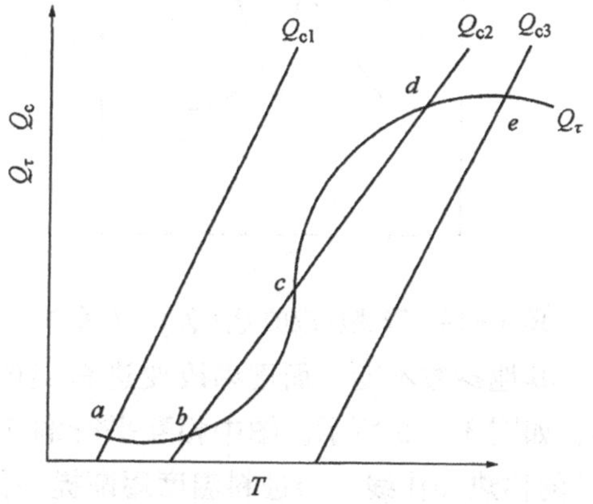

图3-12 连续釜式反应器的热稳定态示意图

综上所述，定常状态稳定操作点必须具备以下两个条件，即定常状态$Q_\tau = Q_c$，稳定条件$\frac{dQ_c}{dT} > \frac{dQ_\tau}{dT}$。

实际生产中将操作点控制在d点为宜。如在a点、b点操作，虽满足热稳定条件，但反应温度偏低，反应速率慢，这是工业上所不希望

的；而在 e 点操作，反应速率虽然较高，物料的转化率也可提高，但是因为温度较高，副反应增多，收率下降，对热敏性物料也不利。

对于串联反应 $A \xrightarrow{\Delta H_1} R \xrightarrow{\Delta H_2} S$，R 为目的产物，根据串联反应两步的热效应不同，分为下述几种情况，如图 3-13 所示，其中(a)表示第一个反应为放热反应，第二个反应为吸热反应；(b)与(a)相反；(c)表示两个反应均为放热反应。对于(a)和(b)，最好在低于 T_b 温度的稳定操作区间操作。对于(c)有 5 个定常态操作点，其中 a、c、e 为定态稳定点。操作点应选在 c 点，因为 a 点反应速率低，e 点操作几乎得到的全部是副产物。

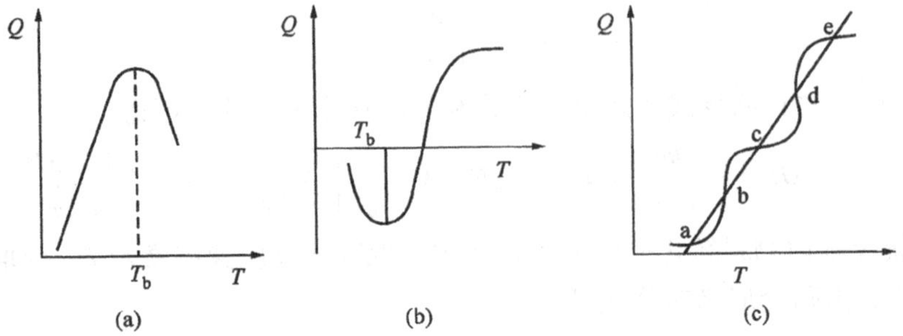

图 3-13　串联反应的 $Q_\tau(Q_c)\sim T$ 关系

吸热反应的 $Q_\tau(Q_c)\sim T$ 关系如图 3-14 所示。由于载热体温度高于反应系统温度，两条曲线只有一个交点，没有热稳定性问题。

(3) 操作参数对热稳定性的影响

改变反应器某些操作参数，会对热稳定性产生不同的影响。

① 进料温度的影响　改变进料流量 Q_0、进料温度 T_0、冷却介质温度 T_s、间壁冷却器冷却面积 A 与传热系数 K 等，都会对热稳定性产生影响。

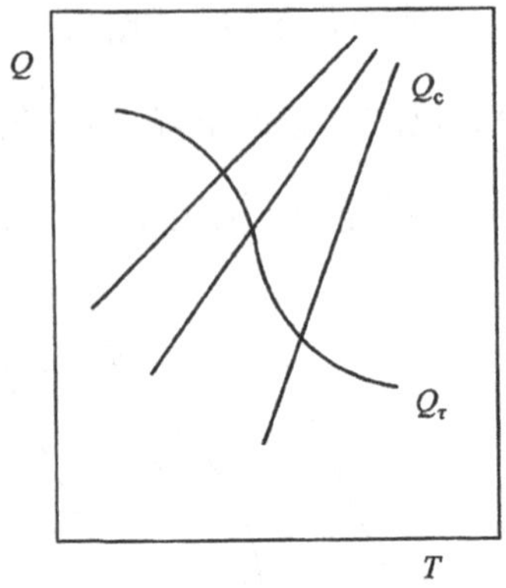

图 3-14　吸热反应的 $Q_\tau(Q_c)\sim T$ 关系

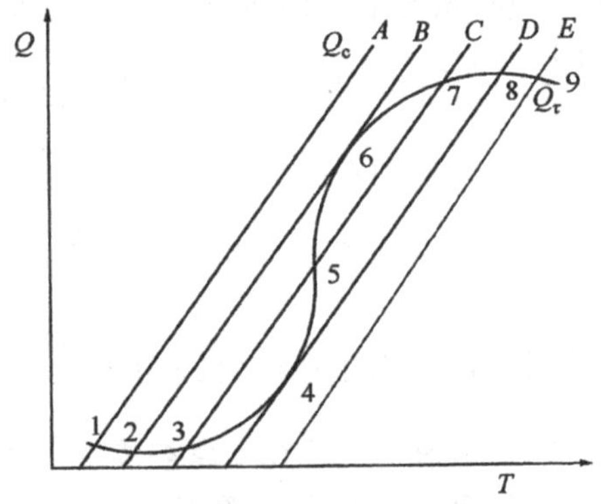

图 3-15　改变进口温度得到不同的操作状态

其他参数不变，而逐渐改变进料温度 T_0（或冷却介质温度 T_s），则 Q_τ 不变，Q_c 平行移动，如图 3-15 所示。图中相互平行的 5 条 Q_c 线，表示 5 个不同进料温度（或冷却介质温度）的移热操作线。当进料温度逐渐提高使 Q_c 线移至 D 线时，它与 Q_c 线相交于点 4 和点 8，此时只要再略超过 D 线一点，反应器内温度就将骤增至点 8，这时只有一个定常态。根据这一特点，若反应所要求的温度是点 8 处的温度，可以使反应器的开车操作沿 D 线迅速达到反应所要求的温度。故在 D 线时的进料温度一般称为着火温度或起燃温度，相应地称点 4

为着火点或起燃点。

相反，在反应器停车操作时，可逐渐降低 T_0，Q_c线将沿 E、D、C、B、A 平行位移，如果没有较大的温度扰动，反应器内的定态操作温度按点 9、8、7、6 变化着。与上述的 D 线情况相似，在降温过程中的 B 线，也存在着从点 6 骤降至点 2 的现象。一般称 B 线的温度为熄火温度，点 6 称熄火点。在点 4 和点 6，反应器内出现一种非连续性的温度突变，故在点 4 和点 6 之间，不可能获得稳定操作点。点 4 和点 6 分别是低温操作和高温操作的两个界限。

② 进料流量的影响　其他参数不变，仅改变进料流量 Q_0，即改变 F_{A0}。由放热速率计算式可得到不同的 S 形 Q_r 曲线，以及从移热速率计算式得到相应的不同斜率的移热直线 Q_c，如图 3－16 所示。当流量从小到大变化时，它们的位置依次为 A、B、C、D、E，操作状态依次变为点 9、8、7、6。当流量稍超过 D 线所示的流量时，定态点立即下降到点 2，反应欲吹“熄”。同样，当流量由高到低变化时，依次得到 1、2、3…各定态点，而在点 4 出现着火现象。实际操作中，如果由于物料流量过大，而发生熄火现象，可以提高进料温度，同时减小流量，使系统重新被点燃。

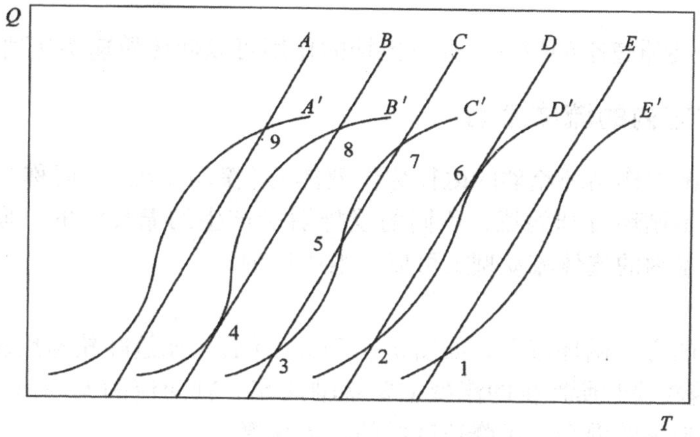

图 3－16　改变进料流量对反应器操作状态的影响

3.6　釜式反应器的搅拌器

釜式反应器内由于设有搅拌器，使反应器内物料混合均匀，即反应器内物料浓度、温度均一，且等于反应器出口处的浓度和温度，这给反应器的设计和放大带来极大方便。釜式反应器在工业生产上得到广泛使用，而搅拌器是釜式反应器的一个关键部件，因此有必要学习有关釜式反应器的搅拌器知识。

3.6.1　搅拌的作用和要求

（1）搅拌的作用

在搅拌釜式反应器中，搅拌的作用大致有以下几种：

① 均相液体的混合　通过搅拌使反应釜中的互溶液体达到分子规模的均匀混合程度。

② 分散　包括液液分散，即把不互溶的两种液体混合起来，使其中的一相液体以微小

液滴的形式均匀分散到另一相液体中，被分散的一相称为分散相，另一相称为连续相。被分散的液滴越小，两相接触面积越大。气液相分散，即搅拌器把大气泡打成微小气泡并使之均匀分散到整个液相中，以增大气液接触面积。固液分散，即让固体颗粒悬浮于液体中。

③ 固体溶解　当反应物之一为固体而溶于液体时，固体颗粒需要悬浮于液体之中。搅拌可以加强固液间的传质，以促进固体溶解。

④ 强化传热　有些物理或化学过程对传热有很高的要求，或需要消除釜内的温度差，或需要提高釜内壁的给热系数，搅拌可以达到上述强化传热的要求。

在实际生产过程中，多种搅拌器的作用往往是同时存在的，例如催化水合反应过程中，搅拌器的搅拌使固体保持悬浮，气体被分散，而且还及时移走反应放出的热量。

（2）搅拌的要求

① 加入到反应釜中的物料能很快且良好地分布到反应釜内的整个物料之中。

② 反应釜中的物料混合要充分，没有死角，任何一处的浓度均应相等。对于某些快速复杂反应，可以防止局部浓度过高，使副反应增加，从而导致选择性降低。

③ 反应釜内物料侧的给热系数要求足够大，从而使反应热可以及时移出或使反应需要的热量及时传入。

④ 如果反应受传质速率的控制，通过搅拌的作用可以使传质速率达到合适的数值。

3.6.2　搅拌釜内的流体流动

液体在设备范围内作循环流动的途径称作液体的“流动模型”，简称“流型”。在搅拌设备中起主要作用的是循环流和涡流，不同的搅拌器所产生的循环流的方向和涡流的程度不同，总的来说搅拌釜内的流体流动型式可以归纳成三种。

（1）轴向流

物料沿搅拌轴的方向循环流动，如图 3－17(a)所示。凡是叶轮与旋转平面的夹角小于 90°的搅拌器，转速较快时所产生的流型主要是轴向流。轴向流的循环速度大，有利于宏观混合，适合于均相液体的混合、沉降速度低的固体悬浮。

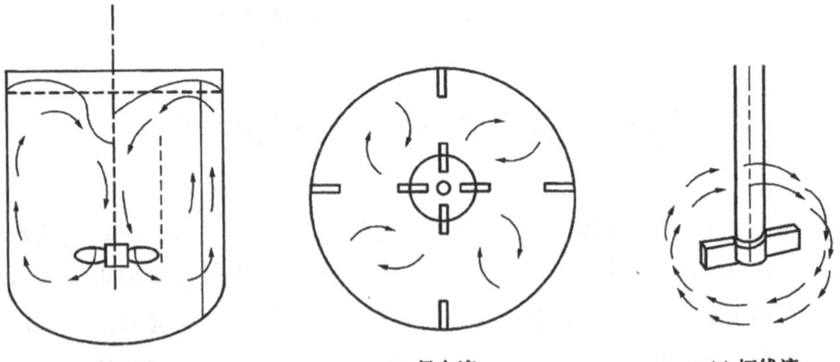

(a) 轴向流　(b) 径向流　(c) 切线流

图 3－17　搅拌液体的流型

（2）径向流

物料沿着反应釜的半径方向在搅拌器和釜内壁之间的流动，如图 3－17(b)所示。径向流的液体剪切作用大，造成的局部涡流运动剧烈。因此，它特别适合需要高剪切作用的搅拌过程，如气液分散、液液分散和固体溶解。

(3) 切线流

物料围绕搅拌轴作圆周运动，如图 3－17(c)所示。平桨式搅拌器在转速不大且没有挡板时产生的主要是切线流。切线流的存在除了可以提高釜内壁的对流给热系数外，对其他的搅拌过程是不利的。切线流严重时，液体在离心力的作用下涌向器壁，使器壁周围的液面上升，而中心部分液面下降，形成一个大漩涡，这种现象称为“打漩”，如图 3－18 所示。

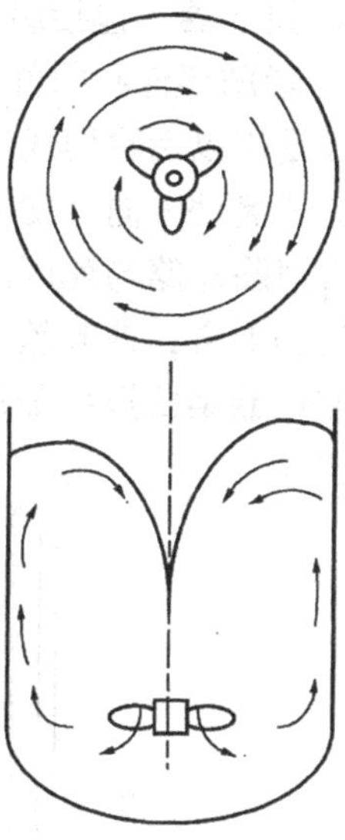

图 3－18 “打漩”现象示意图

打漩时各层液体之间无速度梯度，不能提供分散所需要的剪切力，几乎没有轴向混合作用。当液面凹度达到一定深度后，桨叶的中心部分将暴露于空气中，将空气吸入，从而降低了被搅拌物料的表观密度，使施于物料的搅拌功率急剧减小，从而降低了混合效果。此外，由于打漩而造成的功率波动，会引起异常的作用力，加剧搅拌器的振动，甚至使其无法继续操作。为了消除打漩现象，可采用两种方法：一是加设挡板，挡板一般是指竖向固定在釜内壁上的长条形板，沿釜内壁轴向均匀分布，如图 3－19 所示。加设挡板后，做圆周运动的液体碰到挡板后改变 90°方向，或顺着挡板作轴向运动或垂直于挡板作径向运动。因此，挡板可以把切线流转变为轴向流和径向流，提高了宏观混合速率和剪切性能，从而改善了搅拌效果。当挡板数乘挡板宽再被釜径除约等于 0.4 时(大致为 4 块挡板，宽度是 0.1D)，可获得良好的挡板效果，称为全挡板条件，即使再增加附件，搅拌器的功率也不再增加。二是偏心安装，将搅拌器偏心或偏心且倾斜地安装，借以破坏循环回路的对称性，可以有效地阻止圆周运动，增加湍动，消除液面凹陷现象。对较大的釜，也可将搅拌器偏心水平地安装在釜的下部，如图 3－20 所示。

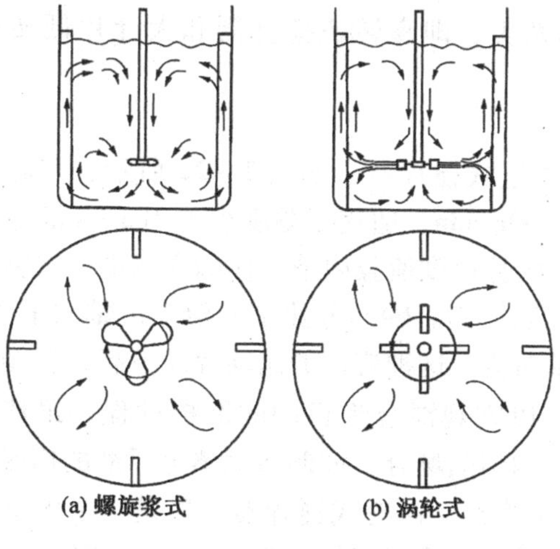

图 3－19 装有挡板的流动情况

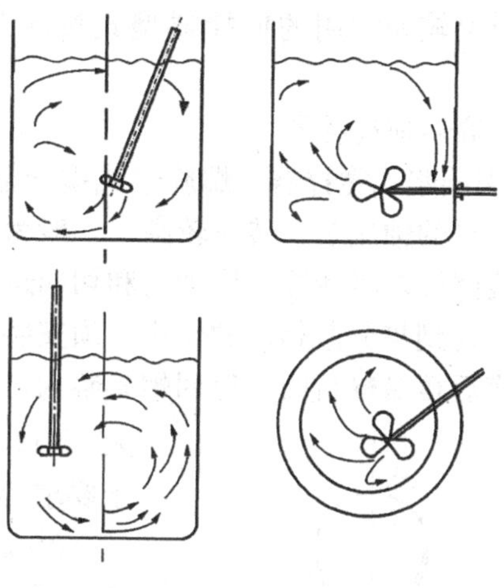

图 3－20 偏心放置与偏心水平安装

实际生产中，轴向流、径向流和切线流这三种流型并不是孤立存在的，常常同时存在两种或三种。

3.6.3 搅拌装置的组成

在化学工业中常用的机械搅拌装置主要包括以下两部分。

① 搅拌器　包括旋转的轴和装在轴上的叶轮。

② 辅助部件和附件　包括密封装置、减速箱、搅拌电机、支架、挡板和导流筒等。其中挡板是用以消除切线流和打漩现象最有效、最简单的方法；釜内设置导流筒，可以严格地控制流体流动方向，使釜内所有物料均通过导流筒内的强烈混合区，既提高了混合效果，又有助于消除短路与死区。导流筒安装方式如图 3－21 所示，对于涡轮式搅拌器，导流筒应置于叶轮的上方，使叶轮上方的轴向流得到加强；对于螺旋桨式搅拌器，导流筒应套在叶轮外面，使螺旋桨式搅拌器所产生的轴向流得到进一步加强。通常，导流筒的直径约为釜直径的 70%。

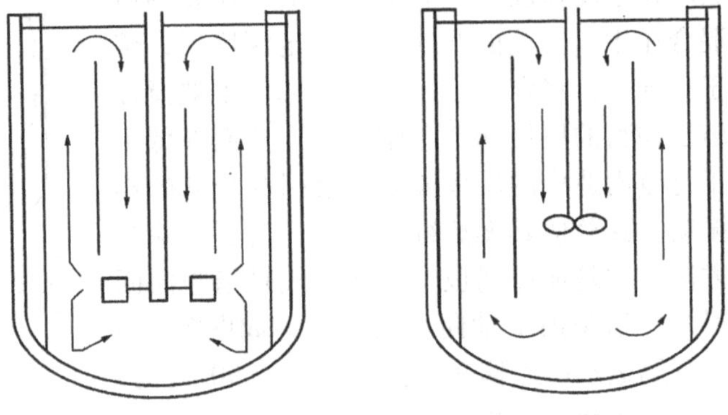

(a) 涡轮式　　　　(b) 螺旋桨式

图 3－21　导流筒的安装方式

叶轮一般总是对中安装在釜的中心线上，叶轮到釜底的距离一般为一倍叶轮直径，但在搅拌快速沉降的固体悬浮液时，常将叶轮更靠近釜底。

3.6.4　搅拌器的分类

工业上较为常用的搅拌器型式按转速分为两类，即高转速搅拌器和大叶片低转速搅拌器。

（1）高转速搅拌器

① 螺旋桨式搅拌器　螺旋桨式搅拌器又称推进式搅拌器，如图 3－22 所示，实际上是一个无外壳的轴流泵，转速较高，一般为 100～500r/min，适用于黏度小于 2Pa・s 液体的搅拌。螺旋桨旋转时使液体作轴向和切向运动。切向分速度使釜内液体作圆周运动，将颗粒抛向壁面，起到与分散相反的作用，须安装挡板予以抑制。轴向分速度使液体沿轴向下流动，到达釜底后再沿壁折回，返回螺旋桨入口形成轴向流，这种流动的湍动程度不高，但循环量大，因此适用于以宏观混合为目的的搅拌过程，尤其适用于要求容器上下均匀的场合，如制备固体悬浮液的情况。

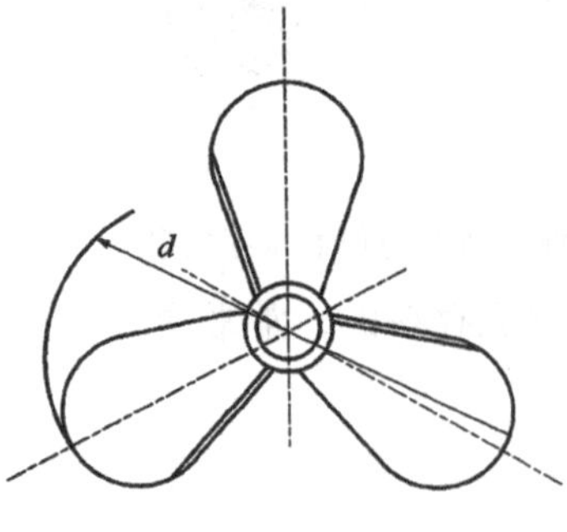

图 3－22　螺旋桨式搅拌器

② 涡轮式搅拌器　涡轮式搅拌器实质是一个无泵壳的离心泵，转速较高，一般为 10～300r/min，适用于黏度小于 50Pa・s 液体的搅拌。在涡轮式搅拌器中，液体流型为切向流和径向流，为使釜内流体作圆周运动，需安装挡板。

按搅拌器内有无圆盘可分为圆盘涡轮搅拌器[图 3－23(a)和(b)]和开启涡轮搅拌器[图 3－23(c)、(d)和(e)]；按叶轮型式可分为平直叶、折叶和后弯叶涡轮搅拌器。

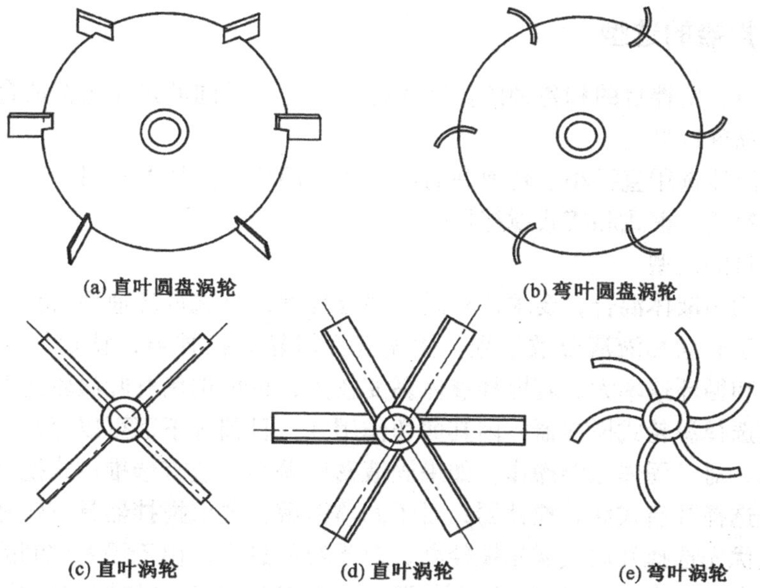

(a) 直叶圆盘涡轮　(b) 弯叶圆盘涡轮

(c) 直叶涡轮　(d) 直叶涡轮　(e) 弯叶涡轮

图 3－23　涡轮式搅拌器

（2）大叶片低转速搅拌器

推进式和涡轮式搅拌器直径小、转速高，对黏度不大的液体很有效，但是对黏度大的液体，搅拌器提供的机械能会因巨大的黏性阻力而被很快地消耗掉。因此，对黏度较高的液体采用低转速、大叶片的搅拌器较为合适。

① 桨式搅拌器　其结构简单，一般由两块平桨叶片组成，搅拌器直径是釜内径的 0.35～0.8 倍，转速一般为 10～100r/min，对高黏度及低黏度液体搅拌均适用。垂直于轴安装的桨叶使液体呈径向流及切线流流动，对简单液体混合、固体悬浮和溶解以及气体的分散等可使用桨式搅拌器。

② 框式和锚式搅拌器　当液体黏度更大时，可将桨式搅拌器按照釜底的形状做成锚式或框式搅拌器，如图 3－24(a)、(b)、(c) 所示。这种搅拌器直径是搅拌釜内径的 0.9～0.98 倍，转速一般为 1～100r/min。这种搅拌器转速低，产生的剪切作用小，主要产生切线流。当搅拌高黏度液体时，由于搅动范围大，不会产生死区，且可以产生一定的径向流和轴向流，因此，这种搅拌器适用于高黏度液体的搅拌。

③ 螺带式搅拌器　图 3－24(d) 表示的是螺带式搅拌器的结构示意图。该搅拌器旋转直径较大，搅拌速度较低，液体被搅拌时主要产生轴向流，釜内若安装导流筒，液体可形成筒内外的上下循环流动，因此，混合效果较好。

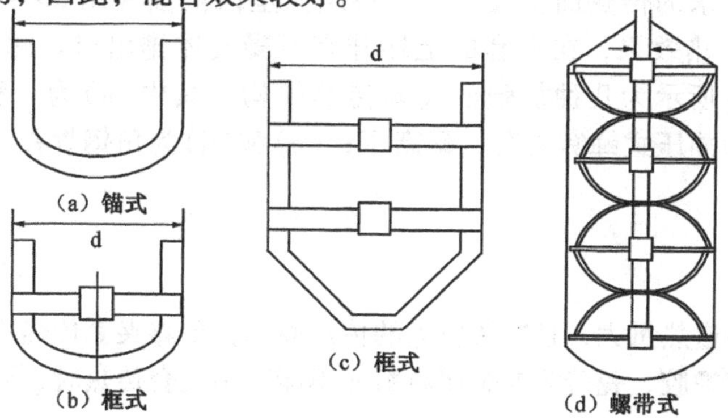

（a）锚式　（b）框式　（c）框式　（d）螺带式

图 3－24　大叶片低转速搅拌器

3.6.5 搅拌器的选型

根据物料性质、搅拌目的和各种搅拌器性能特征，对不同的过程选择适合的搅拌器。

（1）按物料黏度选型

对于低黏度液体选用直径小、转速高的推进式、涡轮式搅拌器；对于高黏度液体选用直径大、转速低的锚式、框式和桨式搅拌器。

（2）按搅拌目的选型

对于低黏度均匀液体混合，要求达到微观混合程度，首选循环速率大且消耗动力少的推进式搅拌器；对于非均相液液分散过程，优先选择涡轮式搅拌器，特别是平直叶涡轮搅拌器，其剪切作用和循环速率大，若搅拌液体黏度较大，也可选用弯叶涡轮搅拌器；对于气液分散过程，优先选择涡轮式搅拌器，因其剪切作用强，且圆盘下面可以存在一些气体，使气体的分散更平稳；对于固体悬浮操作，如果固液密度差小，应首选推进式搅拌器；如果固液密度差大，优先选择开启式涡轮搅拌器；对于固体溶解，要求搅拌器具有较好的剪切作用和循环速率，因此优先选择开启式涡轮搅拌器；对于结晶过程，由于需要控制晶粒的形状和大小，因此选择直径小、转速高的浆式搅拌器；对于以传热为主的搅拌操作，选择涡轮搅拌器。

3.7 搅拌釜式反应器的传热装置

化学反应都有热效应，为了使反应在适宜的温度下进行，搅拌釜式反应器需要设置传热装置，以满足加热或冷却的需要。搅拌釜式反应器的传热装置主要是夹套和蛇管。

3.7.1 夹套

传热夹套是套在反应器筒体外面、能形成密封空间的容器，一般由钢板焊接而成，它既简单又方便。夹套上留有加热介质或冷却介质的进出口。如果加热介质是水蒸气，进口管应靠近夹套上端，冷凝液从底部排除；如果传热介质是液体，进口管应安置在底部，液体从底部进入，上部流出，使传热介质能充满整个夹套的空间。夹套内通蒸汽时，其蒸汽压力一般不超过0.6MPa。当反应器的直径大或者加热蒸汽压力较高时，夹套必须采取加强措施。夹套与釜体的间距视釜径的大小采用不同的数值，一般取25～100mm。夹套的高度由工艺要求的传热面积决定，一般应比釜内液面高出50～100mm，以保证充分传热。为了提高传热效果，在夹套的上端开有不凝气体排出口。此外，还设有压力表与安全阀。图3－25所示为几种加强的夹套传热结构，其中(a)为一种支撑短管加强的“蜂窝夹套”；(b)为冲压式蜂窝夹套，耐高压；(c)和(d)为角钢焊在釜的外壁上的结构，耐压达5～6MPa。

3.7.2 蛇管

当工艺需要的传递热量大，且需要较大的传热面积，单靠夹套传热不能满足要求时，或者是反应器内壁衬有橡胶、瓷砖等非金属材料而不能采用夹套传热时，可采用蛇管、插入套管、插入D形管等传热。

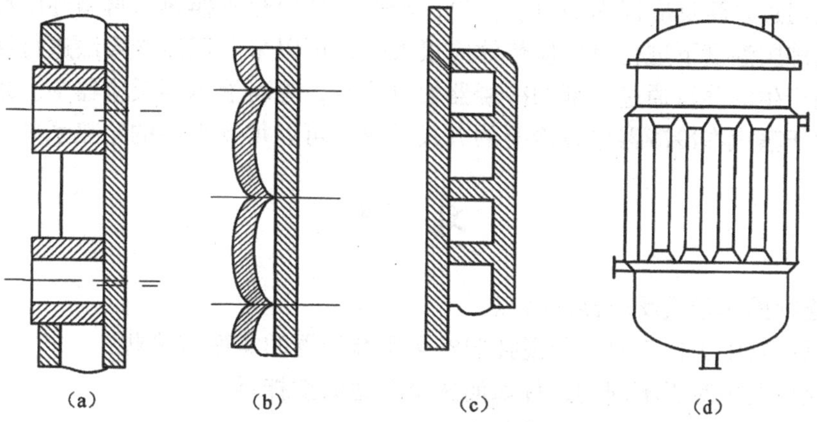

图 3－25　几种加强夹套传热结构

工业上常用的蛇管有两种，水平式蛇管如图 3－26(a)所示，直立式蛇管如图 3－26(b)所示。蛇管浸泡在物料中，热量损失小，传热效果好。同时排列紧密的水平式蛇管能起到导流筒的作用，排列紧密的直立式蛇管也可以起到挡板的作用，它们对于改善流体流动状况和搅拌效果起积极作用。通常，蛇管的传热系数比夹套的传热系数高 60%，而且可以采用较高压力的传热介质。但蛇管检修比较麻烦，对含有固体颗粒的物料和黏稠物料，容易堆积和挂料，以至于影响传热效果。蛇管不宜太长，因为冷凝液可能积聚，降低部分传热面的传热作用，而且排出蒸汽中所夹带的惰性气体也很困难。用蒸汽加热时，管长与管径的比值可参考表 3－2。

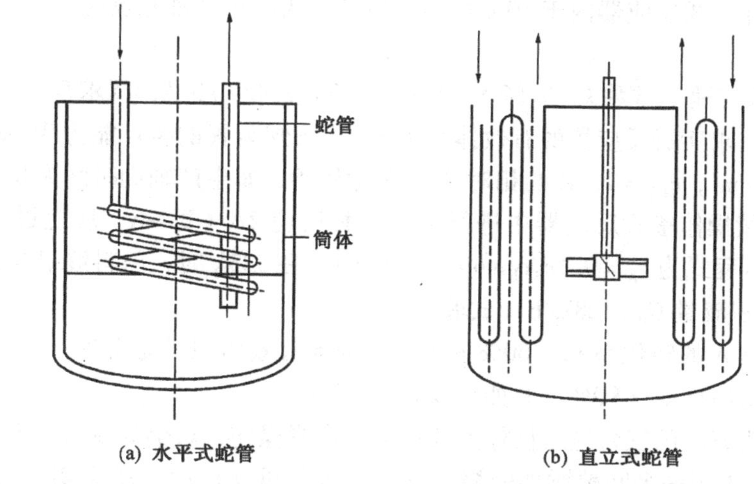

图 3－26　蛇管

表 3－2　管长与管径的比值

蒸汽压力/MPa	0.045	0.125	0.2	0.3	0.5
管长与管径最大比值 L/d	100	150	200	225	275

3.7.3　其他型式传热装置

除了采用夹套和蛇管等内插传热构件使反应物料在反应器内进行换热之外，还可以采用各种型式的换热器使反应物料在反应器外进行换热，即将反应器内的物料移出反应器换热后再循环回反应器。当反应器的夹套和蛇管传热面积仍不能满足工艺要求，或由于工艺的特殊要求时，可以通过泵将反应器内的料液抽出，经过外部换热器换热后再循环回反应器中。另外，当反应在沸腾温度下进行且反应热效应很大时，可以采取回流冷凝法进行换热，也就是说使反应器内产生的蒸汽通过外部的冷凝器加以冷凝，冷凝液返回反应器中。采用这种方法进行传热，由于蒸汽在冷凝器中以冷凝的方式散热，可以得到很高的给热系数。

习 题

1. 试述连续操作釜式反应器的特点。

2. 釜式反应器中为什么要安装搅拌器？常用搅拌器的类型有哪些？

3. 釜式反应器中对于不同的过程如何选择合适的搅拌器？

4. 间歇釜式反应器的生产特点是什么？

5. 在相同条件下进行同一个反应，要求达到相同的转化率时，为什么连续操作釜式反应器所需有效体积比间歇操作釜式反应器的大？

6. 液相反应 $A \rightarrow R$ 为一级反应，出口转化率为75%，进口流量为30L/min，反应速率常数 $k=0.38\text{min}^{-1}$，若反应在一连续操作釜式反应器中进行，求所需反应体积为多少？

7. 在间歇操作釜式反应器中进行二级不可逆恒温均相液相反应

$$A + B \rightarrow R$$

15min 后 A 组分反应掉 80%，现将该反应转移到连续操作釜式反应器中进行，为了达到相同的转化率，所需空时为多少？

8. 在间歇操作釜式反应器内于50℃恒温进行某一级不可逆液相反应

$$A \rightarrow 2R$$

反应温度下反应速率常数 $k=9.52\times10^{9}\exp(-7448.4/T)\text{h}^{-1}$，要求反应终了时 A 组分的转化率为70%，求所需反应器的有效体积为多少[已知装置的生产能力为5000kg(产物)/天，$c_{A0}=2.3\text{kmol/m}^3$，$c_{R0}=0$，R 的相对分子质量为60，非生产辅助时间为0.75h]？

9. 在一个连续操作釜式反应器中进行某一液相反应 $2A + B \rightarrow R$，反应过程视为等容过程，反应动力学方程式为 $r_A=0.1c_A^2c_B\text{mol/(L}\cdot\text{min)}$，在323k 时，原料液组成 c_{A0} 为2mol/L，c_{B0} 为3mol/L，体积流量 Q_0 为28L/h，试求：

（1）当反应物 A 的转化率 $x_A=60\%$ 时所需反应器有效体积 V_r 是多少？

（2）定性说明如果 $x_A=90\%$，V_r 如何变化？

（3）定性说明若改用三台连续操作釜式反应器串联操作，x_A 仍为60%，V_r 又如何变化。

10. 在实验室内用一个间歇搅拌的烧瓶进行二级不可逆反应，反应2h 后，转化率达到99.9%。若改用连续化生产，并将反应器放大，选用一个全混釜反应器进行此反应，其他工艺条件不变，平均停留时间为2h，且保持原来的反应速度常数值，试计算该反应的最终转化率。

11. 等温条件下，在两个有效体积均为8L 的串联连续操作釜式反应器中进行一连串反应 $A \xrightarrow{k_1} R \xrightarrow{k_2} S$，已知操作温度下 $k_1=2.0\text{min}^{-1}$，$k_2=1.0\text{min}^{-1}$，进料体积流量为4L/min，且反应物 A 的初始浓度为4mol/L。试求各釜出口物料的浓度。

12. 用间歇反应器进行乙酸和乙醇的酯化反应，每天生产乙酸乙酯12000kg，其化学反应式为

$$CH_3COOH + C_2H_5OH \rightleftharpoons CH_3COOC_2H_5 + H_2O$$
$$\text{(A)} \qquad \text{(B)} \qquad \text{(R)} \qquad \text{(S)}$$

原料中反应组分的比例为 $m(A):m(B):m(S)=1:2:1.35$，反应液的密度为 $1020kg/m^3$，并假定在反应过程中保持不变。设每批装料、卸料及清洗等辅助操作时间为 1h。反应在 100℃下等温操作，其反应速率方程如下

$$r_A = k_1(c_A c_B - c_R c_S/K)$$

100℃时 $k_1=4.76\times10^{-4}L/(mol\cdot min)$，平衡常数 $K=2.92$。试计算乙酸转化 30% 时所需的反应器有效体积。根据反应物料的特性，若反应器填料系数取 0.75，则反应器的实际体积是多少？

13. 在等温间歇釜式反应器中进行下列液相反应

$$A+B\rightarrow P,\ r_P=2c_A\,kmol/(m^3\cdot h)$$
$$2A\rightarrow Q,\ r_Q=0.5c_A^2\,kmol/(m^3\cdot h)$$

反应起始时 A 和 B 的浓度均等于 $2kmol/m^3$，目的产物为 P，试计算反应时间为 3h 时，A 的转化率和 P 的收率。

第4章　管式反应器

管式反应器是一种呈管状、长径比很大的连续操作反应器。这种反应器可以很长，如丙烯二聚的反应器管长以千米计。反应器的结构可以是单管，也可以是多管并联；可以是空管，如管式裂解炉，也可以是在管内填充颗粒状催化剂的填充管，以进行多相催化反应，如列管式固定床反应器。通常，反应物流处于湍流状态时，空管的长径比大于50；填充段长与粒径之比大于100(气体)或200(液体)。

在化工生产中，连续操作的管式反应器可以近似看成是理想活塞流，又称平推流或置换流(PFR)反应器。它既适用于液相反应，也适用于气相反应。当用于液相反应和反应前后无物质的量变化的气相反应时，可视为恒容过程；当用于反应前后有物质的量变化的气相反应时，为变容过程。如果在反应过程中利用适当的调节手段使温度基本维持不变，则为恒温过程，否则就为非恒温过程。管式流动反应器内非恒温操作可分为绝热式和换热式两种。管式反应器多数采用连续操作，少数采用半间歇操作，很少使用间歇操作。

4.1　活塞流模型

流体在管内流动时存在流速分布，同一横截面上，中间处的流速最大，越靠近器壁流速越小；当流体呈层流时，其径向流速分布为抛物面状，如图4-1(a)所示，呈湍流时则随湍动的程度不同流速分布变得扁平，如图4-1(b)所示。可以看出，中心部分的流体停留时间短，而靠近管壁处的流体停留时间长。停留时间不同影响化学反应进行的速率和程度。另外，由于反应器内的流体混合的形式和程度直接影响到反应器内各处流体的浓度和温度，而它们又是决定反应速率的因素，因此反应器内流体混合也是一个重要的影响因素。根据实际流动状况，对其进行合理简化，建立流动模型。

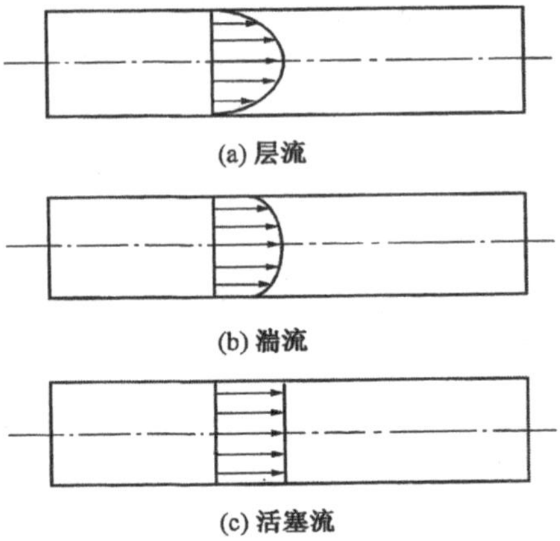

图4-1　径向流速分布

活塞流是一种极端的理想流动状况，即径向流速分布均匀，如图4-1(c)所示。所谓活塞流是指反应物料以一致的方向、相同的速度从反应器进口向出口运动，像活塞一样均匀地向前移动。其特点是连续定态操作，在反应器的各处截面上物料浓度均匀、温度均匀，且物料参数不随时间变化，属于稳态操作；物系参数随轴向位置变化，故反应速率随轴向位置变化；所有物料在反应器内停留时间相同，不存在返混。

所谓返混是指具有不同停留时间的流体粒子之间的混合。对活塞流反应器而言，同一时刻进入反应器的流体粒子必然在同一时刻离开反应器，即所有物料在反应器内停留时间相同。因此，活塞流反应器与间歇操作釜式反应器具有相同的效果，即当物料在反应器内的停留时间相同时，两者所达到的最终转化率及最终收率相同。

对于连续操作釜式反应器，假设刚进入反应器的新鲜物料与已经存留在反应器中的物料能达到瞬间的完全混合，以致在整个反应器内各处物料的浓度和温度完全相同，且等于反应器出口处物料的浓度和温度，在这种情况下，物料的返混程度达到最大，这就是所谓的全混流模型，又称完全混合流模型(CSTR)，是另一种极端的理想流动状况。

活塞流和全混流都属于理想化了的流动，因此这两种模型又称为理想流动模型。两者最大的区别在于活塞流无返混存在，而全混流返混程度达到最大。

4.2 恒温管式反应器设计

因长径比较大，反应器内物料的流动状况满足活塞流假定的连续操作管式反应器可以按照活塞流模型进行讨论。图 4-2 为连续操作管式反应器的示意图，连续操作反应器内流体的流动处于稳定状态，没有反应物积累。由于管式反应器内物料的浓度、温度和反应速率随轴向位置而变，因此，取微元体积 dV_r 对组分 A 作物料衡算。

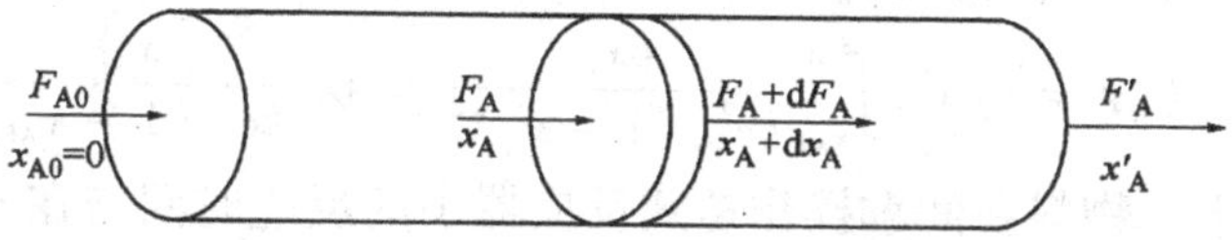

图 4-2　连续操作管式反应器的示意图

(微元时间内进入微元体积的反应物量)	=	(微元时间离开微元体积的反应物量)	+	(微元时间微元体积内转化的反应物量)	+	(微元时间微元体积内反应物的累积量)
F_A		$F_A + dF_A$		$r_A dV_r$		0

即

$$dF_A + r_A dV_r = 0 \tag{4-1}$$

因为

$$F_A = F_{A0}(1 - x_A)$$

则

$$dF_A = -F_{A0} dx_A$$

将上式代入物料衡算式(4-1)得

$$r_A dV_r = F_{A0} dx_A \tag{4-2}$$

式中　F_{A0}——反应组分 A 进入反应器的流量，kmol/h；

F_A——反应组分 A 进入微元体积的流量，kmol/h；

式(4-2)即为连续操作管式反应器的基础计算方程式。将其积分，即可求得反应器的有效体积和物料在反应器内的停留时间。

$$m_t c_{pt}(T - T_0) - (-\Delta H_A) n_{A0}(x_{Af} - x_{A0}) = \int_0^t KA(T_s - T)dt \tag{4-3}$$

因为

$$F_{A0} = c_{A0} Q_0$$

则式(4-2)又可以写成

$$\tau = \frac{V_r}{Q_0} = c_{A0}\int_{x_{A0}}^{x_{Af}} \frac{dx_A}{r_A} \tag{4-4}$$

式中 τ——物料在连续操作管式反应器中的停留时间，h；

Q_0——物料在反应器进口处的体积流量，m^3/h。

应当注意，由于反应过程物料的密度可能发生变化，体积流量也将随之变化，因此只有在恒容过程时，称 τ 为物料在反应器中的停留时间才是准确的。

4.2.1 恒容管式反应器计算

设在反应器内进行一级不可逆反应，其动力学方程式为 $r_A = kc_A$，在恒温条件下 k 为常数，而恒容条件下有 $c_A = c_{A0}(1-x_A)$，并将其代入式(4-4)得

$$V_r = Q_0\tau = c_{A0}Q_0\int_{x_{A0}}^{x_{Af}} \frac{dx_A}{kc_{A0}(1-x_A)} = \frac{Q_0}{k}\ln\frac{1-x_{A0}}{1-x_{Af}} \tag{4-5}$$

当 $x_{A0}=0$ 时

$$V_r = Q_0\tau = \frac{Q_0}{k}\ln\frac{1}{1-x_{Af}} \tag{4-6}$$

若反应器内进行二级不可逆反应，其动力学方程式为 $r_A = kc_A^2$，设 $x_{A0}=0$，同理可得

$$V_r = Q_0\tau = c_{A0}Q_0\int_{x_{A0}}^{x_{Af}} \frac{dx_A}{kc_{A0}^2(1-x_A)^2} = Q_0\frac{x_{Af}}{kc_{A0}(1-x_{Af})} \tag{4-7}$$

在恒温恒容条件下，物料在间歇操作釜式反应器中的反应时间与在连续操作管式反应器中的停留时间是完全相同的，即在相同的条件下，同一反应达到相同的转化率时，在两种反应器中的时间值相等，即 $\tau = t$。这是因为在这两种反应器内，反应物浓度经历了相同的变化过程，只是在间歇操作釜式反应器内物料浓度随反应时间变化，而在连续操作管式反应器内物料浓度随空间位置变化。也可以说，仅就反应过程而言，两种反应器具有相同的效率，但间歇操作釜式反应器存在非生产时间，即辅助生产时间，故生产能力低于连续操作管式反应器。但如果管式反应器在变容条件下反应，则 $\tau \neq t$。

【例4-1】在一连续操作管式反应器中进行过氧化氢异丙苯分解反应以生产苯酚、丙酮，其操作条件和产量同【例3-2】，试计算所需反应器有效体积。

解：由【例3-2】已知 $Q_0 = 3m^3/h$，$c_{A0} = 3.2kmol/m^3$，$k = 0.08s^{-1}$，$x_{A0} = 0$，$x_{Af} = 0.998$，将各量代入式(4-7)得

$$V_r = \frac{Q_0}{k}\ln\frac{1-x_{A0}}{1-x_{Af}} = \frac{3}{0.08\times 3600}\ln\frac{1}{1-0.998} = 0.065(m^3)$$

4.2.2 变容管式反应器计算

通常情况下，液相反应可近似作恒容过程处理。但当反应过程密度变化较大而又要求准确计算时，或对于总分子数变化的气相反应，应考虑容积的变化对反应过程的影响。

变容条件下有

$$V_t = V_0(1+y_{A0}\delta_A x_A)$$

$$F_t = F_0(1+y_{A0}\delta_A x_A)$$

$$c_A = c_{A0}\frac{1-x_A}{1+y_{A0}\delta_A x_A}$$

$$r_A = -\frac{1}{V}\frac{dn_A}{d\tau} = \frac{c_{A0}}{1+y_{A0}\delta_A x_A}\frac{dx_A}{d\tau}$$

式中 F_t——物料的总体积流量，m^3/h；

δ_A——系统中以组分 A 计算的膨胀因子；

y_{A0}——系统中组分 A 的摩尔分数。

将以上关系代入反应器基础计算式中，可以求得连续操作管式反应器中进行变容过程反应器的有效体积。

【例 4－2】在连续操作管式反应器中进行一级不可逆气相分解反应

$$3A \rightarrow R + 5S$$

反应在 0.466MPa、649℃恒温、恒压下进行，反应速率常数为 $k=10h^{-1}$，纯组分 A 进料，若反应器体积为 $8m^3$，原料转化率为 80%，求进料的体积流量。

解：反应器内进行的是气相反应，且反应前后物质量发生变化，所以该反应为变容反应，则膨胀因子为

$$\delta_A = \frac{1+5-3}{3} = 1$$

因为是纯组分进料，所以 $y_{A0}=1$。

A 组分的起始浓度由下式求得

$$c_{A0} = \frac{P_{A0}}{RT} = \frac{0.466\times 1000}{8.31\times(649+273)} = 0.0608 kmol/m^3$$

反应在恒压变容条件下进行，其反应速率为

$$r_A = kc_A = 10c_{A0}\frac{1-x_A}{1+\delta_A y_{A0} x_A} = 0.608\times\frac{1-x_A}{1+x_A}$$

将以上数据带入式(4－4)有

$$\tau = c_{A0}\int_0^{x_{Af}}\frac{dx_A}{r_A} = 0.0608\int_0^{0.8}\frac{(1+x_A)}{0.608\times(1-x_A)}dx_A$$

$$= \frac{1}{10}[-2\ln(1-x_A)-x_A]_0^{0.8}$$

$$= \frac{1}{10}[-2\ln(1-0.8)-0.8]$$

$$= 0.242(h)$$

所以

$$Q_0 = \frac{V_r}{\tau} = \frac{8}{0.242} = 33.06(m^3/h)$$

4.3 反应器反应体积的比较

对同一简单反应，在相同操作条件下，为达到相同转化率，连续操作管式反应器所需有效体积为最小，而连续操作釜式反应器所需有效体积最大。换句话说，若反应器有效体积相同，则连续操作管式反应器所达到的转化率比连续操作釜式反应器所达到的转化率高。

以 $1/r_A$对 x_A作图，如图 4－3 所示。图 4－3(a)为正常动力学的情况，图 4－3(b)为反

常动力学的情况。所谓正常动力学是指反应速率随转化率的升高而降低的反应，反常动力学是指反应速率随转化率的升高而升高的反应。工业上发生的反应多数都属于正常动力学情况，除特殊情况外以下只研究在反应器内进行正常动力学时反应器体积的比较。

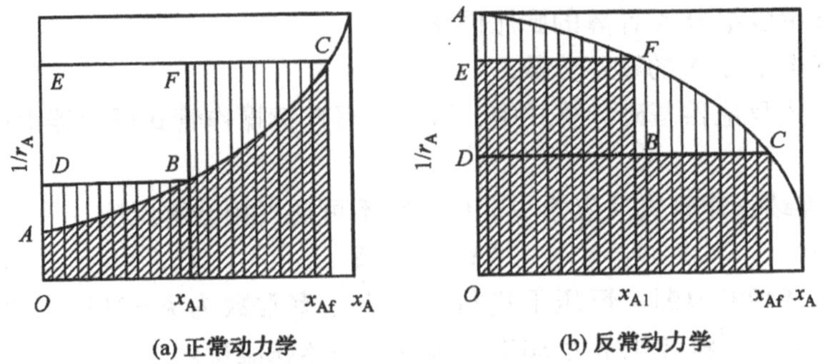

图 4-3 连续反应器反应体积的比较

4.3.1 单个反应器比较

对于同一恒容反应，若初始浓度和反应温度都相同，且 $x_{A0}=0$，则达到相同的反应转化率 x_{Af}时所需反应时间或反应体积的比较如下。

（1）间歇操作釜式反应器和连续操作管式反应器的比较

对于间歇操作反应器，其反应时间按下式计算：

$$t_m = c_{A0}\int_0^{x_{Af}} \frac{dx_A}{r_A} \tag{4-8}$$

式中 t_m——间歇操作釜式反应器的反应时间，h。

对于连续操作管式反应器，其反应时间为

$$\tau_p = \frac{V_{rp}}{Q_0} = c_{A0}\int_0^{x_{Af}} \frac{dx_A}{r_A} \tag{4-9}$$

式中 τ_P——连续操作管式反应器的停留时间，h；

V_{rp}——连续操作釜式反应器的有效体积，m^3。

由式(4-8)和式(4-9)可知，$t_m=\tau_p$。仅从反应时间来看，在间歇操作釜式反应器和连续操作管式反应器中进行反应时，所需反应时间是相同的。但由于间歇操作需要辅助时间，所以实际计算时不能以反应时间为准，而以操作周期 t_m+t'为准，因此，所需反应器体积比连续操作管式反应器的体积要大。因为连续操作管式反应器不存在辅助时间，也没有装料系数的问题。

（2）连续操作釜式反应器和连续操作管式反应器比较

对于连续操作釜式反应器有

$$V_{rc} = \frac{Q_0 c_{A0} x_{Af}}{r_A} = \frac{F_{A0} x_{Af}}{r_A}$$

或

$$\overline{\tau_c} = \frac{V_{rc}}{Q_0} = \frac{V_{rc} c_{A0}}{F_{A0}} = \frac{c_{A0} x_{Af}}{r_A} \tag{4-10}$$

则

$$\frac{\overline{\tau_c}}{\tau_p} = \frac{V_{rc}}{V_{rp}} = \frac{\dfrac{x_{Af}}{r_A}}{\displaystyle\int_0^{x_{Af}} \frac{dx_A}{r_A}} \tag{4-11}$$

式中 V_{rc}——连续操作釜式反应器的有效体积，m^3；

$\overline{\tau_c}$——连续操作釜式反应器的平均停留时间，h。

由图4-4(a)可知，上式中积分项表示的是曲线下的面积，而分子项表示的是矩形的面积，显然，曲线下的面积小于矩形面积，所以式(4-11)大于1，即达到相同转化率时釜式反应器所需的反应体积大于管式反应器所需的体积。

4.3.2 多个串联连续操作釜式反应器与管式反应器比较

从连续操作管式反应器的计算公式

$$\tau_p = \frac{V_{rp}}{Q_0} = c_{A0}\int_0^{x_{Af}} \frac{dx_A}{r_A}$$

及连续操作釜式反应器的计算公式

$$\overline{\tau_{ci}} = \frac{V_{ri}}{Q_0} = \frac{c_{A0}(x_{Ai} - x_{Ai-1})}{r_{Ai}}$$

出发，对同一反应达到同样的转化率，可用图4-4中(a)的形式表明两种反应器的体积比较结果。

图4-4中(b)为同一反应达到同样的转化率使用多个串联连续操作釜式反应器和连续操作管式反应器的比较。按下式

$$\overline{\tau_{ci}} = \frac{V_{ci}}{Q_0} = \frac{c_{A0}(x_{Ai} - x_{Ai-1})}{r_{Ai}}$$

可得各个小矩形面积为$\overline{\tau_{ci}}/c_{A0} = \Delta x_{Ai}/r_{Ai}$，其总面积之和比单釜时的大矩形面积要小得多，且串联釜数越多，所需总反应器的体积越小。当串联釜数无限多时，则与连续操作管式反应器体积相同。因为每釜之间没有返混，从最前面一釜开始，各釜中的反应物浓度和反应速率由高到低，最后达到所要求的转化率，这就是生产中为何采用多釜串联反应器的主要原因之一。

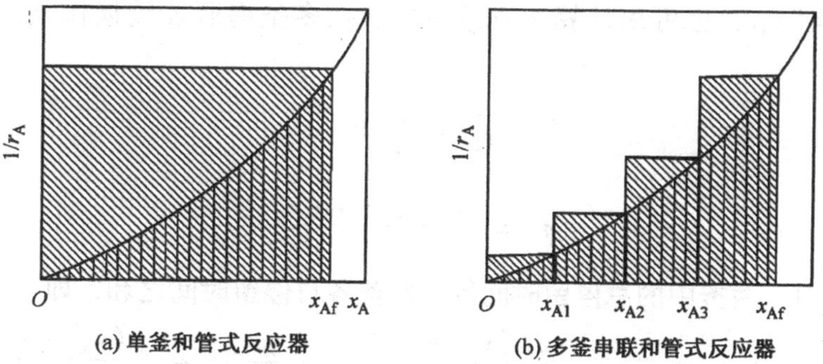

图4-4 连续操作釜式反应器和连续操作管式反应器体积比较

4.3.3 多个串联连续操作釜式反应器的组合

不同大小的多个连续操作釜式反应器串联操作时，若最终转化率已经给定，如何确定其

最优组合？先介绍只有两个反应釜串联的情况。

图4－5表示的是两个反应器的交替排列的情况，两者都达到相同的最终转化率，设法使总体积最小，应选最优的 x_{A1}，也就是确定图上 B 点的位置，使矩形 ABCD 的面积最大。

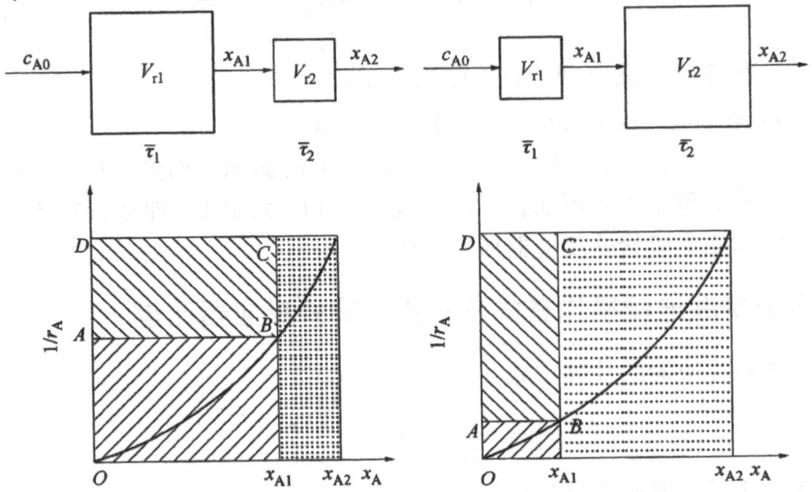

图4－5　不同大小两釜串联比较

设 $AB=x$，$AD=y$，则矩形面积为 $S=xy$，方程两边分别对 x 求导，得

$$\frac{dS}{dx}=x\frac{dy}{dx}+y$$

令 $dS/dx=0$（此时矩形面积最大），即

$$x\frac{dy}{dx}+y=0$$

整理得

$$\frac{dy}{dx}=-\frac{y}{x} \tag{4-12}$$

这就意味着，当 B 点在曲线上斜率正好等于矩形对角线 AC 的斜率时，矩形的面积最大，所对应的转化率 x_{A1} 为最优转化率。一般来说，对于 $n>0$ 的幂指数函数的动力学，总是正好有一个"最优点"存在，如图4－5所示。

对于"最优点" x_{A1}，也可用计算法直接求取。按多釜串联连续操作釜式反应器计算公式得

$$\overline{\tau_1}=\frac{c_{A0}x_{A1}}{r_{A1}}$$

$$\overline{\tau_2}=\frac{c_{A0}(x_{A2}-x_{A1})}{r_{A2}}$$

当两釜串联时，两釜中的总停留时间等于两釜各自停留时间之和，即

$$\bar{\tau}=\overline{\tau_1}+\overline{\tau_2}=\frac{c_{A0}x_{A1}}{r_{A1}}+\frac{c_{A0}(x_{A2}-x_{A1})}{r_{A2}}=\frac{c_{A0}x_{A1}}{k_1f(x_{A1})}+\frac{c_{A0}(x_{A2}-x_{A1})}{k_2f(x_{A2})}$$

当串联的两釜中进行一级不可逆反应，且两釜反应温度相同时，总停留时间为

$$\bar{\tau}=\overline{\tau_1}+\overline{\tau_2}=\frac{c_{A0}x_{A1}}{k_1c_{A0}(1-x_{A1})}+\frac{c_{A0}(x_{A2}-x_{A1})}{k_2c_{A0}(1-x_{A2})}$$

$$= \frac{x_{A1}}{k_1(1 - x_{A1})} + \frac{x_{A2} - x_{A1}}{k_2(1 - x_{A2})}$$

令

$$d\bar{\tau}/dx_{A1} = 0$$

求得

$$x_{A1} = 1 - (1 - x_{A2})^{1/2}$$

结论：对于一级反应，各釜大小相同时是最优的；对于反应级数 $n>0$ 且 $n \neq 1$ 的反应，最优的组合是较小的反应器在前面，较大的反应器在后面；而对于反应级数 $n<0$ 的反应，应先用较大的反应器，后用较小的反应器。

4.3.4 自催化反应

自催化反应是指反应产物本身具有催化作用，能加速反应速率的反应过程。如生化反应的发酵、废水生化处理都具有自催化反应的特征。自催化反应表示为

$$A + P \rightarrow P + P$$

其反应速率方程为

$$r_A = kc_A c_p \tag{4-13}$$

自催化反应过程的基本特征是存在一个最大的反应速率点，以 $r_A \sim x_A$ 作图，如图 4－6 所示。如果自催化反应所要求的转化率小于或等于 x_{A1}，如图 4－7(c) 所示，为达到相同转化率，连续操作釜式反应器（CSTR）显然比连续操作管式反应器（PFR）体积要小，表明返混是有利因素。因为返混导致反应器内产物和原料相混合，使低转化率时反应器内也有较高的产物浓度，得到较高的反应速率。相反，当要求最终转化率较高时，如图 4－7(a) 所示，返混则导致整个反应器处于低的原料浓度，反应速率很低，所以为达到相同转化率，连续操作釜式反应器所需体积将大于连续操作管式反应器所需体积。当反应处于中等转化率时，如图 4－7(b) 所示，则两类反应器无多大差别。

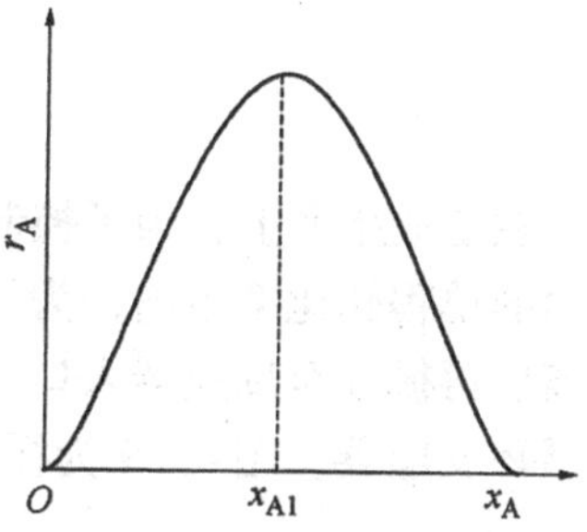

图 4－6 自催化反应速率规律示意图

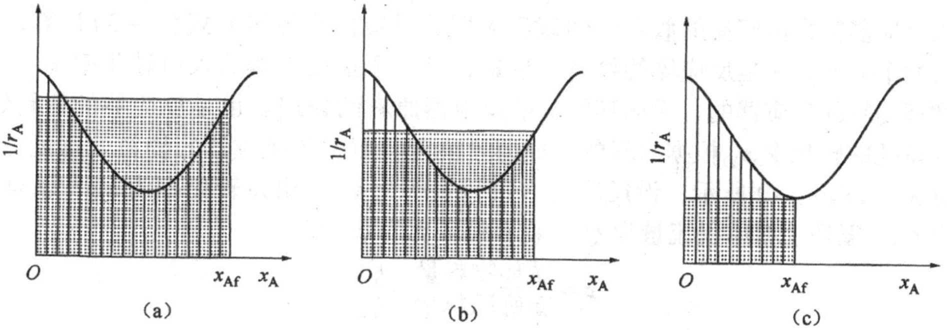

图 4－7 CSTR 和 PFR 用于自催化反应性能的比较

为了使反应器总体积最小，最优反应器组合是先用一个连续操作釜式反应器，控制在最大速率点处操作，然后接一个连续操作管式反应器，达到高转化率以充分利用原料，其组合如图 4－8(a) 所示。其最优组合也可以为一个连续操作釜式反应器后接一个分离装置，连续操作釜式反应器控制在最大速率点处操作，如图 4－8(b) 所示。

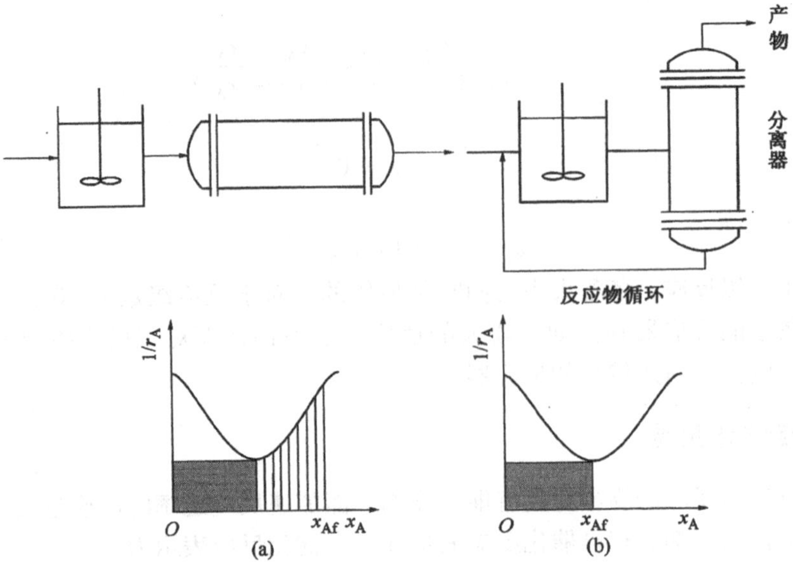

图 4-8　反应器组合的最优化

4.4　循环反应器

在工业生产上，为了控制反应温度、转化率及收率，需要控制反应物料的浓度，致使反应物的单程转化率不高，为了提高原料的转化率，往往将反应器流出的物料中未反应的原料分离后再循环至反应器入口，与新鲜原料混合后再进入到反应器中进行反应，这类反应器称为循环反应器。图 4-9 为循环反应器的示意图。

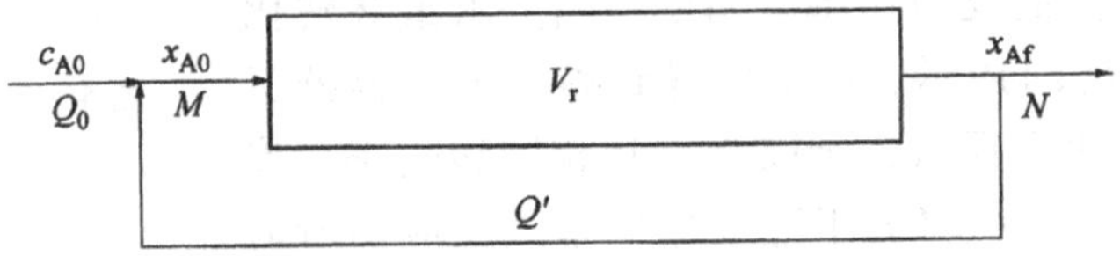

图 4-9　循环反应器示意图

设该反应器符合活塞流的假定，则该反应器的反应体积可按照式(4-3)计算，但是需首先解决两个问题，一是反应器的物料处理量，另一个是反应器的入口转化率 x_{A0}，这是不同于无循环物料的反应器的。无循环物料的反应器原料的处理量也是反应器的物料处理量，反应器入口处的转化率 x_{A0} 根据原料的组成即可决定。而循环反应器的物料处理量与物料的循环量有关。如图 4-9 所示，设反应器入口转化率为 x_{A0}，出口转化率为 x_{Af}，新鲜物料体积流量为 Q_0，循环物料体积流量为 Q'，物料循环比为 φ，则

$$\varphi = \frac{\text{循环物料量}}{\text{新鲜原料量}} = \frac{Q'}{Q_0} \tag{4-14}$$

所以，反应器处理的物料量为

$$Q = Q' + Q_0 = (1 + \varphi) Q_0 \tag{4-15}$$

为了得到循环反应器的设计方程，对 M 点作组分 A 的物料衡算，即

$$\begin{bmatrix}\text{单位时间内流入}\\ M\text{点的 A 组分的量}\end{bmatrix} = \begin{bmatrix}\text{单位时间内流出}\\ M\text{点的 A 组分的量}\end{bmatrix}$$

$$Q_0c_{A0}+\varphi Q_0c_{A0}(1-x_{Af})=(1+\varphi)Q_0c_{A0}(1-x_{A0}) \tag{4-16}$$

化简得

$$x_{A0}=\frac{\varphi x_{Af}}{1+\varphi} \tag{4-17}$$

则循环反应器的反应体积计算式为

$$V_r=(1+\varphi)Q_0c_{A0}\int_{\frac{\varphi x_{Af}}{1+\varphi}}^{x_{Af}}\frac{dx_A}{r_A} \tag{4-18}$$

当 $\varphi \to 0$ 时，由式(4－17)可知，$x_{A0}=0$，式(4－18)化简为式(4－4)，即与无循环物料时活塞流反应器的反应体积计算式相同；而当 $\varphi \to \infty$ 时，由式(4－17)可知，$x_{A0} \to x_{Af}$，此时相当于在恒定转化率 x_{Af} 下操作的釜式反应器。实际上，只要 φ 足够大时，比如 $\varphi=25$ 时，即可认为是在等浓度下操作。大循环比操作的反应器对在实验室中研究化学反应动力学比较重要，因为这样可以使动力学数据的处理大为简化，且可以使反应器保持较好的等温状态。

习 题

1. 试述连续操作管式反应器的主要特点。

2. 什么叫作自催化反应？自催化反应有何特点？

3. 简述变容情况下，连续操作管式反应器有效体积的计算方法。

4. 对同一反应，在相同条件下达到相同转化率时，为什么全混流反应器所需有效体积最大？平推流反应器所需有效体积最小？多釜串联全混流反应器所需有效体积介于两者之间？

5. 在平推流反应器内进行某一级不可逆等温反应。反应器的有效体积为 $2m^3$，原料以 $0.4m^3/h$ 的流量进入反应器，测得出口处物料的转化率为 60%，若改变原料流量为 $0.2m^3/h$，其它条件不变，则出口处转化率是多少？

6. 某一均相液相反应

$$A \to R，r_A=kc_A^2$$

在理想连续操作釜式反应器中反应时，组分 A 的转化率可达 50%。若现在改用一体积相同的理想连续操作管式反应器进行反应，其他条件保持不变，求转化率可达到多少？

7. 在一连续操作管式反应器中进行某一均相液相反应

$$A \to R，r_A=kc_A^2$$

组分 A 的转化率为 50%，如果反应器体积增大为原来的 6 倍，其他保持不变，则转化率为多少？

8. 某一均相液相反应

$$A+B \to R+S$$

已知 $Q_0=0.5L/min$，$c_{A0}=c_{B0}=0.05mol/L$，$r_A=kc_A^2$，$k=100L/(mol \cdot min)$，$V_r=1L$，求：

(1) 反应在平推流反应器中进行时的出口转化率。

(2) 若用全混流反应器进行反应，则得相同转化率所需反应体积是多少？

(3) 若用有效体积为 1L 的全混流反应器进行反应，求达到的转化率为多少？

9. 在 500K 及 3atm 的平推流反应器中进行反应 $A \to R$，已知进料中含 80%（摩尔分数）

的 A 组分，其余为惰性气体，其动力学方程为

$$r_A=0.2c_A \text{mol/(m}^3\cdot\text{s)}$$

A 的加料流量为 $F_{A0}=5$mol/s，为了达到 90% 的转化率，求：

(1) 所需的空速为多少？

(2) 反应器有效体积为多少？

10. 乙酸酐按下式分解

$$(CH_3CO)_2O+H_2O \rightarrow 2CH_3COOH$$

该反应的反应速率方程为 $r_A=kc_A$，反应温度下反应速率常数为 0.08min^{-1}。若每小时处理初始浓度为 95mol/m^{3}的乙酸酐水溶液 0.6m^3。

(1) 当采用连续操作釜式反应器进行反应，求乙酸酐转化率为 92% 时，反应器有效体积是多少？

(2) 若采用连续操作管式反应器进行反应，要求转化率不变，求反应器有效体积是多少？

(3) 若选用两个体积相同的连续操作釜式反应器串联操作，乙酸酐最终转化率仍为 92%，求反应器总有效体积是多少？

11. 常压及 800℃ 等温下，在连续操作管式反应器中进行下列气相反应

$$C_6H_5CH_3+H_2 \longrightarrow C_6H_6+CH_4$$

在反应条件下该反应的速率方程为

$$r_A=kc_A c_B^{0.5} \text{mol/(L}\cdot\text{s)}$$

式中，c_A及 c_B分别为甲苯和氢气的浓度，单位 mol/L。原料气处理量为 2kmol/h，其中甲苯与氢的摩尔比为 1:1。若反应器的直径为 50mm，试计算甲苯最终转化率为 95% 时的反应器长度。

第 5 章　反应器内停留时间分布与流动模型

在第 3 章及第 4 章中讨论了两种不同类型的流动反应器——连续操作釜式反应器和管式反应器。在相同条件下，两者的操作效果相差很大，究其原因是由于物料在反应器内的流动状况不同，即物料在反应器内的停留时间分布不同。

反应器内流体的流动特征主要是指反应器内反应流体的流动状态、混合状态等，它们随反应器的几何结构和几何尺寸而异。反应流体在反应器内的流动和混合状态非常复杂，不仅存在浓度和温度的分布，而且还存在流速分布。这样的分布容易造成反应器内反应物处于不同的温度和浓度下进行反应，出现不同停留时间的微团之间的混合，即返混。

5.1　流动模型

工业生产上的反应器总是存在一定程度的返混，从而产生不同的停留时间分布，影响反应的转化率。所以，在反应器的设计中，就需要考虑非理想流动的影响。

返混程度的大小，一般是很难直接测定的，总是设法用停留时间分布来加以描述。停留时间与返混之间不一定存在对应关系，但是，一定的返混必然会造成确定的停留时间分布，同样的停留时间分布可以是不同的返混所造成。因此，不能直接把测定的停留时间分布用于描述返混的程度，而要借助于模型方法。

所谓模型方法，就是通过对复杂的实际过程的分析进行合理的简化，然后用一定的数学方法加以描述，使其符合实际过程的规律性，此即所谓的数学模型，然后加以求解。在模型化中，最重要的是合理的“简化”，把复杂的实际过程简化为比较简单清晰的物理图形，即具有用数学方式能加以表达的物理模型，然后再变为数学模型。简化必须是合理的，并要符合实际过程的规律性，建立数学模型就是在准确性与简单性之间寻求妥善的解决方案。而要提出合理的简化，必须对过程有深入的认识。

虽然工业反应器型式多样，其中的流体流动状况复杂，但就其返混状况而言可以用不同的流动模型来描述。为了便于讨论，一般将流动模型分为两大类型，即理想流动模型和非理想流动模型。从停留时间分布的角度看，理想流动模型是两种极限状况，即完全没有返混的理想活塞流动模型和返混为极大值的理想混合流动模型。非理想流动模型是关于实际工业反应器中流体流动状况对理想流动偏离的描述。

5.1.1　理想流动模型

化工操作过程可分为间歇过程、连续过程和半连续过程。反应器中流体的流动模型是针对连续过程而言的。根据反应器内流体的流动状况，可以建立理想活塞流动模型和理想混合流动模型两种理想流动模型。

（1）理想活塞流动模型

理想活塞流动模型也称作平推流模型或置换流模型，如图5－1所示。任一截面的物料如同汽缸活塞一样在反应器中移动，垂直于流体流动方向的任一横截面上所有的物料质点的年龄相同，是一种返混为零的极限流动模型。其特点是，在定态情况下，沿着物料流动方向，物料的参数会发生变化，而垂直于流体流动方向任一截面上物料的所有参数都相同。这些参数包括物料的浓度、温度、压力、流速等，所有物料质点在反应器中都具有相同的停留时间。长径比较大和流速较高的连续操作管式反应器中的流体流动可视为理想活塞流动。

（2）理想混合流动模型

理想混合流动模型也称为全混流模型，如图5－2所示。由于强烈搅拌，反应器内物料质点返混程度为无穷大，所有空间位置物料的各种参数完全均匀一致。反应物料以稳定的流量进入反应器，刚进入反应器的新鲜物料与存留在其中的物料瞬间达到完全混合，而且出口处物料性质与反应器内物料性质完全相同。流体由于受搅拌的作用，进入反应器的物料质点可能有一部分立即从出口流出，停留时间很短，另有一部分可能刚到出口附近又被搅拌回来，致使这些物料质点在反应器中的停留时间极长。所以，物料质点在理想混合反应器中的停留时间参差不齐，存在停留时间的分布。搅拌十分强烈的连续操作搅拌釜式反应器中的流体流动可视为理想混合流动。

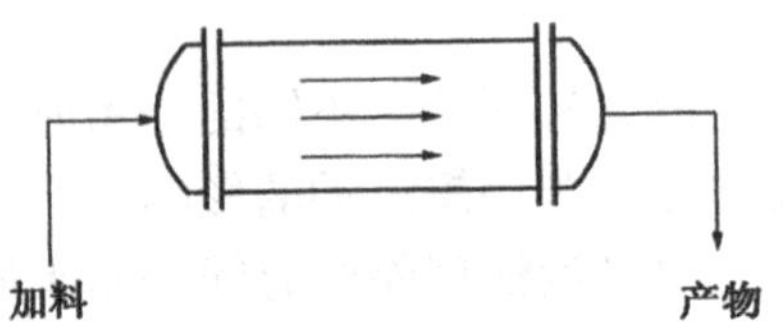

图5－1　理想活塞流动模型

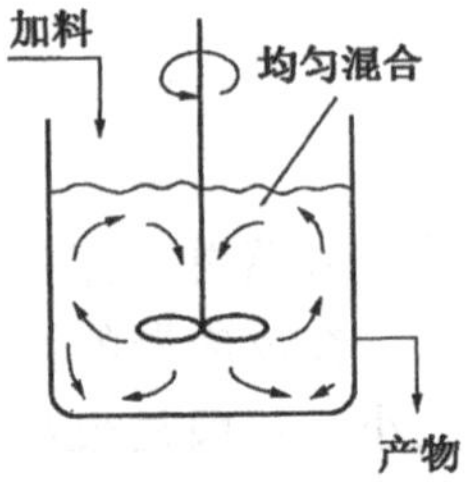

图5－2　理想混合流动模型

5.1.2　非理想流动模型

理想流动模型是两种极端状况下的流体流动，即理想活塞流动和理想混合流动。前者在反应器出口的物料质点具有相同的停留时间，也就是具有相同的反应时间；而后者虽然在反应器出口的物料质点具有不同的停留时间，即存在停留时间分布，但它具有与反应器内的物料相同的停留时间分布。反应物料在这两种理想反应器中具有不同的流动模式，反应结果也就存在明显的差异。实际工业反应器中的反应物料流动与理想流动有所偏离，往往介于两者之间。凡不符合理想流动状况的流动，均称为非理想流动。显然，偏离理想流动的程度不同，反应结果也不同。

（1）实际反应器流动状况偏离理想流动状况的原因

实际反应器流动状况偏离理想流动状况的原因可归结为以下几个方面。

① 滞留区的存在　滞留区也称为死区、死角，是指反应器中流体流动极慢导致几乎不流动的区域。它的存在使得一部分流体在反应器内的停留时间极长，其停留时间分布密度函数 $E(t)$ 曲线的特征是拖尾很长。滞留区主要产生于反应器的死角中，如设备两端、挡板与设备壁的交界处以及设备设有其他障碍物时，最容易产生死角。滞留区的减少主要靠设计来保证。

② 存在沟流与短路　固定床反应器、填料塔中，由于催化剂颗粒或填料装填不均，形

成低阻力的通道，使部分流体快速从此通过，从而形成沟流。存在沟流时，其停留时间分布密度函数 $E(t)$ 曲线的特征是存在双峰。

设备设计不良时会产生流体短路现象，即流体在设备内的停留时间极短。例如，当设备的进出口离得太近时就会出现短路。

③ 循环流　在实际的釜式反应器、鼓泡塔和流化床中都存在着流体循环运动。近年来人们还有意识地在反应器内设置导流筒，以汽提或喷射等驱动方式以达到强化或控制循环流的目的。当存在循环流时停留时间分布函数 $E(t)$ 曲线的特征是存在多峰现象。

④ 流体流速分布不均匀　由于流体在反应器内的径向流速分布的不均匀，造成流体在反应器内的停留时间长短不一。如管式反应器中流体呈层流流动，同一截面上物料质点的流速不均匀，与理想反应器发生明显偏离。

⑤ 扩散　由于分子扩散及涡流扩散的存在而造成物料质点的混合，使停留时间分布偏离理想流动状况，这对于活塞流的偏离更为明显。

上述是造成非理想流动的几种常见原因，对一个流动系统可能全部存在，也可能存在其中的几种，甚至有其他原因。

(2) 返混及降低返混的措施

① 返混　返混不是一般意义上的混合，它是指具有不同停留时间的流体粒子的混合，是连续化后才出现的一种混合现象。间歇反应器中不存在返混，理想活塞流反应器是没有返混的一种典型的连续化反应器，而理想全混流反应器是返混程度最大的反应器。

非理想流动反应器存在不同程度的返混，返混带来的最大影响是反应器进口处反应物高浓度区的消失或减低。例如，对于理想全混流反应器而言，进口的反应物虽然具有高浓度，但一旦进入反应器内，由于存在剧烈的混合作用，进入的高浓度反应物料立即被迅速分散到反应器的各个部位，并与原有的低浓度物料相混合，使高浓度瞬间消失。可见，理想全混流反应器中由于剧烈的搅拌混合，不可能存在高浓度区。

需要指出的是，间歇操作釜式反应器和连续操作釜式反应器虽然同样存在剧烈的搅拌与混合，但是，间歇釜式反应器不会导致高浓度的消失，这是因为参与混合的物料不同。前者是同一时刻进入反应器内物料之间的混合，并不改变原有的物料浓度；后者是不同时刻进入反应器内物料之间的混合，是不同浓度的混合。不同性质物料之间的混合，属于返混。它造成了反应物高浓度的迅速消失，导致反应器的生成能力下降。

② 降低返混程度的措施　返混不但对反应过程产生不同程度的影响，而且对反应器的工程放大也带来很多问题。由于放大后的反应器中流体流动状况的改变，导致了返混程度的变化，给反应器的放大计算带来很大困难。因此，在选择反应器的型式时，应尽量避免选用可能造成返混的反应器，或采取措施降低反应器内的返混程度。降低返混程度的主要措施是分割，通常有横向分割和纵向分割两种，其中重要的是横向分割。

连续操作的搅拌釜式反应器，其返混程度可能达到理想混合程度。为了减少返混，工业上常采用多釜串联的操作，这是横向分割的典型例子。当串联釜数足够多时，这种连续多釜串联的操作性能就很接近理想活塞流反应器的性能。

流化床反应器是气固相连续操作的一种工业反应器。流化床中由于气泡运动造成气相和固相都存在严重的返混。为了限制返混，对高径比较大的流化床反应器，常在其内部装置横向挡板以减少返混；而对于高径比较小的流化床反应器，则可设置垂直管作为内部构件，这是纵向分割的例子。

5.2 停留时间分布

5.2.1 概述

化学反应进行的完全程度与反应物料在反应器内的停留时间的长短有关，时间越长，反应进行得越完全，可见研究反应物料在反应器内的停留时间问题具有十分重要的意义。

图5－3 闭式系统示意图

本书中所讨论的停留时间分布只限于仅有一个进口和一个出口的闭式系统，如图5－3所示。流体连续地通过导管由系统的一端输入，而在另一端输出。所谓闭式系统，其基本假定是流体粒子一旦进入系统再也不返回到输入流体的导管中，而由输出管输出的流体粒子也再不返回到系统中，简言之就是在系统进口处流体粒子有进无出，而在系统出口处则有出无进。闭式系统的假定，是符合绝大多数实际情况的。

停留时间分布的应用主要是两个方面，一是对已有的操作设备进行停留时间分布的测定，以分析其工况，提供改进操作性能的有用信息。这方面的应用是诊断性的，对操作性能不佳的设备可提供某些改进方向和措施，例如通过停留时间分布的测定，来检查填料塔或固定床反应器是否存在死区或短路现象。另一个方面的应用则是反应器或其他设备的设计与分析，通过停留时间分布建立合适的流动模型，作为进行物料衡算、热量衡算以及动量衡算的基础。

5.2.2 停留时间的定义与表征

在连续反应器中，如果把流动物料分成足够数量的微小单元(简称微元)，则流体的流动就是这些微元在进入反应器后，随时间发展处于不同的空间位置，最后分别离开反应器的过程。所谓停留时间(RTD)是指物料质点从进入反应器开始，到离开反应器为止，在反应器中的总停留时间。这个时间也就是物料质点的寿命。物料质点的停留时间是影响反应转化率的关键因素，因此有必要讨论反应器中物料质点停留时间的分布。

由于物料在反应器中的停留时间完全是随机的，因此可以根据概率分布的概念来对物料在反应器内的RTD进行定量描述。描述RTD的概率分布函数有停留时间分布密度函数(RTD密度函数)和停留时间分布函数(累积RTD函数)。

(1) 停留时间分布密度函数(RTD密度函数)

停留时间分布密度函数也称E函数，常用$E(t)$表示。其定义为：在定常态下的连续流动系统中，相对于某瞬间$t=0$时流入反应器的N个物料质点中，将停留时间介于t到$t+dt$之间的物料质点所占分率dN/N定义为$E(t)\mathrm{d}t$。根据此定义，RTD函数具有归一化性质，即

$$\int_0^{\infty} E(t)\,\mathrm{d}t = 1 \tag{5-1}$$

或

$$\sum(\Delta N/N) = 1$$

说明停留时间无限长时，所有具有不同停留时间的质点所占的百分率之和为一。

(2) 停留时间分布函数(累积 RTD 函数)

停留时间分布函数也称为 F 函数，常用符号 $F(t)$ 表示，其定义为：在定常态下的连续流动系统中，相对于某瞬间 $t=0$ 时流入反应器的 N 个物料质点中，停留时间小于 t 的质点(或介于 $0 \sim t$ 之间的质点)所占的分率，$F(t)$ 为一无量纲量，根据此定义可知，$F(t)$ 和 $E(t)$ 之间具有如下关系

$$F(t) = \int_0^t E(t)\,\mathrm{d}t \tag{5-2}$$

$F(t)$ 与 $E(t)$ 函数的曲线形状如图 5-4 所示。由图可以看出，$F(t)$ 曲线不同于 $E(t)$ 曲线，它是一条单调递增的曲线，其最大值为 1，或者可以写成 $F(\infty)=1$；而最小值为零，或 $F(t)=0(t \leqslant 0)$。总之，$F(t)$ 永远为正值。既然 $F(t)$ 为停留时间小于 t 的流体粒子所占的分数，所以 $1-F(t)$ 则为停留时间大于 t 的流体粒子所占的分数。式(5-2)可以改写成

$$E(t) = \frac{\mathrm{d}F(t)}{\mathrm{d}t} \tag{5-3}$$

由此可知，当 $F(t)$ 曲线已知时，在曲线上的某一点作切线，如图 5-5 所示的直线 AP，该直线的斜率即等于相应的 $E(t)$ 值。相反，若 $E(t)$ 曲线已知，将其进行积分即可得到相应的 $F(t)$ 值。所以停留时间分布的两种形式，只要知道其中一种即可求出另一种。

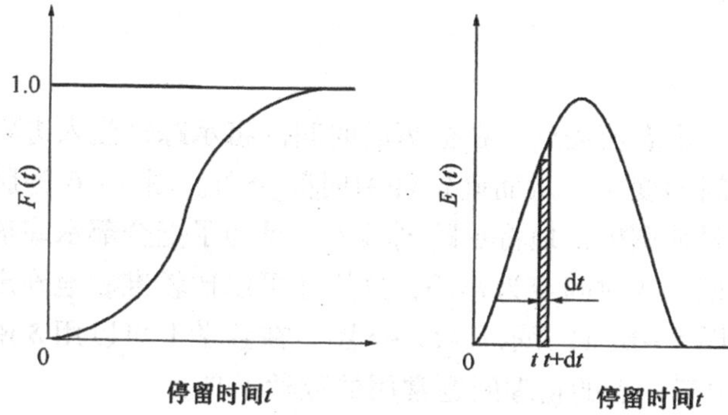

图 5-4 停留时间分布

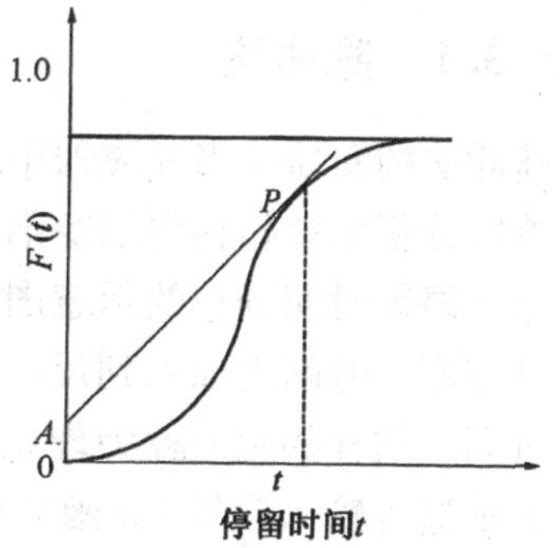

图 5-5 停留时间分布函数

使用停留时间 t 进行计算时，往往由于单位不统一而带来很多麻烦，因此为了应用上的方便，常常使用无因次停留时间 θ，其定义为

$$\theta = t/\bar{t} \tag{5-4}$$

式中 $\bar{t}$ 为平均停留时间，对于在闭式系统中流动的流体，当流体密度维持不变时，其平均停留时间用下式求得。

$$\bar{t} = V_r/Q_0 \tag{5-5}$$

如果一个流体粒子的停留时间介于区间$(t, t+\mathrm{d}t)$内，则它的无因次停留时间也一定介于区间$(\theta, \theta+\mathrm{d}\theta)$内。这是因为所指的是同一个事件，所以质点介于这些区间的概率一定相等，于是有

$$E(t)\,\mathrm{d}t = E(\theta)\,\mathrm{d}\theta$$

将式(5-4)两边积分后带人上式，得

$$E(\theta) = \frac{E(t)\,\mathrm{d}t}{\mathrm{d}\theta} = \frac{E(t)\,\mathrm{d}t}{\mathrm{d}(t/\bar{t})} = \bar{t}E(t) \tag{5-6}$$

由于 $F(t)$ 本身是一累积概率，而 θ 是 t 的确定性函数，根据随机变量的确定性函数的概

率应与随机变量的概率相等的原则，有

$$F(t)=F(\theta)$$

显然，式(5-1)～式(5-3)也可以用无因次停留时间表示如下

$$\int_0^{\infty}E(\theta)\mathrm{d}\theta=1 \tag{5-7}$$

$$F(\theta)=\int_0^{\theta}E(\theta)\mathrm{d}\theta \tag{5-8}$$

$$E(\theta)=\frac{\mathrm{d}F(\theta)}{\mathrm{d}\theta} \tag{5-9}$$

5.3 停留时间分布的实验测定

停留时间分布通常由实验测定。主要方法是采用应答技术，即用一定的方法将示踪剂在反应器进口加入，然后在反应器出口物料中检测示踪剂的信号，以获得示踪剂在反应器中停留时间分布规律的实验数据。

根据示踪剂加入的方式不同，可以分为阶跃注入法、脉冲注入法及周期输入法。因脉冲法和阶跃法简便易行，而作为常用的方法。

5.3.1 脉冲法

脉冲法的实质是当反应器中的流体达到定态流动后，在极短的时间内将示踪剂注入进料中，然后分析出口物料中示踪剂浓度随时间的变化，从而确定停留时间分布。图5-6为脉冲法测定停留时间分布的示意图。之所以要强调极快地将示踪剂输入，是为了把全部示踪剂看成是在同一时间内加入到反应器中，并把输入时间定为$t=0$，这样才可以比较准确地确定停留时间；这样的脉冲称为理想脉冲，如图5-6(a)所示$c_0(t)\sim t$图。在数学上可以用δ函数来表示这种输入信号，δ函数是处理集中于一点的物理问题常用的数学工具。

在系统出口处流体中检测示踪剂浓度随时间的变化曲线如图5-6(b)出口应答曲线。这种检测应是连续的，否则得到的将是离散的结果。出口处流体中示踪剂的浓度是通过某些物理性质的变化来确定的。对于气体系统，常用的检测方法是导热分析。电解质溶液系统则多用电导率分析。

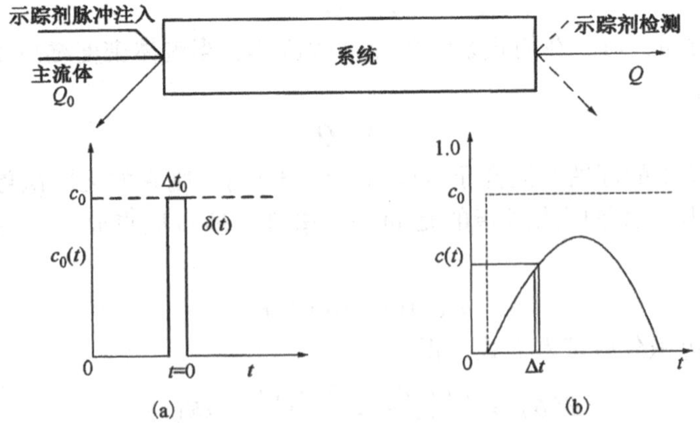

图5-6 脉冲法测定停留时间分布密度函数

假设在某一瞬间，向定态流动系统的流体中脉冲加入一定量为 m 的示踪剂，同时开始计时，并连续分析出口处示踪剂浓度 $c(t)$，当经过足够长时间后，加入系统中的示踪剂 m 一定会全部离开系统，即

$$Qc(t)\mathrm{d}t = mE(t)\mathrm{d}t$$

所以

$$E(t) = \frac{Qc(t)}{m} \tag{5-10}$$

式中 Q 为反应器出口处流体流量，出口流体中示踪剂浓度 $c(t)$ 与时间 t 的关系曲线叫做响应曲线。由式(5-10)即可根据出口应答曲线求得停留时间分布函数 $E(t)$。由此可见，脉冲法直接测得的是停留时间分布密度函数 $E(t)$。

示踪剂的输入量 m 有时不能准确地知道，可通过下式计算

$$m = \int_0^\infty Qc(t)\mathrm{d}t \tag{5-11}$$

若 Q 为常量，则应答曲线下的面积乘以主流体的体积流量 Q 应等于示踪剂的加入量，并将式(5-11)带入式(5-10)可得

$$E(t) = \frac{c(t)}{\int_0^\infty c(t)\mathrm{d}t} \tag{5-12}$$

如果系统出口检测的不是示踪剂的浓度而是其他物理量，由式(5-12)可知，只要这些物理量与浓度呈线性关系，就可以直接将其相应测定值代入式(5-12)求 $E(t)$，无需换算成浓度后再带入。

例如在测定停留时间分布的实验中，在反应器出口处检测的就是溶液电导率的变化，因为对电解质溶液来说其电导率的大小与溶液的浓度成正比，所以可以直接将测得的电导率带入式(5-12)求得 $E(t)$，即

$$E(t) = \frac{k(t)}{\int_0^\infty k(t)\mathrm{d}t}$$

应当注意，如果所得的响应曲线拖尾较长，也就是说有小部分流体的停留时间很长时，式(5-12)右边分母的积分值就不容易准确计算，在此情况下，应尽量使输入的示踪剂量已知，以避免由于积分值计算所带来的误差。

【例 5-1】以饱和氯化钾为示踪剂，用脉冲法测定有效体积为 1735mL 的液相反应器的停留时间分布。液体流量为 40.2mL/min，在反应器出口处测定不同时间时示踪剂的浓度 $c(t)$ 的变化，（如表 5-1 第 1 列及第 2 列所示）。

（1）求该反应器的停留时间分布密度函数和停留时间分布函数；

（2）画出 $F(t) \sim t$ 曲线及 $E(t) \sim t$ 的曲线。

解：根据式(5-2)可知

$$F(t) = \int_0^t E(t)\mathrm{d}t \tag{a}$$

由式(5-11)可知

$$m = \int_0^\infty Qc(t)\mathrm{d}t \tag{b}$$

当反应器出口处测定的示踪剂浓度为离散型时，上式改写成

$$m = \sum_{0}^{\infty} Qc(t)\Delta t \tag{c}$$

将式(c)代入式(5－12)中有

$$E(t) = \frac{c(t)}{\sum_{0}^{\infty} c(t)\Delta t} = \frac{Qc(t)}{m} \tag{d}$$

将式(d)代入式(a)，并改写成求和式

$$F(t) = \frac{\sum_{0}^{t} c(t)\Delta t}{\sum_{0}^{\infty} c(t)\Delta t} = \frac{Q\sum_{0}^{t} c(t)\Delta t}{m} \tag{e}$$

由式(c)求得示踪剂的量 $m=5.955$g，再将相关数据分别代入式(e)和式(d)，计算出的 $F(t)$ 与 $E(t)$ 分别列于表5－1的第3列和第4列中，而 $F(t)$ 与 $E(t)$ 对 t 的曲线如图5－7所示。

表5－1　原始数据及数据处理

t/min	$c(t)/\times10^{3}/(\text{g/mL})$	$E(t)/\times10^{3}/\text{min}^{-1}$	$F(t)$
0	0	0	0
5	0	0	0
10	0	0	0
15	0.113	0.91	0.005
20	0.863	7.00	0.040
25	2.210	17.95	0.129
30	3.340	27.12	0.265
35	3.720	30.21	0.416
40	3.520	28.59	0.559
45	2.840	23.06	0.674
50	2.270	18.44	0.766
55	1.755	14.25	0.838
60	1.276	10.36	0.889
65	0.910	7.39	0.927
70	0.619	5.03	0.952
75	0.413	3.35	0.968
80	0.300	2.44	0.981
85	0.207	1.68	0.989
90	0.131	1.06	0.994
95	0.094	0.76	0.998
100	0.075	0.61	1.000
105	0	0	1.000
110	0	0	1.000

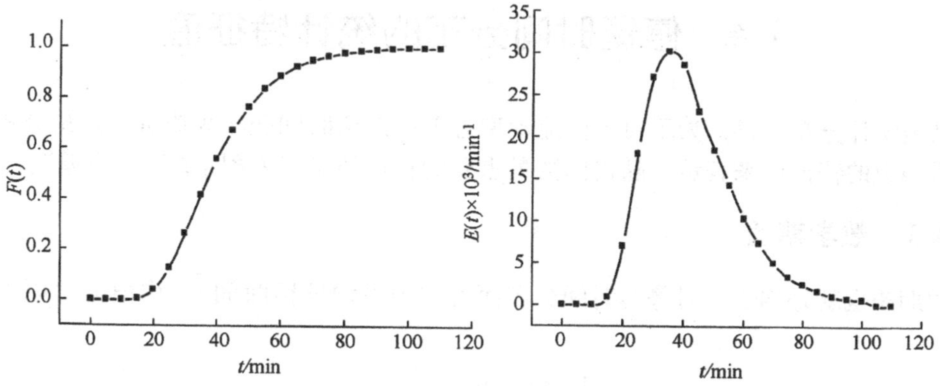

图 5－7　$F(t)$ 与 $E(t)$ 对 t 的曲线

5.3.2　阶跃法

阶跃法的实质是当系统处于定常流动时，将流体切换为流量相同的含示踪剂的流体，或者相反。前一种是升阶法，后一种是降阶法。本书中只研究升阶法。阶跃法与脉冲法的区别是前者连续向系统中加入示踪剂，后者则在极短的时间内一次加入全部示踪剂。

图 5－8 为阶跃法测定停留时间分布的示意图。由图可以看出

$$c_0(t)=0 \quad t<0$$

$$c_0(t)=c_0(\infty)=\text{常数} \quad t\geqslant 0 \tag{5-13}$$

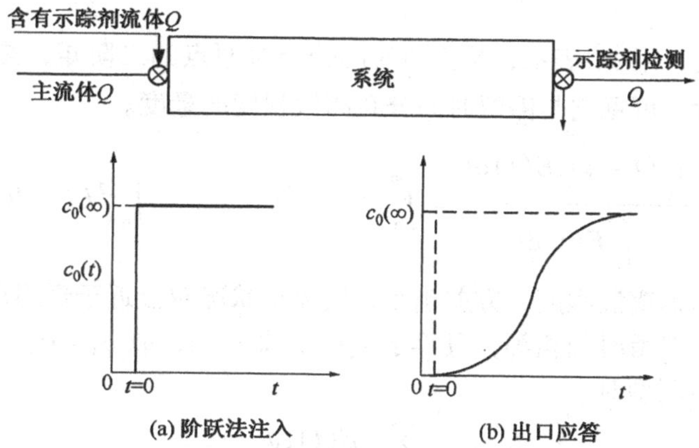

图 5－8　阶跃法测定停留时间分布

在时刻 $(t-\mathrm{d}t)$ 到 t 的时间间隔内，从系统流出的示踪剂的量为 $Qc(t)\mathrm{d}t$，这部分示踪剂在系统内的停留时间必定小于或等于 t，而在相应的时间间隔内输入的示踪剂的量为 $Qc(\infty)\mathrm{d}t$，所以，由 $F(t)$ 的定义可得

$$F(t)=\frac{Qc(t)\mathrm{d}t}{Qc(\infty)\mathrm{d}t}=\frac{c(t)}{c(\infty)} \tag{5-14}$$

由此可见，由阶跃出口应答曲线直接求得的是停留时间分布函数 $F(t)$，而由脉冲出口应答曲线直接得到的是停留时间分布密度函数 $E(t)$。

5.4 停留时间分布的统计特征值

与其他统计分布一样，为了对不同流动型态下的停留时间分布规律进行定量分析，可以采用随机函数的特征值来表示。随机函数最重要的特征值是“数学期望”和“方差”。

5.4.1 数学期望

数学期望也就是均值，对停留时间分布而言即为平均停留时间 $\bar{t}$。均值为对原点的一阶矩，即

$$\bar{t} = \frac{\int_0^{\infty} tE(t)\,\mathrm{d}t}{\int_0^{\infty} E(t)\,\mathrm{d}t} = \int_0^{\infty} tE(t)\,\mathrm{d}t \tag{5-15}$$

数学期望为随机变量的分布中心，在几何图形上也就是 $E(t)$ 曲线下面积的重心在轴上的投影。由 $F(t)$ 和 $E(t)$ 的关系可将式(5-15)改写为

$$\bar{t} = \int_0^{\infty} \frac{t\mathrm{d}F(t)}{\mathrm{d}t}\mathrm{d}t = \int_0^{\infty} t\mathrm{d}F(t) \tag{5-16}$$

当测定值为离散型时，此时数学期望用式(5-17)计算

$$\bar{t} = \frac{\sum tE(t)\Delta t}{\sum E(t)\Delta t} \tag{5-17}$$

5.4.2 方差

方差也称离散度，用 σ_t^2 表示，是停留时间分布对原点的二阶矩，是用来度量随机变量与其均值的偏离程度。可见它是停留时间分布离散程度的量度。

$$\sigma_t^2 = \frac{\int_0^{\infty} (t-\bar{t})^2 E(t)\,\mathrm{d}t}{\int_0^{\infty} E(t)\,\mathrm{d}t} = \int_0^{\infty} (t-\bar{t})^2 E(t)\,\mathrm{d}t = \int_0^{\infty} t^2 E(t)\,\mathrm{d}t - \bar{t}^2 \tag{5-18}$$

方差表示对均值的离散程度，方差越小，则流动状况越接近于理想活塞流。对于理想活塞流，物料在系统中停留时间相等，且等于 V_r/Q，即 $\tau=\bar{t}$，故 $\sigma_t^2=0$。

当测定值为离散测型时

$$\sigma_t^2 = \frac{\sum t^2 E(t)\Delta t}{\sum E(t)\Delta t} - \bar{t}^2 \tag{5-19}$$

若采用无因次停留时间，将其定义式(5-4)分别代入式(5-18)及式(5-19)，可得无因次平均停留时间 $\bar{\theta}$ 及无因次方差 σ_θ^2 的计算公式。

$$\bar{\theta} = \int_0^{\infty} \theta E(\theta)\,\mathrm{d}\theta$$

$$\begin{aligned}\sigma_\theta^2 &= \int_0^{\infty} (\theta-1)^2 E(\theta)\,\mathrm{d}\theta = \int_0^{\infty} (\theta-1)^2 E(t)\bar{t}\mathrm{d}\theta \\ &= \frac{1}{\bar{t}^2}\int_0^{\infty} (t-\bar{t})^2 E(t)\,\mathrm{d}t = \frac{\sigma_t^2}{\bar{t}^2}\end{aligned} \tag{5-20}$$

由此可以推知，对于理想活塞流反应器　$\sigma_t^2=\sigma_\theta^2=0$

对于理想混合流反应器　$\sigma_t^2=\bar{t}^2$，$\sigma_\theta^2=1$

对于一般流型反应器，$0\leqslant\sigma_\theta^2\leqslant1$。当 σ_θ^2 接近于零时，可作理想活塞流处理；当 σ_θ^2 接近于 1 时，可作理想混合流处理。

【例 5－2】计算【例 5－1】中反应器的平均停留时间 $\bar{t}$ 及无因次方差 σ_θ^2。

解：由式(5－17)计算平均停留时间

$$\bar{t}=\frac{\sum tE(t)\Delta t}{\sum E(t)\Delta t}=\frac{\sum tc(t)}{\sum c(t)}$$

$$=\frac{15\times0.113+20\times0.863+25\times2.210+\cdots}{0.113+0.863+2.210+\cdots}$$

$$=\frac{1063.06}{24.656}=43.12(\text{min})$$

按反应器体积计算的空时 τ 为

$$\tau=\frac{V_r}{Q}=\frac{1735}{40.2}=43.16(\text{min})$$

可见两者是极其接近的，说明测得的数据基本上是可靠的。

$$\sigma_t^2=\frac{\sum t^2E(t)\Delta t}{\sum E(t)\Delta t}-\bar{t}^2=\frac{\sum t^2c(t)}{\sum c(t)}-\bar{t}^2$$

$$=\frac{15^2\times0.113+20^2\times0.863+25^2\times2.210+\cdots}{0.113+0.863+2.210+\cdots}-43.12^2$$

$$=\frac{51551.35}{24.656}-43.12^2=231.5(\text{min}^2)$$

$$\sigma_\theta^2=\frac{\sigma_t^2}{\bar{t}^2}=\frac{231.5}{43.12^2}=0.125$$

无因次方差较小，说明该反应器内的返混程度较小。

5.5　理想反应器的停留时间分布

5.5.1　活塞流模型

物料质点在活塞流模型中的停留时间特征是：同时进入系统的流体粒子也同时离开系统。若在 $t=0$ 时向活塞流反应器的进口以 $\delta(t)$ 函数的形式脉冲输入示踪剂时，则其出口流体中示踪剂的浓度也是 δ 函数形式，如图 5－9 所示。虽然脉冲示踪响应曲线表示的是示踪剂的浓度分布曲线，但实际上 $E(t)$ 曲线与脉冲曲线形状相同，所以图中直接表示成 $E(t)$ 曲线的形式，而不以 $c(t)$ 作纵坐标。于是，活塞流模型的停留时间分布密度函数为

$$E(t)=\delta(t-\bar{t})\tag{5-21}$$

式中　$\bar{t}$——质点的平均停留时间，s。

图 5－10 为活塞流反应器停留时间分布函数 $F(t)$ 图，该函数为一阶跃函数，其数学表达式为

$$F(t)=\begin{cases}0 & t<\bar{t}\\ 1.0 & t\geqslant\bar{t}\end{cases} \tag{5-22}$$

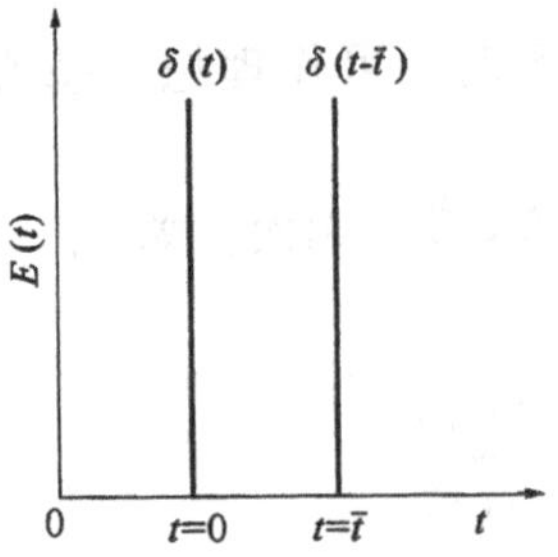

图 5-9　活塞流反应器的 $E(t)$

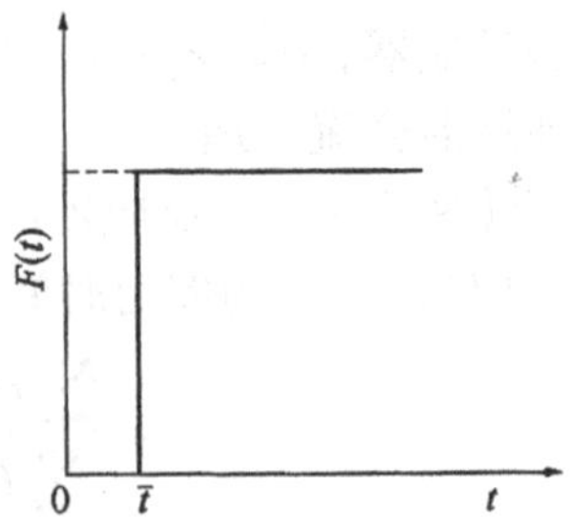

图 5-10　活塞流反应器的 $F(t)$

因为活塞流反应器的停留时间均一，均等于 $\bar{t}$，所以不可能有小于 $\bar{t}$ 的物料质点，因此当 $t<\bar{t}$ 时，$F(t)$ 等于零；当 $t\geqslant\bar{t}$ 时，全部物料质点的停留时间均为 $\bar{t}$，因此 $F(t)$ 等于 1，其 $\sigma_t^2=\sigma_\theta^2=0$。

5.5.2　全混流模型

考察有效体积为 V_r，进料体积流量为 Q 的全混流反应器，若在某一瞬间 $t=0$ 时，将流体切换成流量相同的含有示踪剂 A 的流体，同时检测流出物料中示踪剂 A 的浓度变化。

设连续进入全混流反应器的流体中示踪剂的浓度为 c_0，则单位时间内流入反应器及从反应器流出的示踪剂的量分别为 Qc_0 和 Qc。由于反应器内示踪剂的浓度均一且等于出口物流中的示踪剂浓度，所以单位时间反应器内示踪剂累积量为 $V_r\mathrm{d}c/\mathrm{d}t$，于是对反应器作示踪剂的物料衡算，得

$$V_r\frac{\mathrm{d}c}{\mathrm{d}t}=Qc_0-Qc \tag{5-23}$$

式中　Q——示踪剂的流量，$\mathrm{m^3/h}$；

V_r——反应器的有效体积，$\mathrm{m^3}$。

因为

$$\frac{V_r}{Q}=\tau$$

所以

$$\frac{\mathrm{d}c}{\mathrm{d}t}+\frac{1}{\tau}c=\frac{1}{\tau}c_0 \tag{5-24}$$

此式即为理想混合流动模型的数学表达式。其初始值条件为

$$t=0,\ c=0$$

积分得

$$\int_0^c\frac{\mathrm{d}c}{c_0-c}=\frac{1}{\tau}\int_0^t\mathrm{d}t$$

即

$$\ln\frac{c_0-c}{c_0}=-\frac{t}{\tau}$$

或

$$1 - \frac{c}{c_0} = e^{-\frac{t}{\tau}} \tag{5-25}$$

根据 $F(t)$ 的定义，上式变为

$$F(t) = 1 - e^{-\frac{t}{\tau}} \tag{5-26}$$

将上式对 t 求导得

$$E(t) = \frac{1}{\tau} e^{-\frac{t}{\tau}} \tag{5-27}$$

式(5－26)和式(5－27)便是理想混合反应器停留时间分布函数和分布密度函数的数学表达式。由上两式作图5－11得理想全混流反应器的 $E(t)$ 及 $F(t)$ 图。

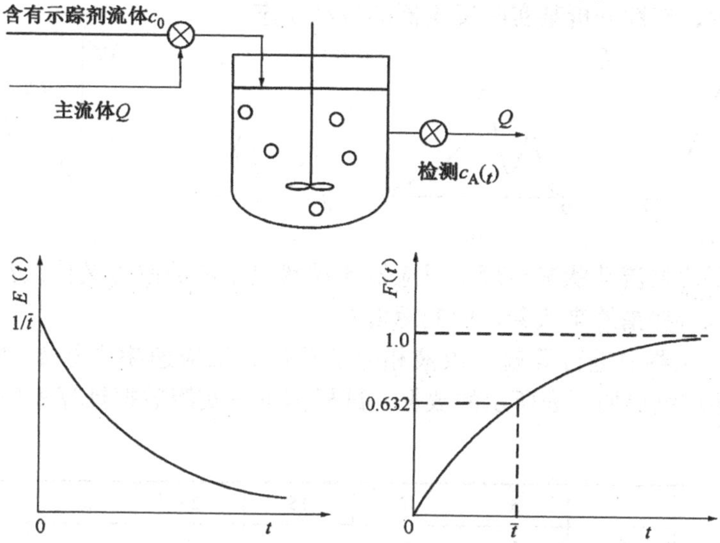

图5－11　全混流反应器的停留时间分布

若采用无因次停留时间，则

$$F(\theta) = 1 - e^{-\theta} \tag{5-28}$$

$$E(\theta) = e^{-\theta} \tag{5-29}$$

由式(5－29)可计算得，当 $\theta = 1$ 时，也即 $t = \tau$ 时，全混流反应器的理想混合反应器的方差为 $F(t) = 0.632$，说明有63.2%的物料在反应器中的停留时间小于平均停留时间。由此可见，全混流反应器中物料停留时间分布是很不集中的。

全混流反应器的方差为

$$\sigma_t^2 = \int_0^\infty (t - \bar{t})^2 E(t)\,dt = \int_0^\infty t^2 E(t)\,dt - \bar{t}^2 = \int_0^t t^2 \frac{1}{\bar{t}} e^{-\frac{t}{\bar{t}}} dt - \bar{t}^2 = \bar{t}^2 \tag{5-30}$$

$$\sigma_\theta^2 = \frac{\sigma_t^2}{\bar{t}^2} = 1 \tag{5-31}$$

可见，对两种极端的流动状况，其无因次方差分别为0和1。实际工业反应器的方差必然介于0和1之间，其 σ_θ^2 的大小，直观地反映了反应器的返混程度。

从正常的反应动力学讨论，活塞流反应器优于全混流反应器。从停留时间分布的比较可以进一步说明这一点。设两个反应器中进行的反应相同，并且平均停留时间相等。对于活塞流反应器，所有物料质点的停留时间相等，且等于平均停留时间；而全混流反应器却完全不同，由式(5－26)可知，停留时间小于平均停留时间的物料质点占全部流体的分率为

63.2%，这部分流体的转化率小于活塞流反应器中流体的转化率是无疑的。虽然其余物料质点的停留时间大于平均停留时间，转化率也高于活塞流反应器的转化率，却抵偿不了由于停留时间短而损失的转化率。所以，活塞流反应器的转化率高于全混流反应器的转化率。由此可见，停留时间分布集中，可以提高反应器的生产强度。当然，这里只是从流体的停留时间长短来分析，转化率的高低还与流体分子间的混合（即所谓的微观混合）有关。

习　题

1. 理想流动模型有几种？各自的特点是什么？

2. 如下图所示，定性分析某实际反应器的流动状态。

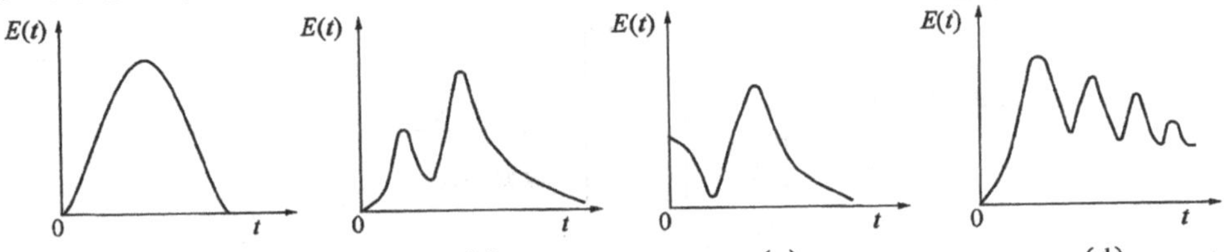

(a)　　(b)　　(c)　　(d)

3. 造成实际反应器流动状况与理想反应器流动状况偏离的原因是什么？

4. 工业上采取哪些措施来改善、限制返混？

5. 在某流动反应器中进行等温一级液相分解反应，反应速率常数 $k = 0.307\ \text{min}^{-1}$。对该反应器的脉冲示踪测得如下表所示的数据，试根据下表实测数据计算平均停留时间及无因次方差？

时间 t/min	0	5	10	15	20	25	30	35
出口示踪物浓度/(g/L)	0	3	5	5	4	2	1	0

6. 用阶跃法测定某一流动反应器的停留时间分布，得到离开反应器的示踪物浓度与时间的关系为：

$$c(t) = \begin{cases} 0 & t \leqslant 2\text{min} \\ t-2 & 2\text{min} \leqslant t \leqslant 3\text{min} \\ 1 & t \geqslant 3\text{min} \end{cases}$$

求：(1) 该反应器的停留时间分布函数 $F(\theta)$；

(2) 该反应器的停留时间分布密度函数 $E(\theta)$；

(3) 该反应器的无因次方差 σ_θ^2。

7. 已知一等温液相反应器的停留时间分布密度函数 $E(t) = 16t\exp(-4t)\ \text{min}^{-1}$，试求平均停留时间、停留时间小于 1min 的物料所占的分率及方差 σ_t^2。

8. 用阶跃法测定某一闭式流动反应器的停留时间分布，得到离开反应器的示踪剂浓度与时间关系如下。

t/s	0	15	25	35	45	55	65	75	90	100
c/(g/L)	0	0.5	1.0	2.0	4.0	5.5	6.5	7.0	7.7	7.7

(1) 试求该反应器的停留时间分布函数 $F(t)$ 及平均停留时间；

(2) 求该反应器的无因次方差。

第6章　多相催化反应器

6.1　概述

工业生产中很多重要的化学反应都属于多相催化反应，如合成氨反应、氯乙烯及丙烯腈等的制备过程。石油加工过程中许多反应也都是多相催化反应，如催化裂化、催化重整、加氢裂化、加氢精制等。

在气固相催化反应过程中，反应发生在催化剂表面处，因此气固相催化反应器的反应区域集中于催化剂层，这就使得气固相催化反应器与均相反应器有显著的差异，两者的工艺计算也就大不相同了。

在气固相催化反应器中，根据原料气和固体催化剂的接触方式不同，可以分为固定床反应器和流化床反应器，如图6－1所示。

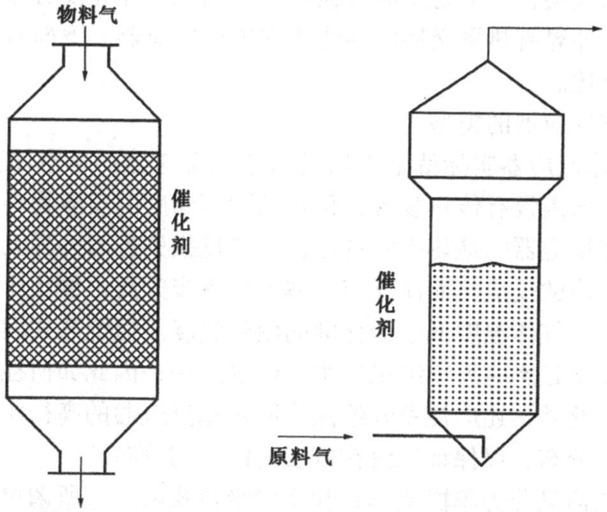

(a) 固定床反应器　　(b) 流体床反应器

图6－1　气固相催化反应器

6.2　固定床反应器的型式

6.2.1　固定床反应器的特点

凡是流体以一定流速通过固定不动的固体物料所形成的床层而进行反应的装置都称为固

定床反应器，其中气固相催化反应器占有主要地位。炼油工业中的大多数反应(催化裂化、加氢裂化、催化重整、加氢精制、异构化等)都属于气固相催化反应，对应的反应器称为气固相催化反应器，包括固定床反应器和流化床反应器两类，但总的来看，以固定床反应器最多。

固定床反应器之所以被广泛应用，是因为它有很多优势，即固定床中催化剂不易磨损而且可以长期使用(除非失活)；床层内流体的流动接近于平推流流动，与釜式反应器相比，其反应速率较快，可以使用较少的催化剂和较小体积的反应器获得较大的生产能力；此外，流体在反应器内的停留时间可以严格控制，温度分布可以适当调节，因此有利于达到高的转化率和高的选择性。

固定床反应器也存在一些缺点，如固定床中传热较差，催化剂的载体通常又是导热不良的物质，化学反应多伴有热效应，而且反应结果对温度的依赖性又很强，因此对反应热效应较大的反应过程，传热与控制温度问题就成为固定床反应器技术中的难点和关键。其次，在固定床反应器中不能使用小粒子催化剂，而且更换催化剂时必须停止生产，这样降低了单位时间内产品的产量。因此用于固定床反应器的催化剂必须有足够长的寿命。

6.2.2 固定床反应器的型式

随着化工生产的发展，已出现多种固定床反应器的结构型式，以适应不同的传热要求和传热方式。主要分为两大类，一类是反应过程中催化剂床与外界没有热量交换的绝热式固定床反应器，另一类是与外界有热量交换的换热式固定床反应器。下面对各种固定床反应器的型式作简单的介绍和评述。

(1) 绝热式固定床反应器的类型

图6-1中的固定床反应器实际就是绝热式固定床反应器的示意图。它的结构简单，催化剂均匀堆放在床内，床内没有传热装置，预热到适当温度的反应物料流过床层进行反应就可以了。绝热式固定床反应器的绝热措施良好，无热量损失且与外界无热量交换。对于可逆放热反应，依靠本身放出的反应热而使反应气体温度逐步升高；催化床入口温度高于催化剂的起始活性温度，而出口气体温度低于催化剂的耐热温度。但绝热式固定床反应器的温度变化总是比较大，而温度又是影响反应结果的主要因素之一，因此如何控制温度，要综合分析并根据实际情况而定。此外，还应注意到绝热式固定床反应器的高径比不宜过大，应使床层充填均匀，气流进行预分布，以保证气流在床层内的均匀分布。

绝热式固定床反应器又分为单段绝热式和多段绝热式两种。所谓单段绝热式固定床反应器是指反应物料在绝热情况下只反应一次；而多段绝热式固定床反应器则是多次在绝热条件下进行反应，反应一次之后经过换热以满足所需的温度条件，再进行下一次的绝热反应。每反应一次，称为一段，一个反应器可做成一段，也可以做成多段，构成多段绝热式固定床反应器。

单段绝热式固定床反应器具有结构简单、空间利用率高、造价低等优点。但是，对于一些热效应大的反应，由于温度升高较多，反应器出口温度可能会超过允许温度。对于可逆放热反应，反应器的轴向温度分布会远离最佳温度分布，从而造成反应器的生产能力降低，甚至会由于化学反应平衡的限制而使反应器出口达不到所要求的转化率。因此，单段绝热式固定床反应器适用于下列场合：

① 反应热效应较小的反应；

② 温度对目的产物收率影响不大的反应；

③ 虽然反应热效应较大，但单程转化率较低的反应或者有大量惰性物料存在，使反应过程中温升小的反应。

单段绝热式反应器的缺点是反应过程中温度变化较大。多段绝热式反应器是为弥补此不足而提出的。多段绝热式固定床反应器多用于放热反应，如水煤气转化及二氧化硫氧化、乙炔加氢制乙烯等。多段绝热床中，反应气体通过第一段绝热床反应至一定的温度和转化率而离单一可逆放热反应平衡温度曲线不太远时，将反应气体冷却至远离平衡温度曲线的状态，再进行下一段的绝热反应。

反应和冷却(或加热)过程间隔进行，根据反应的特征，一般有二段、三段或四段绝热床。根据段间反应气体的冷却或加热方式不同，又分为中间间接换热式和冷激式。中间间接换热式是用热交换器使冷、热流体通过管壁进行热交换，如图6－2(a)、(b)、(c)所示。二氧化硫氧化、乙苯脱氢过程等常采用此方式换热，段间装有换热器，其作用是将上一段的反应气冷却，同时利用此热量将未反应的气体预热或通入外来载热体取出多余的反应热。冷激式则是用冷流体直接与上一段出口气体混合，以降低反应温度，冷激用的冷流体如果是尚未反应的原料气，称为原料气冷激式，如图6－2(e)所示。冷激用的冷流体如果是非关键组分的反应物，则称为非原料气冷激式，如图6－2(d)所示。冷激式反应器结构简单，便于装卸催化剂，内无冷管，避免由于少数冷管损坏而影响操作，特别适用于大型催化反应器。工业上高压下操作的反应器如大型氨合成塔、一氧化碳和氢合成甲醇常采用冷激式反应器。

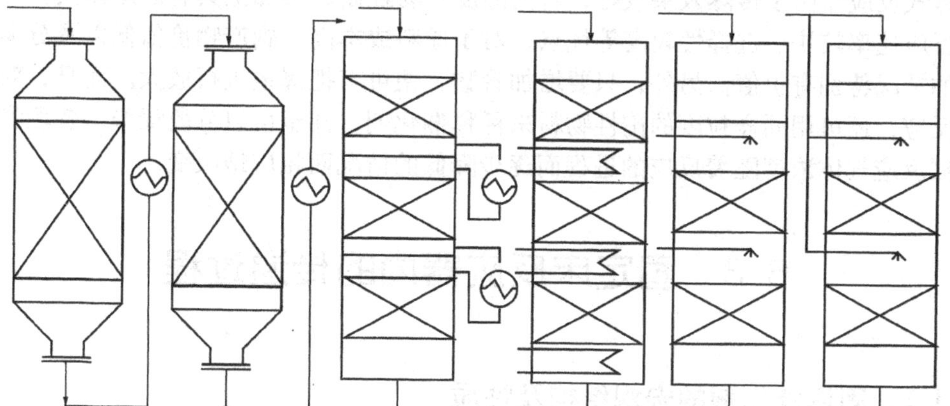

图6－2　多段绝热式固定床反应器

(a)、(b)、(c)中间间接换热式；(d)、(e)冷激式

(2) 换热式固定床反应器

在工业生产中，换热式固定床反应器比绝热式固定床反应器应用的更多。这类反应器的特点是在催化剂床层进行化学反应的同时，床层还通过器壁与外界进行热量交换。

换热式反应器又称非绝热变温反应器，大多为列管式反应器。催化剂可以放在管内，也可以放在管间(在用高压水或用高压蒸汽作载热体时，则把催化剂放在管间，而使管内走高压流体)，但多数催化剂在管内，管间走载热体。列管式换热器的管径大小根据反应热和允许的温度情况而定，一般为25～50mm的管子，但不小于25mm；一方面是为了减小催化剂床层的径向温度差，另一方面是为了使单位床层体积具有较大的换热面积。所用催化剂粒径应小于管径的 8 倍，通常固定床用的粒径约为 2 ~ 6mm，不小于 1.5mm。

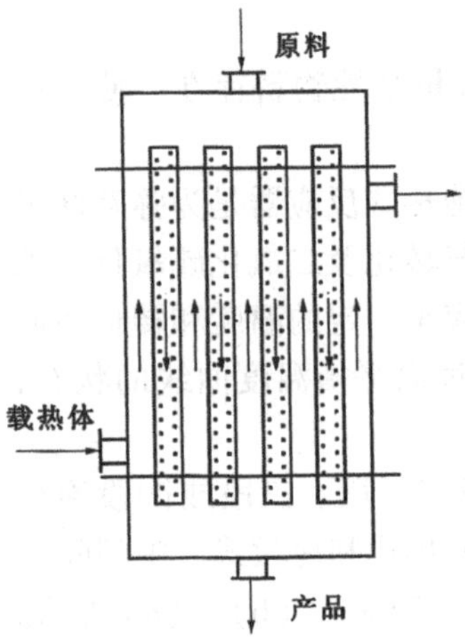

图 6-3　列管式固定床反应器

图 6-3 为列管式固定床反应器的示意图。原料气自反应器顶部向下流入催化剂床层，在底部流出。实际生产中，大多数是采用自上而下的流动方式，少数采用自下而上的流动方式；载热体流向可以与反应气体成逆流，也可以成并流，应根据不同反应的具体要求来进行选择。若进行吸热反应，载热体为化学反应的热源。对于放热反应，载热体为冷却介质，移走由反应所产生的热量。换热强度应满足反应过程所要求的温度条件。

对于换热式列管反应器，载热体的合理选择，往往是控制反应温度和保持反应器操作条件稳定的关键。载热体的温度与床层反应温度之间的温度差异小，但必须能将反应放出的热量移走。这就要求在传热面积一定的情况下，有较大的传热系数。由于反应过程要求的温度高低、反应热效应的大小和反应对温度波动敏感程度的不同，所选用的载热体也不同。一般反应温度在 473K 左右时，宜采用加压热水为载热体；反应温度在 523 ~ 573K 可采用挥发性低的有机物，如矿物油、联苯与联苯醚的混合物等；反应温度在 573K 以上可采用无机熔盐，如硝酸钾、硝酸钠及亚硝酸钠的混合物等；对于温度大于 873K 以上的反应，可用烟道气作为载热体。载热体在壳方的流动循环方式有沸腾式、外加循环泵的强制循环式和内部循环等几种形式。

列管式反应器由于传热效果较好，管内温度较易控制，再加上具有固定床反应器内化学反应的反应速率较快、选择性较高等优点，对于原料成本高、副产物价值低以及分离不是十分容易的情况特别有价值。另外，只要增加管数，便可有把握地进行放大。而且，对于极强的放热反应，还可用同样粒度的惰性物料来稀释催化剂，甚至可以分段稀释，各段稀释程度可以根据反应气体浓度随着反应的进程而逐步降低的情况而相应地改变。

6.3　固定床反应器内的传递过程

6.3.1　固体催化剂的宏观结构及性质

（1）催化剂孔容及孔隙率

绝大多数固体催化剂颗粒为多孔结构，即颗粒内部由许许多多形状不规则且互相连通的孔道所组成，形成一个几何形状复杂的网络结构。正是由于这种网状结构的存在，使催化剂颗粒内部存在着巨大的表面，化学反应便是在这些表面上发生的。通常以单位质量催化剂颗粒所具有的表面积，即比表面积来衡量催化剂表面的大小，以 m^2/g 为单位。比表面积是由实验测定得到的，常用的方法是 BET 法或色谱法。固体催化剂的比表面积可高达 200 ~ $300m^2/g$。

多孔催化剂的比表面积与孔道的大小有关，孔道越细，比表面积越大。然而催化剂颗粒内的孔道又是粗细不一的，通常用孔径分布来描述，孔径分布则是由实验测定的孔容分布计算得到的。孔容是指单位质量催化剂颗粒所具有的孔体积，常以 cm^3/g 为单位，如孔径不太细，例如大于1.0×10^{-8}m，可以用压汞仪来测定不同大小的孔的体积，不同的压力相应于不同粗细的孔道；孔道太细时则用其他方法测定。若不需要分别测定大小不同的孔体积，则可用四氯化碳法测定催化剂的孔容，这时测得的孔体积包括所有孔的体积，或称总孔容，通常所说的孔容指总孔容。

催化剂颗粒的孔体积除了用孔容来表示外，还可以用孔隙率（简称孔率）ε_p来表示。孔隙率等于孔隙体积与催化剂颗粒体积（固体体积与孔隙体积之和）之比，显然$\varepsilon_p<1$。孔隙率与孔容的差别在于前者是按单位颗粒体积计算的孔体积，而后者是按单位质量催化剂计算的孔体积。两者关系为

$$\varepsilon_p = V_g\rho_p \tag{6-1}$$

式中ρ_p为颗粒密度，或称表观密度。除了颗粒密度之外，还有真密度ρ_t和堆密度ρ_b，其定义分别为

$$\rho_p = \frac{\text{固体的质量}}{\text{颗粒的体积}},\ \rho_t = \frac{\text{固体的质量}}{\text{固体的体积}},\ \rho_b = \frac{\text{固体的质量}}{\text{床层的体积}} \tag{6-2}$$

由此可见，三种密度指的都是单位体积的固体质量，差别只在于体积计算的不同。其大小顺序为堆密度最小，真密度最大，颗粒密度居中。床层体积（也叫堆体积）包括颗粒体积和颗粒与颗粒之间的孔隙体积之和。

床层的空隙率与孔隙率不同，前者是对一堆颗粒而言，其意义为颗粒间的空隙体积与床层体积之比，即颗粒间的空隙体积占床层体积的分率；后者是对单一颗粒而言，是颗粒内部的孔体积占颗粒体积的分率。

（2）催化剂直径及形状系数

对于催化剂颗粒可为各种形状，如球形、圆柱形、片状、环状、无规则等形状。催化剂的粒径大小，对于球形颗粒可以方便地用直径表示；对于非球形颗粒，习惯上用与球形颗粒作对比的相当直径表示，用形状系数ϕ_S表示其与圆球形的差异程度。

① 体积相当直径d_V　即采用体积相同的球形颗粒直径来表示非球形颗粒直径。

$$d_V = \left(\frac{6V_p}{\pi}\right)^{\frac{1}{3}} \tag{6-3}$$

式中　V_p——非球形颗粒的体积，m^3。

② 面积相当直径d_a　即采用表面积相同的球形颗粒直径来表示非球形颗粒直径。

$$d_a = \left(\frac{A_p}{\pi}\right)^{\frac{1}{2}} \tag{6-4}$$

式中　A_p——非球形颗粒的外表面积，m^2。

③ 比表面积相当直径d_s　即采用比表面积相同的球形颗粒直径来表示非球形颗粒的直径。

非球形颗粒的比表面积为

$$S_V = \frac{A_P}{V_P}$$

球形颗粒的比表面积等于S_v，用下式求得：

$$S_V = \frac{\pi {d_s}^2}{\frac{1}{6}\pi d_s^3} = \frac{6}{d_s}$$

所以

$$d_s = \frac{6}{S_V} = \frac{6V_P}{A_P} \quad (6-5)$$

在固定床的流体力学研究中，非球形颗粒的直径常常采用体积相当直径，在传热传质的研究中，常常采用面积相当直径。

④ 形状系数 ϕ_S　非球形颗粒的外表面积一定大于等体积的圆球的外表面积。因此，引入一个无因次系数 ϕ_S，称为颗粒的形状系数，其值为

$$\phi_s = \frac{A_s}{A_p} \quad (6-6)$$

其中

$$A_s = \pi d_V^2$$

式中　A_s——与非球形颗粒等体积的圆球的外表面积，m^2。

ϕ_S即为与非球形颗粒体积相等的圆球的外表面积与非球形颗粒的外表面积之比。对于球形颗粒，$\phi_S = 1$；对于非球形颗粒，$\phi_S < 1$。形状系数的大小表明颗粒与圆球的差异程度。

三种相当直径用 ϕ_S联系起来，有如下关系

$$d_s = \phi_s d_V = \phi_s^{\frac{3}{2}} d_a \quad (6-7)$$

(3) 混合颗粒的平均直径

当催化剂床层是由大小不一、形状各异的颗粒组成时，应如何计算混合颗粒的平均粒度及形状系数呢？

对于大小不等的混合颗粒，如果颗粒太细(大于 0.075mm)，平均直径可以由筛分分析数据来决定。将混合颗粒用标准筛组进行筛分，分别称量留在各号筛上的颗粒质量，然后根据颗粒的总质量分别求出各种颗粒所占的分率。在某一号筛上的颗粒，其直径 d_i通常为该号筛孔净宽及上一号筛孔净宽的几何平均值(即两相邻筛孔净宽乘积的平方根)。如混合颗粒中，直径为 d_1、d_2、…、d_n的颗粒的质量分率分别为 x_1、x_2、…、x_n，则混合颗粒的平均直径用算术平均直径计算为

$$\overline{d_p} = \sum_{i=1}^{n} x_i d_i \quad (6-8)$$

若以调和平均法计算，则为

$$\frac{1}{\overline{d_p}} = \sum_{i=1}^{n} \frac{x_i}{d_i} \quad (6-9)$$

混合颗粒的三种平均相当直径的关系同样满足式(6-7)。

【例 6-1】　在内径为 50mm 的列管内装有 4m 高的熔铁催化剂层，其粒度情况见下表，形状系数为 0.65，计算催化剂颗粒的三种平均相当直径。

粒径 d_i/mm	3.40	4.60	6.90
质量分数 x_i	0.60	0.25	0.15

解：由式(6-9)可求得平均体积相当直径

$$\overline{d_V} = \frac{1}{\sum_{i=1}^{n} \frac{x_i}{d_i}} = \frac{1}{\frac{0.60}{3.40} + \frac{0.25}{4.60} + \frac{0.15}{6.90}} = 3.968(\text{mm})$$

平均比表面积相当直径

$$\overline{d_s} = \phi_s \overline{d_V} = 0.65 \times 3.968 = 2.579(\text{mm})$$

平均面积相当直径

$$\overline{d_a} = \frac{\overline{d_V}}{\sqrt{\phi_s}} = \frac{3.968}{\sqrt{0.65}} = 4.922(\text{mm})$$

6.3.2 固体催化反应过程步骤

设在多孔催化剂颗粒上进行不可逆反应 A(g)→B(g)，其反应各步骤如图 6－4 所示。

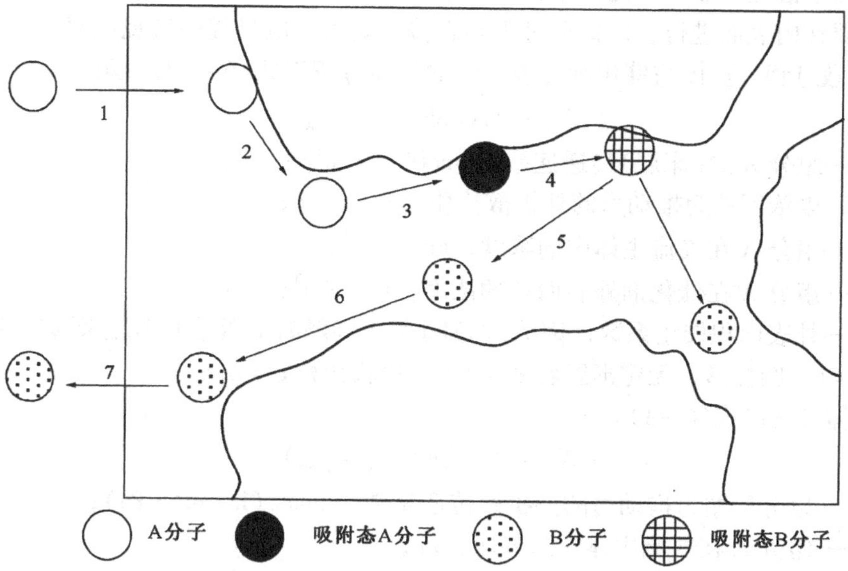

图 6－4 气固相催化反应过程

颗粒内部为纵横交错的孔道，其外表面被一气体层流边界层所包围，是气相主体与催化剂颗粒外表面间的传递作用的阻力所在。由于化学反应是发生在催化剂表面上，因此反应物 A 必须从气相主体向催化剂表面传递，而在催化剂表面上生成的产物 B 又必须从催化剂表面向气相主体扩散，具体分为以下七个步骤。

① 反应组分 A 从流体主体向固体催化剂外表面传送(外扩散过程)。

② 反应组分 A 从催化剂外表面向催化剂内表面传递(内扩散过程)。

③ 反应组分 A 在催化剂表面的活性中心上吸附(吸附过程)。

④ 在催化剂表面上进行化学反应(表面反应过程)。

⑤ 反应产物 B 在催化剂表面上的脱附(脱附过程)。

⑥ 反应产物 B 从催化剂内表面向催化剂外表面传递(内扩散过程)。

⑦ 反应产物 B 从催化剂外表面向流体主体传递(外扩散过程)。

在①～⑦步骤中，第①和第⑦步骤是气相主体通过气膜与颗粒外表面进行物质传递，称为外扩散过程；第②和第⑥步骤是颗粒内的传质，称为内扩散过程；第③和第⑤步骤是在颗粒表面上进行化学吸附和化学脱附的过程；第④步骤是在颗粒表面上进行的表面反应动力学过程。以上七个步骤是前后串联的。

$$\text{外扩散} \rightarrow \text{内扩散} \rightarrow \underbrace{\text{吸附} \rightarrow \text{表面反应} \rightarrow \text{脱附}}_{\text{(表面过程)}} \rightarrow \text{内扩散} \rightarrow \text{外扩散}$$

由此可见，气固相催化反应过程是多步骤串联过程。如果其中某一步骤的速率与其他各步的速率相比要慢得多，以致整个反应速率取决于这一步的速率，则该步骤就称为速率控制步骤。当反应达到定态时，各步骤的速率应该相等，且反应过程的速率等于控制步骤的速率。

6.3.3 固定床反应器内的传递现象

(1) 固定床中的传质

固定床反应器中的传质过程包括外扩散、内扩散和床层内的混合扩散。因为气固相催化反应发生在催化剂表面，所以反应组分必须到达催化剂表面才能发生化学反应。而在固定床反应器中，由于催化剂粒径不能太小，故常常采用多孔催化剂以提供反应所需要的表面积。因此反应主要在内表面进行，内扩散过程则直接影响着反应过程的宏观速率。

① 外扩散过程　流体与催化剂外表面间的传质过程以式(6－10)表示。

$$N_A = k_{cA} S_e \phi (c_{GA} - c_{SA}) \tag{6-10}$$

式中 N_A——组分A的(床层)传递速率，kmol/(h·m^3)；

k_{cA}——以浓度差为推动力的外扩散传质系数，m/h；

c_{GA}——组分A在气流主体中的浓度，kmol/m^3；

c_{SA}——组分A在催化剂外表面处的浓度，kmol/m^3；

ϕ——外表面积校正系数，因为颗粒间存在接触时对外表面积有影响，对于球形颗粒$\phi=1$，圆柱形、无定形颗粒$\phi=0.9$，片状颗粒$\phi=0.81$。

对于气体又常以式(6－11)表示。

$$N_A = k_{GA} S_e \phi (p_{GA} - p_{SA}) \tag{6-11}$$

式中 k_{GA}——以分压差为推动力的外扩散传质系数，kmol/(h·m^2·Pa)；

p_{GA}——组分A在气流主体中的分压，Pa；

p_{SA}——组分A在催化剂外表面处的分压，Pa。

如气体可看作理想气体，则有

$$k_{cA} = \frac{k_{GA}}{RT}$$

外扩散传质系数的大小，反映了主流体中的涡流扩散阻力和颗粒外表面层流膜中的分子扩散阻力的大小。它与扩散组分的性质、流体的性质、颗粒表面形状和流动状态等因素有关。增大流速可以显著地提高外扩散传质系数。外扩散传质系数在床层内随位置而改变，通常是对整个床层取同一平均值。

在工业生产过程中，固定床反应器一般都在较高流速下操作。因此，主流体与催化剂外表面之间的压差很小，一般可以忽略不计，因此外扩散的影响也可以忽略。

② 内扩散过程　由于催化剂颗粒内部微孔的不规则性和扩散要受到孔壁影响等因素，使催化剂微孔内扩散过程十分复杂。催化剂微孔内的扩散过程对反应速率有很大的影响。反应物进入微孔后，边扩散边反应，如扩散速率小于表面反应速率，沿扩散方向，反应物浓度逐渐降低，以致反应速率也随之下降，采用催化剂有效系数η对此进行定量的说明。

$$\eta = \frac{\text{有内扩散影响时的反应速率}}{\text{无内扩散影响时的反应速率}} = \frac{r_p}{r_s} \tag{6-12}$$

催化剂有效系数η可通过实验测定。即首先测得颗粒实际反应速率r_p，然后将颗粒逐次压碎，使内表面暴露为外表面，在相同条件下测得反应速率。当颗粒变小而反应速率不变时，测得的就是消除了内扩散影响的反应速率r_s，两者之比即为η。当$\eta \approx 1$时，反应过程为动力学控制，当 $\eta < 1$ 时，反应过程为内扩散控制。

内扩散不仅影响反应速率，而且影响复杂反应的选择性。如平行反应中，对于反应速率快、级数高的反应，内扩散阻力的存在将降低其选择性。又如连串反应以中间产物为目的产物时，深入到微孔中去的扩散将增加中间产物进一步反应的机会而降低其选择性。

固定床反应器内常用的是直径为 3 ~ 5mm 的大颗粒催化剂，一般难以消除内扩散的影响。实际生产中采用的催化剂，其有效系数为 0.01 ~ 1。因而工业生产上必须充分估计内扩散的影响，采取措施尽可能减少其影响。在反应器的设计计算中，应采用考虑了内扩散影响因素在内的宏观动力学方程式。

判明了内扩散的影响，就可以选用工业上适宜的催化剂颗粒尺寸。当必须采用细颗粒时，可以考虑改用径向反应器或流化床反应器。此外也可以从改变催化剂结构入手，如制造双孔分布型催化剂，把具有小孔但消除了内扩散影响的细粒挤压成型为大孔的粗粒，既提供了足够的表面积，又减少了扩散阻力。还有把活性组分浸渍或喷涂在颗粒外层的表面薄层催化剂上等。

③ 床层内的混合扩散　固定床内的混合扩散包括径向和轴向混合扩散。研究表明，在工业反应器通常流速下，当反应器长度和催化剂粒径之比大于 100 倍时，轴向混合的影响可以忽略不计，一般反应器都能满足这个条件，所以固定床反应器通常不考虑轴向混合的影响。

(2) 固定床中的传热

不论是催化反应还是非催化反应，床层的传热性能如何对于床内的温度分布，对于生成产物的原料和组成分布都有决定性的意义。由于反应是在颗粒内进行的，因此固定床的传热实质上包括了颗粒内的传热、颗粒与流体之间的传热以及床层与器壁的传热等几个方面。

固定床催化反应器内的催化剂往往是热的不良导体，而且固体颗粒较大，导热性能不好。因此床层传热性能很差，在床层形成比较复杂的温度分布。在反应器中不仅轴向温度分布不均，而且径向也存在着显著的温度梯度。

以换热式固定床反应器进行放热反应为例，讲述反应器内的传热过程，具体过程如下。

① 反应热由催化剂内部向外表面传递。

② 反应热由催化剂外表面向流体主体传递。

③ 少部分反应热由反应后的流体沿轴向带走，主要部分由径向通过催化剂和流体构成的床层传递至反应器器壁，由载热体带走。

上述每一步传热过程都包含着传导、对流和辐射三种传热方式。对于这样复杂的传热过程，需根据不同情况和要求，做不同程度的简化处理。

6.3.4 固定床内的流体流动

流体在固定床中流动时，由于本身的湍流、对催化剂颗粒的撞击、绕流以及孔道的不断缩小和扩大，造成流体的不断分散和混合，这种混合扩散现象在固定床内并非各向同性，因而通常把它分成径向混合和轴向混合两个方面进行研究。径向混合可以简单理解为由于流体在流动过程中不断撞击到颗粒上，发生流股的分裂而造成，如图 6－5 所示。轴向混合可简单地理解为流体沿轴向依次流过一个由颗粒间空隙形成的串联着的“小槽”，在进口处，由于孔道收缩，流速增大，进到“小槽”后，

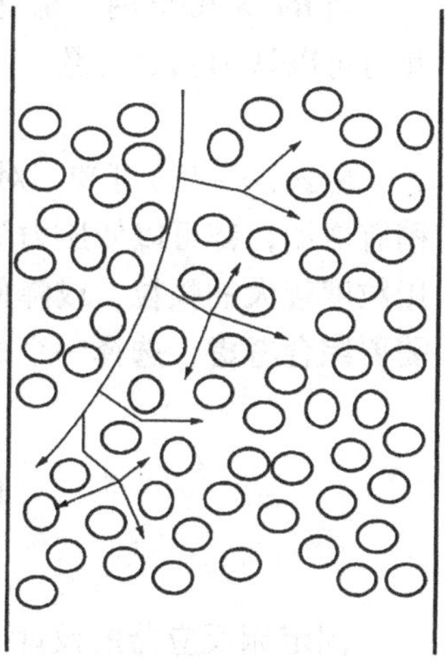

图 6－5　固定床内径向混合示意图

由于突然扩大而减速，形成混合。因此，固定床中的流体流动，可以用简单的扩散模型来进行模拟，即认为流动由两部分合成，一部分为流体以平均流速沿轴向作理想活塞流的流动；另一部分为流体的径向和轴向的混合扩散，包括分子扩散(滞流时为主)和涡流扩散(湍流时为主)。根据不同的混合扩散程度，将两个部分叠加。

6.3.5 床层的压力降

流体流过固定床床层的压力降，主要是由于流体与颗粒表面间的摩擦阻力和流体在孔道中的收缩、扩大和再分布等局部阻力引起的。当流动状态为滞流时，以摩擦阻力为主；当流动状态为湍流时，以局部阻力为主。计算压力降的公式很多，常用的是仿照流体在空管中流动的压降公式而导出的埃冈(Ergun)公式。

固定床压力降计算公式

$$\Delta P = f_M \frac{u_0^2 \rho_f (1 - \varepsilon)}{d_s \varepsilon^3} L \tag{6-13}$$

式中 d_s——颗粒比外表面积相当直径，m；

ρ_f——流体密度，kg/m^3；

f_M——摩擦系数；

L——床层高度，m；

u_0——空管流速，m/s；

ε——床层空隙率。

$$f_M = \frac{150}{Re} + 1.75 \tag{6-14}$$

$$Re = \frac{d_S u_0 \rho_f}{\mu_f} \frac{1}{1 - \varepsilon}$$

当雷诺准数 $Re < 10$ 时，流体在床层中呈层流流动，式(6-14)右边第二项比第一项小得多，可忽略不计，此时

$$f_M = 150/Re$$

当 $Re > 1000$ 时，流体在床层中呈湍流流动，式(6-14)右边第一项远比第二项小得多，此时可以认为f_M是常数，即

$$f_M = 1.75$$

由式(6-13)可知，对床层压力降影响最大的因素是床层的孔隙率和流体的流速。两者稍有增加，都可以使压力降产生较大的变化。所以，想办法使床层的空隙增大很重要，如采用粒度较大的颗粒，或降低流体的流速。但流体流速降低造成相间的传质和传热变差，因此需要综合考虑，选择一个最佳的流速。

6.4 固定床反应器的设计

固定床反应器的设计，一般包括催化剂用量、反应器床层高度和直径、传热面积即床层压力降的计算等。

固定床反应器的设计，主要有经验法和数学模型法。

（1）经验法

经验法是取用实验室、中间试验装置或工厂现有生产装置中最佳条件下测得的一些数据（如空速、催化剂空时收率及催化剂负荷等）作为工艺计算的依据。空速、催化剂空时收率及催化剂负荷定义分述如下。

① 空速 S_V

单位体积催化剂在单位时间内通过的原料的标准体积流量，称为空间速率，简称空速。即

$$S_V = \frac{Q_0}{V_r} \tag{6-15}$$

式中 S_V——空速，h^{-1}；

Q_0——原料气体积流量（标准状态），m^3/h；

V_r——催化剂堆积体积，m^3。

【例 6-2】 乙烯直接氧化制环氧乙烷所用的反应器是外部换热式固定床催化反应器，从工业装置测得其空速为 $5000m^3(STP)/(m^3$催化剂 · h)，设计一个上述类型的反应器，要求所设计的反应器进口气体流量为 $8900m^3(STP)/h$，求反应器的催化剂堆体积。

解：由式(6-15)得

$$V_r = \frac{Q_0}{S_V} = \frac{8900}{5000} = 1.78(m^3)$$

② 催化剂空时收率 S_W

单位质量（或体积）的催化剂在单位时间内所获得的目的产物量，即

$$S_W = \frac{w_W}{W_S} \tag{6-16}$$

式中 S_W——催化剂空时收率，$kg/(kg \cdot h)$ 或 $kg/(m^3 \cdot h)$；

w_W——目的产物量，kg/h；

W_S——催化剂用量，kg 或 m^3。

③ 催化剂负荷 S_G

单位质量催化剂在单位时间内处理的某一原料量，即

$$S_G = \frac{w_G}{W_S} \tag{6-17}$$

式中 S_G——催化剂负荷，$kg/(kg \cdot h)$；

w_G——单位时间内处理的某一原料量，kg/h。

采用经验法进行工艺计算的前提是新设计计算的反应器也能保持与提供数据的装置具有相同的操作条件，如催化剂性质、粒度、原料组成、流体流速、温度和压力等。由于规模的改变，要做到全部相同是困难的，尤其是温度条件。因此这种方法虽能在缺乏动力学数据的情况下简单方便地估算出催化剂体积，但因对整个反应系统的反应动力学、传质、传热等特性缺乏真正的了解，因而是比较原始的、不精确的，不能实现高倍数的放大。虽然如此，在缺乏动力学数据的情况下，利用它能简便地估算出催化剂的体积。因此，经验法目前在制药工业中的应用还是较普遍的。

（2）数学模型法

数学模型法是 20 世纪 60 年代迅速发展起来的先进方法。它是建立在对反应器内全部过

程的本质和规律有一定认识的基础上，用数学方程式来比较真实地描述实际过程，即建立过程的数学模型，运用计算机可以进行高倍数放大的工艺计算。在讨论固定床反应器内流体流动、传热和传质过程的基础上，可以建立固定床反应器内传递过程的数学模型，结合反应动力学的数学模型，就能得到描述固定床反应器内全部过程的数学模型。目前，固定床反应器的数学模型被认为是反应器中比较成熟、可靠的模型。它不仅用于设计计算，也用于检验现有反应器的操作性能，以探讨技术改造的途径和实现最优控制。

描述固定床反应器的模型按其传递过程的不同，可分为拟均相和非均相两大类。拟均相模型不考虑流体与催化剂间的差别，即不考虑流体与催化剂间的传热和传质阻力，认为流体相中反应组分的浓度与催化剂颗粒内反应组分的浓度相等，流体相的温度与催化剂颗粒的温度相同，把流体和催化剂看成一个整体。非均相模型则考虑了流体与催化剂外表面间的温度梯度和浓度梯度，适用于特别强烈的快速放热反应，这时流体与催化剂外表面之间和颗粒内部的温度、浓度梯度都很大，因而须对流体和催化剂分别列出物料衡算式和热量衡算式。

拟均相模型按复杂程度的不同，又进一步分为拟均相一维理想流动基础模型和拟均相二维理想流动基础模型类。

① 拟均相一维理想流动基础模型及其应用　这个模型假设固定床内流体以均匀速度做理想活塞流流动，径向无速度梯度和温度梯度，故也无浓度梯度，轴向传热和传质仅由理想活塞式的总体流动所引起。由于作了拟均相、一维和理想流动三个基本假设，它类似于均相反应器中的连续操作管式反应器。依照连续操作管式反应器，即可写出其基本方程式。

物料衡算式

$$F_{A0}dx_A = \rho_B r_A dV_r = \rho_B r_A \cdot \frac{\pi}{4} d_t^2 dL \qquad (6-18)$$

热量衡算式

$$F_t \overline{M}\,\overline{c_p} dT = F_{A0} dx_A(-\Delta H_A) - K(T - T_S)\pi d_t dL \qquad (6-19)$$

反应动力学方程式

$$r_A = f(x_A, T)$$

式中 F_{A0}——反应物 A 进料摩尔流量，kmol/h；

F_t ——任一位置总物料摩尔流量，kmol/h；

$\overline{M}$ ——任一位置总物料的平均摩尔质量，kg/kmol；

K ——床层与载热体间的总传热系数，kJ/(m^2 · h · K)；

$\overline{c_p}$ ——任一位置总物料的平均比热容，kJ/(kg · K)；

r_A ——总反应速率，kmol/(kg 催化剂 · h)；

L ——反应器长度方向距离，m。

联立以上方程组，结合相应的边界条件，就可以计算出催化剂床层体积和催化剂用量，并得到反应器内沿长度方向各截面上的平均转化率或浓度和平均温度。

如反应过程恒温，则只需对反应温度下的物料衡算式和反应动力学方程式联立求解。由于此法计算简单，有时也用于对非恒温反应器进行粗略估算。

如反应过程绝热，则上述热量衡算式(6-19)中，载热体换热项(右侧第二项)为零。

拟均相一维理想流动基础模型，对于热效应不大、反应速率较低、床层内气体流速较大、管径较小的场合，计算结果与实验测定较为一致。在热效应和反应速率较大时，径向温度梯度和浓度梯度就不能忽视，这时如仍采用一维模型就不能预计反应器内温度和浓度的径向分布，不能正确判别热点位置和热点温度值。但是由于理想流动基础模型简单，能较快地算出反应器的大体尺寸，估计参数变化所造成的影响，目前常用于反应器的初步计算、计算机在线计算和过程控制。

② 拟均相二维理想流动基础模型　固定床反应器内径向存在速度分布，在非恒温、非绝热条件下，由于床层导热性较差，床层径向传热阻力不可能为零，则必然存在温度梯度。温度对反应速率的影响又进一步增大了径向的浓度梯度。径向的混合扩散虽可以减少温度和浓度梯度，但径向有效扩散系数是很小的，径向不可能达到完全混合，径向温度梯度和浓度梯度也不可避免地存在。

拟均相二维模型通过床层的径向有效导热系数和表观壁膜系数描述径向的传热特性。通过径向有效扩散系数描述混合扩散对传质的影响，从而可以计算出非恒温、非绝热固定床反应器内径向和轴向的温度、浓度分布。

拟均相二维模型在描述非恒温、非绝热固定床反应器时较一维模型准确很多，是目前计算稳定状态固定床反应器比较适宜的模型。

从固定床内传热和传质的研究结果可知，固定床内传热重要性顺序大体为：床层内部 > 流体与催化剂间 > 颗粒内部；传质重要性顺序大体为：颗粒内部 > 床层内部 > 流体与催化剂间。

6.5　流化床反应器

6.5.1　流化床反应器

流化床反应器是一种利用气体或液体通过颗粒状固体层而使固体颗粒处于悬浮运动状态，并进行气固相反应过程或液固相反应过程的反应器。在用于气固系统时，又称沸腾床反应器。流化床反应器在现代工业中的早期应用为20世纪20年代出现的粉煤气化的温克勒炉（见煤气化炉）；但现代流化反应技术的开拓，是以40年代石油催化裂化为代表的。目前，流化床反应器已在化工、石油、冶金、核工业等部门得到广泛应用。

将固体颗粒悬浮于运动的流体中，从而使颗粒具有类似于流体的某些宏观特性，这种流固接触状态称为固体流化态。如图6－6所示，设有一圆筒形容器，下部装有一块流体分布板，分布板上堆积固体颗粒，当流体自下而上通过固体颗粒床层时，随着流体的表观流速变化，床层会出现不同的现象。

当流速较低时，固体颗粒静止不动，颗粒之间仍保持接触，床层的空隙率及高度都不变，流体只在颗粒间的缝隙中通过，此时属于固定床，如图6－6(a)所示。继续增大流速，当流体通过固体颗粒产生的摩擦力与固体颗粒的浮力之和等于颗粒自身重力时，颗粒位置开始有所变化，床层略有膨胀，但颗粒还不能自由运动，颗粒间仍处于接触状态，此时称为初始流化床或临界流化床，如图6－6(b)所示。此时，颗粒全部悬浮在向上流动的流体中，即进入流化状态。如果床层下部进入的流体是气体，流化床阶段气体以鼓泡的方式通过床层。随着气体流速的继续增加，固体颗粒在床层中的运动也越激烈，此时的气固系统具有类似于液体的特性。随着容器形状变化，床层高度发生变化，但有明显上界面，这时的床层称为流化床，如图6－6(c)、(d)所示。当气流速度升高到某一极限值时，流化床上界面消失，颗粒分散悬浮在气流中，被气流带走，这种状态称为气流输送或稀相输送，如图6-6(e)所示。

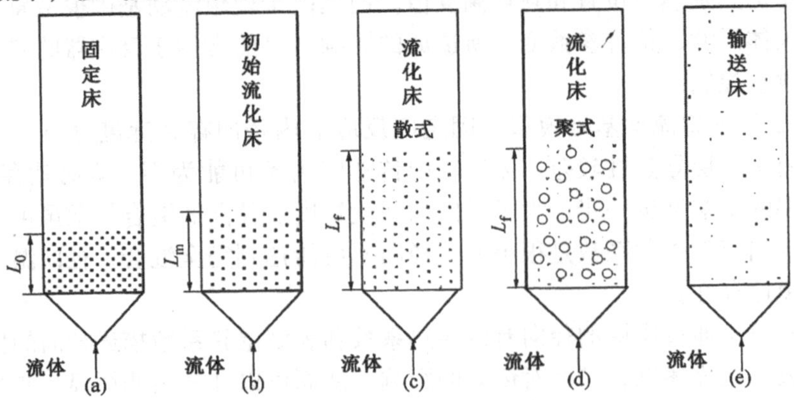

图6-6 不同流速时床层的变化

在流化床阶段，只要床层有明显的上界面，流化床即称为密相流化床或床层的密相段。对于气固系统，气泡在床层中上升，到达床层表面时破裂，由此造成床层中激烈的运动很像沸腾的液体，所以流化床又称为沸腾床。

6.5.2 散式流化床和聚式流化床

流体不同，固体流化现象也不同，据此一般可分为聚式流化床和散式流化床。对于液-固系统，流体与粒子的密度相差不大，故临界流化速度(u_{mf})一般很小，流速进一步提高时，床层膨胀均匀且波动很小，粒子在床内的分布也比较均匀，故称作散式流化床，但对气-固系统而言，只有细粒(A类颗粒)，才有明显的膨胀，待气速达到起始鼓泡速度u_{mf}后才出现气泡，而对较粗颗粒系统(B类颗粒)，则一旦气速超过u_{mf}后，就出现气泡，这些通称为鼓泡床。气速愈高，气泡的聚集合并造成的扰动也越剧烈，床层波动越频繁，因此这种形态的流化床称为聚式流化床。

颗粒与流体之间的密度差是散式流化和聚式流化之间的主要区别。一般认为液固流化为散式流化，而气固流化为聚式流化，但对于压力较高的气固系统或者用较轻的液体流化较重的颗粒，如水铅流化系统，这种区别就不明显。

6.5.3 流化床的压降与流速

当气体通过固体颗粒床层时，随着气速的改变，分别经历了固定床、流化床和气流输送三个阶段。

临界流化速度(u_{mf})也叫最小流化速度，是指刚刚能够使粒子流化起来的气体空床流速。当气体超过临界流化速度，床层发生搅动，气体鼓泡现象开始出现。开始产生气泡时的气速定义为起始鼓泡速度u_{mb}。一般来说，在鼓泡流化状态下，流化床床层的压力脉动的幅值随气速的增大而增大，但是实验发现，当气速增大到某一值时，床层中明显的气泡反而消失，床层压力脉动的幅值变小。Yerushalmi 和 Cancurt 将压力脉动幅值达到最大值时的气速称为起始湍流速度u_c。当气速进一步增加，就达到快速流化状态($u=u_f$)。在此状态下床内颗粒大量带出，只有加大补加量，直至补充以等同于该气速下颗粒的饱和夹带量，床层才能保持稳定的流化状态。颗粒的带出速度u_t是指某一粒径的颗粒能被流体带走的最小速度，在此速度下，流体对颗粒的拽力等于颗粒的重量。这一速度也相当于颗粒在无限流体中的自由沉降速度，因此颗粒的带出速度可用颗粒在无限流体中所受的力导出。

临界流化速度可以用测定床层压降变化的方法来确定。图 6-7 是床层压降 ΔP 随着空床流速 u_0的增加而改变的情况。在流速较低时为固定床状态，在双对数纸上与 u_0约成正比。由于床层中原来挤紧着的粒子先要被松动开来，所以需要比静止床压力(W/A_t) 稍大一点的 ΔP，一旦粒子已经松动，压降又恢复到(W/A_t)值。流速进一步增加，则压降基本不变，故流化床的压降可按以下公式计算：

$$\Delta P = \frac{W}{A_t} = L_{mf}(1 - \varepsilon_{mf})(\rho_S - \rho_f) \cdot g \tag{6-20}$$

式中，L_{mf}及 ε_{mf}为床层颗粒开始流化时的床层高度和空隙率，ρ_s及 ρ_f则分别为固体和流体的密度。

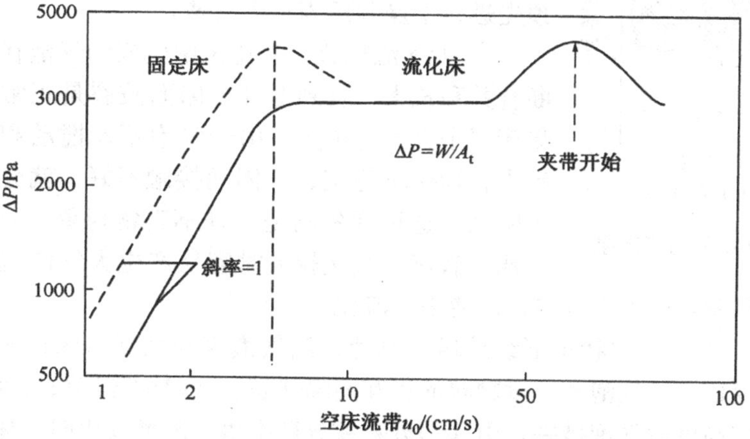

图 6-7　均匀砂粒的压降与气速的关系

对已经流化起来了的床层，如将气速减小，则 ΔP 将按图中实线返回，不再出现极值，而且固定床的 ΔP 也比原先的要小，这是因为颗粒逐渐静止下来，大体保持着流化时的孔隙率所致。从图中实线的拐点就可以定出起始(或称最小)流化速率 u_{mf}。

影响临界流化速度的因素有颗粒直径、颗粒密度和流体黏度等。实际生产中，流化床内的固体颗粒总是存在一定的粒度分布，形状也各不相同，因此在计算临界流化速度时，应采用当量直径和平均形状系数。

颗粒带出速度是流化床中流体速度的上限，也就是气速增大到此值时，流体对颗粒的拽力与粒子的重力相等，粒子将被气流带走。这一带出速度也称终端速度，近似等于粒子的自由沉降速度。颗粒在流体中沉降时，受重力、流体的浮力和流体与颗粒间摩擦力的作用。对于球形颗粒，颗粒的带出速度 u_t由下式计算。

$$u_t = \frac{d_P^2(\rho_P - \rho)g}{18\mu} \qquad Re_t < 0.4 \tag{6-21}$$

$$u_t = \left[\frac{4}{225}\frac{(\rho_P - \rho)^2 g^2}{\rho\mu}\right]^{1/3} \qquad 0.4 < Re_t < 500 \tag{6-22}$$

$$u_t = \left[\frac{3.1 d_P(\rho_P - \rho)g}{\rho}\right]^{1/2} \qquad 500 < Re_t < 200000 \tag{6-23}$$

用上面的公式还可以考察对大、小颗粒流化范围的影响。如

对于细粒子，当 $Re_t < 0.4$ 时，$u_t/u_{mf} = 91.6$；

对于大粒子，当 $Re_t > 1000$ 时，$u_t/u_{mf} = 8.72$。

可见 u_t/u_{mf} 的大致范围在10～90之间，颗粒越细，比值越大，即表示从能够流化起来到被带走为止的这一范围就越广，这说明了为什么在流化床中用细的粒子比较适宜的原因。

实际生产中，常用的操作气速为0.15～0.5m/s左右。对热效应不大、反应速率慢、催化剂粒度小、筛分宽、床内无内部构件和要求催化剂带出量少的情况，宜选用较低气速。反之，则宜用较高气速。

流化床中常见的异常现象及处理方法：

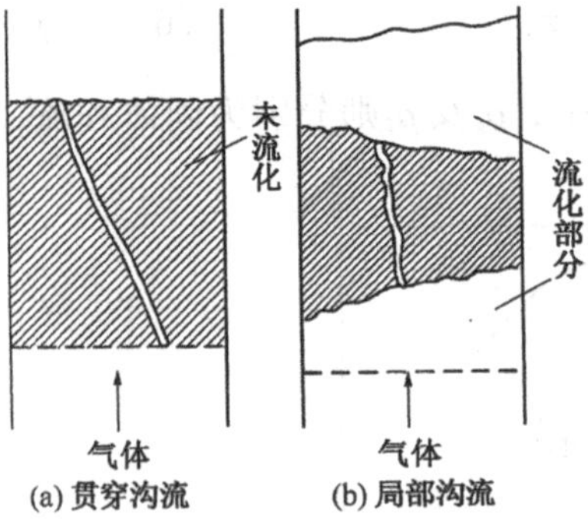

图6－8　流化床中的沟流现象

① 沟流现象　其特征是气体通过床层时形成短路，如图6－8所示。沟流有两种情况，贯穿沟流如图6－8(a)所示和局部沟流如图6－8(b)所示。要消除沟流，应对物料预先进行干燥并适当加大气速。

② 大气泡现象　流化床中生成的气泡在上升过程中不断合并和长大，直到上升至床面破裂是正常现象。但是如果床层中大气泡很多，由于气泡不断搅动和破裂，床层波动大，操作不稳定，气固间接触不好，就会使气固反应效率降低，这种现象则是一种不正常现象，应力求避免。通常床层较高，气速较大时容易产生大气泡现象。在床层内加设内部构件可以避免产生大气泡，促使平稳流化。

③ 腾涌现象　在大气泡状态下继续增大气速，当气泡直径大到与床径相等时，就会将床层分为几段，变成一段气泡和一段颗粒的相互间隔状态。此时颗粒层被气泡像活塞一样向上推动，达到一定高度后气泡破裂，引起部分颗粒分散下落。腾涌发生时，床层的均匀性被破坏，使气固相接触不良，严重影响产品的质量和产量，并且器壁磨损加剧，引起设备的振动。通常，床层越高、容器直径越小、颗粒越大、气速越高，越容易发生腾涌现象。在床层过高时，可以增设挡板以破坏气泡的长大，避免腾涌现象发生。

6.6　流化床反应器的型式

流化床反应器按应用可分为两类：一类的加工对象主要是固体，如矿石的焙烧，称为固相加工过程；另一类的加工对象主要是流体，如石油催化裂化、酶反应过程等催化反应过程，称为流体相加工过程。

流化床反应器有两种结构形式。

① 有固体物料连续进料和出料装置　用于固相加工过程或催化剂迅速失活的流体相加工过程。例如催化裂化过程，催化剂在几分钟内即显著失活，须用上述装置不断予以分离后进行再生。

② 无固体物料连续进料和出料装置　用于固体颗粒性状在相当长时间(如半年或一年)内，不发生明显变化的反应过程。

流化床反应器的特点是使用小粒度催化剂，当气体通过反应器时，催化剂颗粒受到流体的作用而剧烈运动，上下翻腾，整个系统像沸腾的液体一样，从而使这种反应器具有以下优点：

① 由于颗粒剧烈搅动和混合，使整个床层温度分布均匀，处于恒温状态，避免了物料的局部过热，且可以在最佳温度点操作。

② 由于流化床所使用的固体颗粒比固定床小得多，颗粒的比表面积大，而内孔较短，既增大了气固间的传质和传热速度，又提高了催化剂的内表面利用率，适宜于强吸热反应或放热反应；且催化剂颗粒比较细小，内扩散的影响完全可以忽略，催化剂的利用率高，因而可以减少催化剂的用量。

③ 由于流化固体颗粒具有流体一样的性质，容易向床层中连续加入或取出催化剂，能够实现反应过程和再生过程的连续化。

④ 由于流化床中固体颗粒的激烈运动，不断冲刷换热器壁面，提高了床层对器壁和内换热器外表面的给热系数，通常流化床的给热系数比固定床大10倍左右，因而所需的传热面积减少。

⑤ 压降恒定，不易受异物阻塞。

但是，流化床中的气固剧烈搅动，也使其存在一些缺点：

① 由于固体颗粒之间以及颗粒与器壁及内部构件之间激烈的碰撞，使颗粒破碎粉尘化，或被气体带走而造成催化剂损失大，特别是对于贵金属催化剂更是难以接受的。

② 气体返混较严重，使气体流动状态偏离活塞流较大，以致使床层轴向没有温度差和浓度差；加上通过床层的气体常呈大气泡状态，使气固接触不良，致使反应的转化率降低，所以流化床一般不适宜于高转化率的反应过程。

③ 为避免沟流、偏流等，对设备精度要求较高。

由于流化床反应器有传质、传热速率高，床层温度均匀等优点，多用于强放热的催化反应。另外，催化剂使用寿命短，操作较短时间就要更新或再生催化剂的反应，或某些在高浓度下操作比较安全的氧化反应以及有爆炸危险的反应，都比较适用于流化床反应器，可以提高生产能力并减少分离、精制的难度。

近年来，细颗粒和高气速的湍流流化床及高速流化床均已有工业应用。在气速高于颗粒夹带速度的条件下，通过固体的循环以维持床层，由于强化了气固两相间的接触，特别有利于相际传质阻力居重要地位的情况。但另一方面由于大量的固体颗粒被气体夹带而出，需要进行分离并再循环返回床层，因此，对气固分离的要求也就很高了。

流化床的结构型式较多，无论什么型式，一般都是由壳体、气体分布装置、内部构件、换热装置、气固分离装置及催化剂颗粒的加入和卸出装置等组成。

图6-9所示是有代表性的带挡板的单器流化床反应器，其结构包括以下几部分。

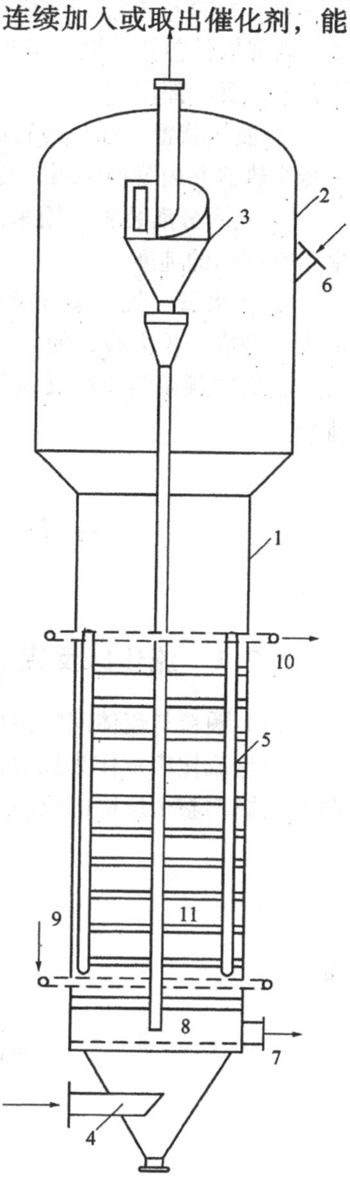

图6-9 流化床反应器

1—壳体；2—扩大管；3—旋风分离器；4—流化气体入口；5—换热器；6—催化剂入口；7—催化剂排出口；8—分布板；9—冷却水入口；10—冷却水出口

① 流化床反应器主体　按床层中介质密度分布分为浓相段(有效体积)和稀相段，底部设有锥底，有些流化床上部还设有扩大段，用以增强固体颗粒的沉降。

② 气体分布装置　气体分布装置包括设置在锥底的气体预分布器和气体分布板两部分。作用是使气体均匀分布，以形成良好的初始流化条件，同时支承固体催化剂颗粒。分布板的设计必须保证不漏液也不堵塞且安装方便。

③ 内部构件　内部构件(可以是挡板或挡网)一般设置在浓相段，主要用来破碎气体在床层中产生的大气泡，增大气固相间的接触机会；减少返混，从而增加反应速率和提高转化率。内部构件包括挡网、挡板和填充物等。当气流速度较低、催化反应对产品要求不高时，可以不设置内部构件。

④ 换热装置　换热装置的作用是用来取出或供给反应所需要的热量。根据需要分为外夹套换热器和内管换热器，也可采用电感加热。

⑤ 气固分离装置　用来回收气流中夹带的细粒和粉尘，使其返回床层，并避免带出粉尘影响产品的纯度。

⑥ 扩大管　气体离开床层时总是要带走部分细小的颗粒，为此，将反应器上部的直径增大，做成一扩大段，使气流速度降低，从而部分较大的颗粒可以沉降下来，落回到床层中去。较细的颗粒则通过反应器上部的旋风分离器分离出来返回床层。反应后的气体由顶部排出。

6.7 流化床反应器中的传递现象

6.7.1 流化床反应器中的传质

(1) 颗粒与流体间的传质

无论流化床是作为反应器还是只进行传质过程的传质设备，颗粒与气体间的传质速率都将直接影响整个反应的反应速率或总传质速率。传热系数的关联式如下：

若

$$5 < \frac{d_p u_0 \rho}{\mu} < 500$$

则

$$\frac{K_G}{u_0}\varepsilon\left(\frac{\mu}{\rho D}\right)^{\frac{2}{3}} = (0.81 \pm 0.05)\left(\frac{d_p u_0 \rho}{\mu}\right)^{-0.5} \qquad (6-24)$$

若

$$50 < \frac{d_p u_0 \rho}{\mu} < 2000$$

则

$$\frac{K_G}{u_0}\varepsilon\left(\frac{\mu}{\rho D}\right)^{\frac{2}{3}} = (0.6 \pm 0.1)\left(\frac{d_p u_0 \rho}{\mu}\right)^{-0.43} \qquad (6-25)$$

式(6-24)是以液体流化床[$100 < \mu/(\rho D) < 1000$、$0.43 < \varepsilon < 0.63$]的数据为主要依据，而式(6-25)是以$0.6 < \mu/(\rho D) < 2000$、$0.43 < \varepsilon < 0.75$这样广范围的气体流化床和液体流

化床的数据为主要依据。

(2) 气泡与乳化相间的传质

在流化床反应器中，气泡与乳化相间的气体交换作用非常重要，因为反应实际上是在乳相中的催化剂表面上进行的。相间传质速度与表面反应速度的快慢情况如何，对于选择合理的床型和操作参数都直接相关。

6.7.2 流化床反应器内的传热

流化床的优点之一是传热效率高、床层温度均匀。一般情况下，自由流化床中是等温的，粒子与流体之间的温差，除特殊情况外，可以忽略不计，所以重要的是床层与外壁间的传热以及床层与浸没于床中的换热器表面间的传热。

常见的流化床内部换热装置有列管式、鼠笼式、管束式和蛇管式，如图6-10所示。列管式换热器是将换热管垂直放置在床层内密相或床面上稀相的区域中。目前，这种换热器常用的有单管式和套管式两种，根据传热面积的大小，排成一圈或几圈。单管式如图6-10(a)所示，载热体(一般用水、耐高温油、联苯等)由总环管进入，经连接管分配至各垂直的热交换管，再汇总到总管，经汽化的水汽混合物由此引出。套管式如图6-10(b)所示，水从总管分配到各中心管，流经外套管与中心管间的环隙(换热主要在此进行)，经汽化的水汽混合物升入蒸汽总管而引出。

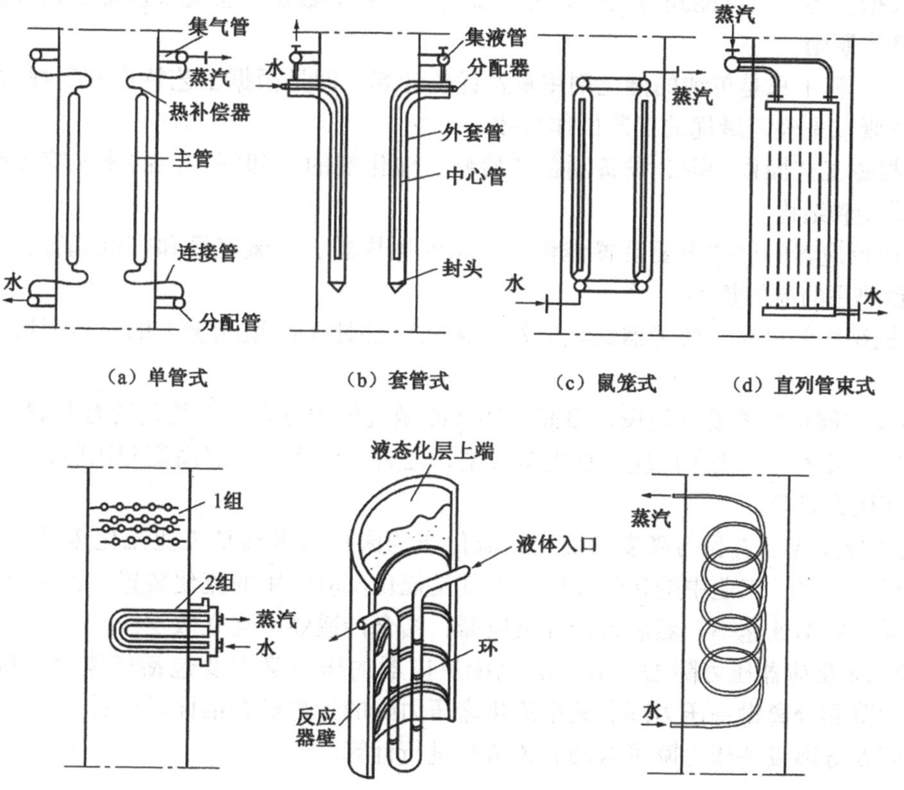

(a) 单管式　(b) 套管式　(c) 鼠笼式　(d) 直列管束式

(e) 横列管束式　(f) U形管式　(g) 蛇管式

图6-10　流化床常用的内部换热器

鼠笼式换热器如图6-10(c)所示，是由多根直立支管与汇集横管焊接而成，这种换热器可以安排较大的传热面积，但焊缝较多，在温差大的场合易胀裂。

管束式换热器如图 6－10(d)和(e)所示。管束可以列置，也可以横排，但横列的管束式换热器常用于流化质量要求不高而换热量较大的场合，如沸腾燃烧锅炉等。

经常采用的是 U 形管式换热器，如图 6－10(f)所示。该类换热器具有结构简单、不易变形和损坏、催化剂寿命长、温度控制十分平稳等优点。

蛇管式换热器，如图 6－10(g)所示。与一般蛇管换热器类似。根据换热量大小，可在浓相段设置一个或多个。蛇管式换热器结构简单，不存在热补偿问题，但也存在与水平管束式换热器类似的问题，即换热效果差，对床层流态化质量有一定的影响。

6.8 反应器工艺计算原则

反应器的设计计算包括化工工艺计算和机械设计计算。化工工艺计算的主要内容是选型、确定工艺操作条件和催化床及换热器的工艺尺寸；机械设计计算的主要内容是机械结构设计和强度计算。虽然化学反应工程涉及的只是化工工艺计算，但选型时应考虑到机械设计计算的要求。

反应器工艺计算前应掌握反应过程的热力学数据，如比热容、温度、导热系数及扩散系数等物性数据，还应尽可能获得反应动力学及传递过程的数据。催化反应器工艺计算时，应遵循下列基本原则。

① 工艺计算不只是单纯的催化剂用量及优化计算，而是根据工艺特点和工程实际情况，应用工程的观点来确定最优的工艺操作参数。

② 应根据工艺操作参数、设备制备和检修、催化剂的装卸等方面的要求综合起来选用催化床的类型和结构。

③ 高压反应器的筒体内要设置催化床、床外换热器、冷激气管和热电偶管，有时还要放置开工预热用的电加热器。

④ 机械结构要可靠，要考虑到反应器内某些部件处于高温状况下的机械强度和温差应力等因素。

⑤ 多段式催化床要妥善地设计段间气体和冷激气体的分布以及均匀混合装置。

工艺计算或选用流化床反应器首先是选型，之后就是确定床层高度和床层直径、内部构件，并计算压力降等。

① 流化床反应器直径与高度的确定。流化床的床径与床高是工业流化床反应器的两个主要结构尺寸。对于工业中的化学反应，尤其是催化反应所用的流化装置，首先要用实验来确定主要反应的本征速率，然后再选择反应器，结合传递效应建立数学模型。

② 流化床反应器压力降的计算。流化床反应器的压力降主要包括气体分布板压力降、流化床压力降和分离设备压力降。其中流化床压力降的计算已在前面讨论过，关于气体分布板的压力降及分离设备压力降可查阅有关资料进行计算。

习　题

1. 什么是固定床反应器？按其结构型式主要分为哪几类？
2. 固定床反应器有何特点？
3. 如何表示床层中催化剂颗粒的大小与形状？
4. 表示催化剂生产能力的操作参数有哪些？
5. 请解释空间速度、空时收率和催化剂负荷，并说明三者的区别？
6. 什么是流化床反应器？其特点是什么？
7. 流化床反应器的结构主要由哪几个部分组成？各部分作用如何？
8. 什么是流态化？形成流态化的三个阶段是什么？
9. 什么是散式流态化和聚式流态化？二者的差异是什么？
10. 什么是沟流？什么是腾涌？它给生产过程带来哪些危害？如何消除？

第2篇　分离过程

第7章　分离过程的类别及在工业生产中的地位和作用

众所周知，糖粒会很快溶解于水，这说明物质的混合是个自发的过程。因此，无论是有机物还是无机物，在自然界中多以混合物形式存在。如有机化工原料——石油，是很复杂的混合物；工业的“真正的粮食”——煤，是由复杂的高分子有机化合物和无机物组成的混合物；人类赖以生存的水、空气和粮食也是混合物。这些混合物变为纯净物不是自发就能完成的。例如，要把糖水分为纯净的糖和水需采用容器(分离装置)加热使水分蒸发，水蒸气冷凝为纯水，糖在变浓的溶液中结晶成纯糖，这样才能完成熵值减少的分离过程。也就是说，分离过程是非自发过程，外界必须对系统做功，必须采用适当的分离技术(手段)并耗费一定的能量或分离剂才能完成。混合物之所以能被分离，是由于它们之间的物理或化学性质有差异，我们就是利用这些差异将其分开的。分离技术系指利用物理、化学或物理化学等基本原理与方法将某种混合物分成两个或多个组成彼此不同的产物的一种手段。将混合物分成组成互不相同的两种或几种产品的操作称为分离过程。

7.1　分离过程的类别

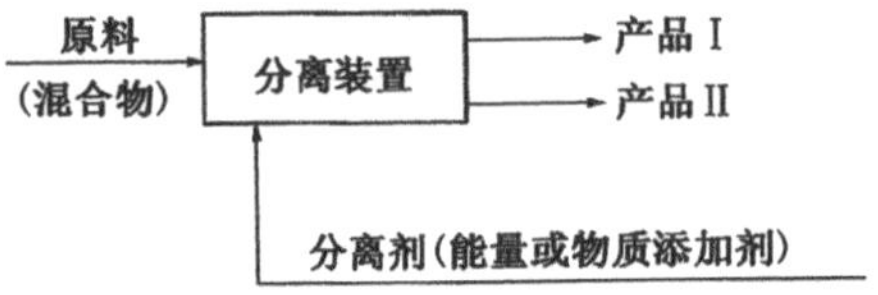

图7－1　分离过程示意图

分离过程的概念可用图7－1简单示意。其通常由原料、产物、分离剂及分离装置组成。待分离的混合物可以是生产原料、中间产物或废弃物料，但至少含有两个组分；分离所得的产品通常为两股，也可以有多股，产品的组成依需求而定，仍然可以是混合物，也可以是纯度极高的单体；分离剂为加到分离装置中使分离过程得以实现的能量(称为能量分离剂，ESA)或物质(物质分离剂，MSA)，或两者并用。如精馏过程中的热量、特殊精馏过程中的溶剂、吸收过程中的吸收剂等；分离装置是分离过程得以实施的必要物质设备，它可以是某个特定的装置，也可指从原料到产品之间的整个流程。

在工业上常用的分离方法不下三四十种，装置的结构和形式五花八门，但若按分离原理来分，可以分为机械分离、传质分离和反应分离三大类。

7.1.1　机械分离

在分离装置中，利用机械力简单地将两相混合物相互分离的过程称为机械分离过程。它的分离对象大多是两相混合物，分离时，两相间不发生物质传递过程。表7－1列出了几种典型的机械分离过程。

机械分离过程在工业生产中应用较广，这种分离主要在化工原理课程中学习，不是本门课程要讨论的内容。

表 7－1　几种典型的机械分离过程

名称	原料相态	分离剂	产物相态	分离原理	应用实例
过滤	液－固	压力	液＋固	粒径 > 过滤介质孔径	浆状颗粒回收
沉降	液－固	重力	液＋固	密度差	浑浊液澄清
离心分离	液－固	离心力	液＋固	固－液相颗粒尺寸	结晶物分离
旋风分离	气－固(液)	惯性力	气＋固(液)	密度差	催化剂微粒收集
电除尘	气－固	电场力	气＋固	微粒的带电性	合成氨原料气除尘

7.1.2　传质分离

传质分离过程处理的是均相混合物。在分离过程中，除了含有机械分离外，相间还发生物质的传递过程。传质过程在均相和非均相中均可进行，分为平衡分离和速率控制分离两大类。

(1) 平衡分离

平衡分离过程是本书中分离过程部分的重点内容。非均相传质过程通常是利用两相的平衡组成互不相等的原理完成的。平衡分离处理的物料通常是均相混合物，但平衡分离过程利用分离剂(如热能、溶剂或吸附剂)将原来处于均相的混合物变为两相后，再依据混合物中各组分在不互溶的两相中平衡分配组成不等进行分离。表 7－2 列出了一些典型的平衡分离过程。

闪蒸是闪急蒸发与闪急蒸馏的简称。闪急蒸发是指过热溶液在低于其饱和压力下，绝热进行溶剂蒸发的分离操作。闪急蒸馏是指过热液体混合物在低于其饱和压力下，部分液体混合物绝热蒸发的分离操作。经闪蒸后将进料混合物分离为含易挥发组分较多的蒸气和含难挥发组分较多的液体。

闪蒸处理的是液相物料，部分冷凝处理的是气相物料。部分冷凝是指气相原料被冷却后得到含有较多挥发度较小组分的液相，而残余气相中含有较多挥发度较大的组分。

当被分离组分的相对挥发度相差较大时，闪蒸和部分冷凝即可充分满足所要求的分离程度。如果被分离组分之间的相对挥发度差别不够大，则通过闪蒸和部分冷凝就不能达到分离要求，此时，应采用精馏方法进行分离。

精馏是将由挥发度不同的组分所组成的混合物，在精馏塔中同时多次地进行部分汽化和部分冷凝，使其分离成几乎纯态组分的过程。精馏是化工生产中应用最广泛，技术最成熟的一种分离方法。

当被分离组分间相对挥发度接近于 1 时，如采用普通精馏方法需要具有大量塔板数的精馏塔才能完成分离要求，这在经济上是不合理的。此时就要考虑采用萃取精馏。在被分离的混合物中加入新组分，该组分对原溶液中各组分的分子作用力不同，可选择性地改变它们的蒸气压，增大它们之间的相对挥发度，使精馏仍能进行的精馏过程称为萃取精馏。

被分离组分间相对挥发度等于 1，能形成最低恒沸物的系统，采用一般精馏也是不合适的，常常采用共沸精馏。共沸精馏与萃取精馏相似，也是在被分离的混合物中加入新组分，但该组分在增大被分离组分间相对挥发度的同时，还与原溶液中的一个或几个组分形成最低恒沸物从塔顶蒸出，这种精馏过程称为共沸精馏。

表 7－2　几种典型的平衡分离过程

名称	简图	原料相态	分离剂	产物相态	分离原理	应用实例
闪蒸	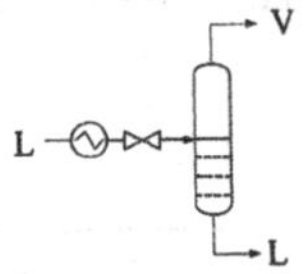	液体	减压和热量(ESA)	气体	相对挥发度(蒸气压)有较大差别	由海水淡化生产纯水
部分冷凝	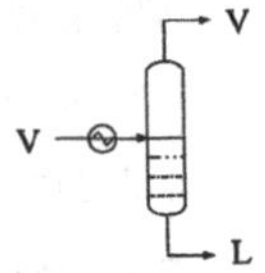	气体	热量(ESA)	液体	相对挥发度(蒸气压)有较大差别	由氨中回收氢气和氮气
精馏	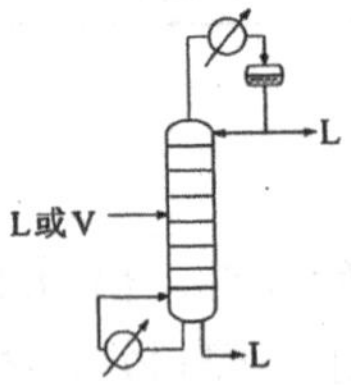	气、液或气液混合物	热量(ESA)；有时用机械功	气体和液体	相对挥发度(蒸气压)有差别	石油裂解气的深冷分离
萃取精馏	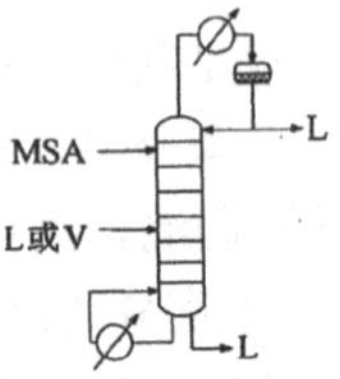	气、液或气液混合物	液体溶剂(MSA)和热量(ESA)	气体和液体	溶剂改变原溶液组分的相对挥发度	以苯酚为溶剂，由沸点相近的非芳烃分离甲苯
共沸精馏	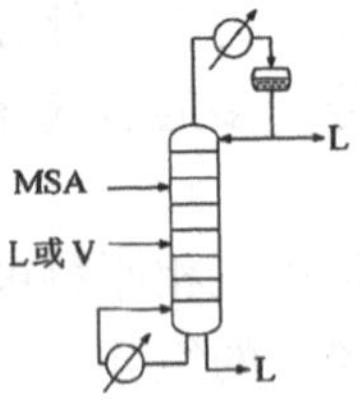	气、液或气液混合物	液体溶剂(MSA)和热量(ESA)	气体和液体	共沸剂改变原溶液组分的相对挥发度	以乙酸丁酯作共沸剂从稀溶液中分离乙酸
吸收蒸出	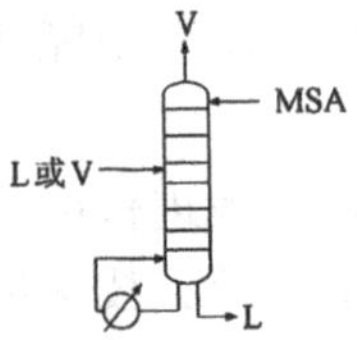	气体或液体	液体吸收剂(MSA)；加入热量(ESA)	气体和液体	溶解度不同	由催化裂化装置分馏塔的塔顶产物中回收乙烷及较轻的烃
吸收	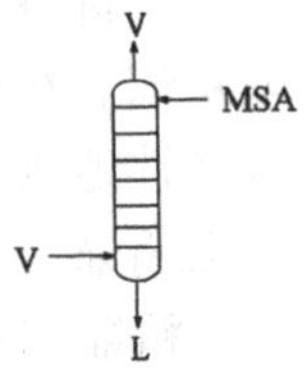	气体	液体吸收剂(MSA)	液体	溶解度不同	用乙醇胺类吸收以除去天然气中的 CO_2 和 H_2S

续表

名称	简图	原料相态	分离剂	产物相态	分离原理	应用实例
解吸	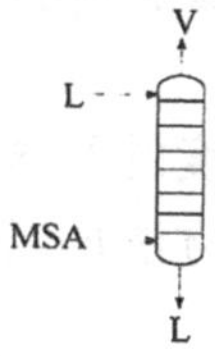	液体	汽提气(MSA)	气体	溶解度不同	原油蒸馏塔侧线抽出的石脑油、煤油和柴油馏分的汽提
液—液萃取	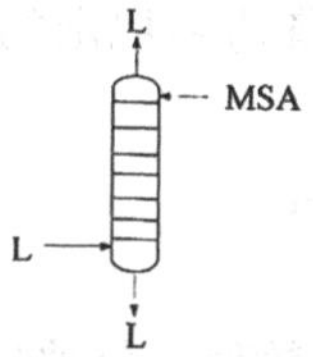	液体	液体萃取剂(MSA)	液体	不同组分在两液相中的溶解度不同	以丙烷作萃取剂从重渣油中脱除沥青
干燥	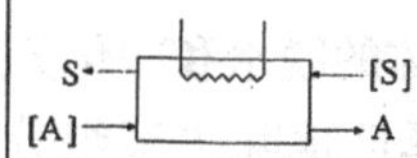	液体，更常见的是固体	气体(MSA)；热量(ESA)	气体	水分蒸发	用热空气脱除氯乙烯中的水分
蒸发	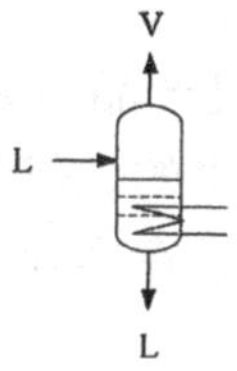	液体	热量(ESA)	气体	蒸气压不同	由氢氧化钠的水溶液中蒸出水分
结晶	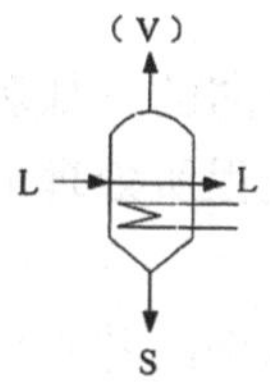	液体	冷量或热量(ESA)	固体	利用过饱和度	由二甲苯混合物中结晶分离对二甲苯
吸附	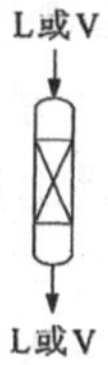	气体或液体	固体吸附剂	固体	吸附作用的差别	通过分子筛吸附空气中的水分
离子交换		液体	固体树脂	固体	质量作用定律	水的软化

如果由精馏塔塔顶引出的气体不能完全冷凝，可从塔顶加入吸收剂作为回流，这种单元操作叫做吸收蒸出(或精馏吸收)。在吸收蒸出操作中，进料板以上进行的是吸收过程，称为吸收段；进料板以下进行的是解吸(蒸出)过程，称为解吸(蒸出)段。当原料是气体，分离时又不需要设蒸出段时，只要使混合气体与适当的液体接触，气体中的一个或几个组分可溶解于该液体内而形成溶液，不能溶解的组分则保留在气相之中，原混合气体的组分便得以分离。这种利用各组分溶解度不同而分离气体混合物的操作称为吸收，吸收蒸出塔上段进行的就是吸收分离过程。解吸(蒸出)是吸收的逆过程，通过蒸出气体(MSA)与液体原料接触，

将溶解于液体中的气体组分从液体中蒸出的过程称为解吸(蒸出)。工业上常用这种方法使吸收剂得以再生。由于塔釜不必加热至沸腾，因此当原料液的热稳定性较差时，这一特点特别重要。如果解吸(蒸出)塔的塔釜液体是热稳定的，可不用MSA而仅靠加热沸腾，则称为再沸解吸(蒸出)。

液-液萃取又称溶剂萃取，是利用原料液中组分在适当溶剂中溶解度的差异而实现分离的单元操作。对于一种液体混合物，是直接采用蒸馏方法还是采用萃取方法加以分离，主要取决于技术上的可行性和经济上的合理性。

利用热能使湿物中湿分汽化，并排出生成的蒸气，以获得湿分含量达到规定的成品，这种除湿方法称为干燥。

蒸发一般是指通过热量传递，引起汽化，使液体转变为气体的过程。

升华就是物质由固体不经液体状态直接转变为气体的过程。

吸附是利用多孔性固体吸附剂处理流体混合物，使其中所含的一种或数种组分被吸附在固体表面上，以达到分离的目的。在工业生产中吸附主要用于气体和有机液体的脱水和净化分离。

离子交换也是一种重要的单元操作。它采用离子交换树脂有选择性地除去某组分，而树脂本身能够再生。

结晶(沉淀)是从溶液中分离固体物质的一种单元操作，是多种有机产品以及几乎全部无机产品的生产装置中常用的一种单元操作。但结晶设备的设计是很困难的，仅有相平衡和物性数据尚不能预测结晶过程，通常需要在小型工业装置上做中试，并且在实际工业装置生产出合格的产品之前仍需调整操作。

(2)速率控制分离

速率控制分离是依据被分离组分在均相中的传递速率差异而进行分离的，如利用溶液中分子、离子等粒子的迁移速率、扩散速率等的不同来进行分离。这类过程所处理的原料和产品通常属于同一相态，仅有组成上的差别。

膜分离是速率控制分离的一种，是利用流体中各组分对膜的渗透速率的差别而实现组分分离的单元操作。膜可以是固态、液态或气态，或是它们的组合。所处理的物料可以是液体或气体，过程的推动力可以是压力差、浓度差或电位差。膜分离是人们所掌握的最节能的物质分离和浓缩技术之一，是一种新型分离技术。近30年来膜分离技术发展迅速，目前，膜分离技术已得到广泛应用。如在水处理领域，膜分离主要用于海水淡化、苦咸水脱盐、超纯水制备、锅炉用水净化、废水处理等；在医药及保健领域，膜分离主要用于人造器官、血液分离、药剂的浓缩和提纯、消毒、水净化等；在食品工业，膜分离主要用于果汁和肉汁等的浓缩、饮料的灭菌和澄清、从家畜等动物血液中提取蛋白质等；在纺织及制革工业，膜分离主要用于余热回收、药剂回收、污染控制等。主要的膜技术及其特征列于表7-3。

表7-3　几种工业化膜分离操作

名称	简图	膜类型	推动力	截留物	透过物	传递机理
微过滤	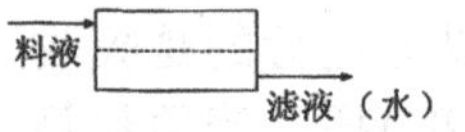	均相膜、非对称膜	压力差	微粒、细菌、悬浮物	水、溶剂、溶解物	微孔筛分大小、形状
超过滤	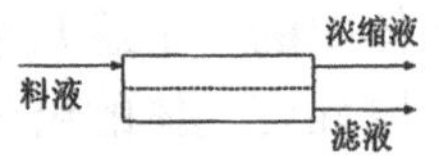	复合膜、非对称膜	压力差	胶体分子	水、溶剂	分子特性、微孔筛分大小、形状

名称	简图	膜类型	推动力	截留物	透过物	传递机理
反渗透	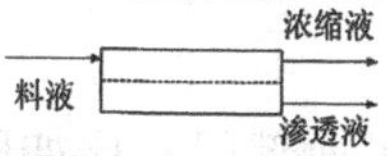	复合膜、非对称膜	压力差	溶剂、溶质大分子、离子	水、溶剂	扩散渗透
渗析	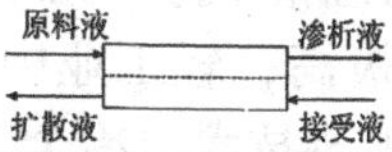	非对称膜、离子交换膜	浓度差	高相对分子质量分子、离子	低相对分子质量分子、离子	溶质的扩散传递
电渗析	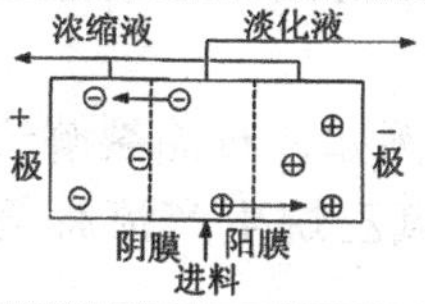	离子交换膜	电位差	非电解质、大分子物质	电解质、离子	电解质离子的选择传递
气体分离	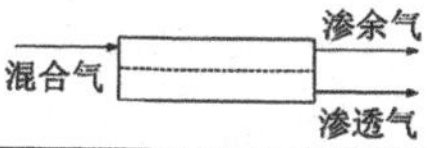	均匀膜、复合膜、非对称膜	压力差	难渗透性的气体或蒸气	渗透性的气体或蒸气	气体和蒸气的扩散渗透

超滤是一种以压力差为推动力，按粒径选择分离溶液中所含的微粒和大分子的膜分离操作。超滤的用途主要是溶液的过滤和澄清，以及分子溶质的分离。

反渗透又称逆渗透，也是以压力差为推动力，从溶液中分离出溶剂的膜分离操作。该操作已大规模地应用于海水和苦咸水淡化及废水处理，并开始用于乳品、果汁的浓缩以及生化和生物制剂的分离和浓缩。

渗析是一种以浓度差为推动力的膜分离操作，利用膜对溶质的选择透过性，实现不同性质溶质的分离。操作时，膜的一侧流过料液，另一侧流过接受液，料液中的渗析组分透过膜而进入接受液中。虽然渗析过程是最早发现和研究的膜分离过程，但由于渗析过程渗透速率慢，选择性不高，因此工业上很少采用，目前主要用于人工肾。

电渗析是一种以电位差为推动力，利用离子交换膜的选择透过性，从溶液中脱出或富集电解质的膜分离操作。该过程主要用于苦咸水脱盐、饮用水制备、工业用水处理等。近十年来开始应用于有机酸脱盐与纯化、废酸、碱回收等。

膜分离还有气体渗透分离、液膜分离、渗透蒸发、膜蒸馏等。

除膜分离外，还有用场作为分离剂的速率控制过程。如超速离心分离、电沉降、高梯度磁分离、色谱分离等。热扩散也属场分离，是以温度梯度为推动力，在均匀的气体或液体混合物中出现相对分子质量较小的分子(或离子)向热端漂移的现象，建立起浓度梯度，以达到组分分离的目的。该技术用于分离同位素、高黏度润滑油，并预计在精细化工和药物生产中可得到应用。

7.1.3 反应分离

化学反应通常能将反应物转化为目的产物，如果这类可转化为目的产物的反应物存在于混合物中，则人们可借助于化学反应将其从混合物中分离出来或直接将其除去，这种分离过程称为反应分离。化学反应的种类很多，不是所有的化学反应都可用于分离目的产物的过程，一般情况下可逆反应、不可逆反应、分解反应三大类可以考虑选用。

利用反应将混合物分离的例子很多，如通过调整 pH 值，将溶解于水中的重金属转化为氢氧化物的不溶性结晶；利用离子交换树脂的交换平衡反应将水软化；通过微生物将污水中的有机物质分解为二氧化碳和水；将烟道气体中的 SO_2 转化为石膏；采用微藻固定空气中 CO_2 并将其转化为 O_2 等。

7.2 分离过程的地位与作用

分离技术广泛用于化工、轻工、医药、冶金、原子能、生化等工业部门。比如医药工业中西药产品的制取，大都是经过分离后得到的，且要求的产品纯度极高；轻工业中的制糖、味精、食盐；生化领域中抗菌素的净制、病毒的分离、生物制品的下游技术；冶金工业中矿物的精选等。

在某些化工生产装置中，分离操作就是整个过程的主体部分。例如，石油裂解气的深冷分离、碳四馏分分离生产丁二烯、芳烃分离等过程。图 7－2 为环氧乙烷生产流程简图，图 7－3 为对二甲苯生产流程简图。

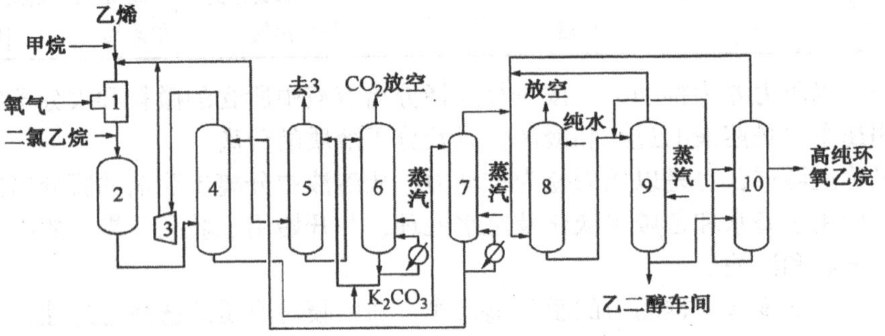

图 7－2　环氧乙烷生产流程

1—原料混合器；2—反应器；3—循环压缩机；4—环氧乙烷吸收塔；5—二氧化碳吸收塔；6—碳酸钾再生塔；7—环氧乙烷解吸塔；8—环氧乙烷再吸收塔；9—乙二醇原料解吸塔；10—环氧乙烷精制塔

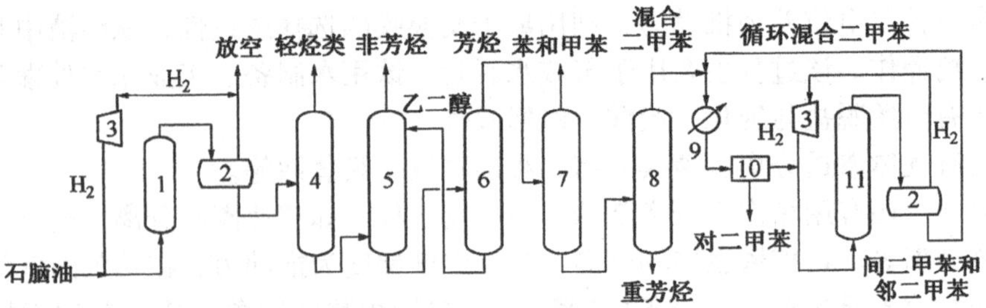

图 7－3　二甲苯生产流程

1—重整反应器；2—汽液分离器；3—压缩机；4—脱丁烷塔；5—萃取塔；6—再生塔；7—甲苯塔；8—二甲苯回收塔；9—冷却器；10—结晶器；11—异构化反应器

由图 7－2 和图 7－3 可以看出，一个化工产品的生产，分离操作占有很大比重。对大型的石油工业和以化学反应为中心的石油化工生产过程，分离装置的费用通常占总投资的 50%～90%。

在化工生产中，原料预处理、中间产物的获得和主副产品之间的分离都离不开分离操作。任何一种化工产品的生产，都包含有：前处理（原料的预处理）→化学反应→后处理（产物分离）。在一个化工厂，反应是核心，分离是手段。夸大一点说：一个化工厂就是反应和分离过程的结合。通过反应可以增加新产品，通过分离可以获得可用的产品。只要有反应就要分离。但是即使没有反应，我们要获得纯净的产品也要进行分离。分离过程与反应过程相比较，具有下列特点：① 分离设备数量多；② 设备投资多；③ 能耗大；④ 操作费用高，在产品成本中所占比重大。

第8章　单级平衡分离过程

单级平衡分离是指原料经过分离设备后成为呈平衡的两相，由于平衡两相的组成不同而实现分离的操作。闪蒸和部分冷凝就是单级平衡分离过程。除非组分的相对挥发度非常大，一般来说，单级平衡分离过程能达到的分离程度是不大的，因此，闪蒸和部分冷凝通常作为分离过程的辅助操作，但是，用于闪蒸过程的计算方法是极为重要的。精馏、吸收和萃取等传质单元操作在化工生产中占有重要的地位，用于这些分离过程的塔设备可以认为是由若干个单级平衡分离设备构成的，可以将闪蒸和部分冷凝导出的计算方法推广用于塔的设计。

8.1　相平衡

在传质分离过程中，相平衡占有非常重要的地位。工程上广泛应用的传质分离过程的设计计算就是从平衡级概念出发，以相平衡为依据进行的。如气—液平衡(VLE)用于计算精馏和吸收过程；液—液平衡(LLE)用于计算萃取分离过程；气—固平衡(VSE)用于计算吸附分离过程；液—固平衡(LSE)用于计算结晶分离过程等。

相平衡是指两个或两个以上均相，互相紧密接触，但各自性质不随时间变化。与化学平衡相同，相平衡也是一种动态平衡。在相平衡传质中，组分在相接触的两相间发生传递。两相在一定温度和一定压力下达到相平衡时的浓度称为平衡浓度，各组分在两相接触前的浓度和平衡浓度差是传质过程的推动力。在实际的分离过程中，由于动力学因素和设备的限制，经过两相一次接触，实际浓度是达不到平衡浓度的，平衡浓度是传质分离的极限，它们之间的差值反映了设备的效率。相平衡数据是精馏、吸收等传质分离过程的基础数据。这部分我们只重点讨论与精馏、吸收有关的气液平衡。

8.1.1　气液平衡关系式

(1) 相平衡条件

相平衡热力学是建立在化学势概念基础上的。一个多组分系统达到相平衡的条件是各相的温度 T、压力 P 及化学势 μ_i 分别相等(即 $T^{\mathrm{I}}=T^{\mathrm{II}}=T^{\mathrm{III}}=\cdots\cdots$；$P^{\mathrm{I}}=P^{\mathrm{II}}=P^{\mathrm{III}}=\cdots\cdots$；$\mu_i^{\mathrm{I}}=\mu_i^{\mathrm{II}}=\mu_i^{\mathrm{III}}=\cdots\cdots$)。对一具有 N 相和 C 个组分的系统，其中化学势相等为相平衡判据。从工程角度上，化学势没有直接的物理真实性，且真实气体及混合物中组分的化学势表达式较为复杂。Lewis 为简化抽象的物理化学平衡方程，提出了等价于化学势的物理量——逸度，导出了另一个等效的相平衡判据式，即各相各组分的逸度分别相等。

Lewis 先从纯理想气体的化学势入手，然后再将所得的结果予以普遍化，应用至所有体系。

对纯理想气体，由 Gibbs - Duhem 方程可得

$$\left(\frac{\partial \mu_i}{\partial P}\right)_T = v_i \tag{8-1}$$

式中　μ_i——组分 i 的化学势，J/mol；

v_i——组分 i 的摩尔体积，m^3/mol。

按理想气体定律

$$v_i = \frac{RT}{P} \tag{8-2}$$

将式(8-2)带入式(8-1)得

$$d\mu_i = RT d\ln P \tag{8-3}$$

式(8-3)表明，对纯理想气体，抽象的热力学量 μ 在等温下的变化可以简单地表示为实际物理量——压力 P 的对数函数。

由于式(8-3)仅能用于纯理想气体，为使其普遍化，Lewis 提出了一种称为逸度的函数 f，并将任一体系(气体、液体或固体，纯组分或混合物，理想或非理想)的压力 P 以逸度 f 代替，则式(8-3)记为

$$d\mu_i = RT d\ln f_i \tag{8-4}$$

或

$$\mu_i - \mu_i^0 = RT\ln\frac{f_i}{f_i^0}\ (\text{T 为常数}) \tag{8-5}$$

式(8-5)中的 μ_i^0 和 f_i^0 分别指标准态下的化学势和逸度。由于式(8-5)只适用于等温情况，因此，标准态的温度必须和体系温度相同，但压力不必相同。

对纯理想气体，逸度等于压力；对理想气体混合物中的组分 i，其逸度则等于其分压 y_iP。由于所有纯物质或其混合物在极低压力下均接近理想气体的行为，因此逸度的定义需加上以下极限

当 $P \to 0$ 时　$$\frac{f_i}{y_iP} \to 1$$

式中，y_i为组分 i 的摩尔分数。和化学势比较，逸度不那么抽象，可将逸度视为校正的压力，其单位与压力单位一致。

将理想气体化学势中的分压换成真实气体的逸度即可表示真实气体的化学势。与此相似，将理想液态(或固态)混合物中任一组分化学势表示式中的液相组成 x_i代之以活度 a_i，则也可通过活度 a_i表示真实液态(或固态)混合物中组分 i 的化学势。

Lewis 定义了比值 $a_i = f_i/f_i^0$ 为组分 i 的活度，则式(8-4)记为

$$d\mu_i = RT\ln a_i \tag{8-6}$$

由活度 a_i的定义及式(8-6)可知，由一物质的活度可度量该物质在某一状态下的化学势和其标准态下的化学势的差值，因此可认为活度表明了一物质相对于标准态的活泼程度。

以逸度代替压力后，化学势平衡可表示为

$$\hat{f}_i^\alpha = \hat{f}_i^\beta$$

式中，α 和 β 分别表示不同的相。

则气液平衡表示为

$$\hat{f}_i^V = \hat{f}_i^L$$

式中　$\hat{f}_i^V$——气相混合物中组分 i 的逸度，Pa，上标 V 表示气相；

$\hat{f}_i^L$ ——液相混合物中组分 i 的逸度，Pa，上标 L 表示液相。

相应的，又定义了逸度系数 Φ 和活度系数γ，通过它们来计算逸度和活度。

对纯组分气体

$$\Phi_i = \frac{f_i}{P}$$

对气体混合物

$$\hat{\Phi}_i^V = \frac{\hat{f}_i^V}{y_i P}$$

式中 $\hat{\Phi}_i^V$ ——气相混合物中组分 i 的逸度系数；

P ——总压，Pa。

同理，可写出液相的组分逸度系数。

$$\hat{\Phi}_i^L = \frac{\hat{f}_i^L}{x_i P}$$

式中，$\hat{\Phi}_i^L$ 为液相混合物中组分 i 的逸度系数。

液相混合物中组分 i 的活度系数γ_i定义为

$$\gamma_i = \frac{\hat{f}_i^L}{x_i f_i^0}$$

由上述定义可知，气液平衡关系常用两种形式表示，即

$$\hat{\Phi}_i^V y_i P = \hat{\Phi}_i^L x_i P \tag{8-7}$$

$$\hat{\Phi}_i^V y_i P = \gamma_i x_i f_i^0 \tag{8-8}$$

（2）相平衡常数和分离因子

多元气液平衡关系，工程计算中常用相平衡常数 K_i或分离因子 α_{ij}表示。

相平衡常数 K_i定义：气液平衡中，组分 i 在气相中的摩尔分数与液相中的摩尔分数的比值称为相平衡常数或 K 因子，即

$$K_i = \frac{y_i}{x_i} \tag{8-9}$$

对精馏和吸收过程，K_i称为气液平衡常数。

对于平衡分离过程，在工程计算中常常采用分离因子来表示平衡关系。任意分离过程达到的程度，我们称之为分离因子。其定义式为

$$\alpha_{ij} = \frac{y_i/y_j}{x_i/x_j} = \frac{K_i}{K_j} \tag{8-10}$$

分离因子在精馏过程中又称为相对挥发度，为两组分 i 和 j 的气液平衡常数的比值。分离因子与 1 的偏离程度表示组分 i 和 j 之间分离的难易程度。当 $\alpha_{ij}=1$ 时，组分 i 和 j 不能用精馏方法分离；与 1 的差距越大，i 和 j 的分离越容易。对于接近理想溶液的物系，α_{ij}受温度和组成的影响很弱，可以近似当作常数，使计算得以简化。

8.1.2 相平衡常数的计算

相平衡常数的计算式根据烃类系统的气—液平衡模型可以分为以下两类

A 类：这类模型由式(8－8)和式(8－9)导出。

$$K_i = \frac{y_i}{x_i} = \frac{\gamma_i f_i^0}{\hat{\Phi}_i^V P} \quad (8-11)$$

该法称为($\Phi-\gamma$)法(又称为活度系数法)。其特点是气相逸度系数可按适当的状态方程计算，而液相活度系数则由于烃类溶液的非理想性极小，一般可按正规溶液处理。

B 类：这类模型由式(8－7)和(8－9)导出。

$$K_i = y_i/x_i = \hat{\Phi}_i^L/\hat{\Phi}_i^V \quad (8-12)$$

该法称为($\Phi-\Phi$)法。其特点是采用同一状态方程直接计算气相和液相的逸度(逸度系数)和焓，而无需通过辅助函数γ_i和f_i^0等。

无论是($\Phi-\gamma$)法还是($\Phi-\Phi$)法都需要计算逸度系数 Φ。尤其对 B 类模型，($\Phi-\Phi$)法只需分别计算气相和液相的 Φ，即可求出相平衡常数 K。Φ 可通过状态方程(EOS)由 $P-V-T$ 关系求取。$P-V-T$ 关系既可用以 V、T 为独立变量的状态方程表达，也可用以 P、T 为独立变量的状态方程表达，但所得逸度系数 Φ 的方程形式不同，它们的关系可从热力学原理推导出。

以 V 和 T 为独立变量时

$$\ln\hat{\Phi}_i = \frac{1}{RT}\int_V^\infty\left[\left(\frac{\partial P}{\partial n_i}\right)_{T,V,n_j} - \left(\frac{RT}{V_t}\right)\right]dV_t - \ln Z_m \quad (8-13)$$

以 P 和 T 为独立变量时

$$\ln\hat{\Phi}_i = \frac{1}{RT}\int_0^P\left[\left(\frac{\partial V_t}{\partial n_i}\right)_{T,P,n_j} - \left(\frac{RT}{P}\right)\right]dP \quad (8-14)$$

式中 V_t——气(液)相混合物的总体积，m^3；

Z_m——气(液)相混合物的压缩因子；

P——系统压力，Pa；

T——系统温度，K；

R——气体常数，$R=8.314$J/(mol·K)；

n_i——组分 i 的摩尔数，mol。

只要知道流体的 $P-V-T$ 关系便可通过式(8－13)或(8－14)求得 $\hat{\Phi}_i$。虽然 $P-V-T$ 关系可以由图表提供，但最常用的仍是通过状态方程表达。

理想气体的状态方程是最为简单和古老的状态方程，其形式为

$$PV = RT \quad (8-15)$$

式中，V 为摩尔体积。它是综合了气体的 Boyle 定律(1662 年)、Gay－Lussac 定律(1802 年)和 Charles 定律(1787 年)而得到的仅适用于理想气体的状态方程。该方程可用于高温和低压下气体体积性质的工程估算，而且在 $P\to 0$ 或 $T\to\infty$ 的条件下，任何状态方程均应返回该式。

Van der waals(vdW)状态方程是首次提出的用于真实气体的状态方程，其形式为

$$P = \frac{RT}{V-b} - \frac{a}{V^2} \quad (8-16)$$

式中，a 和 b 为方程的参数。虽然现在看来该方程并不能精确地描述流体的性质，不适用于工程计算，但它是第一个能够用于描述真实气体的状态方程，在状态方程的发展史上具有里程碑的意义。更重要的是，该方程具备了现代状态方程的许多要素。

从 Van der waals(vdW)状态方程提出至今，文献中已有大量关于状态方程的报道。根据状态方程形式和理论基础上的差别，状态方程大致可分为 vdW 型(经验型)、virial 型、对应状态原理型，以及具有严格统计力学基础的状态方程。

8.1.3 状态方程

8.1.3.1 vdW 型状态方程

vdW 型状态方程的共同特征是均具有与式(8－16)所示的 vdW 方程相类似的形式，大多属于立方型的经验状态方程，其特点是可以写成密度、体积或压缩因子的三次方的形式。RK 方程、SRK 方程、PR 方程、PT 方程等是目前广泛应用的 vdW 立方型状态方程。

(1) RK 方程

Redlich 和 Kwong 于 1949 年提出了两参数 RK 方程，其形式为

$$P = \frac{RT}{V-b} - \frac{a}{T^{0.5}V(V+b)} \tag{8-17}$$

式中，a 和 b 为方程的两个特性参数，各种组分有不同的参考值。其物理意义与 vdW 方程中的参数 a 和 b 相近，a 反映分子间吸引力的大小，而 b 则表示分子的大小。参数 a 和 b 可利用临界等温线所具有的特性定出。

$$a = 0.42748\frac{R^2T_C^{2.5}}{P_C} \tag{8-18}$$

$$b = 0.08664\frac{RT_C}{P_C} \tag{8-19}$$

式中 T_C——临界温度，K；

P_C——临界压力，Pa；

R——气体常数，$R=8.314\text{J/(mol·K)}$。

RK 方程又常通过压缩因子 Z 写成式(8－20)形式，以便于体积根的求取。

$$Z^3 - Z^2 + (A - B - B^2)Z - AB = 0 \tag{8-20}$$

式中，无因次量 A 和 B 分别为

$$A = \frac{aP}{R^2T^{2.5}} \tag{8-21}$$

$$B = \frac{bP}{RT} \tag{8-22}$$

RK 方程(8－17)应用于混合物时，方程中的参数相应换为混合物的状态方程参数 a_m 和 b_m，a_m 和 b_m 可由纯组分的相应参数 a_i 和 b_i 按某种混合规则求定。Redlich—Kwong 原先建议的混合规则为

$$a_m = \left(\sum_{i=1}^{C} y_i a_i^{0.5}\right)^2 \tag{8-23}$$

$$b_m = \sum_{i=1}^{C} y_i b_i \tag{8-24}$$

式中，a_i 和 b_i 由式(8－18)和(8－19)计算，y_i 为组分 i 的摩尔分数。

对式(8－20)，混合物的状态方程参数 A_m 和 B_m 则相应表示为

$$A_m = \left(\sum_{i=1}^{C} y_i A_i^{0.5}\right)^2 \tag{8-25}$$

$$B_m = \sum_{i=1}^{C} y_i B_i \tag{8-26}$$

现在一般采用Reid的建议，对所有的两参数立方型状态方程使用如下统一的混合规则

$$a_m = \sum_{i=1}^{C}\sum_{j=1}^{C} y_i y_j a_{ij} \tag{8-27}$$

$$a_{ij} = (a_i a_j)^{0.5}(1 - k_{ij}) \tag{8-28}$$

$$b_m = \sum_{i=1}^{C} y_i b_i \tag{8-29}$$

式中，二元交互作用参数 k_{ij} 可由二元气—液平衡实验数据回归得到。当 $k_{ij}=0$ 时，式(8－27)还原为式(8－23)。

由RK方程导出的纯组分的逸度系数 $\Phi_{pure,i}$ 和焓差 $(H-H^0)$ 的计算公式为

$$\ln\Phi_{pure,i} = \ln\left(\frac{f_{pure,i}}{P}\right) = (Z-1) - \ln(Z-B) - \frac{A}{B}\ln\left(1+\frac{B}{Z}\right) \tag{8-30}$$

$$\frac{H-H^0}{RT} = \frac{3}{2}\frac{A}{B}\ln\left(\frac{V}{V+b}\right) + Z - 1 \tag{8-31}$$

式中 $f_{pure,i}$——纯组分的逸度，Pa；

H——纯组分或混合物的摩尔焓，J/mol；

H^0——纯组分或混合物的理想摩尔焓，J/mol；

$H-H^0$——焓差，J/mol。

式(8－31)既适用于纯组分焓差计算，又适用于混合物焓差计算。当用于混合物焓差计算时，式中各参数采用混合物参数。

混合物中组分 i 的逸度系数 $\hat{\Phi}_i$ 的计算公式与所采用的混合规则有关。当采用式(8－23)和式(8－24)表示的混合规则时可导得

$$\ln\hat{\Phi}_i = \frac{b_i}{b_m}(Z-1) - \ln(Z-B_m) - \frac{A_m}{B_m}\left(2\frac{A_i^{0.5}}{A_m^{0.5}} - \frac{B_i}{B_m}\right)\ln\left(1+\frac{B_m}{Z}\right) \tag{8-32}$$

而当采用式(8－27)和式(8－29)表示的混合规则时可导得

$$\ln\hat{\Phi}_i = \frac{b_i}{b_m}(Z-1) - \ln(Z-B_m) - \frac{A_m}{B_m}\left(2\frac{\sum_{j=1}^{C} x_j a_{ij}}{a_m} - \frac{b_i}{b_m}\right)\ln\left(1+\frac{B_m}{Z}\right) \tag{8-33}$$

式中，x_i 为组分 i 的摩尔分数。

以上计算逸度系数 Φ 和焓差 $(H-H^0)$ 的计算公式中的 Z 需通过求解式(8－20)得到。

RK方程的计算准确度比van der Waals方程有较大的提高，可以较准确地用于非极性和弱极性化合物 $P-V-T$ 性质的计算，但对于强极性及含有氢键的化合物仍会产生较大的偏差。

(2) SRK方程

Soave于1972年提出了RK方程的改进形式——Soave－Redlich－Kwong方程，简称SRK(RKS，或Soave)方程。RK方程应用于计算纯组分及混合物中溶剂的热性质可获得相当准确的结果，但是当应用于多组分气—液平衡计算时其准确性却通常较差。SRK方程在不失RK方程形式简单的情况下，大大改善了计算气、液相逸度的效果。在SRK方程中，Soave将RK方程中 $a/T^{0.5}$ 一相改用较具有普遍意义的温度函数 $a(T)$ 来代替，即改为

$$P = \frac{RT}{V-b} - \frac{a(T)}{V(V+b)} \tag{8-34}$$

Soave 将 $a(T)$ 表示为

$$a(T) = a_C \alpha(T) \tag{8-35}$$

按临界等温线在临界点处压力对体积的一阶导数和二阶导数为零的特点，可导出纯组分的参数 a_C，b 和其临界温度 T_C、临界压力 P_C 间的关系。

$$a_C = 0.42748 R^2 T_C{}^2 / P_C \tag{8-36}$$

$$b = 0.08664 RT_C / P_C \tag{8-37}$$

$\alpha(T)$ 是一个和温度有关的无因次因子，其表达式为

$$\alpha(T) = [1 + m(1 - T_r^{0.5})]^2 \tag{8-38}$$

当 $T = T_{C,i}$ 时，$\alpha(T) = 1$。式中，m 为斜率，与偏心因子 ω 关联如下

$$m = 0.480 + 1.574\omega - 0.176\omega^2 \tag{8-39}$$

对比温度 T_r 由下式计算

$$T_r = \frac{T}{T_C} \tag{8-40}$$

SRK 方程也可通过压缩因子 Z 改写为

$$Z^3 - Z^2 + Z(A - B - B^2) - AB = 0 \tag{8-41}$$

式中

$$A = \frac{a(T)P}{R^2 T^2} \tag{8-42}$$

$$B = \frac{bP}{RT} \tag{8-43}$$

式(8-34)和式(8-41)简称为 SRK 方程。SRK 方程既适用于气体又适用于液体 $P-V-T$ 性质的计算。

由 SRK 方程导出的纯组分逸度系数 $\Phi_{\text{pure},i}$ 和焓差 $(H - H^0)$ 的计算公式为

$$\ln\Phi_{\text{pure},i} = (Z-1) - \ln(Z-B) - \frac{A}{B}\ln\left(1 + \frac{B}{Z}\right) \tag{8-44}$$

$$\frac{H - H^0}{RT} = (Z-1) - \ln\left(1 + \frac{B}{Z}\right)\left(\frac{A}{B} + \frac{\sqrt{a}}{RTb}\sum_{i=1}^{C} x_i m_i \sqrt{a_{Ci} T_{ri}}\right) \tag{8-45}$$

式(8-45)既适用于纯组分焓差计算，又适用于混合物焓差计算，式中 x_i 为混合物中组分 i 的摩尔分数，C 为组分数。

当采用式(8-23)和式(8-24)表示的混合规则时可导得

$$\ln\hat{\Phi}_i = \frac{b_i}{b_m}(Z-1) - \ln(Z - B_m) - \frac{A_m}{B_m}\left(2\frac{a_i^{0.5}}{a_m^{0.5}} - \frac{b_i}{b_m}\right)\ln\left(1 + \frac{B_m}{Z}\right) \tag{8-46}$$

而当采用式(8-27)和式(8-29)表示的混合规则时可导得

$$\ln\hat{\Phi}_i = \frac{b_i}{b_m}(Z-1) - \ln(Z - B_m) - \frac{A_m}{B_m}\left(2\frac{\sum_{j=1}^{C} x_j a_{ij}}{a_m} - \frac{b_i}{b_m}\right)\ln\left(1 + \frac{B_m}{Z}\right) \tag{8-47}$$

以上各式中的 Z 需通过求解式(8-41)得到。

SRK 方程提高了对极性物质及含氢键物质 $P-V-T$ 性质的计算精度。更主要的是，该方程在饱和液体密度的计算中更准确。

对 T、P 和组成给定的混合物，先由式(8－41)求解气相或液相的 Z 值，将 Z 代入式(8－47)便可求得气相或液相混合物中任一组分的逸度系数 $\hat{\Phi}_i^{V}$、$\hat{\Phi}_i^{L}$。

该模型应用于非极性组分及其混合物的气液平衡计算时，一般均能获得满意的结果，但对二氧化碳和硫化氢则有显著的偏差，同时对含氢系统的偏差也很大。

(3) Peng－Robinson 方程(PR 方程)

Peng 和 Robinson 指出，经 Soave 改进的 RK 方程虽然取得了明显改进，但仍有一些不足之处，例如 SRK 方程对液相密度的预测欠缺准确，对烃类组分(除甲烷外)预测的液相密度普遍小于实验数据。Peng 和 Robinson 指出，通过为状态方程选择适当的函数形式可使临界压缩因子的预测值更接近于实验值。他们提出的 PR 方程如下

$$P = \frac{RT}{V-b} - \frac{a(T)}{V(V+b)+b(V-b)} \tag{8-48}$$

其中方程参数

$$a(T) = a_C \alpha(T) \tag{8-49}$$

$$a_C = 0.45724 R^2 T_C^{\ 2}/P_C \tag{8-50}$$

$$b = 0.07780 RT_C/P_C \tag{8-51}$$

$$\alpha(T) = [1 + m(1 - T_r^{\ 0.5})]^2 \tag{8-52}$$

式中，m 为斜率，与偏心因子 ω 关联如下

$$m = 0.37464 + 1.54226\omega - 0.26992\omega^2 \tag{8-53}$$

通过压缩因子 Z 表示的 PR 方程如下

$$Z^3 - (1-B)Z^2 + Z(A - 2B - 3B^2) - (AB - B^2 - B^3) = 0 \tag{8-54}$$

式中

$$A = \frac{a(T)P}{R^2T^2} \tag{8-55}$$

$$B = \frac{bP}{RT} \tag{8-56}$$

PR 方程导出的纯组分逸度系数 $\Phi_{\text{pure},i}$ 和焓差 $(H-H^0)$ 的表达式为

$$\ln\Phi_{\text{pure},i} = (Z-1) - \ln(Z-B) - \frac{A}{2\sqrt{2}B}\ln\left(\frac{Z+(1+\sqrt{2})B}{Z+(1-\sqrt{2})B}\right) \tag{8-57}$$

$$\frac{H-H^0}{RT} = (Z-1) + \frac{T\dfrac{da}{dT} - a}{2\sqrt{2}bRT}\ln\left(\frac{Z+(1+\sqrt{2})B}{Z+(1-\sqrt{2})B}\right) \tag{8-58}$$

式(8－58)既适用于纯组分的焓差计算，又适用于混合物的焓差计算。

当采用式(8－23)表示的混合规则时可导得

$$\frac{da}{dT} = -\sum y_i m_i \sqrt{\frac{a_m a_{Ci}}{TT_{Ci}}} \tag{8-59}$$

当采用式(8－27)和式(8－29)表示的混合规则时可导得混合物中组分 i 的逸度系数 $\hat{\Phi}_i$ 为

$$\ln\hat{\Phi}_i = \frac{b_i}{b_m}(Z-1) - \ln(Z-B_m) - \frac{A_m}{2\sqrt{2}B_m}\left(2\frac{\sum\limits_{j=1}^{C} x_j a_{ij}}{a_m} - \frac{b_i}{b_m}\right)\ln\left(\frac{Z+(1+\sqrt{2})B_m}{Z+(1-\sqrt{2})B_m}\right) \tag{8-60}$$

PR 方程在计算饱和蒸气压、饱和液体密度等方面有更好的准确度。它也是相平衡计算中最常用的方程之一。

其他还有包含三参数的立方型状态方程——PT 方程。按该方程计算一些纯组分(包括极性和非极性组分)的饱和液体密度和饱和气体密度的平均误差为 2.94% 和 1.44%。可见 PT 方程在计算饱和性质方面是较好的。

vdW 立方型状态方程因其简单性和可靠性在工程计算中被认为是最为实用的状态方程。它适用于只需准确计算部分物性的场合，在过程模拟中普遍采用。为了提高状态方程计算饱和蒸气压和饱和液相体积的准确度，近年来对 vdW 立方型状态方程提出了一些改进方法。

8.1.3.2 维里状态方程

维里状态方程可以表示成两种形式。

(1) 将压缩因子 Z 以摩尔体积倒数 $1/V$ 的幂级数表示

$$Z = \frac{PV}{RT} = 1 + \frac{B}{V} + \frac{C}{V^2} + \frac{D}{V^3} + \cdots$$

$$= 1 + B\rho + C\rho^2 + D\rho^3 + \cdots (\text{Leiden 型}) \tag{8-61}$$

式中，B、C、D、…分别为第二、第三、第四、…维里系数。所有维里系数均与压力或密度无关，对纯组分仅为温度的函数，对混合物则尚与组成有关。

(2)将压缩因子 Z 以压力 P 的幂级数表示

$$Z = \frac{PV}{RT} = 1 + B'P + C'P^2 + D'P^3 + \cdots (\text{Berlin 型}) \tag{8-62}$$

式中，B'、C'和 D'的意义及性质同前。

当式(8-61)和式(8-62)取无穷级数时，不同形式的维里系数之间存在着下述关系。

$$B' = \frac{B}{RT} \tag{8-63}$$

$$C' = \frac{C - B^2}{(RT)^2} \tag{8-64}$$

$$D' = \frac{D - 3BC + 2B^3}{(RT)^3} \tag{8-65}$$

若限于在低压和中压下使用，可将式(8-61)和式(8-62)中第三或第四维里系数以后各项截去，于是保留第二维里系数的维里方程可表示为

$$Z = \frac{PV}{RT} = 1 + \frac{B}{V} \tag{8-66}$$

或

$$Z = \frac{PV}{RT} = 1 + B'P = 1 + \frac{BP}{RT} \tag{8-67}$$

实践证明，当温度低于临界温度、压力不高于 1.5MPa 时，用二阶舍项的维里方程可以很精确地表示气体的 $P-V-T$ 关系。

对第二维里系数，不但有较为丰富的实测的文献数据，而且还可以通过理论方法计算。

由于对指定的气体，B 仅仅是温度的函数，与压力无关，Pitzer 提出如下关联式

$$B = \frac{RT_C}{P_C}(B^{(0)} + \omega B^{(1)}) \tag{8-68}$$

式中，$B^{(0)}$ 和 $B^{(1)}$ 都只是对比温度的函数，表示为

$$B^{(0)} = 0.083 - 0.422/T_r^{1.6} \tag{8-69}$$

$$B^{(1)} = 0.139 - 0.172/T_r^{4.2} \tag{8-70}$$

采用 Pitzer 提出的关联式时，由式(8－67)计算纯组分在饱和蒸气压下的逸度系数式、混合物气相组分的逸度系数式分别为

$$\ln\Phi_{\text{pure},i}^{S} = \frac{P_{ri}}{T_{ri}}(B_i^{(0)} + \omega_i B_i^{(1)}) \tag{8-71}$$

$$\ln\hat{\Phi}_i^{V} = \frac{P}{RT}(2\sum_{j=1}^{C} y_j B_{ij} - B) \tag{8-72}$$

其中

$$B = \sum_{i=1}^{C}\sum_{j=1}^{C} y_i y_j B_{ij} \tag{8-73}$$

B_{ij}表示组分 i 和组分 j 之间的相互作用，代表混合物性质，称为交叉第二维里系数，用以下经验式计算。

$$B_{ij} = \frac{RT_{Cij}}{P_{Cij}}(B_{ij}^{(0)} + \omega_{ij}B_{ij}^{(1)}) \tag{8-74}$$

$$B_{ij}^{(0)} = 0.083 - 0.422/T_{rij}^{1.6} \tag{8-75}$$

$$B_{ij}^{(1)} = 0.139 - 0.172/T_{rij}^{4.2} \tag{8-76}$$

式中的 T_{rij}为虚拟交叉对比温度。

$$T_{rij} = \frac{T}{T_{Cij}} \tag{8-77}$$

考虑二元相互作用的 T_{Cij}和 P_{Cij}等交叉临界参数，Prausnitz 提出如下混合规则。

$$T_{Cij} = (1 - k_{ij})(T_{Ci}T_{Cj})^{0.5} \tag{8-78}$$

$$V_{Cij} = \left[\frac{(V_{Ci}^{1/3} + V_{Cj}^{1/3})}{2}\right]^3 \tag{8-79}$$

$$Z_{Cij} = (Z_{Ci} + Z_{Cj})/2 \tag{8-80}$$

$$\omega_{ij} = (\omega_i + \omega_j)/2 \tag{8-81}$$

$$P_{Cij} = Z_{Cij}RT_{Cij}/V_{Cij} \tag{8-82}$$

式中，k_{ij}称为二元交互作用参数。k_{ij}与组成混合物的物质有关，一般在 0～0.2 之间，在近似计算中，可以取作 0。

采用 Pitzer 提出的关联式时，由式(8－67)导出的纯组分及混合物焓差的计算公式为

$$\frac{H - H^0}{RT} = \frac{P}{R}\left(\frac{B}{T} - \frac{dB}{dT}\right) \tag{8-83}$$

$$\frac{dB}{dT} = \sum_{i=1}^{C}\sum_{j=1}^{C} y_i y_j \frac{dB_{ij}}{dT} \tag{8-84}$$

截断的维里方程形式简单，文献中拥有大量第二维里系数的数据，而且混合规则理论上严格，但仅可用于气相。

8.1.3.3 多参数状态方程

与简单的状态方程相比，多参数状态方程可以在更宽的 T、P 范围内准确地描述不同物系的 $P-V-T$ 关系，其缺点是方程形式复杂，计算难度和工作量都较大。

BWR 方程是由 8 个参数构成的维里型多参数方程。在计算和关联轻烃及其混合物的液

体和气体热力学性质时极有价值。其表达式为

$$P = RT\rho + \left(B_0RT - A_0 - \frac{C_0}{T^2}\right)\rho^2 + (bRT - \alpha)\rho^3 + a\alpha\rho^6 + \frac{c}{T^2}\rho^3(1 + \gamma\rho^2)\exp(-\gamma\rho^2) \tag{8-85}$$

式中 ρ——气相或液相的摩尔密度，mol/m³；

P——体系压力，Pa；

R——气体常数，$R=8.314$J/(mol·K)；

T——体系温度，K。

A_0、B_0、C_0、a、b、c、α、γ 为方程的 8 个常数，由纯物质的 $P-V-T$ 数据和蒸气压数据确定。目前已具有参数的物质有三四十个，其中绝大多数是烃类。

在烃类热力学性质计算中，在比临界密度大 1.8～2.0 倍的高压条件下，BWR 方程计算的平均误差为 0.3% 左右，但该方程不能用于含水体系。

BWR 状态方程虽然应用于轻烃及其混合物热力学性质的计算时可获得很满意的结果，但对非烃气体含量较大的混合物、较重的烃组分(如已烷以上)以及较低的温度($T_r<0.6$)并不十分满意。为了提高 BWR 方程在低温区域的计算精度，Starling 等提出了 11 个参数的 BWRS 式，该方程的的应用范围广，对比温度可以低到 0.3。

多参数的 BWR 和 BWRS 方程的主要优点是可对纯组分性质(相平衡和体积性质)做准确计算。

此外，多参数状态方程还有 Martin－Hou 方程(简称 MH 方程)。MH－81 型状态方程能同时用于气、液两相，方程准确度高，适用范围广，能用于非极性至强极性的物质。

8.1.4 活度系数模型

虽然大多数状态方程对烃类溶液(属正规溶液，与理想溶液偏差较小)的确可同时应用于气、液相逸度计算，但对生产中常见的极性溶液和电解质溶液，则由于其液相的非理想性较强，一般状态方程并不适用。因此该类溶液中各组分的逸度常通过活度系数模型来计算，即相平衡常数的计算采用 A 类气—液平衡模型式(8－11)计算。A 类气—液平衡模型不同于 B 类，其主要区别在于液相逸度采用活度系数计算法。活度系数计算法首先需确定标准态，计算标准态逸度。

8.1.4.1 标准态逸度 f_i^0

只有当标准态逸度 f_i^0 被具体规定后，活度系数才有确定数值。f_i^0 的规定不是唯一的，在实际的相平衡计算中，可凝(亚临界)组分和不可凝(超临界)组分常采用两种不同的标准态进行计算。

(1) 可凝组分

对于亚临界的可凝组分，惯例是取温度 T 和压力 P(或某个固定参考压力)下的纯液体作为标准态。此时，f_i^0 可按下式计算

$$f_i^0 = P_i^S\Phi_i^S\exp\left(\int_{P_i^S}^{P}\frac{v_i^L\mathrm{d}P}{RT}\right) \tag{8-86}$$

式中 v_i^L——组分 i 于温度 T 时的液相摩尔体积，m³/mol；

Φ_i^S——饱和蒸气压下纯组分 i 的逸度系数。

在距临界点较远时，压力对 v_i^L 的影响常可忽略，于是式(8－86)可简化为

$$f_i^0 = P_i^S \Phi_i^S \exp\left(\frac{v_i^L(P - P_i^S)}{RT}\right) \tag{8-87}$$

（2）不可凝组分

对超临界不可凝组分，由于纯液体不可能存在，因此对其标准态如何选择尚无一致的看法，常用的处理方法有两种。

第一种是按假想的纯液体处理，即以在溶液温度 T 和压力 P 下的假想液体的逸度作为标准态逸度 f_i^0，其数值可由外推的方法确定。采用这一对称处理方法的优点是溶液中所有组分均可使用一致的标准态，实际应用时比较方便。

若超临界组分 i 的临界温度 T_{Ci} 略小于温度 T，采用假想纯液体处理还是可行的，但当 $T \gg T_{Ci}$ 时（如超临界组分氢、氦等），则因外推极为敏感而不宜使用。此时宜采用第二种处理方法——非对称的处理方法，即对不可凝组分 i 采用其在可凝溶剂 j 中的亨利系数 H_{ij} 作为标准态，即 $f_i^0 = H_{ij}$；对可凝的溶剂 j 仍可以纯液体作为标准态。

8.1.4.2 活度系数

目前，还不能完美地定量计算活度系数，对于双组分系统，主要通过实验测定，也可采用某些公式计算，对于三组分或更多组分的非理想溶液，实验数据很少，活度系数主要用公式计算。常用的活度系数方程有：对称型 Margules – Van Laar 方程、Margules 方程、Van – Laar 方程、Wilson 方程、NRTL 方程、UNIQUAC 方程和 Scatchard – Hildebrand（SH）方程。

所有的活度系数模型都是通过活度系数与超额 Gibbs 自由能 G^E 的内在联系式（8 – 88）导出的。

$$\ln\gamma_i = \left[\frac{\partial(nG^E/RT)}{\partial n_i}\right]_{T,P,n_j} \tag{8-88}$$

只要知道 G^E 的数学模型，就可通过组分 i 的摩尔数 n_i 求偏导数得到 γ_i 的表达式。

（1）正规溶液模型

将烃类溶液按正规溶液（当极少量的一个组分从理想溶液迁移到具有相同组成的溶液时，其熵变化为零）处理，其活度系数可按 Scatchard – Hildebrand 方程（SH 方程）计算。

$$\ln\gamma_i = \frac{v_i^L(\delta_i - \bar{\delta})^2}{RT} \tag{8-89}$$

式（8 – 89）形式简单，对每一组分仅包含两个常数——溶解度参数 δ_i 和摩尔体积 v_i^L。混合物的平均溶解度参数 $\bar{\delta}$ 可按下式计算

$$\bar{\delta} = \frac{\sum_{i=1}^{C} x_i v_i^L \delta_i}{\sum_{i=1}^{C} x_i v_i^L} \tag{8-90}$$

$$\delta_i = (\Delta U_i / v_i^L)^{0.5} \tag{8-91}$$

式中 x_i——液相混合物中 i 组分的摩尔分数；

δ_i——组分 i 的溶解度参数，$(J/m^3)^{0.5}$，其值可查到；

ΔU_i——等温下纯组分 i 从饱和液态变为理想气体时所需的能量，J/mol。

虽然溶解度参数 δ_i 是温度的函数，但按正规溶液理论，组成给定时仅需对式（8 – 89）取同一温度即可（$RT\ln\gamma$ = 常数）。因此 δ_i 和 v_i^L 可取任何温度（通常取 25℃）时的数值计算，仅需相互一致。

正规溶液模型适用于非极性物质构成的分子大小相近、形状相似的正偏差类体系。SH方程的优点是仅需纯物质的性质即可预测混合物组元的活度系数，而无需进行混合物的气液平衡测定。缺点是能适用的体系不多。

(2) Wohl 型方程

Wohl 型方程是在正规溶液的基础上获得的。

① Van - Laar 方程

$$\ln\gamma_1 = \frac{A}{\left(1 + \dfrac{Ax_1}{Bx_2}\right)^2} \tag{8-92a}$$

$$\ln\gamma_2 = \frac{B}{\left(1 + \dfrac{Bx_2}{Ax_1}\right)^2} \tag{8-92b}$$

式(8-92a)和式(8-92b)为 Van - Laar 方程。当 $x_1=0$ 时，$\lg\gamma_1^\infty = A$；当 $x_2=0$ 时，$\lg\gamma_2^\infty = B$。此处，γ_1^∞、γ_2^∞ 表示无限稀释时的活度系数。A、B 两参数需由实验确定，通常可以从气液平衡实验数据求得。

$$A = \ln\gamma_1\left(1 + \frac{x_2\ln\gamma_2}{x_1\ln\gamma_1}\right)^2 \tag{8-93a}$$

$$B = \ln\gamma_2\left(1 + \frac{x_1\ln\gamma_1}{x_2\ln\gamma_2}\right)^2 \tag{8-93b}$$

由式(8-93)可知，如果测得一对γ_1和γ_2数据，通过上式，原则上就可确定 Van - Laar 方程的 A、B 两个参数。

② Margules 方程

$$\ln\gamma_1 = x_2^2[A + 2x_1(B - A)] \tag{8-94a}$$

$$\ln\gamma_2 = x_1^2[B + 2x_2(A - B)] \tag{8-94b}$$

式(8-94a)和式(8-94b)为三阶 Margules 方程，是常用的 Margules 方程。参数 A、B 需由实验确定，当 $x_1=0$ 时，$\lg\gamma_1^\infty = A$；当 $x_2=0$ 时，$\lg\gamma_2^\infty = B$。

Van - Laar 方程和 Margules 方程有悠久的历史，广泛用于二元溶液的活度系数计算，适用于组元性质相差不太大的体系。其优点是数学表达式简单，容易从活度系数数据估计参数，对非理想性强的二元混合物包括部分互溶物系，也经常能得到满意的结果。其缺点是不能用二元数据正确推断三元系的活度系数，不能用于多元系相平衡计算。

(3) 无热溶液模型

某些由分子大小相差较远的组分构成的溶液，特别是聚合物溶液属此类型，这类溶液的剩余焓 $H^E \approx 0$，故称为无热溶液。

Flory 和 Huggins 在似晶格模型的基础上得到二元无热溶液的 Flory - Huggins 活度系数方程。

$$\ln\gamma_1 = \ln\frac{\phi_1}{x_1} + 1 - \frac{\phi_1}{x_1} \tag{8-95a}$$

$$\ln\gamma_2 = \ln\frac{\phi_2}{x_2} + 1 - \frac{\phi_2}{x_2} \tag{8-95b}$$

式中，ϕ_i 为组分的体积分数。

Flory – Huggins 活度系数方程只需要纯组分的摩尔体积。无热溶液模型适用于由分子大小相差甚远，而相互作用力很相近的物质构成的溶液，特别是高聚物溶液。无热溶液模型只能用来预测对 Raoult 定律呈现负偏差体系的性质，不能用于极性相差大的体系。

(4) 局部组成方程

现在应用最广泛的局部组成方程 Wilson 方程和 NRTL 方程都是在无热溶液的基础上获得的。

① Wilson 方程　SH 方程适用于非极性溶液计算，而 Wilson 方程的适用范围很广，对含烃、醇、酮、醚、腈、酯类以及含水、硫、卤类的互溶溶液均能获得较好的结果，它的精确度较高。

Wilson 方程计算活度系数的通式为

$$\ln\gamma_i = 1 - \ln\left(\sum_{j=1}^{C}\Lambda_{ij}x_j\right) - \sum_{k=1}^{C}\frac{\Lambda_{ki}x_k}{\sum_{j=1}^{C}\Lambda_{kj}x_j} \tag{8 - 96}$$

$$\Lambda_{ij} = \frac{v_j^{\mathrm{L}}}{v_i^{\mathrm{L}}}\exp[-(\lambda_{ij} - \lambda_{ii})/RT] \tag{8 - 97}$$

式中　λ_{ij}——$i - j$ 分子对的交互作用能，J/mol，$\lambda_{ij} = \lambda_{ji}$。其值可为正值或负值，由二元气—液平衡的实验数据得到，通常采用多点组成下的实验数据，用非线性最小二乘回归求取参数最佳值，常见组分的交互作用能可在工具书中查到；

Λ_{ij}——Wilson 参数(无因次)，由式(8 – 97)可见，$\Lambda_{ij} > 0$，$\Lambda_{ii} = \Lambda_{jj} = 1$，$\Lambda_{ij} \neq \Lambda_{ji}$；

v_i^{L}，v_j^{L}——纯液体 i，j 的摩尔体积(cm^3/mol)。

对二元溶液，式(8 – 96)可简化为

$$\ln\gamma_1 = -\ln(x_1 + \Lambda_{12}x_2) + x_2\left[\frac{\Lambda_{12}}{x_1 + \Lambda_{12}x_2} - \frac{\Lambda_{21}}{\Lambda_{21}x_1 + x_2}\right]$$

$$\ln\gamma_2 = -\ln(x_2 + \Lambda_{21}x_1) - x_1\left[\frac{\Lambda_{12}}{x_1 + \Lambda_{12}x_2} - \frac{\Lambda_{21}}{\Lambda_{21}x_1 + x_2}\right]$$

其中 Wilson 参数 Λ_{12}和 Λ_{21}按式(8 – 97)可表示为

$$\Lambda_{12} = \frac{v_2^{\mathrm{L}}}{v_1^{\mathrm{L}}}\exp[-(\lambda_{12} - \lambda_{11})/RT]$$

$$\Lambda_{21} = \frac{v_1^{\mathrm{L}}}{v_2^{\mathrm{L}}}\exp[-(\lambda_{21} - \lambda_{22})/RT]$$

Wilson 方程具有如下几个突出的优点：对二元溶液它是一个两参数方程，故只要有一组数据即可推算，并且计算精度较高。对含烃、醇、酮、醚、腈、酯类以及含水、硫、卤类的互溶溶液均能获得较好的结果；二元交互作用能量参数($\lambda_{ij} - \lambda_{ii}$)受温度的影响较小，在不太宽的温度范围内可视为常数。而 Wilson 参数 Λ_{ij}随溶液温度而变化，因此该方程能反映温度对活度系数的影响，且具有半理论的物理意义；仅由二元体系数据就可以预测多元体系的行为，而无需多元参数。

上述优点使得 Wilson 方程在工程设计中获得了广泛的应用。但 Wilson 方程的应用也有它的局限性：不能用于部分互溶体系；不能反映出活度系数有最高值或最低值的溶液特征。

② NRTL 方程

NRTL 方程是一个三参数方程，组分 i 的活度系数方程为

$$\ln\gamma_i = \frac{\sum\limits_{j=1}^{m}\tau_{ji}G_{ji}x_j}{\sum\limits_{l=1}^{m}G_{li}x_l} + \sum_{j=1}^{m}\frac{G_{ji}x_j}{\sum\limits_{l=1}^{m}G_{li}x_l}\left[\tau_{ji} - \frac{\sum\limits_{r=1}^{m}\tau_{rj}G_{rj}x_r}{\sum\limits_{l=1}^{m}G_{lj}x_l}\right] \tag{8-98}$$

$$\tau_{ji} = \frac{g_{ji} - g_{ii}}{RT} \tag{8-99}$$

$$G_{ji} = \exp(-\alpha_{ji}\tau_{ji}) \qquad \alpha_{ji} = \alpha_{ij} \tag{8-100}$$

式中　g_{ij}——$i-j$ 分子对的交互作用能，J/mol，$g_{ij}=g_{ji}$；

α_{ij}——组元 i 和组元 j 之间的非随机参数，$\alpha_{ji}=\alpha_{ij}$。

对含 m 个组分的多元系，NRTL 方程共有 $3m(m-1)/2$ 个二元交互作用参数，这些参数均可由二元系的气—液平衡数据确定而无需任何多元系数据。它们严格来说都是温度的函数，也可由无限稀释的活度系数来确定。

NRTL 与 Wilson 方程都是适用性较广的活度系数关联式，与 Wilson 方程相比，NRTL 方程的优点在于可描述部分互溶体系的液液平衡。

UNIQUAC 方程与 NRTL 方程相似，也可用于不互溶的浓度区间，被用来关联液液平衡。该方程中仅有两个可调整参数，并且它的二元参数随温度的变化较小。该方程对分子大小悬殊的体系有较好的效果，如聚合物溶液。

此外，还有基团贡献模型。基团贡献法是将物质（纯物质、混合物）的物性看成是由构成该物质的分子中各基团对物性贡献的总和，只是一种近似的计算方法，它使物性的预测大为简化，在缺乏实验数据的情况下，通过利用含有同种基团的其他体系的实验数据来预测未知体系的活度系数及其他物性。

8.1.4.3　活度系数法计算气液平衡常数的简化形式

将式(8－87)代入式(8－11)得

$$K_i = \frac{y_i}{x_i} = \frac{\gamma_i P_i^S \Phi_i^S}{\hat{\Phi}_i^V P}\exp[v_i^L(P-P_i^S)/RT] \tag{8-101}$$

该式为活度系数法计算气液平衡常数的通式，它适用于气、液相均为非理想溶液的情况。然而对于一个具体的分离过程，由于系统 T 和 P 的应用范围以及系统的性质不同，可作进一步假设，而采用各种简化形式。

(1)低压下，组分的物理性质比较接近的物系—完全理想系

在该种情况下，气相为理想气体，液相为理想溶液，$\Phi_i^S=1$、$\hat{\Phi}_i^V=1$、$\gamma_i=1$。因蒸气压与系统的压力之间的差别很小，$RT \gg v_i^L(P-P_i^S)$，所以 $\exp[v_i^L(P-P_i^S)/RT]\approx 1$。式(8－101)可简化为

$$K_i = \frac{P_i^S}{P} \tag{8-102}$$

式(8－102)表明，在该种情况下，气液平衡只与系统的温度和压力有关，与溶液组成无关。这类物系的特点是液相服从拉乌尔定律，气相服从道尔顿定律。对于压力低于200kPa 和分子结构十分相似的组分所构成的溶液可按该类物系处理。

(2)低压下，物系中组分的分子结构差异较大

气相可看成理想气体，液相为非理想溶液。

在该种情况下，$\Phi_i^S=1$、$\hat{\Phi}_i^V=1$、$\exp[v_i^L(P-P_i^S)/RT]\approx 1$。故式(8-101)可简化为

$$K_i=\frac{\gamma_i P_i^S}{P}$$

此时，K_i与T、P、溶液组成x_i有关。

低压下的大部分物系如醇、醛、酮与水形成的溶液属于这类物系。

(3) 中压下，气相为真实气体，液相为理想溶液

中压下，气相为真实气体，但物系分子结构相近，可看成真实气体的理想混合物。

理想气体混合物体积可由理想气体状态方程计算。

$$V=(n_1+n_2+\cdots\cdots)RT/P$$

而真实气体的理想混合物(理想的实际气体混合物)的体积遵循 Amagat 体积加和公式。

$$V=\sum_{i=1}^{C}n_i v_i$$

各组分的偏摩尔体积$\bar{V}_i$等于其摩尔体积v_i，$\hat{f}_i=\gamma_i f_i$（也可称为理想溶液）。

该物系的特点是气相中组分i的逸度系数等于纯组分i在相同T、P下的逸度系数，即$\hat{\Phi}_i^V=\Phi_i^V$；液相中$\gamma_i=1$，$\exp[v_i^L(P-P_i^S)/RT]\approx 1$。式(8-101)可简化为

$$K_i=\frac{P_i^S\Phi_i^S}{P\Phi_i^V}=\frac{f_i^L}{f_i^V}$$

即

$$K_i=\frac{f_i^L}{f_i^V}$$

K_i等于纯组分i在T、P下的液相逸度和气相逸度之比。可见，在该情况下K_i仅与T、P有关，而与组成无关。

在中压下的烃类混合物属于该类物系。

(4)高压下，液相为理想溶液，气相为真实气体混合物

此时$\hat{\Phi}_i^V\neq 1$，$\Phi_i^S\neq 1$，但液相中$\gamma_i=1$。式(8-101)可简化为

$$K_i=\frac{P_i^S\Phi_i^S}{P\hat{\Phi}_i^V}\exp\left[\frac{V_i^L(P-P_i^S)}{RT}\right]$$

此时，K_i与T、P及气相组成y_i有关。

8.1.5 K因子的经验式

由于塔内压力基本相同，并且与温度相比，压力对K因子的影响很小，所以为方便给计算机计算赋初值，可以将K因子表示为温度的函数。

$$K_i=a_{0i}+a_{1i}T+a_{2i}T^2+a_{3i}T^3 \tag{8-103}$$

8.1.6 烃类系统相平衡常数的近似估算——$P-T-K$图

对于石油化工和炼油中重要的轻烃类组分，经过广泛的实验研究，得出了一些近似图，称为$P-T-K$图，如图8-1。当已知压力和温度时，从K图能迅速查得平衡常数。由于该图仅考虑了P、T对K的影响，而忽略了组成的影响，查得的K值是不同组成的平均值。

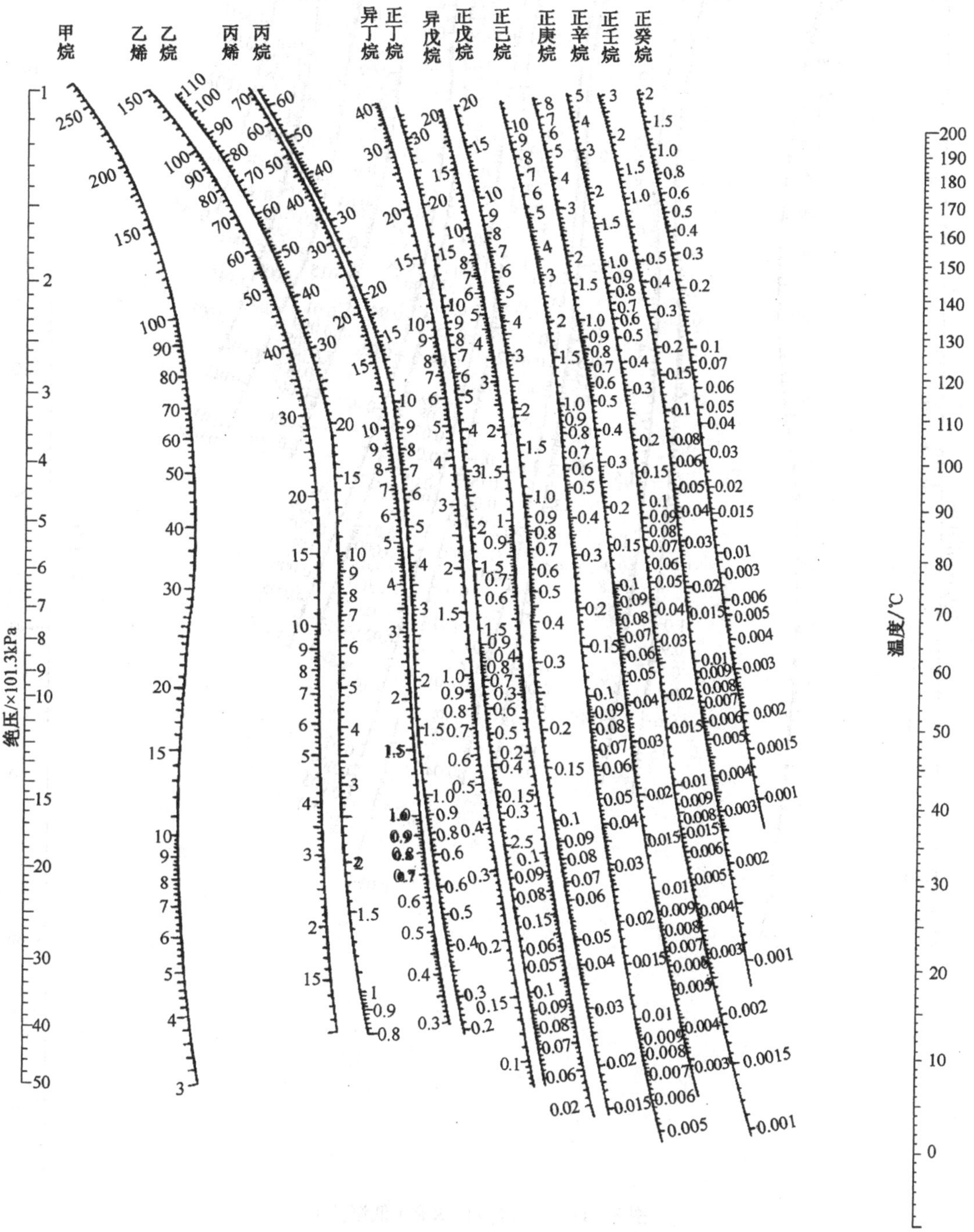

图 8－1(A)　轻烃的 K 图(高温段)

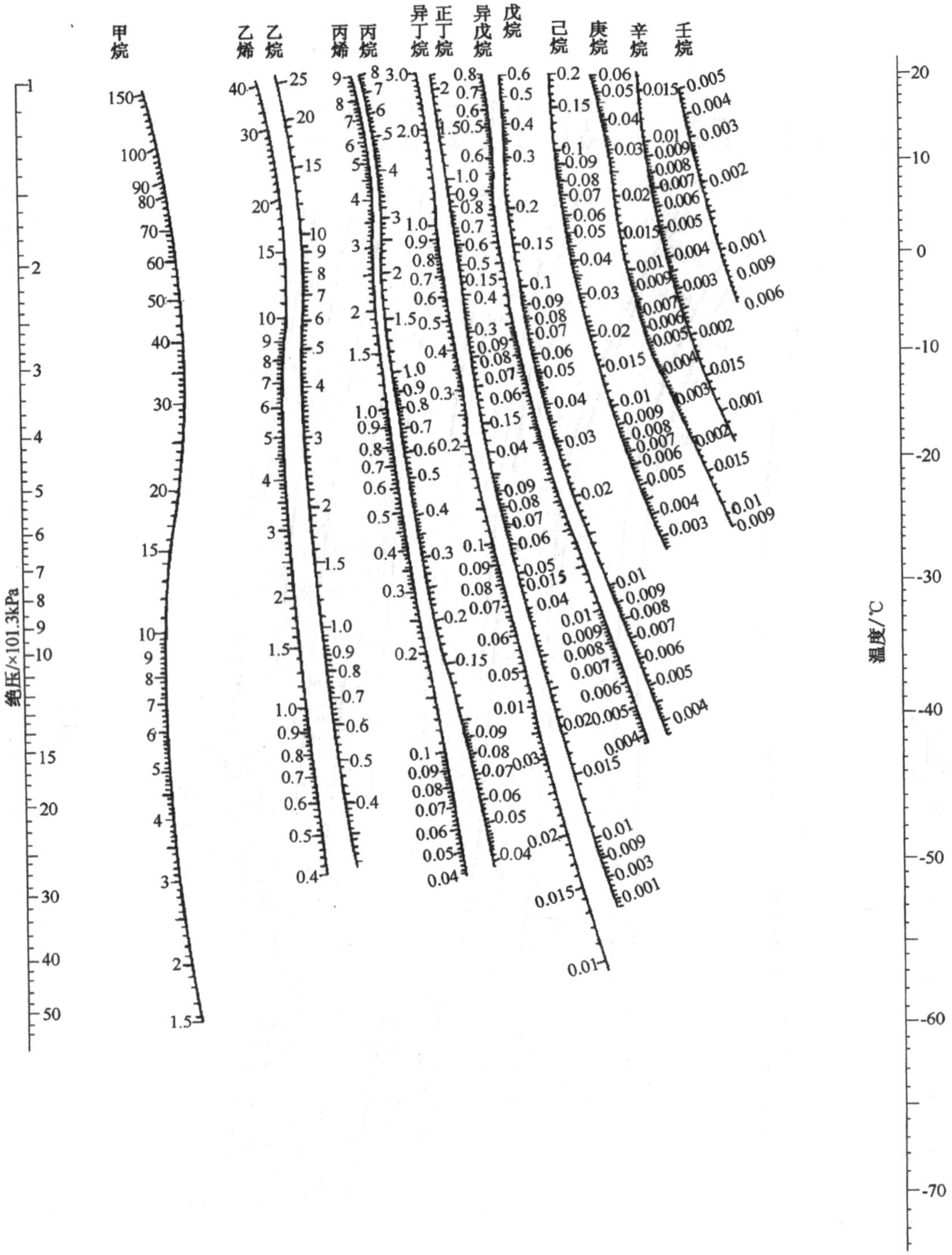

图 8－1(B)　轻烃的 K 图(低温段)

8.1.7　相平衡常数计算方法的选择

分离物系的性质和操作压力是决定计算 K 方法的主要因素。对于中、低压下分离的非理想物系，宜选用气相逸度系数由状态方程计算、液相活度系数由活度系数方程计算的方法。此时只要活度系数方程中的交互作用参数由高质量的实测数据导得，计算得到的相对挥发度的平均相对误差就能低于1% ~2%。需要注意的是，交互作用参数的适用范围不宜外推，尤其对于α小的物系，否则难保计算结果的正确性。实践证明，Wilson 方程和 UNIQUAC 方程适用于绝大多数场合，其中 Wilson 方程用于气液平衡计算的精度一般较好，UNIQUAC 方程更适用于分子大小差别较大的物系，NRTL 方程对于含水物系的计算精度更好些。

对于各种压力下分离的非极性组分混合物(烃类)，宜采用 SRK、PR 或 BWRS 状态方程计算相平衡常数，应用一般化的参数算得的相对挥发度的误差小于5% ~10%。除含氢量较多物系外，大都采用 SRK 或 PR 方程，因为它们的计算简单、省时，预测平衡常数的精度并不比 BWRS 方程差。当处理烃类水溶液时，PR 和 SRK 方程也能得到满意结果。当 SRK 或 PR 方程用于混合物的临界点附近时，误差较大，只能采用多参数状态方程。

对于高压下分离的极性组分混合物，目前尚无可靠的相平衡常数计算方法。因为活度系数方程仅适用于中、低压区域，并且尚无状态方程适用于极性组分的混合液。

8.2 泡、露点的计算

泡点温度是指在恒压下加热液体混合物，当液体混合物开始气化出现第一个气泡时的温度。露点温度是指在恒压下冷却气体混合物，当气体混合物开始冷凝出现第一个液滴时的温度。在露点与泡点之间，混合物以平衡的气、液两相存在。在多组分精馏计算中，泡、露点常被用来确定塔釜、塔顶温度或压力。

泡、露点计算主要手段有：①相平衡方程；②相平衡常数图或关联式；③收敛条件。

对于精馏塔，塔釜温度为液相组成的泡点温度，塔顶温度为气相组成的露点温度。

8.2.1 泡点计算

泡点计算在精馏计算中大量反复进行，分为泡点温度和泡点压力计算两类，用来确定塔板温度和塔的操作压力。

(1) 泡点温度(T_b)的确定

此时给定的是液相组成 x_i 和总压 P，计算确定刚开始沸腾时的温度(即泡点温度 T_b)和产生的平衡气相组成 y_i。

运算时用到下列方程

① 相平衡关系

$$y_i = K_i x_i (i = 1,2,\cdots\cdots C) \qquad (8-104)$$

② 气相摩尔分数加和归一方程

$$\sum_{i=1}^{C} y_i = 1 (i = 1,2,\cdots\cdots C) \qquad (8-105)$$

③ 相平衡常数关联式

$$K_i = f(P,T,x,y) \qquad (i = 1,2,\cdots\cdots C)$$

将式(8-104)代入式(8-105)可得泡点方程

$$\sum_{i=1}^{C} y_i = \sum_{i=1}^{C} (K_i x_i) = 1 \qquad (8-106)$$

以上方程组中共有变量数$3C+2$个，独立变量数$2C+2$个，则自由度数为C。因此，给定P和$C-1$个x_i，上述方程组有唯一解。因为上述方程对T和y_i是非线性的，所以需要试差迭代计算。当相平衡常数K仅看成是温度T和压力P的函数时，可采用手算法计算，其试差步骤如下

$$\text{设}\ T_b \xrightarrow{\text{由}\ T、P\ \text{计算}} K_i \longrightarrow \text{求}\ y_i = K_i x_i \longrightarrow \left|\sum (K_i x_i) - 1\right| \leqslant \varepsilon \xrightarrow{Y} \text{结束}$$

（N：调整T，返回重设T_b）

ε为试差的允许偏差(精度)，对手算法取0.01。

K_i值随温度升高而增大，随压力升高而降低。如何调整T值？为避免盲目性，加速试差过程的收敛，可采用以下方法。将$\sum K_i x_i$表示为

$$\sum_{i=1}^{C} K_i x_i = K_G \sum_{i=1}^{C} (K_i / K_G) x_i = K_G \sum_{i=1}^{C} \alpha_{iG} x_i \tag{8-107}$$

式中，下标G表示对$\sum K_i x_i$值影响最大的关键组分，α_{iG}则表示i组分对G组分的相对挥发度。由于在不太宽的温度范围内可取$\alpha_{iG} \approx$常数，于是式(8-107)可表示为

$$\frac{1}{K_G} \sum_{i=1}^{C} K_i x_i \approx \text{常数}$$

亦即对各次试差

$$\frac{1}{K_{G,m}} \sum_{i=1}^{C} (K_i x_i)_m \approx \frac{1}{K_{G,m-1}} \sum_{i=1}^{C} (K_i x_i)_{m-1} \tag{8-108}$$

下标m指试差序号。为使第m次试差时$\sum (K_i x_i) = 1$，按式(8-108)应取$K_{G,m}$为

$$K_{G,m} = \frac{K_{G,m-1}}{\sum_{i=1}^{C} (K_i x_i)_{m-1}} \tag{8-109}$$

由该值便可从K图读出第m次试差时应假设的温度T_m值。

按上述方法通常经过2~3次试差便可求得解。

【例8-1】 四元烃类溶液—$C_2^=$(1)、C_2^0(2)、$C_3^=$(3)、C_3^0(4)，其摩尔分数组成为：$x_1 = 0.5352$，$x_2 = 0.1235$，$x_3 = 0.3175$，$x_4 = 0.0238$。试用K图求该溶液于$P = 3.51$MPa下的泡点温度T_b和平衡气相组成y_i。

解： 烃类混合物，K可看成仅是温度T和压力P的函数。初设$t_1 = 8$℃，由K图8-1(B)读出$P = 3.51$MPa时各组分的K_i值，列于表8-1。

由表8-1可见，第一次试差时$\sum K_i x_i = 0.8437 < 1$，表明所设$t_1$偏低。取$C_2^=$(1)作为关键组分G，由(8-109)式得

$$K_{G,2} = K_{1,2} = \frac{K_{1,1}}{(\Sigma K_i x_i)_1} = \frac{1.2}{0.8437} = 1.42$$

由K图8-1(B)查得$P = 3.51$MPa，$K_1 = 1.42$时$t_2 = 18$℃。

表8-1 【例8-1】计算表

组分	y_i（摩尔分数）	$t_1 = 8$℃		$t_2 = 18$℃		$T_b = 18$℃
		K_i	$K_i x_i$	K_i	$K_i x_i$	y_i（圆整值）
[$C_2^=$](1)	0.5352	1.20	0.6422	1.42	0.7600	0.7560
C_2^0(2)	0.1235	0.81	0.1000	1.0	0.1235	0.1229

续表

组分	y_i（摩尔分数）	$t_1=8$℃		$t_2=18$℃		$T_b=18$℃
		K_i	K_ix_i	K_i	K_ix_i	y_i（圆整值）
$C_3^=$ (3)	0.3175	0.30	0.0953	0.36	0.1143	0.1137
C_3^0 (4)	0.0238	0.260	0.0062	0.311	0.0074	0.0074
$\sum$	1.0000		0.8437		1.0052	1.0000

反查 K 图 8－1(B)，得 18℃、3.51MPa 时其他组分 K_i 值列于表 8－1，计算出 18℃时 $\sum K_ix_i=1.0052$，$\left|\sum K_ix_i-1\right|=0.0052<0.01$，满足精度要求，因此，取泡点温度 $t_b=18$℃。由圆整公式 $y_i=y_i/\sum y_i$，经两次圆整得平衡气相组成 y_i 列于表 8－1 最后一列。

对本例只作一次调整即可。

如果 K 因子与组成的关系必须考虑，即系统的非理想性较强，或者要求计算精度高时，K_i 必须按式(8－12)或式(8－101)计算，然后求解式(8－106)。试差计算过程非常繁复，需要借助计算机完成。应用活度系数法做泡点温度计算的一般步骤示于图 8－2。

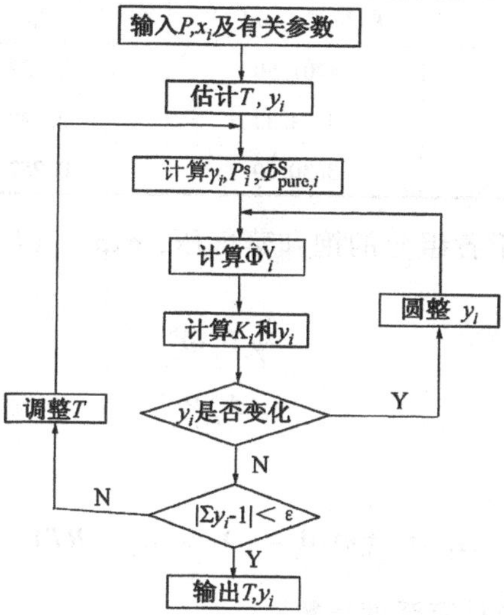

图 8－2　泡点温度计算框图

对计算机计算法，试差的允许偏差 ε 取为 10^{-4}。

调整 T 即进行 T 迭代，通常采用牛顿迭代法，其迭代公式为

$$T_k=T_{k-1}-\frac{f(T_{k-1})}{f'(T_{k-1})}$$

导数方程为

$$f'(T)=\sum x_i\frac{dK_i}{dT}$$

【例 8－2】　丙酮(1)－丁酮(2)－乙酸乙酯(3)三元液相混合物所处压力为 2026.5kPa，摩尔组成为 $x_1=x_2=0.3$，$x_3=0.4$。试用活度系数法计算其沸腾温度(逸度系数采用维里方程计算，活度系数采用 Wilson 方程计算)。

各组分的液相摩尔体积(cm^3/mol)为

$$v_1^L = 73.52; v_2^L = 89.57; v_3^L = 97.79$$

交互作用能(J/mol)之差为

$$\lambda_{12} - \lambda_{11} = 5741.401 \qquad \lambda_{21} - \lambda_{22} = -2722.056$$

$$\lambda_{13} - \lambda_{11} = -1226.628 \qquad \lambda_{31} - \lambda_{33} = 2698.313$$

$$\lambda_{23} - \lambda_{22} = -1696.533 \qquad \lambda_{32} - \lambda_{33} = 11322.895$$

饱和蒸气压由安托尼公式计算。

$$\ln P^S = A - \frac{B}{T + C}(T:K; P^S:kPa)$$

式中各系数为

组　分	A	B	C
丙酮(1)	14.6363	2940.46	-35.93
丁酮(2)	14.5836	3150.42	-36.55
乙酸乙酯(3)	14.1366	2790.5	-57.15

各组分的临界参数和偏心因子为

组　分	T_C/K	V_C/cm^3 · moL^{-1}	Z_C	ω
丙酮(1)	508.1	4701.50	0.232	0.309
丁酮(2)	535.6	4154.33	0.249	0.329
乙酸乙酯(3)	523.25	3830.09	0.252	0.363

解：由于系统压力接近于各组分的饱和蒸气压，$\exp[v_i^L(P - P_i^S)/RT] \approx 1$，故式(8－101)简化为

$$K_i = \frac{\gamma_i P_i^S \Phi_i^S}{\hat{\Phi}_i^V P} \tag{8-110}$$

由式(8－97)计算Λ_{ij}

$$\Lambda_{ij} = \frac{v_j^L}{v_i^L}\exp[-(\lambda_{ij} - \lambda_{ii})/RT] \tag{8-97}$$

由 Wilson 方程式(8－96)计算活度系数γ_i

$$\ln\gamma_i = 1 - \ln\left(\sum_{j=1}^{C}\Lambda_{ij}x_j\right) - \sum_{k=1}^{C}\frac{\Lambda_{ki}x_k}{\sum_{j=1}^{C}\Lambda_{kj}x_j} \tag{8-96}$$

由式(8－71)和式(8－72)分别计算纯组分在饱和蒸气压下的逸度系数和气相混合物组分的逸度系数。

$$\ln\Phi_{pure,i}^S = P_{ri}/T_{ri}(B_i^{(0)} + \omega_i B_i^{(1)}) \tag{8-71}$$

$$\ln\hat{\Phi}_i^V = \frac{P}{RT}\left(2\sum_{j=1}^{C}y_j B_{ij} - B\right) \tag{8-72}$$

$B_i^{(0)}$ 和 $B_i^{(1)}$ 由式(8－69)和式(8－70)计算。

$$B^{(0)} = 0.083 - 0.422/T_r^{1.6} \tag{8-69}$$

$$B^{(1)} = 0.139 - 0.172/T_r^{4.2} \tag{8-70}$$

混合维里系数由式(8－73)计算。

$$B = \sum_{i=1}^{C}\sum_{j=1}^{C} y_i y_j B_{ij} \tag{8-73}$$

各交叉性质由式(8－74)～(8－82)计算。

$$B_{ij} = RT_{Cij}/P_{Cij}(B_{ij}^{(0)} + \omega_{ij}B_{ij}^{(1)}) \tag{8-74}$$

$$B_{ij}^{(0)} = 0.083 - \frac{0.422}{T_{rij}^{1.6}} \tag{8-75}$$

$$B_{ij}^{(1)} = 0.139 - \frac{0.172}{T_{rij}^{4.2}} \tag{8-76}$$

$$T_{rij} = \frac{T}{T_{Cij}} \tag{8-77}$$

$$T_{Cij} = (1 - k_{ij})(T_{Ci}T_{Cj})^{0.5} \tag{8-78}$$

$$V_{Cij} = \left[\frac{(V_{Ci}^{1/3} + V_{Cj}^{1/3})}{2}\right]^3 \tag{8-79}$$

$$Z_{Cij} = (Z_{Ci} + Z_{Cj})/2 \tag{8-80}$$

$$\omega_{ij} = (\omega_i + \omega_j)/2 \tag{8-81}$$

$$P_{Cij} = Z_{Cij}RT_{Cij}/V_{Cij} \tag{8-82}$$

计算步骤见图 8－2。

EXCEL 计算过程如下：

① 在 A2、B2：C4 单元格分别输入已知的压力 P、数组常量 x_i 和 v_i^L 。在 D2：D4 单元格输入 3×1 列单位矩阵[用于 MMULT( )函数计算]。在 F2：F4 单元格输入 y_i 初值($y_i = x_i$)，在 G2 单元格输入 T 初值 500K。已知条件，初值输入见图 8－3。

E24							
	A	B	C	D	E	F	G
1	P	x_i	v_i^L	单位矩阵		y_i	T
2	2026.5	0.3	73.52	1		0.3	500
3		0.3	89.57	1		0.3	
4		0.4	97.79	1		0.4	

图 8－3　已知条件、初值输入

② 将各组 $\lambda_{ij} - \lambda_{ii}$ 分别代入式(8－97)，并输入到 A6：C8 单元格计算 Λ_{ij}。在 D6：D8 单元格输入数组公式"{ = MMULT(A6：C8，B2：B4)}"得到 $\sum \Lambda_{ij}x_j$ 数组。$\sum\left(\Lambda_{ki}x_k/\sum \Lambda_{kj}x_j\right)$ 为 $\Lambda_{ij}x_i/\sum \Lambda_{ij}x_j$ 形成的矩阵的转置矩阵与 3×1 列单位矩阵之积，所以在 E6：E8 单元格输入数组公式"{ = MMULT (TRANSPOSE (A6：C8 * B2：B4/D6：D8)，D2：D4)}"，得到 $\sum\left(\Lambda_{ki}x_k/\sum \Lambda_{kj}x_j\right)$，在 F6：F8 单元格由式(8－96)的反对数数组公式"{ = EXP(1 － LN (D6：D8) － E6：E8)}"计算 γ_i。将各组分的安托尼常数 A、B、C 输入到 G6：I8 单元格，在 J6：J8 单元格输入安托尼公式的反对数数组公式"{ = EXP(G6：G8 － H6：H8/(G2 + I6：I8))}"计算 P_i^s 。

③ 在 B10：E12 单元格输入各纯组分的 T_C(k_{ij}取作 0)、V_C、Z_C 和 ω，在 B13：F15 单元格输入式(8－78)～(8－81)计算各交叉性质 T_{Cij}、V_{Cij}、Z_{Cij}、ω_{ij}。在 F10：F15 单元格输入式(8－82)的数组公式"{ = D10：D15 * B10：B15 * 8.314/C10：C15 * 10^3}"计算 P_{Cij}

(kPa)，在G10：G15单元格输入式(8－77)的数组公式"{＝G2/B10：B15}"计算 T_{rij}，在H10：H15单元格输入式(8－75)的数组公式"{＝0.083－0.422/G10：G15^1.6}"计算 $B_{ij}^{(0)}$，在I10：I15单元格输入式(8－76)的数组公式"{＝0.139－0.172/G10：G15^4.2}"计算 $B_{ij}^{(1)}$，在J10：J15单元格输入式(8－74)的数组公式"{＝8.314＊B10：B15/F10：F15＊(H10：H15＋E10：E15＊I10：I15)}"计算 B_{ij}，并将 B_{ij} 在A17：C19单元格重排为3×3数组。由式 $P_{ri}=P/P_{Ci}$ 在D17：D19单元格通过数组公式"{＝A2/F10：F12}"计算对比压力 P_{ri}，在E17：E19单元格输入式(8－71)的反对数数组公式"{＝EXP(D17：D19/G10：G12＊(H10：H12＋E10：E12＊I10：I12))}"计算 $\Phi_{pure,i}$。

④ 由式(8－73)可知，混合物Virial系数 B 是 B_{ij} 的3×3矩阵与 y_i 的3×1矩阵的积与 y_i 数组对应元素乘积之和，可由"SUMPRODUCT( )"函数与"MMULT( )"函数嵌套实现，即在F17单元格输入数组公式"{＝SUMPRODUCT(F2：F4＊MMULT(A17：C19，F2：F4))}"得到 B。在G17：G19单元格输入式(8－72)的反对数数组公式"{＝EXP(A2/8.314/G2＊(2＊MMULT(A17：C19，F2：F4)－F17))}"计算组分的气相逸度系数 $\hat{\Phi}_i^V$。

⑤ 在H17：H19单元格由式(8－110)的数组公式计算 K_i，即在H17：H19输入"{＝F6：F8＊J6：J8＊E17：E19/G17：G19/A2＊EXP(C2：C4/1000＊(A2－J6：J8)/8.314/G2)}"。在I17：I19单元格输入相平衡关系式"$y_i=K_ix_i$"的数组公式"{＝H17：H19＊B2：B4}"计算 y_i。在I20输入"＝SUM(I17：I19)"计算 $\sum y_i$，在J17：J19单元格输入圆整公式"$y_i=y_i/\sum y_i$"的数组公式"{＝I17：I19/I20}"对 y_i 圆整。

⑥"规划求解"对话框中的"设置目标单元格"栏设为"$I$20"，"值为"设置为1(即泡点方程 $\sum y_i=1$)，"可变单元格"设为"$F$2：$F$4，$G$2"。将迭代式"$y_i=y_{i圆整}$"作为约束式添加到"约束栏"中，即通过"添加"按钮，在"约束栏"中输入"$F$2：$F$4＝$J$17：$J$19"；规划求解参数设置如图8－4。

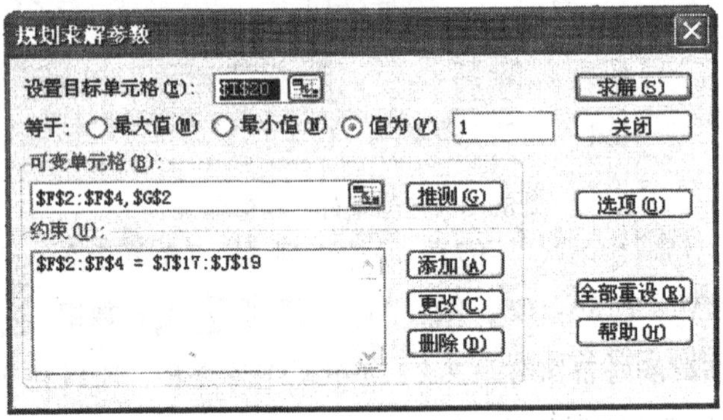

图8－4　规划求解参数设置

⑦ 单击"求解"按钮。计算结束后，在F2：F4，G2分别得到 y_i 和 T 的解，如图8－5所示，$T_b=468.91$K。经Excel核算，对比体积 V_r 为5.7，普遍化第二Virial系数适用。

在计算中，因为Excel有内置的迭代功能，所以在 T 的迭代计算中无需使用 T 的迭代公式，由Excel的规划求解工具就能自动完成迭代计算，使计算过程更加简单。

(2) 泡点压力(P_b)的确定

此时给定的是液相组成 x_i、泡点温度 T，求取此混合液在温度 T 下刚开始沸腾时的压力

	A	B	C	D	E	F	G	H	I	J
1	P	x_i	v_i^L	单位矩阵		y_i	T			
2	2026.5	0.3	73.52	1		0.3742	468.912			
3		0.3	89.57	1		0.2977				
4		0.4	97.79	1		0.3281				
5	Λ_{i1}	Λ_{i2}	Λ_{i3}	$\sum\Lambda_{ij}x_j$	$\sum(\Lambda_{ki}x_k/\sum\Lambda_{kj}x_j)$	γ_i	A	B	C	P_i^S
6	1	0.27936	1.8219	1.1126	0.891515839	1.0018	14.6363	2940.46	-35.93	2553.24
7	1.64998	1	1.687	1.4698	0.317453361	1.3464	14.5836	3150.42	-36.55	1475.97
8	0.37629	0.05018	1	0.5279	1.5932731	1.0466	14.1366	2790.5	-57.15	1571.25
9	ij	T_{Cij}	V_{Cij}	Z_{Cij}	ω_{ij}	P_{Cij}	T_{rij}	$B^{(0)}_{ij}$	$B^{(1)}_{ij}$	B_{ij}
10	11	508.1	209	0.232	0.309	4689.2	0.92287	-0.39683	-0.102	-0.3859
11	22	536.8	267	0.249	0.329	4162.1	0.87353	-0.44092	-0.1645	-0.5308
12	33	523.2	286	0.252	0.363	3832.8	0.89624	-0.41985	-0.1335	-0.5315
13	12	522.253	236.82	0.2405	0.319	4409.5	0.89786	-0.41839	-0.1314	-0.4533
14	13	515.595	245.49	0.242	0.336	4225.7	0.90946	-0.4082	-0.1172	-0.454
15	23	529.956	276.39	0.2505	0.346	3993.3	0.88481	-0.43028	-0.1486	-0.5315
16	B_{i1}	B_{i2}	B_{i3}	P_{ri}	Φ_{ymix}	B	$\hat{\Phi}_i^V$	K_i	y_i	y_i圆整
17	-0.3859	-0.4533	-0.454	0.4322	0.81825792	-0.475	0.8199	1.24721	0.37416	0.37416
18	-0.4533	-0.5308	-0.5315	0.4869	0.758866054		0.75941	0.99237	0.29771	0.29771
19	-0.454	-0.5315	-0.5315	0.5287	0.758606585		0.75903	0.82031	0.32812	0.32812
20									1	

图 8－5 【例 8－2】规划求解结果

P_b和产生的平衡气相组成y_i。计算依据的方程与泡点温度计算所用的方程相同。当K_i仅是温度和压力的函数时，计算很简单，手算即能完成。其计算步骤与T_b计算类同，只是首先需要假设的是泡点压力。

$$\text{设 } P_b \xrightarrow{\text{由 } T、P \text{ 计算}} K_i \longrightarrow \text{求 } y_i = K_i x_i \longrightarrow \left|\sum(K_i x_i) - 1\right| \leqslant \varepsilon \xrightarrow{\text{Y}} \text{结束}$$

（N：调整 P，返回）

当K_i是T、P、x_i和y_i的函数时，泡点压力也需要计算机计算，计算步骤与泡点温度计算相似。

8.2.2 露点计算

露点计算在精馏计算中用来确定塔顶温度或出气相产品的分凝器温度、压力，也可用来确定各塔板温度，尤其当物料中各组分的挥发度差别较大时，用露点计算确定塔板温度收敛稳定性更好。

露点计算也分为露点温度和露点压力计算两类，此时气相组成y_i给定。当压力指定，求气体混合物开始凝出第一滴液滴时的温度为露点温度T_d的计算；当温度指定，求恒温增压到凝出第一滴液滴时的压力为露点压力P_d的计算。两者均需确定此液滴的组成x_i。

露点计算依据的方程与泡点计算相同，仅是有些公式表述形式不同，其方程为

① 相平衡关系

$$x_i = \frac{y_i}{K_i} \qquad (i = 1,2,\cdots\cdots C) \tag{8-111}$$

② 液相摩尔分数加和归一方程

$$\sum_{i=1}^{C} x_i = 1 \qquad (i = 1,2,\cdots\cdots C) \qquad (8-112)$$

③ 相平衡常数关联式

将式(8－111)代入式(8－112)得露点方程

$$\sum_{i=1}^{C} x_i = \sum_{i=1}^{C}\left(\frac{y_i}{K_i}\right) = 1 \qquad (8-113)$$

计算步骤与泡点计算类同。当相平衡常数 K 仅看成是温度 T 和压力 P 的函数时，其手算法试差步骤如下

$$\text{设 } T_d(P_d) \xrightarrow{\text{由 } T、P \text{ 计算}} K_i \longrightarrow \text{求 } x_i = \frac{y_i}{K_i} \longrightarrow \left|\sum\left(\frac{y_i}{k_i}\right) - 1\right| \leqslant \varepsilon \xrightarrow{\text{Y}} \text{结束}$$

（N：调整 $T(P)$，返回）

为加速试差过程的收敛，可采用与泡点计算相似的简化方法。

$$\sum_{i=1}^{C}\frac{y_i}{K_i} = \frac{1}{K_G}\sum_{i=1}^{C}\frac{y_i}{(K_i/K_G)} = \frac{1}{K_G}\sum_{i=1}^{C}\frac{y_i}{\alpha_{iG}}$$

α_{iG}≈常数，于是上式可表示为

$$K_G\sum_{i=1}^{C}\frac{y_i}{K_i} \approx \text{常数}$$

即

$$K_{G,m}\left(\sum_{i=1}^{C}\frac{y_i}{K_i}\right)_m = K_{G,m-1}\left(\sum_{i=1}^{C}\frac{y_i}{K_i}\right)_{m-1}$$

为使第 m 次试差时$(\sum y_i/K_i)_m = 1$，则按上式 $K_{G,m}$ 应为

$$K_{G,m} = K_{G,m-1}\left(\sum_{i=1}^{C}\frac{y_i}{K_i}\right)_{m-1} \qquad (8-114)$$

由该 $K_{G,m}$ 值可从 K 图上定出第 m 次试差时应假设的温度 T_m、P_m 值。

【例8－3】 已知某乙烷塔，塔操作压力为2.88MPa，塔顶采用全凝器，并经分析得塔顶产品组成如表8－2。求塔顶温度。

表8－2 【例8－3】塔顶产品组成

组分	甲烷(1)	乙烷(2)	丙烷(3)	异丁烷(4)	总和
$x_{D,i}$/%(摩尔分数)	1.48	88	10.16	0.36	100%

解： 烃类混合物，K 可看成是温度 T 和压力 P 的函数。初设 $t_1=0$℃，查 K 图8－1(B)得：$K_1=5$，$K_2=0.98$，$K_3=0.31$，$K_4=0.135$。代入露点方程式(8－113)得

$$\sum_{i=1}^{C} x_i = \sum_{i=1}^{C}\frac{y_i}{K_i} = \frac{0.0148}{5} + \frac{0.88}{0.98} + \frac{0.1016}{0.31} + \frac{0.0036}{0.135} = 1.255 > 1$$

表明所设温度 t_1 偏低。取乙烷(2)作为关键组分G，由式(8－114)得

$$K_{G,2} = K_{G,1}\left(\sum_{i=1}^{C}\frac{y_i}{k_i}\right)_1 = 0.98 \times 1.255 = 1.23$$

由 K 图8－1(B)查得 $P=2.88$MPa，$K_{G,2}=1.23$ 时 $t_2=20$℃。此时，反查 K 图8－1(B)得 $K_1=5.3$，$K_3=0.39$，$K_4=0.18$。代入露点方程式(8－113)得出 $\sum x_i - 1 = 0.0046 < 0.01$，满足计算精度要求，因此取露点温度 $t_d=20$℃，即塔顶温度为20℃。

如果系统的非理想性较强，K 因子与组成的关系必须考虑，要求计算精度高时，K_i必须按式(8－12)或式(8－101)计算，然后求解式(8－113)，试差计算过程也是非常复杂的，需要借助计算机计算。应用活度系数法做露点压力计算的一般计算步骤示于图 8－6。其牛顿迭代公式与泡点计算相似。

露点温度的计算步骤与露点压力的计算相似，只是外层迭代试差时调整的是温度 T。

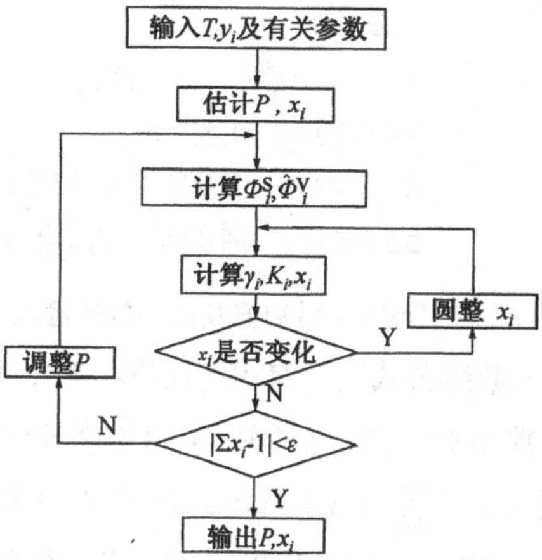

图 8－6　露点压力计算框图

【例 8－4】　乙酸甲酯(1)、丙酮(2)、甲醇(3)三组分蒸气混合物。其摩尔组成分别为 $y_1=0.33$，$y_2=0.34$，$y_3=0.33$，试求 50℃时该混合物的露点压力。

解：气相可视为理想气体，液相活度系数采用 Wilson 方程计算。由有关文献查得或回归所得的数据为：

50℃时各组分的饱和蒸气压(kPa)为：

$$P_1^S=78.049;P_2^S=81.818;P_3^S=55.581$$

50℃时各组分的液相摩尔体积(cm^3/mol)为

$$v_1^L=83.77;v_2^L=76.81;v_3^L=42.05$$

50℃时各组分的无限稀释活度系数回归得到的 Wilson 常数为

$\Lambda_{11}=1.0$；$\Lambda_{12}=1.1816$；$\Lambda_{13}=0.52297$

$\Lambda_{21}=0.71891$；$\Lambda_{22}=1.0$；$\Lambda_{23}=0.50878$

$\Lambda_{31}=0.57939$；$\Lambda_{32}=0.97513$；$\Lambda_{33}=1.0$

计算步骤如图 8－6。因为气相可看成理想气体，所以 Φ_i^S 和 $\hat{\Phi}_i^V$ 均等于 1，计算步骤有所简化。此时，相平衡常数计算式简化为

$$K_i=\frac{\gamma_i P_i^S}{P}\exp[v_i^L(P-P_i^S)/RT] \tag{8-115}$$

x_i初值按气相取值，即：$x_1=0.33$；$x_2=0.34$；$x_3=0.33$；P 初值按理想溶液确定，$P=\sum P_i^S x_i=71.916\text{kPa}$。

Excel 的计算过程如下：

① 在 B2：B4 单元格输入 x_i初值，在 C2 单元格输入 P 初值。在 E2：E4 单元格输入 3×1 列单位矩阵。在 A6：F8 单元格输入已知数组常量 y_i 及 P_i^S、v_i^L 和 Λ_{ij}。初值及已知量输入情况如图 8－7。

F24 | fx

	A	B	C	D	E	F
1		x_i	P		单位矩阵	
2		0.33	71.916		1	
3		0.34			1	
4		0.33			1	
5	y_i	P_i^S	v_i^L	Λ_{i1}	Λ_{i2}	Λ_{i3}
6	0.33	78.049	83.77	1	1.1816	0.52297
7	0.34	81.818	76.81	0.71891	1	0.50878
8	0.33	55.581	42.05	0.57939	0.97513	1

图 8－7　【例 8－4】初值及已知量的输入

② 在 A10：A12 单元格输入数组公式“{ =MMULT(D6：F8，B2：B4)}”，得到 $\sum \Lambda_{ij}x_j$ 数组。在 B10：B12 单元格输入数组公式“{ = MMULT(TRANSPOSE(D6：F8 * B2：B4/ A10：A12)，E2：E4)}”，得到 $\sum(\Lambda_{ki}x_k/\sum \Lambda_{kj}x_j)$ 数组。在 C10：C12 单元格输入式(8－96)的反对数数组公式“{ =EXP(1－LN(A10：A12)－B10：B12)}”，得到 γ_i 数组。在 D10：D12 单元格输入式(8－115)的数组公式“{ =C10：C12 * B6：B8/C2 * EXP(C6：C8/1000 * (C2－B6：B8)/8.314/323.15)}”计算 K_i，在 E10：E12 单元格输入式(8－111)的数组公式“{ =A6：A8/D10：D12}”计算 x_i，在 E13 单元格输入“ =SUM(E10：E12)”计算 $\sum x_i$。在 F10：F12 单元格输入圆整公式“ $x_{i圆整} = x_i/\sum x_i$ ”的数组公式“{ =E10：E12/E13}”对 x_i 圆整。

③“规划求解”对话框中的“设置目标单元格”栏设为“ \$E\$13”，“值为”设置为 1(即露点方程 $\sum x_i = 1$)，“可变单元格”栏设为“ \$B\$2：\$B\$4，\$C\$2”，即 x_i 和 P。在“约束”栏中填入迭代公式“$x_i = x_{i圆整}$ ”，即通过“添加”按钮填入“ \$B\$2：\$B\$4 = \$E\$10：\$E\$12”，实现 x_i 的内层迭代。规划求解参数设置如图 8－8 所示。

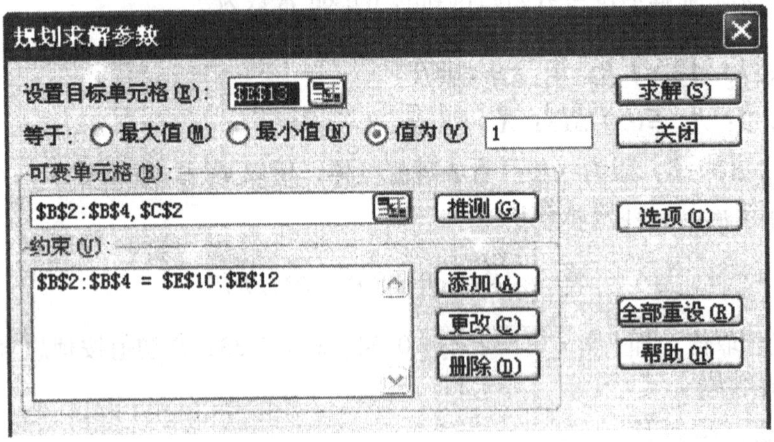

图 8－8　【例 8－4】规划求解参数设置

④单击“求解”按钮。计算结束后，在 B2：B4，C2 得到 x_i 和 P 的解，如图 8－9，可得 P_d =85.1kPa。

	A	B	C	D	E	F
1		x_i	P		单位矩阵	
2		0.289541571	85.0996		1	
3		0.338870352			1	
4		0.371588077			1	
5	y_i	P_i^S	v_i^L	Λ_{i1}	Λ_{i2}	Λ_{i3}
6	0.33	78.049	83.77	1	1.1816	0.52297
7	0.34	81.818	76.81	0.71891	1	0.50878
8	0.33	55.581	42.05	0.57939	0.97513	1
9	$\Sigma\Lambda_{ij}x_j$	$\Sigma(\Lambda_{ki}x_k/\Sigma\Lambda_{kj}x_j)$	γ_i	K_i	x_i	x_i圆整
10	0.88428	0.905922234	1.24242	1.13973	0.28954	0.28954
11	0.736081	1.263856261	1.04348	1.00333	0.33887	0.33887
12	0.869788	0.832681284	1.3591	0.88808	0.37159	0.37159
13					1	

图 8-9 【例 8-4】露点压力规划求解结果

8.3 部分气化和部分冷凝计算

在石油化工生产中，部分气化和部分冷凝为常见的重要过程。如物料通过塔顶部分冷凝器，塔釜部分蒸发器以及一些加热器、冷凝器等都会产生部分气化或部分冷凝现象。典型的部分气化和部分冷凝过程如图 8-10 所示。

部分气化是使液体原料一部分气化，得到含有较多较轻的易挥发组分的气相，而残余液相含有较多难挥发的组分。部分气化又称为闪蒸。在图 8-10(a)中，液体进料在一定的压力下被加热，通过阀门绝热闪蒸到较低压力成为过热溶液，进入闪蒸罐后在其顶部分离出气体。如果省略阀门，低压液体在加热器中被加热部分气化后，在闪蒸罐内分成两相，进行气、液相分离。部分冷凝是使气体原料部分液化，得到含有较多较重的难挥发组分的液相，而残余气相含有较多易挥发组分。在图 8-10(b)中，气体进料在分凝器中部分冷凝，进闪蒸罐进行相分离，得到难挥发组分较多的液体。通常情况下，部分气化或部分冷凝过程得到的气、液两股物流达到了相平衡。由于部分气化或部分冷凝可以起到一个平衡级的分离作用，所以称为单级平衡分离过程。由物料衡算式和相平衡方程式联解可导出计算部分气化和部分冷凝的方程式。部分气化和部分冷凝的原理相同，因此合并在一起讨论。

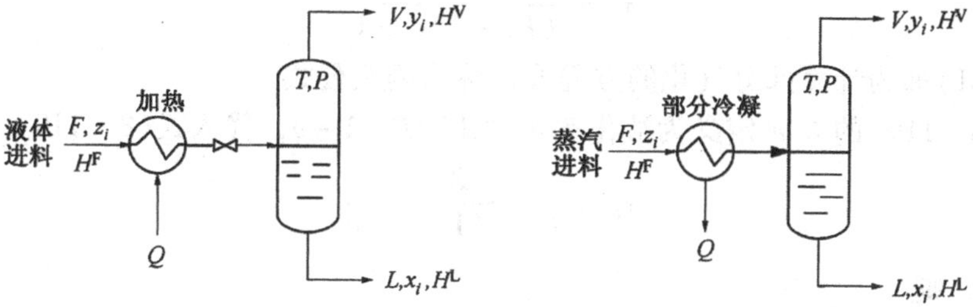

(a) 部分气化　　(b) 部分冷凝

图 8-10　部分气化或部分冷凝过程

在单级平衡分离计算中，涉及四类方程。

由 C 个组分构成的原料，在给定其流率 F、组成 z_i、压力 P_F和温度 T_F(或焓 H^F)的条件下，通过部分气化或部分冷凝分离成相互平衡的气液两相物流。对组分 i 列出物料衡算式

$$Fz_i = Lx_i + Vy_i \qquad (i = 1,2,\cdots\cdots C) \tag{8-116}$$

式中 F、L、V 分别表示进料、液相出料和气相出料的流率，z_i、x_i和 y_i为相应的组成。

总物料衡算式

$$F = L + V \tag{8-117}$$

热平衡关系式

$$FH^F + Q = VH^V + LH^L \tag{8-118}$$

式中 H^F、H^L和 H^V分别为进料、液相出料和气相出料的平均摩尔热焓，它们为温度、压力和组成的函数。Q 为加入平衡级的热量，对于绝热闪蒸 $Q=0$。而对于等温闪蒸，Q 应取达到规定分离要求或闪蒸温度所需要的热量，取为正值。对于部分冷凝，Q 为负值。

气液平衡关系

$$y_i = K_i x_i \qquad (i = 1,2,\cdots\cdots C) \tag{8-104}$$

浓度加和公式

$$\sum_{i=1}^{C} y_i = 1 \quad (i = 1,2,\cdots\cdots C) \tag{8-105}$$

$$\sum_{i=1}^{C} x_i = 1 \quad (i = 1,2,\cdots\cdots C) \tag{8-112}$$

当然，这里也涉及相平衡常数 K 的计算。

将式(8-104)代入式(8-116)消去 y_i得

$$x_i = \frac{Z_i}{\frac{VK_i}{F} + \frac{L}{F}} \tag{8-119}$$

定义气化率 $e=V/F$，则 $L/F=1-e$，代入式(8-119)可得

$$x_i = \frac{Z_i}{eK_i + (1-e)} = \frac{Z_i}{(K_i - 1)e + 1} \tag{8-120}$$

因 $\sum x_i = 1$，则

$$\sum_{i=1}^{C} \frac{Z_i}{(K_i - 1)e + 1} = 1 \tag{8-121}$$

气相组成为

$$y_i = \frac{Z_i K_i}{(K_i - 1)e + 1} \tag{8-122}$$

式(8-121)即为计算部分气化的方程式，称为闪蒸公式。

若将式(8-119)的 L/F 定义为液化率 q，则 $V/F=1-q$，代入式(8-119)，并整理可得

$$x_i = \frac{Z_i}{K_i + (1-k_i)q}$$

因 $\sum x_i = 1$，则

$$\sum_{i=1}^{C} \frac{Z_i}{K_i + (1-k_i)q} = 1 \tag{8-123}$$

式(8－123)可作为计算部分冷凝的方程式。式(8－121)和(式8－123)都是由式(8－119)推导而来，两式在计算部分气化和部分冷凝过程中是通用的。

部分气化和部分冷凝的计算通常有两种情况。

第一种情况：在平衡压力下，给定温度(或在平衡温度条件下，给定压力)，求气化率(液化率)和平衡的气、液相组成。

第二种情况：在平衡压力(或温度)下，给定气化率(液化率)，求平衡温度(或压力)和气、液相组成。

式(8－121)可用于第一种情况的计算，求解气化率(液化率)。它们是C级多项式，可用试差法和数值法求根，但当$C>3$时收敛性不佳，因此，在计算机算法中采用更通用的闪蒸公式解决求解气化率问题。

由求和公式$\sum y_i = 1$和$\sum x_i = 1$可写出

$$\sum (y_i - x_i) = 0$$

将式(8－120)和式(8－122)代入上式可得

$$f(e) = \sum_{i=1}^{C} \frac{Z_i(K_i - 1)}{(K_i - 1)e + 1} = 0 \tag{8-124}$$

该式被称为Rachford－Rice方程，有很好的收敛特性，而且是单调的，不产生震荡，对初值e的选择无特殊要求(一般采用二分法计算，即试差计算从$e=0.5$开始)。该式可选择多种算法，如弦位法和牛顿法求解，后者收敛较快，迭代方程为

$$e_{k+1} = e_k - \frac{f(e_k)}{f'(e_k)} \tag{8-125}$$

导数方程为

$$f'(e_k) = -\sum \frac{Z_i(K_i - 1)^2}{[(K_i - 1)e_k + 1]^2} \tag{8-126}$$

当e值确定后，由式(8－120)和(8－122)分别计算x_i和y_i，并用e定义式及式(8－117)求L和V，然后计算焓值H^L和H^V。当确定各股物料的焓值后，用热平衡关系式(8－118)计算过程所需的热量。

气相和液相混合物于指定T、P和组成y_i下的摩尔焓H一般由在该温度下的理想气体焓再加上一个修正项求得。

$$H = (H - H^0) + H^0 \tag{8-127}$$

式(8－127)中的H^0为系统温度下理想气体的摩尔焓，而$(H-H^0)$即为修正项，称为等温焓差。等温焓差可由前面介绍的状态方程求得。理想气体焓由纯物质理想气体焓加和求得。

$$H^0 = \sum_{i=1}^{C} y_i H_i^0 \tag{8-128}$$

纯物质理想气体焓H_i^0可根据其定压比热容按式(8－129)计算。

$$H_i^0 = H_{P,i}^0 + \int_{T_0}^{T} C_{P,i}^0 dT \tag{8-129}$$

式中　$C_{P,i}^0$——理想气体i的定压比热容，J/(mol·K)；

$H_{P,i}^0$——理想气体i在参考状态T^0、P^0下的焓值，J/mol。

参考状态及其焓值的选择，原则上是任意的，但常用绝对温度和绝对压力都等于零的状态作为基准。一些手册中列有大量纯烃和有关纯组分的理想气体焓的数据，为方便使用，将

这些数据回归成多项式。

$$H_i^0 = 0.556A_i + B_iT + 1.8C_iT^2 + 3.24D_iT^3 + 5.83E_iT^4 + 10.5F_iT^5 \quad (8-130)$$

式(8－130)中的 A_i、B_i、C_i、D_i、E_i和 F_i为组分 i 的系数，H_i^0 的单位为 kcal/kg(1kcal = 4.187kJ)。式中焓的基准，对烃类，以－129℃时饱和液体的焓为基准，$H_i^0 = 0$ kcal/kg；对非烃类，以 0K 时的理想气体焓为基准，$H_i^0 = 0$ kcal/kg。

8.3.1 等温闪蒸的计算

等温闪蒸又称平衡蒸馏，是闪蒸计算问题中最简单的：一定组成的液体混合物加热后，经节流减压进入闪蒸室，在指定温度和压力下部分气化，得到气、液两股产物。所谓的等温，是指闪蒸后气体与液体的温度与闪蒸温度即闪蒸罐的温度 T 相等，而闪蒸温度 T 不一定与闪蒸前原料的温度相等。

闪蒸温度要求处于指定压力下的泡、露点之间，这样才会出现气、液两相，否则只是单相，无法进行分离。因此，在给定闪蒸压力、温度进行闪蒸计算时，需首先核实闪蒸问题是否成立。一多组分混合物在一定的温度和压力下是以平衡的气、液两相存在，还是只存在气相或液相，可以由相平衡常数 K 来作初步的判断。若混合物中所有组分的 K 值均大于 1，则混合物为过热气相，若所有组分的 K 值均小于 1，则混合物为过冷液相。初步判断符合后可采用两种方法做进一步判断。

①分别计算在闪蒸压力下进料混合物的泡点温度和露点温度，然后核实闪蒸温度是否处于泡、露点温度之间。若该条件成立，则闪蒸问题成立。

②假设闪蒸温度为进料组成的泡点温度，则 $\sum z_iK_i$ 应等于 1。若 $\sum z_iK_i > 1$，说明 T_b（泡点温度）$< T$；再假设闪蒸温度为进料组成的露点温度，则 $\sum z_i/K_i$ 应等于 1。若 $\sum z_i/K_i > 1$，说明 T_d（露点温度）$> T$。综合两种结果，只有 $\sum z_iK_i > 1$ 和 $\sum z_i/K_i > 1$ 两式同时成立，式 $T_b < T < T_d$ 才成立，才构成闪蒸问题。反之，若 $\sum z_iK_i < 1$，或 $\sum z_i/K_i < 1$，说明进料在闪蒸条件下分别为过冷液体或过热蒸气，不能构成闪蒸问题。

【例 8－5】 有烃类混合物，内含正丁烷(1)20%（摩尔分数，下同），正戊烷(2)50%，正已烷(3)30%，闪蒸罐的压力为 1.01MPa，温度为 132℃，试求闪蒸后平衡的气、液相组成以及气相分率。

解： 由于气相可视为理想气体，液相可视为理想溶液，所以 K 值只与 T 和 P 有关，查 K 图 8－1(A)得：$K_1 = 2.13$，$K_2 = 1.10$，$K_3 = 0.59$。则

$$\sum_{i=1}^{C} z_iK_i = 0.2 \times 2.13 + 0.5 \times 1.10 + 0.30 \times 0.59 = 1.153 > 1$$

$$\sum_{i=1}^{C} z_i/K_i = 0.2/2.13 + 0.5/1.10 + 0.3/0.59 = 1.057 > 1$$

温度处于泡、露点之间，可以闪蒸。

先假定 $e = 0.5$，由式(8－124)得

$$f(0.5) = \frac{(2.13-1)0.2}{0.5(2.13-1)+1} + \frac{(1.10-1)0.5}{0.5(1.10-1)+1} + \frac{(0.59-1)0.3}{0.5(0.59-1)+1} = 0.0373 > 0.01$$

$\therefore e$ 低了，取 $e = 0.7$，则

$f(0.7) = 0.0004$，符合精度要求，所以 $e = 0.7$。由式(8－120)求得

$$x_1 = 0.1117 \qquad y_1 = 0.2379$$
$$x_2 = 0.4673 \qquad y_2 = 0.5140$$
$$x_3 = 0.4208 \qquad y_3 = 0.2482$$
$$\therefore \quad \sum x_i = 0.9998 \xrightarrow{y_i = K_i x_i} \sum y_i = 1.0001$$

圆整：
$$x_1 = 0.1117 \qquad y_1 = 0.2378$$
$$x_2 = 0.4674 \qquad y_2 = 0.5140$$
$$x_3 = 0.4209 \qquad y_3 = 0.2482$$

【例8-6】 某混合物含丙烷(1)0.451(摩尔分数，下同)，异丁烷(2)0.183，正丁烷(3)0.366，在P=2.41MPa下进行闪蒸，要求气化率为0.80，求所需的温度。

解：初设$t=98℃$。气相可视为理想气体，液相可视为理想溶液，所以K值只与T和P有关，查K图8-1(A)得：$K_1=1.48$，$K_2=0.82$，$K_3=0.62$。

则
$$\sum_{i=1}^{C} \frac{z_i}{K_i} = \frac{0.451}{1.48} + \frac{0.183}{0.82} + \frac{0.366}{0.62} = 1.118 > 1$$

$$\sum_{i=1}^{C} K_i z_i = 1.48 \times 0.451 + 0.82 \times 0.183 + 0.62 \times 0.366 = 1.0441 > 1$$

混合物处于两相区，所选温度初步合适。

因为
$$x_i = \frac{z_i}{1 + e(K_i - 1)}$$

所以
$$x_1 = \frac{0.451}{1 + 0.8(1.48 - 1)} = 0.3259$$
$$x_2 = \frac{0.183}{1 + 0.8(0.82 - 1)} = 0.2138$$
$$x_3 = \frac{0.366}{1 + 0.8(0.62 - 1)} = 0.5259$$

则
$$\sum_{i=1}^{C} x_i = 1.0655$$
> 1

所以所设温度偏低，应升高温度，再设$t=100℃$。得

$$K_1 = 1.58, K_2 = 0.88, K_3 = 0.68。$$
$$x_1 = 0.3081, x_2 = 0.2024, x_3 = 0.4919。$$

$\sum x_i = 1.0024$，$\sum x_i - 1 < 0.01$，满足精度要求，所设温度合适，所以$t=100℃$。

当K不仅是温度和压力的函数，而且还是组成的函数时，解式(8-124)或式(8-121)所包括的步骤更多。图8-11为($\Phi - \Phi$)法计算气化率e的的计算框图。

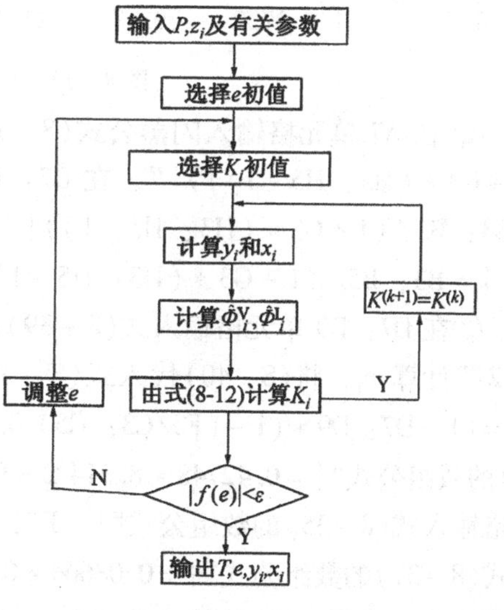

图8-11　K为组成函数时等温闪蒸计算框图

【例8-7】 用图8-12中所示系统冷却反应器出来的物料，并将轻质气体甲烷(1)分离出来。从反应器出来的物料温度为311K，流量

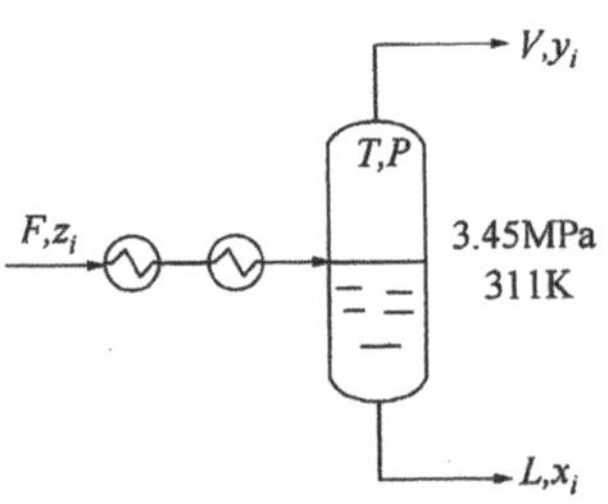

图 8－12 【例 8－7】简图

(mol/h)为甲烷(1)300，苯(2)80，甲苯(3)30，闪蒸罐操作条件如图 8－12 所示。计算离开闪蒸罐的蒸气组成和流率。

解： K_i初值按完全理想系取。查 K 图 8－1(A)得 $K_1=6.4$，对苯(2)和甲苯(3)由式 $K_i=P_i^S/P$ 计算 K 初值。查安托尼常数并代入安托尼方程得 $K_2=0.006$，$K_3=0.002$。K_i采用($\Phi-\Phi$)法由式(8－12)计算，$\hat{\Phi}_i^{\mathrm{L}}$ 和 $\hat{\Phi}_i^{\mathrm{V}}$ 采用 SRK 方程由式(8－46)计算，压缩因子 Z 由(8－41)计算，采用式(8－23)～式(8－26)表示的混合规则计算 a_{m}、b_{m}、A_{m}和 B_{m}。由式(8－42)和式(8－43)计算 A_i 和 B_i。a_i、$a_{\mathrm{C}i}$、b_i、$\alpha_i(T)$及 m_i由式(8－35)～式(8－39)计算。

查化工热力学教材得各组分的临界参数、偏心因子。

T_{C}/K	P_{C}/kPa	ω
190.6	4600	0.008
562.1	4894	0.212
591.7	4114	0.257

将物料流量换算为摩尔组成：$x_1=0.7317$，$x_2=0.1951$，$x_3=0.0732$。

计算步骤如图 8－11。

Excel 计算过程如下：

① 在 A3 单元格输入闪蒸压力 P(kPa)值，在 B3：B5 单元格输入 z_i数组，在 C3：E5 单元格输入已知数组常量 T_{C}、P_{C}和 ω。在 F3 单元格输入闪蒸温度 T，$T=311$K，在 G3 单元格输入 e 初值，$e=0.5$，在 H3：H5 单元格，输入 K_i初值，在 I3 单元格输入气相压缩因子 Z_{V}初值，$Z_{\mathrm{V}}=1$，在 J3 单元格输入液相压缩因子 Z_{L}初值，$Z_{\mathrm{L}}=0.1$。已知值及初值输入情况如图 8－13；

	A	B	C	D	E	F	G	H	I	J
1	等温闪蒸计算									
2	P	z_i	T_c	P_c	ω	T	e	K_i	Z_v	Z_L
3	3450	0.7317	190.6	4600	0.008	311	0.5	6.4	1	0.1
4		0.1951	562.1	4894	0.212			0.006		
5		0.0732	591.7	4114	0.257			0.002		

图 8－13 【例 8－7】已知值及初值输入

② 在 A7 单元格输入闪蒸公式(8－124)的数组公式"{=SUM((H3：H5－1)*B3：B5/(1+G3*(H3：H5－1)))}"，在 B7：B9 单元格输入式(8－122)的数组公式"{=H3：H5*B3：B5/(1+G3*(H3：H5－1))}"计算 y_i，在 C7：C9 单元格输入式(8－120)的数组公式"{=B3：B5/(1+G3*(H3：H5－1))}"计算 x_i。

③在 D7：D9 单元格输入式(8－39)的数组公式"{=0.48+1.574*E3：E5－0.176*E3：E5^2}"计算 m_i，将(8－40)代入式(8－38)，并在 E7：E9 单元格输入式(8－38)的数组公式"{=(1+D7：D9*(1－(F3/C3：C5)^0.5))^2}"计算 $\alpha_i(T)$，在 F7：F9 单元格输入式(8－36)的数组公式"{=0.42748*8.314^2*C3：C5^2/(D3：D5*1000)}"计算 $a_{\mathrm{C}i}$。在 G7：G9 单元格输入式(8－35)的数组公式"{=E7：E9*F7：F9}"计算温度函数 a_i，在 H7：H9 单元格输入式(8－37)的数组公式"{=0.08664*8.314*C3：C5/D3：D5/1000}"计算参数 b_i，在 I7：I9 单元格输入式(8－42)的数组公式"{=G7：G9*A3*1000/8.314^2/F3^2}"计算 A_i，在 J7：J9

单元格输入式(8 -43)的数组公式“{ =H7: H9 * A3 * 1000/8.314/F3}”计算 B_i。

④ 在 B11 单元格输入式(8 -23)的数组公式“{ =SUM(C7: C9 * G7: G9^0.5)^2}”计算液相混合物温度函数 a_m，在 C11 单元格输入式(8 -24)的数组公式“{ =SUM(C7: C9 * H7: H9)}”计算液相混合物参数 b_m，在 D11 单元格输入式(8 -25)的数组公式“{ =SUM(C7: C9 * I7: I9^0.5)^2}”计算液相混合物的 A_m，在 E11 单元格输入式(8 -26)的数组公式“{ =SUM(C7: C9 * J7: J9)}”计算液相混合物的 B_m。相似的，在 B12: E12 单元格分别输入数组公式计算气相的 a_m、b_m、A_m和 B_m。在 F11 单元格输入 SRK 方程(液相)式(8 -41)的右式“ =J3^3 - J3^2 + J3 * (D11 - E11 - E11^2) - D11 * E11”。相似的，在 F12 单元格输入 SRK 方程(气相)。

⑤ 在 G11: G13 单元格输入式(8 -46)的反对数数组公式“{ =EXP(H7: H9/C11 * (J3 -1) - LN(J3 - E11) - D11/E11 * (2 * (I7: I9/D11)^0.5 - J7: J9/E11) * LN(1 + E11/J3))}”计算 $\hat{\Phi}_i^L$ 。相似的，在 H11: H13 单元格计算 $\hat{\Phi}_i^V$ 。在 I11: I13 单元格输入式(8 -12) K_i的数组公式“{ =G11: G13/H11: H13}”计算 K_i。输入结果如图 8 -14。

	A	B	C	D	E	F	G	H	I	J
6	$f(e)$	y_i	x_i	m_i	$\alpha_i(T)$	a_{ci}	a_i	b_i	A_i	B_i
7	0.53653	1.26564	0.19776	0.49258	0.74541	0.23336	0.17395	3E-05	0.08976	0.0398
8		0.00233	0.38787	0.80578	1.45544	1.90765	2.77647	8.3E-05	1.43275	0.1104
9		0.00029	0.14611	0.87289	1.53774	2.51463	3.86686	0.0001	1.99543	0.1382
10		a_m	b_m	A_m	B_m	SRK方程	$\hat{\Phi}_i^L$	$\hat{\Phi}_i^V$	K_i	
11	液相	1.03244	5.3E-05	0.53278	0.07089	-0.0011	7.29642	0.94229	7.7433	
12	气相	0.28336	3.8E-05	0.14622	0.0507	0.08554	0.00821	0.58838	0.01396	
13							0.0026	0.54178	0.0048	

图 8 -14 【例 8 -7】$\hat{\Phi}_i^L$、$\hat{\Phi}_i^V$ 及 K_i的计算

⑥“规划求解”对话框中的“设置目标单元格”栏设为“ $A$7”，“值为”设置为 0(即闪蒸公式(8 -124))。“可变单元格”栏设为“ $G$3, $H$3: $H$5, $I$3: $J$3”。在“约束”栏中通过“添加”按钮填入迭代公式“$K_i^{(k+1)} = K_i^{(k)}$”，即填入“ $H$3: $H$5 = $I$11: $I$13”，实现内层 K_i的迭代，填入液、气相 SRK 方程等式，即“ $F$11: $F$12 =0”。规划求解参数设置如图 8 -15 所示。

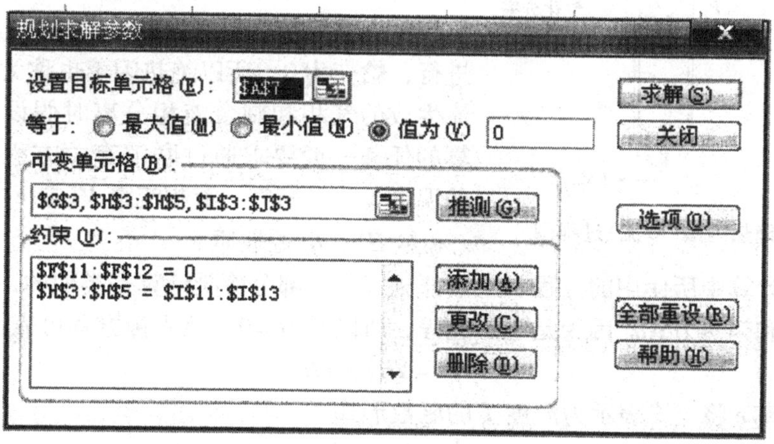

图 8 -15 【例 8 -7】规划求解参数设置

⑦ 单击“求解”按钮。计算结束后，在 G3，B7：C9 单元格得到 e、y_i 和 x_i 的解，如图 8－16。可得 $e=0.711$；$y_1=0.99058$，$y_2=0.00824$，$y_3=0.00118$；$x_1=0.09503$，$x_2=0.65464$，$x_3=0.25033$。

	A	B	C	D	E	F	G	H	I	J
1					等温闪蒸计算					
2	P	z_i	T_c	P_c	ω	T	e	K_i	Z_v	Z_L
3	3450	0.7317	190.6	4600	0.008	311	0.71093	10.4241	0.94852	0.1343
4		0.1951	562.1	4894	0.212			0.01259		
5		0.0732	591.7	4114	0.257			0.0047		
6	$f(e)$	y_i	x_i	m_i	$a_i(T)$	a_{ci}	a_i	b_i	A_i	B_i
7	-2E-09	0.99058	0.09503	0.49258	0.74541	0.23336	0.17395	3E-05	0.08976	0.0398
8		0.00824	0.65464	0.80578	1.45544	1.90765	2.77647	8.3E-05	1.43275	0.1104
9		0.00118	0.25033	0.87289	1.53774	2.51463	3.86686	0.0001	1.99543	0.1382
10		a_m	b_m	A_m	B_m	SRK方程	$\hat{\Phi}_i^L$	$\hat{\Phi}_i^V$	K_i	
11	液相	2.63317	8.3E-05	1.3588	0.11065	-6E-10	9.93194	0.95279	10.4241	
12	气相	0.1842	3E-05	0.09506	0.04052	-1E-11	0.00735	0.5837	0.01259	
13							0.00247	0.52541	0.0047	

图 8－16 【例 8－7】计算结果

在【例 8－7】中，组分(1)氢气在气相组成中的浓度达 0.99058，在液相中的浓度降至 0.09503，可见，当被分离组分相对挥发度相差较大时，单级分离过程可达到较大的分离程度。

部分冷凝采用与等温闪蒸相同的公式计算，其计算过程与等温闪蒸完全相同。如果部分冷凝计算中给定的已知条件是液化率 q，只需将液化率 q 转化为气化率 e，代入闪蒸公式即可。

8.3.2 绝热闪蒸的计算

绝热闪蒸过程如图 8－17 所示。

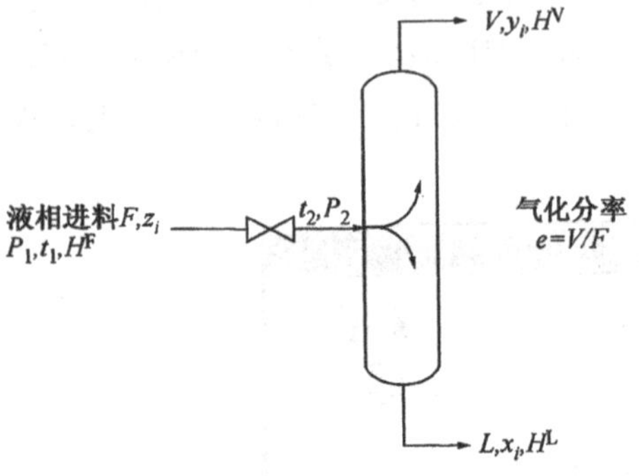

图 8－17 绝热闪蒸(节流)过程图

流量为 F，组成为 z_i 的液相进料于压力 P_1、温度 T_1 下经节流阀在绝热情况下减压至 P_2。当物料由压力 P_1 经节流阀瞬间绝热降压至 P_2 时，将有一部分液相物料气化，由于该部分液体依靠进料自身携带的热量气化，而使物料的温度由 t_1 降到 t_2，该过程绝热进行，焓变为0，所以绝热闪蒸也称为等焓节流。节流生成的气相和剩余液相分离时假设达到平衡。计算的任务一般要求通过联解有关方程，求定节流后的温度 t_2，平衡气、液相流量 V(或 e)、L，组成 y_i、x_i 和焓 H^V、H^L 等性质。

绝热闪蒸计算中所使用的方程和上节部分气化、部分冷凝计算是类似的，不同的是需联解热平衡方程和闪蒸公式。因为是绝热过程，所以其 $Q=0$，热平衡方程可表示为

$$FH^F=VH^V+LH^L$$

通过气化率 e 将上式表示为温度 T 的函数形式。

$$G(T)=eH^V+(1-e)H^L-H^F=0 \qquad (8-131)$$

绝热闪蒸计算需联解热平衡关系式(8－131)和闪蒸公式(8－124)，其求解要比部分气化、部分冷凝计算复杂得多。目前工程计算中广泛采用的算法均选择 T 和 e 为迭代变量，计算时由于混合物中组分的沸点差不同，迭代顺序也不同，分为宽沸程混合物闪蒸和窄沸程混合物闪蒸。

（1）宽沸程混合物

所谓宽沸程混合物，是指构成混合物的各组分的挥发度相差悬殊，其中一些很易挥发，而另一些则很难挥发。该物系的特点是，离开闪蒸罐时各相的量几乎完全由 K_i 决定。

在很宽的温度范围内，易挥发组分主要在气相，而难挥发组分主要留在液相。进料热焓的增加将使平衡温度升高，但对气、液相流率 V 和 L 几乎无影响。因此，宽沸程闪蒸的热衡算更主要地取决于温度 T，而不是 e。根据序贯算法迭代变量的排列原则，最好使内层循环中迭代变量的收敛值对外层循环迭代变量的取值是不敏感的。因为 e 对 T 的取值不敏感，所以对宽沸程混合物，选择 e 作为内层迭代变量。

e 的迭代与等温闪蒸计算相同，由闪蒸公式(8－124)完成。温度的迭代由热量衡算式(8－131)完成。用弦位法和牛顿法均可估计新的闪蒸温度，但后者既简单，收敛又快。其迭代公式为

$$T_{k+1} = T_k - \frac{G(T_k)}{G'(T_k)} \qquad (8-132)$$

宽沸程绝热闪蒸的收敛方案见图 8－18。

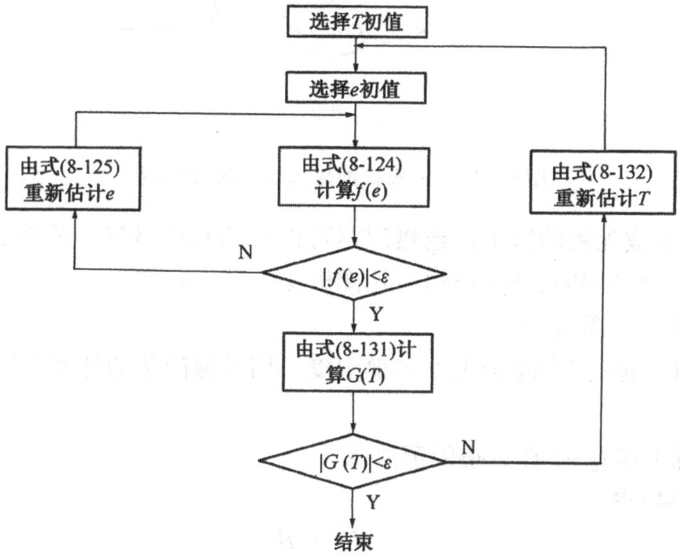

图 8－18　宽沸程绝热闪蒸的收敛方案

（2）窄沸程闪蒸

对于窄沸程闪蒸问题，由于各组分的沸点相近，因而热量衡算主要受气化潜热的影响，反映为受气相分率的影响，改变进料热焓会使气相流率发生变化，而平衡温度没有明显的变化。因此，窄沸程闪蒸计算与宽沸程闪蒸计算不同：通过热量衡算计算 e，解闪蒸公式确定闪蒸温度 T。并且，由于收敛的 T 值对 e 的取值不敏感，故在内层迭代 T，外层循环迭代 e。

当采用 Rachford—Rice 方程计算时，迭代 T 的方程为

$$f(T) = \sum_{i=1}^{C} \frac{Z_i(K_i - 1)}{(K_i - 1)e + 1} = 0 \tag{8-133}$$

热量衡算式由式(8－131)变换为

$$G(e) = eH^{V} + (1 - e)H^{L} - H^{F} = 0 \tag{8-134}$$

在 e 的直接迭代法中，解式(8－134)得

$$e_{k+1} = \left(\frac{H^{F} - F^{L}}{H^{V} - H^{L}}\right)_k \tag{8-135}$$

窄沸程绝热闪蒸的收敛方案见图 8－19。

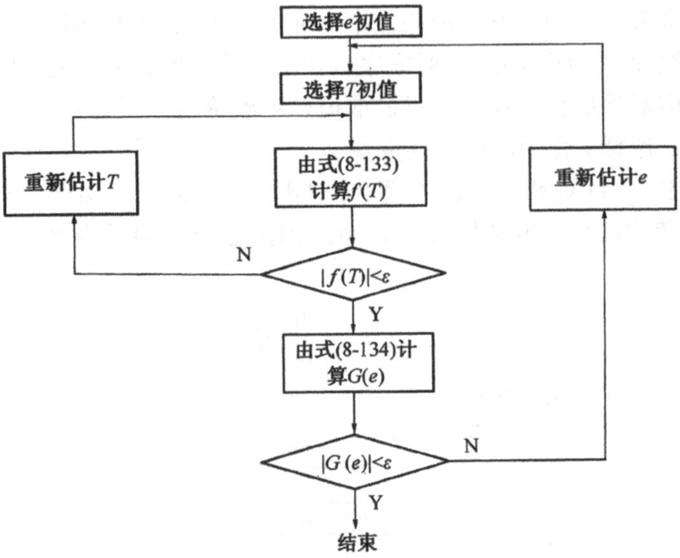

图 8－19　窄沸程绝热闪蒸的收敛方案

对于 K 因子和组成无关的体系，绝热闪蒸可以用简化法计算。K 因子可由 K 图或经验式求得。联解式(8－124)和式(8－134)可用图解法，其步骤如下。

① 在 P_2 下计算泡、露点；

② 在所得的泡、露点之间假定几个闪蒸温度，用等温闪蒸的计算方法求解组成 x_i，y_i 以及气化分率 e；

③ 在直角坐标上作 t_2-e 图，得闪蒸曲线；

④ 由式(8－134)得

$$e = \frac{H^{F} - H^{L}}{H^{V} - H^{L}} \tag{8-136}$$

⑤ 在假设的各个 t_2 温度下求取 H^{V}、H^{L}，在进料温度下求取 H^{F}，由式(8－136)计算 e。作 t_2-e 图，得热平衡曲线；

⑥ 两条曲线的交点坐标(t_2、e)为联立方程式(8－124)和式(8－131)的解；

⑦ 由解得的 e 计算其他未知变量值。

【例 8－8】 乙烯(1)0.25、乙烷(2)0.35、丙烯(3)0.40(以上均为摩尔分数)混合物以 10℃、1519.5kPa 的液体进入绝热闪蒸罐，在 1013kPa 压力下闪蒸。计算闪蒸罐温度、气化率和蒸气、残液的组成。

解：以100mol混合物为计算基准。各组分的焓按0℃时纯饱和液体为基准态，即焓值为零计算。

首先计算在闪蒸压力下混合物的泡、露点。气、液相都看作理想溶液，得泡点温度为－24℃，露点温度为－2.5℃。在泡点和露点之间取三个温度点：－8℃、－14℃和－20℃。查得各组分在不同温度下的焓值列于表8－3。

表8－3 【例8－8】各组分摩尔焓 kJ/mol

组分	11℃	－20℃		－14℃		－8℃	
	H_i^F	H_i^L	H_i^V	$H_i^{L'}$	$H_i^{V'}$	$H_i^{L''}$	$H_i^{V''}$
乙烯	1523.7	－2109.7	7384.1	－1699.5	7618.5	－937.7	7970.1
乙烷	1004.6	－1883.7	10046.4	－1255.8	10297.6	－753.5	10674.3
丙烯	1142.8	－2197.7	14994.0	－1582.3	15207.7	－879.1	15559.4

① **物料平衡曲线** 由式(8－124)作不同温度下的等温闪蒸计算，求出气化率，由式(8－120)及相平衡关系式计算相应的平衡液相、气相组成，列于表8－4，并在图8－20上作出物料平衡曲线。

表8－4 【例8－8】原料在不同温度下的气化率

组分	K_i	x_i	y_i
乙烯	2.03	0.2055	0.4172
乙烷	1.27	0.3312	0.4206
丙烯	0.35	0.4633	0.1621
共计		1.0000	0.9999
1013kPa　t_2 = －20℃　e = 0.210			
组分	K_i	x_i'	y_i'
乙烯	2.30	0.1534	0.3529
乙烷	1.44	0.2885	0.4155
丙烯	0.415	0.5581	0.2316
共计		1.0000	1.0000
1013kPa　t'_2 = －14℃　e' = 0.484			
组分	K_i	x_i''	y_i''
乙烯	2.60	0.1110	0.2887
乙烷	1.65	0.2320	0.3828
丙烯	0.50	0.6570	0.3285
共计		1.0000	1.0000
1013kP$_a$　t''_2 = －8℃　e'' = 0.782			

② **热平衡曲线** 理想溶液遵循：$H^F = \sum z_i H_i^F$；$H^V = \sum y_i H_i^V$；$H^L = \sum x_i H_i^L$，则

$H^F = 0.25 \times 1523.7 + 0.35 \times 1004.6 + 0.40 \times 1142.8 = 1189.7$(kJ/mol)

$H^V = 0.4172 \times 7384.1 + 0.4206 \times 10046.4 + 0.1621 \times 14994.0 = 9736.7$(kJ/mol)

$(H^V)' = 0.3529 \times 7618.5 + 0.4155 \times 10297.6 + 0.2316 \times 15207.7 = 10489.32$(kJ/mol)

$(H^V)'' = 0.2887 \times 7970.1 + 0.3828 \times 10674.3 + 0.3285 \times 15559.4 = 11498.2$(kJ/mol)

$H^L = 0.2055 \times (-2109.7) + 0.3312 \times (-1883.7) + 0.4633 \times (-2197.7) = -2075.6$ (kJ/mol)

$(H^L)' = 0.1534 \times (-1699.5) + 0.2885 \times (-1255.8) + 0.5581 \times (-1582.3) = -1506.1$ (kJ/mol)

$(H^L)'' = 0.1110 \times (-937.7) + 0.2320 \times (-753.5) + 0.6570 \times (-879.1) = -856.5$ (kJ/mol)

代入式(8-136)计算气化率得

$$e = \frac{1189.7 + 2075.6}{9736.7 + 2075.6} = 0.276$$

$$e' = \frac{1189.7 + 1506.1}{10489.3 + 1506.1} = 0.225$$

$$e'' = \frac{1189.7 + 856.5}{11498.2 + 856.5} = 0.166$$

在图8-20上作热平衡曲线，和物料平衡曲线相交于A点。由A点坐标读得 $t_2 = -18.8℃$，$e = 0.267$。

即闪蒸罐温度 t_2 为 $-18.8℃$，气化率 e 为0.267。

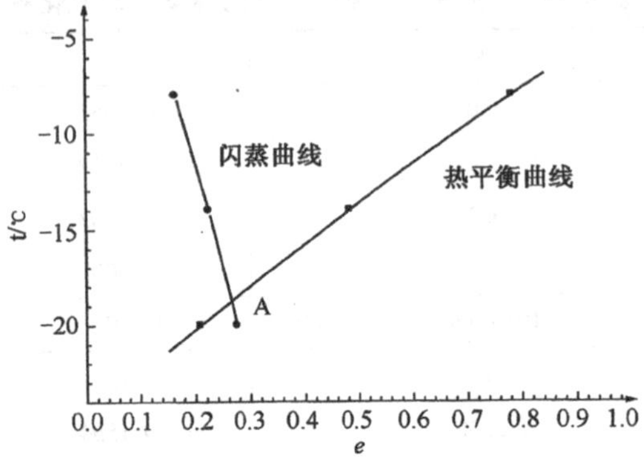

图8-20 【例8-8】图解

根据式(8-120)计算 x_i，相平衡关系式(8-104)计算 y_i。结果列于表8-5。

表8-5 【例8-8】平衡两相组成

组分	K_i	x_i	y_i
乙烯	2.1	0.1931	0.4053
乙烷	1.3	0.3240	0.4210
丙烯	0.36	0.4829	0.1737
共计		1.0000	1.0000

当系统的非理想性较强，相平衡常数与气、液相组成有关时，绝热闪蒸计算需增加相平衡常数的迭代计算。图8-21为($\Phi - \Phi$)法计算宽沸程绝热闪蒸的计算框图，计算只能由计算机完成。

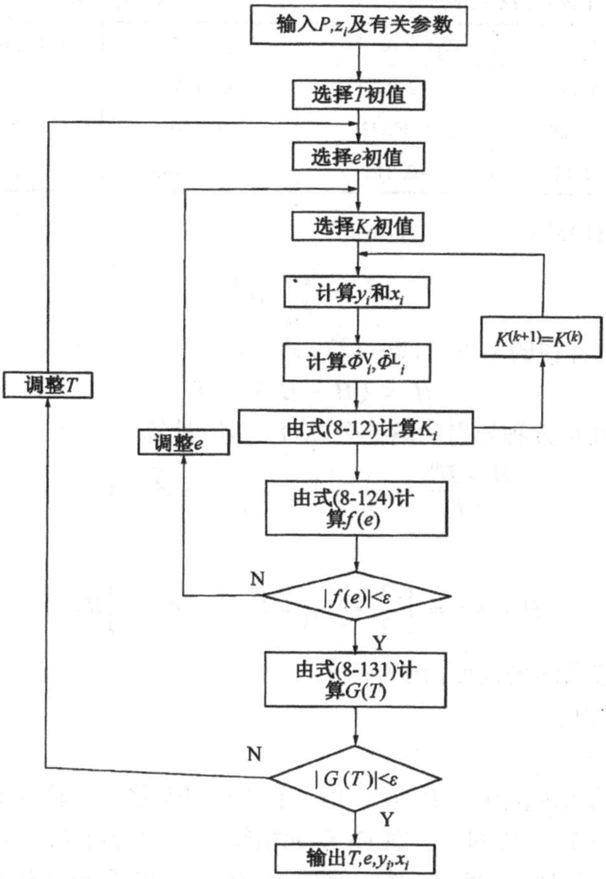

图 8－21　K 为组成函数时宽沸程绝热闪蒸计算框图

【例 8－9】 闪蒸进料的摩尔组成为：甲烷(1)20%，正戊烷(2)45%，正己烷(3)。进料压力 4300kPa，进料流率 1500kmol/h，进料温度 42℃。已知闪蒸罐操作压力为 206.84kPa，求闪蒸温度、气相分率。

解： 已知甲烷、正戊烷、正己烷的正常沸点分别为－161.48℃、36.08℃、68.75℃，所以此闪蒸属于宽沸程闪蒸。按理想混合物计算可得露点温度为 68.1℃，泡点温度低于－70℃(因 $P-T-K$ 图温度下限为－70℃)，进一步证实本例为宽沸程闪蒸问题，选温度为内层迭代，按图 8－18 收敛方案求解。

温度初值在泡、露点之间取值，取为 294K，所以不需验证闪蒸问题，查 K 图取 K_i 初值。在 $P=206.84$kPa、$T=294$K 下查 K 图 8－1(A)得：$K_1=70$，$K_2=0.3$，$K_3=0.096$。K_i 采用($\Phi-\Phi$)法由式(8－12)计算，以 SRK 方程计算气、液相逸度系数及焓值。

查化工热力学教材得各组分的临界参数和偏心因子。

T_C/K	P_C/kPa	ω
190.6	4600	0.008
469.6	3374	0.251
507.4	2969	0.296

纯物质理想气体焓由式(8－130)计算。

$$H_i^0=0.556A_i+B_iT+1.8C_iT^2+3.24D_iT^3+5.83E_iT^4+10.5F_iT^5 \quad (8-130)$$

查《石油化工工艺计算图表》得各组分系数 A_i、B_i、C_i、D_i、E_i和 F_i。

A_i	B_i	$C_i(\times10^{-4})$	$D_i(\times10^{-7})$	$E_i(\times10^{-11})$	$F_i(\times10^{-15})$
58.4016	0.5717	-2.9431	4.23157	-15.267	19.4526
173.461	-0.0028	4.40073	-0.8629	0.81764	-0.19715
133.194	0.22911	-0.8157	-4.52783	-25.232	47.4802

理想气体混合物焓由式(8－128)计算。

$$H^0 = \sum_{i=1}^{C} y_i H_i^0 \tag{8-128}$$

真实气相和液相混合物的焓由式(8－127)计算。

$$H = (H - H^0) + H^0 \tag{8-127}$$

其中焓差$(H-H^0)$由 SRK 方程导出的焓差公式(8－31)计算。

$$\frac{H-H^0}{RT} = \frac{3}{2}\frac{A}{B}\ln\left(\frac{V}{V+b}\right) + Z - 1 \tag{8-31}$$

将式(8－31)变形为

$$H - H^0 = \left[\frac{3}{2}\frac{A}{B}\ln\left(\frac{V}{V+b}\right) + Z - 1\right]RT \tag{8-137}$$

逸度系数计算所涉及的公式见【例 8－7】。

计算步骤如图 8－21。

Excel 计算过程如下：

① 在 A3 单元格输入闪蒸压力 P(kPa)值，在 B3：B5 单元格输入 z_i数组，在 C3：E5 单元格输入已知数组常量 T_C、P_C和 ω。在 F3 单元格输入温度初值 T，T=294K，在 G3 单元格输入 e 初值，e=0.5，在 H3：H5 单元格，输入 K_i初值，在 I3 单元格输入气相压缩因子 Z_V初值，Z_V=1，在 J3 单元格输入液相压缩因子 Z_L初值，Z_L=0.1，在 K3 单元格输入原料液压缩因子 Z_F初值，Z_F=0.1。已知值及初值输入情况如图 8－22。

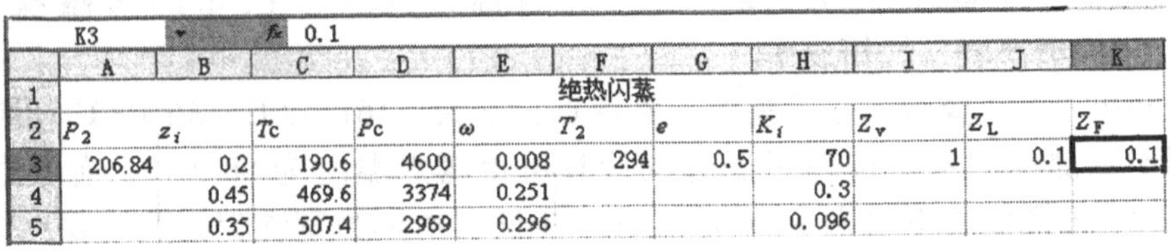

K3 　fx 0.1

	A	B	C	D	E	F	G	H	I	J	K
1	绝热闪蒸										
2	P_2	z_i	Tc	Pc	ω	T_2	e	K_i	Z_V	Z_L	Z_F
3	206.84	0.2	190.6	4600	0.008	294	0.5	70	1	0.1	0.1
4		0.45	469.6	3374	0.251			0.3			
5		0.35	507.4	2969	0.296			0.096			

图 8－22 【例 8－9】已知值及初值输入

② 在 A7 单元格输入闪蒸公式(8－124)的数组公式“{ =SUM((H3：H5－1)＊B3：B5/(1＋G3＊(H3：H5－1)))}”，在 B7：B9 单元格输入式(8－122)的数组公式“{ =H3：H5＊B3：B5/(1＋G3＊(H3：H5－1))}”计算 y_i，在 C7：C9 单元格输入式(8－120)的数组公式“{ =B3：B5/(1＋G3＊(H3：H5－1))}”计算 x_i。

③ 在 D7：D9 单元格输入式(8－39)的数组公式“{ =0.48＋1.574＊E3：E5－0.176＊E3：E5^2}”计算 m_i，将式(8－40)代入式(8－38)，并在 E7：E9 单元格输入式(8－38)的数组公式“{ =(1＋D7：D9＊(1－(F3/C3：C5)^0.5))^2}”计算 $\alpha_i(T)$，在 F7：F9 单元格输入式(8－36)的数组公式“{ =0.42748＊8.314^2＊C3：C5^2/(D3：D5＊1000)}”计算 a_{Ci}。在 G7：G9 单元格输入式(8－35)的数组公式“{ =E7：E9＊F7：F9}”计算温度函数 a_i，在 H7：H9 单元格输入式(8－37)的数组公式“{ =0.08664＊8.314＊C3：C5/D3：D5/1000}”

计算参数 b_i，在 I7：I9 单元格输入式(8－42)的数组公式“{ =G7：G9 * A3 * 1000/8.314^2/F3^2}”计算 A_i，在 J7：J9 单元格输入式(8－43)的数组公式“{ =H7：H9 * A3 * 1000/8.314/F3}”计算 B_i；

④ 在 B11 单元格输入式(8－23)的数组公式“{ =SUM(C7：C9 * G7：G9^0.5)^2}”计算液相混合物温度函数 a_m，在 C11 单元格输入式(8－24)的数组公式“{ =SUM(C7：C9 * H7：H9)}”计算液相混合物参数 b_m，在 D11 单元格输入式(8－25)的数组公式“{ =SUM(C7：C9 * I7：I9^0.5)^2}”计算液相混合物的 A_m，在 E11 单元格输入式(8－26)的数组公式“{ =SUM(C7：C9 * J7：J9)}”计算液相混合物的 B_m。相似的，在 B12：E12 单元格分别输入数组公式计算气相的 a_m、b_m、A_m和 B_m。在 F11 单元格输入 SRK 方程(液相)式(8－41)的右式“ =J3^3 - J3^2 + J3 * (D11 - E11 - E11^2) - D11 * E11”。相似的，在 F12 单元格输入 SRK 方程(气相)；

⑤ 在 G11：G13 单元格输入式(8－46)的指数函数的数组公式“{ =EXP(H7：H9/C11 * (J3 - 1) - LN(J3 - E11) - D11/E11 * (2 * (I7：I9/D11)^0.5 - J7：J9/E11) * LN(1 + E11/J3))}”计算 $\hat{\Phi}_i^L$。相似的，在 H11：H13 单元格计算 $\hat{\Phi}_i^V$。在 I11：I13 单元格输入式(8－12)K_i的数组公式“{ =G11：G13/H11：H13}”计算 K_i。

⑥ 在 A15：B15 单元格分别输入原料液压力 P_1(kPa)和温度 T_1值，在 C15：C17 单元格输入式(8－38)的数组公式“{ =(1 + D7：D9 * (1 - (315.15/C3：C5)^0.5))^2}”计算原料液的 $\alpha_i(T)$，在 D15：D17 单元格输入式(8－35)的数组公式“{ =C15：C17 * F7：F9}”计算原料液的温度函数 a_i，在 E15 单元格输入数组公式“{ =SUM(B3：B5 * D15：D17^0.5)^2}”计算原料液的 a_m，在 F15 单元格输入数组公式“{ =SUM(B3：B5 * H7：H9)}”计算原料液的 b_m，在 G15：G17 单元格输入式(8－42)的数组公式“{ =D15：D17 * A15 * 1000/ 8.314^2/B15^2}”计算原料液的 A_i，在 H7：H9 单元格输入式(8－43)的数组公式“{ =H7：H9 * A15/8.314/B15}”计算原料液的 B_i；在 I15 单元格输入数组公式“{ =SUM(B3：B5 * G15：G17^0.5)^2}”计算原料液温度函数 A_m，在 J15 单元格输入数组公式“{ =SUM(B3：B5 * H15：H17)}”计算原料液常数 B_m。在 K15 单元格输入原料液的 SRK 方程式(8－41)“ =K3^3 - K3^2 + K3 * (I15 - J15 - J15^2) - I15 * J15”。

⑦ 在 A19：A21 输入各组分的相对分子质量，在 B19：G21 输入式(8－130)中各组分的系数：A_i、B_i、C_i、D_i、E_i和 F_i。在 H19：H21 输入式(8－130)的数组公式“{ =0.556 * B19：B21 + C19：C21 * F3 + 1.8 * D19：D21/10^4 * F3^2 + 3.24 * E19：E21/10^7 * F3^3 + 5.83 * F19：F21/10^11 * F3^4 + 10.5 * G19：G21/10^15 * F3^5}”计算闪蒸温度 T_2和压力 P_2下各组分的理想气体焓 $H_i^0(T_2)$(kcal/kg)，在 I19：I21 输入数组公式“{ =H19：H21 * A19：A21 * 4.1868}”将 $H_i^0(T_2)$换算为单位为 J/mol 的值。相似的，在 J19：K21 输入公式计算原料液温度 T_1和压力 P_1下各组分的理想气体焓 $H_i^0(T_1)$。

⑧ 在 A23 输入式(8－137)的数组公式“{ =(I3 - 1 - LN(1 + E12/I3) * (D12/E12 + B12^0.5/8.314/F3/C12 * SUM(B7：B9 * D7：D9 * (F7：F9 * (F3/C3：C5))^0.5))) * 8.314 * F3}”计算平衡气焓差$(H-H^0)^V$。相似的，在 B23：C23 输入数组公式计算平衡液焓差$(H-H^0)^L$和原料液焓差$(H-H^0)^F$。在 D23 输入式(8－128)的函数公式“ =SUMPRODUCT(B7：B9，I19：I21)”计算平衡气的理想焓 H^{0V}，在 E23 输入式(8－127)的计算式“ =A23 + D23”计算平衡气的真实焓 H^V。相似的，在 F23：I23 输入公式计算平衡液的理想焓 H^{0L}和真实焓

H^L、原料液的理想焓 H^{0F} 和真实焓 H^F。

⑨ 在 J23 输入绝热闪蒸热量衡算式(8-131)的计算式"=G3 * E23 + (1 - G3) * G23 - I23"。

⑩ "规划求解"对话框中的"设置目标单元格"栏设为 \$J\$23，"值为"设置为 0(即热量衡算式(8-131))。"可变单元格"栏设为" \$F\$3：\$G\$3，\$H\$3：\$H\$5，\$I\$3：\$K\$3"。在"约束"栏中通过"添加"按钮填入闪蒸公式(8-124)，即填入" \$A\$7 = 0"，添加入迭代公式"$K_i^{(k+1)} = K_i^{(k)}$"，即填入" \$H\$3：\$H\$5 = \$I\$11：\$I\$13"，实现 K_i 的内层迭代，添加入液、气相 SRK 方程等式，即填入" \$F\$11：\$F\$12 = 0"，添加入原料液 SRK 方程等式，即填入" \$K\$15 = 0"。规划求解参数设置如图 8-23。

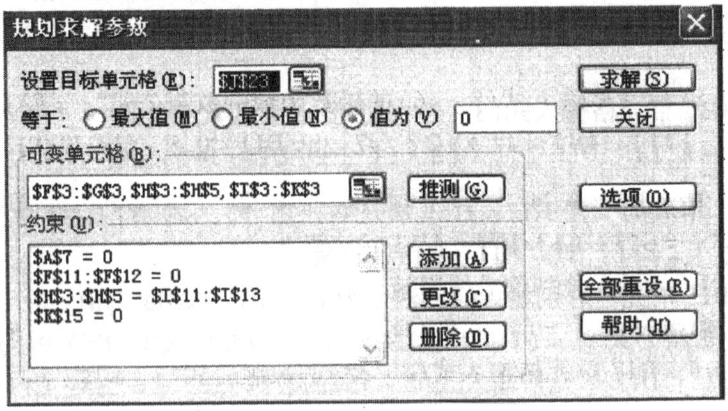

图 8-23 【例 8-9】规划求解参数设置

⑪ 单击"求解"按钮。计算结束后，在 F3，G3 单元格得到闪蒸温度 T_2 和气化率 e：$T_2 = 300.709K$，$e = 0.2588$。在 B7：C9 单元格得到 y_i 和 x_i 的解：$y_1 = 0.74772$，$y_2 = 0.20024$，$y_3 = 0.05204$；$x_1 = 0.00879$，$x_2 = 0.53719$，$x_3 = 0.45402$。如图 8-24 所示。

	A	B	C	D	E	F	G	H	I	J	K
1						绝热闪蒸					
2	P_2	z_i	Tc	Pc	ω	T_2	e	K_i	Z_V	Z_L	Z_F
3	206.84	0.2	190.6	4600	0.008	300.709	0.25877	85.1076	0.985649	0.01136	0.20611
4		0.45	469.6	3374	0.251			0.37275			
5		0.35	507.4	2969	0.296			0.11462			
6	$f(e)$	y_i	x_i	m_i	$a_i(T)$	a_{Ci}	a_i	b_i	A_i	B_i	
7	6.9E-09	0.74772	0.00879	0.49258	0.76364	0.23336	0.1782	3E-05	0.005897	0.002469	
8		0.20024	0.53719	0.86399	1.37501	1.93129	2.65554	0.0001	0.087877	0.008294	
9		0.05204	0.45402	0.93048	1.47419	2.56228	3.7773	0.00012	0.124998	0.010185	
10		a_m	b_m	A_m	B_m	SRK方程	$\hat{\Phi}_i^L$	$\hat{\Phi}_i^V$	K_i		
11	液相	3.10292	0.00011	0.10268	0.0091	8.6E-13	85.1141	1.00008	85.10756		
12	气相	0.55219	4.9E-05	0.01827	0.00404	6.2E-11	0.35314	0.94738	0.372755		
13							0.10711	0.9345	0.114622		
14	P_1	T_1	$a_i(T_1)$	a_i(F)	a_m(F)	b_m(F)	A_i(F)	B_i(F)	A_m(F)	B_m(F)	SRK方程
15	4300	315.15	0.7382	0.17227	2.18086	9.4E-05	0.108	0.04898	1.367271	0.154546	0
16			1.3368	2.58175			1.61861	0.16453			
17			1.43321	3.67228			2.3023	0.20203			
18	分子量	A_i	B_i	C_i (×10^{-4})	D_i (×10^{-7})	E_i (×10^{-11})	F_i (×10^{-15})	$H_i^0(T_2)$	$H_i^0(T_2)$	$H_i^0(T_1)$	$H_i^0(T_1)$
19	16.043	58.4016	0.5717	-2.9431	4.23157	-15.267	19.4526	186.987	12559.73	194.7956	13084.2
20	72.151	173.461	-0.0028	4.40073	-0.8629	0.81764	-0.1972	160.016	48337.84	165.9506	50130.7
21	86.176	133.194	0.22911	-0.8157	4.52783	-25.232	47.4802	158.762	57281.67	164.634	59400.2
22	$(H-H^0)^V$	$(H-H^0)^L$	$(H-H^0)^F$	H^{0V}	H^V	H^{0L}	H^L	H^{0F}	H^F	$G(T)$	
23	-111.73	-28862	-23075.5	22051.3	21939.6	52084.2	23222.1	45965.7	22890.2	1.76E-05	

图 8-24 【例 8-9】计算结果

习 题

1. 试确定甲烷 0.05、乙烷 0.10、丙烷 0.30、异丁烷 0.55(摩尔分数)混合物在 27℃时的沸腾压力。

2. 某精馏塔因物料中含有热敏感性物质，所以塔顶温度不能高于 30℃，则塔的操作压力最高应控制为多少？已知塔顶馏出液的组成为 $x_{D,1}=0.82$，$x_{D,2}=0.12$，$x_{D,3}=0.06$(均匀摩尔浓度)，该物质可视为完全理想系，各组分在 30℃下的饱和蒸气压力 $P_1^s=989.6$mmHg、$P_2^s=662.4$mmHg、$P_3^s=450.9$mmHg。

3. 含 30% 苯(1)，40% 甲苯(2)(以上为摩尔分数)和对二甲苯(3)的液体混合物，在总压为 50.66kPa 下进行连续闪蒸蒸馏，计算泡点温度和气相组成。假设该物系为完全理想系。采用安托尼方程计算饱和蒸气压。

安托尼公式为

苯：$\ln P_1^s = 20.7936 - 2788.51/(T-52.36)$

甲苯：$\ln P_2^s = 20.9065 - 3096.52/(T-53.67)$

对二甲苯：$\ln P_3^s = 20.9891 - 3346.65/(T-57.84)$　(T：K；P^s：Pa)

4. 某混合物含丙烷(1)0.451，异丁烷(2)0.183，正丁烷(3)0.366(以上均为摩尔分数)，在 $t=94$℃和 $P=2.41$MPa 下进行闪蒸，试估算平衡时混合物的气化分率及气相和液相组成。

5. 某精馏塔塔顶上升蒸气的摩尔组成为：乙烷 0.15，丙烷 0.20，异丁烷 0.60，正丁烷 0.05。要求有 75% 的物料在冷凝器中液化，离开冷凝器的温度为 26.7℃。求所需压力。

6. 某烃类蒸气混合物含有甲烷(1)5%，乙烷(2)10%，丙烷(3)30% 及异丁烷(4)55%(以上为摩尔分数)。试求该混合物在 25℃时的露点压力与泡点压力，并确定在 $t=25$℃，$P=1$MPa 时的气相分率。

7. 某一气体混合物，其组成为甲烷(1)0.0977%，乙烯(2)85.76%，乙烷(3)13.942%，丙烯(4)0.2003%(以上为摩尔分数)。该混合物在压力 2.33MPa 和温度 −18℃下用盐水进行冷凝，问冷凝后物料是否处于气、液两相区？如处于气、液两相区，求冷凝后的液化率 q 和气、液相组成。已知甲烷、乙烯、乙烷、丙烯的 K_i 值分别为 4.9，1.046，0.71，0.19。要求计算精确度达到 0.0001。

8. 求 101.3kPa 下，组成(摩尔分数)为 45% 正己烷(1)，25% 正庚烷(2)及 30% 正辛烷(3)混合物的泡点温度和露点温度；将此混合物在 101.3kPa 下进行闪蒸，使进料的 50% 气化，求闪蒸温度和两相的组成。

9. 某乙烯、乙烷和丙烯混合物，其摩尔组成为：乙烯(1)0.2，乙烷(2)0.4 和丙烯(3)0.4。现将温度 10℃，压力 2.0265MPa 的饱和液体，等焓节流到 0.8106MPa。求节流后的温度、气化率和气、液相组成。

第9章　多组分精馏过程的计算

精馏是分离液体混合物的单元操作，是石油化工生产中最常见、最重要、应用最广泛、技术最成熟的分离方法，它的设备、操作投资常常占总投资的较大部分。在精馏操作中，借助回流的工程手段，可以得到高纯度的产品。在化工原理课程中对双组分精馏进行了详细的讨论，但在实际生产中需要处理的待分离原料多为多组分混合物或复杂物系的分离和提纯问题，而极少是双组分溶液，因此，对多组分精馏过程的研究更具有实际意义。

精馏计算按目的可分为设计型计算和操作型计算。在设计型计算中，通常规定分离要求，要求确定达到预定分离要求所需要的平衡级数。在操作型计算中，通常知道平衡级数，要求确定该设备所能达到的分离程度。精馏计算按计算方法可分为简捷法和严格法。目前计算机已普及应用于多组分精馏的严格计算，并显示出很多优点。严格计算法通常是操作型计算。同时，作为近似方法的多组分精馏简捷计算法，具有快速、方便的优点，在各种场合仍然继续使用着。例如对于初步设计，为严格计算提供初始条件、建立优化设计条件的参数研究以及为了确定优化的分离顺序进行的综合研究等，使用简捷法计算已能满足要求。简捷法计算适用于简单精馏塔的计算，属于设计型计算。

多组分精馏过程的工艺设计，由于组分数的增加而更加复杂，必须用联立或迭代法严格地解数目较多的方程完成。因此必须规定足够多的设计变量，使得未知变量的数目等于独立方程数。所以对于包括传质和传热装置的各种分离过程的设计来说，设计的第一步是对过程条件或独立变量的规定。

9.1　设计变量的确定

在设计各种分离过程的装置中需要确定许多物理量的数值，如各物流的流率、组成、压力、温度、热负荷、机械功的输入(或输出)量、传热面积的大小以及理论板数等。这些物理量是相互联系、相互约束的，所以其中只有少数是独立变量可供设计者选择，设计者只要确定其中的几个，其他的物理量就可通过计算得到。这些在设计前应该指定的物理量称为设计变量。例如，对只有一股进料的双组分普通精馏塔，如果已知进料流率、进料中一个组分的浓度、进料状态和塔压后，再指定馏出液中一个组分的浓度或回收率、釜液中一个组分的浓度或回收率及回流比，便可以算出按适宜进料位置时该塔所需的各种数据，如精馏段的理论板数、提馏段的理论板数、冷凝器、再沸器的热负荷等等。但对较复杂的分离系统来说，究竟应该有多少变量需要在设计前予以指定，往往就不是那么明显的。因此可以说，设计的第一步不是选择变量的具体数值，而是需要知道应该指定的变量的确切数目。如果设计者所指定的变量数目多于或少于应该指定的变量数目，都将使设计得不到唯一正确解。因而如何确定设计变量是十分重要的。

确定设计变量步骤为：① 确定该问题中总变量的数目并考虑选什么变量作为设计变量；

② 给定设计变量的具体数值。

如果N_v是描述系统的独立变量数，N_c是这些变量之间可写出的方程的个数，称为约束数，那么，设计变量数记为N_i，应为两者的差值，即

$$N_i = N_v - N_c \tag{9-1}$$

N_c小于N_v，因此必须指定若干个设计变量的数值，使方程中的未知变量与独立的方程数相等，这组方程才能得到确切的唯一解，其他非独立变量的值才能确定。

要确定N_i，需正确确定N_v和N_c，一般采用郭慕荪法（或称郭氏法），该法的特点是简单、方便，不易出错。

郭氏法的基本原则是将一个装置分解为若干进行简单过程的单元，由每一单元的独立变量数N_v^e和约束数N_c^e求出每一单元的设计变量数N_i^e，然后再由单元的设计变量数计算出装置的设计变量数N_i^u。

9.1.1 设计变量

（1）独立变量数（N_v）

系统的独立变量数可由出入系统的各物流的独立变量数以及系统与环境进行能量交换的情况来决定。根据相率，可由自由度确定相平衡系统的独立变量数。对任一物流，描述它的自由度数由吉布斯相律计算：$f=C-\pi+2$，其中，C为组分数，π为相数。但相律所指的独立变量是指强度性质，即温度、压力和组成，这些与系统的量无关的性质，而要描述流动系统，独立变量数还必须加上描述物流量，即物流流率这一广度性质，则系统的独立变量数$N_v=f+1$。那么，对于单相物流

$$N_v = C-1+2+1 = C+2$$

即对于单相物流，系统的独立变量数为$C-1$个组成变量（组成变量受归一方程约束，所以对于含有C个组分的物流，独立组成变量数为$C-1$），加一个温度变量T，压力变量P和一个物流流率变量F，共$C+2$个独立变量。

对于两相平衡物流，由于要加上各相的流率，则

$$N_v = f+2 = C-2+2+2 = C+2$$

由以上分析可见，不管是单相物流还是互成平衡的两相物流都可用$C+2$个独立变量来描述。其余情况可以类推。

如果所讨论的系统除物流外，尚有热量和功的进出，那么相应在N_v中加入说明热量和功的变量数。

若系统中的物流数目为n_m（设各物流具有的组分数相同，都为C），热流数目为n_q，则系统的独立变量数N_v为

$$N_v = n_m(C+2) + n_q \tag{9-2}$$

当然，如各物流所含组分数不同，各物流所具有的变量数应分别计算。

（2）约束数（N_c）

上述N_v个变量并非完全独立，它们相互之间存在着约束。约束数即指所能列出的方程总数。在没有化学反应的多级分离过程中，对于一个系统，各变量之间存在以下约束关系。

①物料平衡约束　对于没有化学反应的过程，根据质量守恒定律，每一个组分可列出一个物料平衡式，对于含有C个组分的物流，有C个组分物料平衡式。根据质量守恒定律，物流间存在一个总物料平衡式，但它们并不是独立方程，各组分物料平衡式之和为总物料平

衡式，所以对于含有 C 个组分的物流，物料平衡约束数为 C。

② 能量平衡约束　对于和外界没有机械能交换的分离过程，能量衡算常用热衡算方程表示，热衡算方程中应包括进出系统的焓和所有的热流。一个系统，能量平衡式只有一个。

③ 相平衡关系约束　相平衡关系是指处于平衡的各相温度相等、压力相等以及组分 i 在各相中的逸度相等。后者表达的是相平衡组成关系，当组分数为 C 时，可写出 $C(\pi-1)$ 个方程，其中，π 为相数。各相温度相等、压力相等各可写出 $\pi-1$ 个方程。我们仅考虑无化学反应的分离系统，故这里不考虑化学平衡约束数。两相平衡系统，相平衡关系约束数为 $C+2$ 个。

④ 固有约束　固有约束是所考虑的特定系统所固有的，它们通常是以两个或更多的变量是一致的形式表现出来，例如物流间的温差、压力降等。固有约束通常可用简单等式来表示。

一个系统的总约束数应为系统中上述各种约束数之和。

(3) 设计变量数(N_i)

独立变量数 N_v 为联立方程组中变量的总数，约束数 N_c 为方程组中的方程数，设计者可以选择的自由度即设计变量数 N_i 为方程组中给定的已知量的数目。显然方程组中所要求的未知变量数目等于总的变量数减去已知量的数目。当方程的数目（约束数）等于未知量的数目，即 $N_c=N_v-N_i$ 时，该方程组有唯一解，所以可得式(9-1)关系。

在求得独立变量数 N_v 和约束数 N_c 后，设计变量数 N_i 即可按式(9-1)计算。

设计变量 N_i，又被分为固定设计变量 N_x 和可调设计变量 N_a。N_x 是指确定进料物流的那些变量（进料组成和流量等）以及系统的压力，这些变量常常是由单元在整个装置中的地位，或装置在整个流程中的地位决定，也就是说，实际上不需要由设计者来指定，而 N_a 才是真正要由设计者来确定的，因此郭氏法的目的是确定正确的 N_a 值。

$$N_i=N_a+N_x \tag{9-3}$$

由式(9-3)得

$$N_a=N_i-N_x \tag{9-4}$$

在以上设计变量的讨论中作以下假定：

① 假定物流为连续稳定物流；

② 流体动能和位能的变化可以忽略；

③ 没有化学反应存在；

④ 与外界交换的机械能只限于轴动；

⑤ 平衡级是串联的。

显然，对于多级平衡分离过程，这些假定是能够成立的。

9.1.2　一些典型单元的设计变量分析

对于一个复杂的系统，变量数和约束数都很多，计算变量数和约束数不仅很麻烦，而且往往容易出现漏算或重算，从而导致设计变量数的错误，以致造成设计的错误，一个行之有效的办法是将系统分成若干个基本单位——称之为单元，逐个分析这些单元，然后将单元的研究结果用之于系统。

用于计算设计变量的公式(9-1)、式(9-4)同样适应于单元设计变量的计算，但在各变量上加上标 e 加以区分，即

$$N_i^e = N_v^e - N_c^e \qquad (9-5)$$

$$N_a^e = N_i^e - N_x^e \qquad (9-6)$$

郭氏法将分离中所用到的单元分为两大类。一类是无浓度变化的单元，如分配器、换热器、全凝器、泵等，其特点是物流进出单元前后浓度未发生变化。主要的无浓度变化单元见图 9-1。另一类为有浓度变化单元。

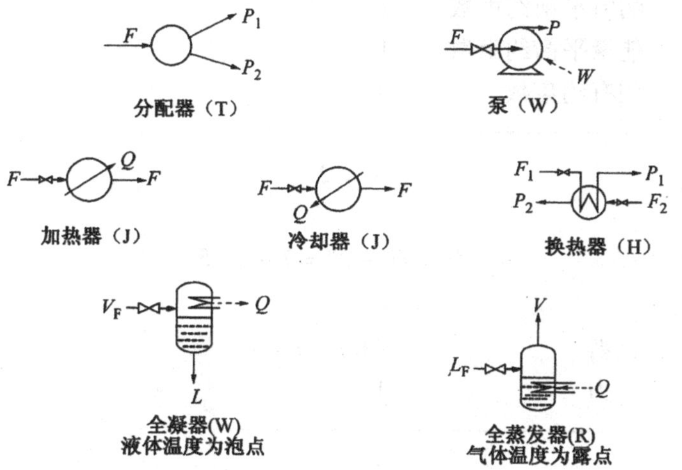

图 9-1　无浓度变化单元

(1)无浓度变化单元的设计变量

由于单元中无浓度变化，所以每一股物流均可看成是单相单组分，用三个独立变量(温度、压力和流率)便可描述。

①分配器　分配器是一个最简单单元，用于将一股物料分成两股或多股组成相同的物流，将精馏塔塔顶全凝器的凝液分为回流和出料两股物流的回流罐即为一个分配器。分配器的物流数为 3，其中一股进料物流，热流数为 0。

单元的独立变量数 N_v^e

$$N_v^e = n_m(C+2) + n_q = 3(1+2) = 9$$

单元的约束数 N_c^e

物料平衡约束数	1
固有约束	4（出分配器的两股物流的温度、压力均与进分配器的物流一致）

$$N_c^e = 5$$

$$N_i^e = N_v^e - N_c^e = 9 - 5 = 4$$

固定设计变量 N_x^e 由进料物流所具有的变量数和单元内具有不同的压力个数两部分决定。

进料	$(C+2) = 3$
压力	0(单元压力与进料压力相同)

$$N_x^e = 3$$

$$N_a^e = N_i^e - N_x^e = 4 - 3 = 1$$

这一可调设计变量可以定为 P_1/F 或 P_2/F。

② 全凝器　全凝器的物流数为2，其中一股进料物流，热流数为1。

N_v^e

$$N_v^e = n_m(C+2) + n_q = 2(1+2) + 1 = 7$$

N_c^e

物料平衡约束数	1
能量平衡约束数	1
固有约束数	0

$$N_c^e = 2$$

则

$$N_i^e = N_v^e - N_c^e = 7 - 2 = 5$$

N_x^e

进料	$(C+2)=3$
压力	1

$$N_x^e = 4$$

$$N_a^e = N_i^e - N_x^e = 5 - 4 = 1$$

如规定出口为泡点，则固有约束数为1，可调设计变量数为0。

③ 冷却器　冷却器的物流数为2，其中一股进料物流，热流数为1。

N_v^e

$$N_v^e = n_m(C+2) + n_q = 2(1+2) + 1 = 7$$

N_c^e

物料平衡约束数	1
能量平衡约束数	1
固有约束数	0

$$N_c^e = 2$$

$$N_i^e = N_v^e - N_c^e = 7 - 2 = 5$$

N_x^e

进料	$(C+2)=3$
压力	1

$$N_x^e = 4$$

$$N_a^e = N_i^e - N_x^e = 5 - 4 = 1$$

如果为设计型，这一可调设计变量可以定为冷却器的出口温度。如果为操作型计算，这一可调设计变量可以定为冷却器的换热面积。

从以上计算可以看出，因为进、出单元的物流无浓度变化，没有发生相间的再分配，所以计算中无相间分配关系约束。其他无浓度变化单元的设计变量见表9-1。

(2)有浓度变化单元的设计变量

有浓度变化单元包括混合器、分凝器、理论板等，其特点是物流出单元后浓度发生变化，与进入前物流的浓度不同。主要的有浓度变化单元见图 9-2。

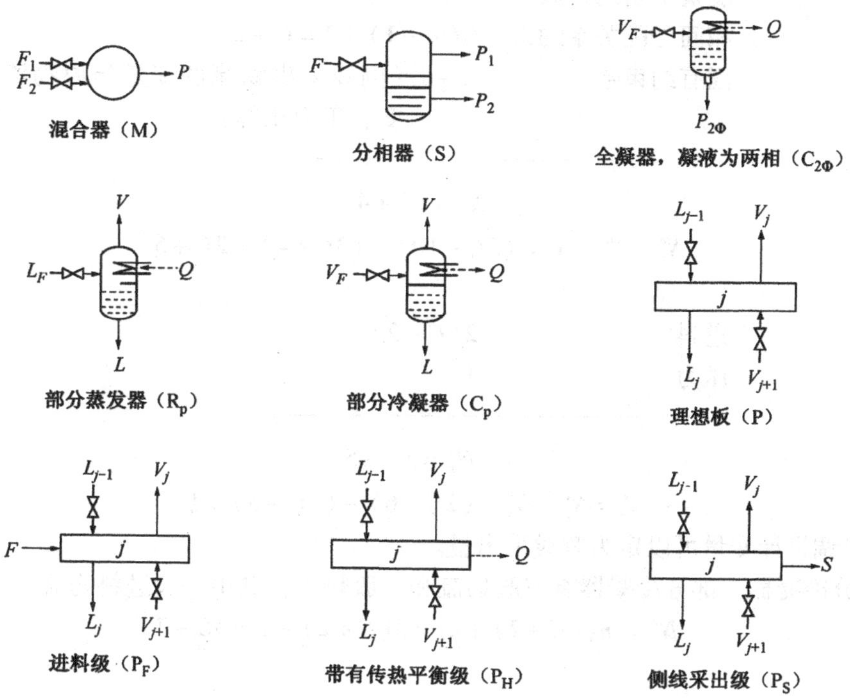

图 9-2　有浓度变化单元

① 简单平衡级　简单平衡级的物流数为 4，有两股进料，无热流。

N_v^e

$$N_v^e = n_m(C+2)+n_q = 4(C+2) = 4C+8$$

N_c^e

物料平衡约束数	C
能量平衡约束数	1
相间分配关系约束	$C(\pi-1)+2=C+2$

$$N_c^e = 2C+3$$

$$N_i^e = N_v^e - N_c^e = (4C+8)-(2C+3) = 2C+5$$

N_x^e

进料	$2(C+2)$
压力	1

$$N_x^e = 2C+5$$

$$N_a^e = N_i^e - N_x^e = 0$$

简单平衡级无可调设计变量。

② 侧线采出级　侧线采出级的物流数为 5，有两股进料，无热流。

$$N_v^e = n_m(C+2) + n_q = 5(C+2) = 5C+10$$

N_c^e

物料平衡约束数	C
能量平衡约束数	1
相间分配关系约束	$C(\pi-1)+2=C+2$
固有约束数	$C+1$（侧线采出物流的变量与原物流的组成、温度、压力相等）

$$N_c^e = 3C+4$$

$$N_i^e = N_v^e - N_c^e = (5C+10)-(3C+4) = 2C+6$$

N_x^e

进料	$2(C+2)$
压力	1

$$N_x^e = 2C+5$$

$$N_a^e = N_i^e - N_x^e = (2C+6)-(2C+5) = 1$$

这一可调设计变量可以定为侧线采出量。

③ 部分冷凝器　部分冷凝器有三股物流和一股热流，其中一股进料物流。

$$N_v^e = n_m(C+2) + n_q = 3(C+2)+1 = 3C+7$$

N_c^e

物料平衡约束数	C
能量平衡约束数	1
相间分配关系约束	$C(\pi-1)+2=C+2$
固有约束数	0

$$N_c^e = 2C+3$$

$$N_i^e = N_v^e - N_c^e = (3C+7)-(2C+3) = C+4$$

N_x^e

进料	$C+2$
压力	1

$$N_x^e = C+3$$

$$N_a^e = N_i^e - N_x^e = (C+4)-(C+3) = 1$$

这一可调设计变量可以定为液化率或传热面积。

综上所述，无论是有浓度变化单元或无浓度变化单元，可调设计变量均与组分的数目 C 无关，它们的可调设计变量数不是 1 就是 0，计算整个装置的可调设计变量将是比较方便的。

其他有浓度变化单元的设计变量见表 9－1。

表 9-1 各单元的设计变量

单元名称		N_v^e	N_c^e	N_i^e	N_x^e	N_a^e
无浓度变化单元	分配器	9	5	4	3	1
	泵	7	2	5	4	1①
	加热器	7	2	5	4	1
	冷却器	7	2	5	4	1
	换热器	12	3	9	8	1
	全凝器	7	2	5	4	1②
	全蒸发器	7	2	5	4	1②
有浓度变化单元	混合器	$3C+6$	$C+1$	$2C+5$	$2C+5$	0
	分相器	$3C+6$	$2C+3$	$C+3$	$C+3$	0
	全凝器(凝液为两相)	$3C+7$	$2C+3$	$C+4$	$C+3$	1②
	部分冷凝器	$3C+7$	$2C+3$	$C+4$	$C+3$	1
	部分蒸发器	$3C+7$	$2C+3$	$C+4$	$C+3$	1
	简单平衡级	$4C+8$	$2C+3$	$2C+5$	$2C+5$	0
	带有传热的平衡级	$4C+9$	$2C+3$	$2C+6$	$2C+5$	1
	进料级	$5C+10$	$2C+3$	$3C+7$	$3C+7$	0
	侧线采出级	$5C+10$	$3C+4$	$2C+6$	$2C+5$	1

注：① 若取泵出口压力等于后续单元的压力，则 N_a^e 可视为零。

② 若规定全凝器和全蒸发器的单相或两相物流的温度分别为泡点和露点，则 N_a^e 可视为零。

9.1.3 装置的设计变量

分离装置是由若干单元串联或并联组成的，装置的设计变量可由装置中涉及的各单元的设计变量求得。装置中各变量加上角标 u 以区别于单元的变量。各单元的独立变量数之和为 $\sum N_v^e$，这个数值要比装置的独立变量数 N_v^u 大得多，因为每一个单元间物流的 $(C+2)$ 个变量在 $\sum N_v^e$ 中多计算了一次。若单元间的物流数为 m，则装置的独立变量数 N_v^u 为

$$N_v^u = \sum N_v^e - m(C+2) \tag{9-7}$$

装置的约束数应为各单元的约束数之和。

$$N_c^u = \sum N_c^e \tag{9-8}$$

则装置的设计变量 N_i^u 为

$$\begin{aligned} N_i^u &= N_v^u - N_c^u \\ &= \sum N_v^e - m(C+2) - \sum N_c^e \\ &= \sum N_i^e - m(C+2) \\ &= \sum N_a^e + \sum N_x^e - m(C+2) \end{aligned} \tag{9-9}$$

由于装置的进料物流比各单元的进料物流之和少 m 个，因而装置的固定设计变量数应比各单元的固定设计变量数之和 $\sum N_x^e$ 少 $m(C+2)$ 个，即

$$N_x^u = \sum N_x^e - m(C+2) \tag{9-10}$$

由式(9-9)和式(9-10)可得

$$N_i^u = \sum N_a^e + N_x^u \tag{9-11}$$

将式(9-3)用于装置可得

$$N_i^u = N_a^u + N_x^u \tag{9-12}$$

比较(9－11)和式(9－12)可得

$$N_a^u = \sum N_a^e \tag{9-13}$$

由式(9－13)可知，装置的可调设计变量数为组成装置的各单元的可调设计变量之和，即将装置中可调设计变量数等于1的单元加和，其和即为装置的可调设计变量数。

上述分析未曾涉及平衡级数。平衡级在多级平衡分离装置中以串联的形式联结，平衡级数是一种重复变量，表示这一单元重复使用过程中所利用的自由度。普通精馏塔中的精馏段、提馏段及吸收塔等分离装置可视为由若干简单平衡级串联而成的串级单元，这里就存在一个单元(即简单平衡级)重复使用的问题。在单元的可调设计变量计算中，简单平衡级的可调设计变量数为0，据此，串级单元的可调设计变量数也应该为0。然而，这一结论是错误的，其原因在于漏算了简单平衡级重复使用所利用的自由度。由此可见，串级单元的可调设计变量数应该是1，而不是0。所以由式(9－13)计算装置的可调设计变量时要计入串级的可调设计变量。

应用郭氏法确定任何分离装置的设计变量数，可以归纳为以下简单步骤

① 确定过程中的压力等级数，即当不考虑由于摩擦力而引起的微小压力降时，装置内共有几个不同的压力；

② 按每一进料有($C+2$)个变量，计算装置进料变量总数，若某一进料压力和进入单元的压力相等时，则在进料变量总数中扣除1；

③ 上述两项之和即为装置的固定设计变量数 N_x^u；

④ 计算整个装置的可调设计变量 N_a^u，等于各单元的可调设计变量之和(包括串级单元)；

⑤ N_x^u 和 N_a^u 相加得出整个装置的设计变量数 N_i^u。

【例9－1】试用郭氏法分析普通双组分精馏塔的设计变量数，该塔有一个进料口，设全凝器和再沸器，加料压力与塔压相同。

解：普通双组分精馏塔可由图9－3所示的各单元组成，按郭氏法有

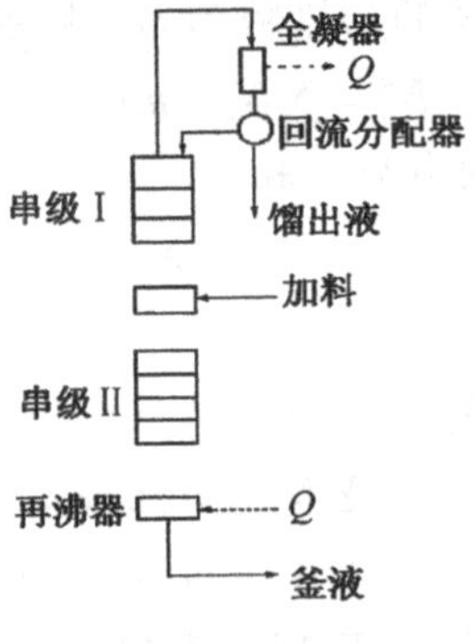

图9－3　普通双组分精馏塔示意图

N_x^u

压力等级数	1
进料变量数	$(C+2)-1=3$(加料压力与塔压相同)

$$N_x^u = 1 + 3 = 4$$

N_a^u

串级单元	2 个	$2 \times 1 = 2$
回流分配器	1 个	$1 \times 1 = 1$
加料板	1 个	$1 \times 0 = 0$
全凝器	1 个	$1 \times 1 = 1$
再沸器	1 个	$1 \times 1 = 1$
		$N_a^u = 5$

$\therefore N_i^u = N_a^u + N_x^u = 4 + 5 = 9$

因为加料板的可调设计变量数为 0，所以计算装置的可调设计变量时也可忽略。

一般情况下，指定下列这些变量值

N_x^u：塔压，进料中一个组分的浓度，进料流率，进料 q 值。

精馏过程的计算分为设计型计算和操作型计算两种，规定可调设计变量时各不相同。

N_a^u（设计型）：
- 馏出液中 A 的浓度
- 釜液中 B 的浓度
- 回流比
- 适宜进料位置
- 泡点回流

N_a^u（操作型）：
- 总理论级数
- 进料级数
- 馏出液流率 D
- 回流比
- 泡点回流

普通多组分精馏塔，因为涉及的单元与上述普通双组分精馏塔是相同的，所以可调设计变量 N_a^u 也是 5 个，但固定设计变量 N_x^u 会随原料组分的增加而增加，进料中应规定 $C-1$ 个组分的浓度。

【例 9-2】试用郭氏法分析图 9-4 所示的带有一个侧馏分采出口的复杂精馏塔的设计变量数。塔顶为全凝器、回流为饱和液体，塔底为部分蒸发器。

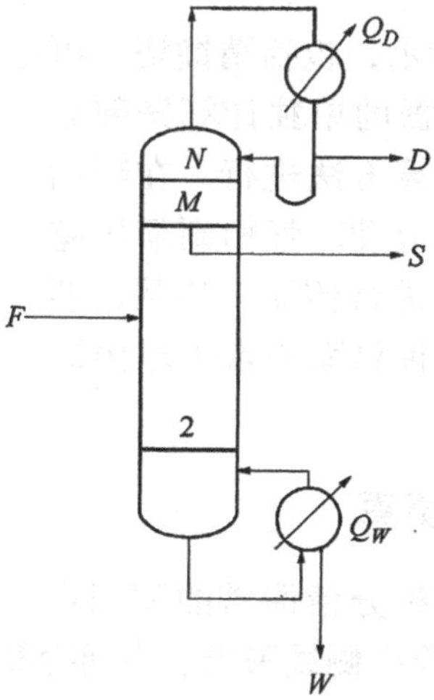

图 9-4　有侧线采出的精馏塔示意图

解：N_x^u

压力等级数	$N+2$
进料变量数	$C+2$
	$N_x^u = C+N+4$

N_a^u

串级单元	3 个	$3\times1=3$
回流分配器	1 个	$1\times1=1$
侧线采出板	1 个	$1\times1=1$
全凝器	1 个	$1\times1=1$
回流为饱和液体		-1
部分蒸发器	1 个	$1\times1=1$
		$N_a^u=6$

$\therefore N_i^u = N_a^u + N_x^u = C+N+4+6 = C+N+10$

与上题相比，加上因为塔顶全凝器回流为饱和液体而减少的一个可调设计变量，可看出带有侧线采出口时，设计变量数将比无侧线采出时增加 2，而且固定设计变量数是不变的。一般，增加的两个可调设计变量常被用来指定侧线采出流率和侧线采出口位置。

9.2 普通多组分精馏的简捷计算

与双组分精馏相比，多组分精馏所使用的设备是相同的，包括精馏塔、再沸器和冷凝器。依据的分离原理是相同的，计算中所使用的主要工具也是相同的，包括物料衡算、热量（焓）衡算及相平衡关系。两种极限情况“全回流及最少理论塔板数”在多组分精馏中仍然适用。但在双组分精馏中用于计算理论板数的图解法在多组分精馏中由于组分数目的增加已经不适用。

普通精馏系统，如图 9－5 所示，包括精馏塔、再沸器、冷凝器等。再沸器和冷凝器的单独计算按部分气化和部分冷凝及泡、露点的计算方法进行。在精馏塔内，液相靠重力作用自上而下流动，气相则靠压差自下而上，与液相呈逆流流动，进行传质、传热，两者之间要有良好的接触界面，这种界面通常由塔内装填的塔板或填料所提供。

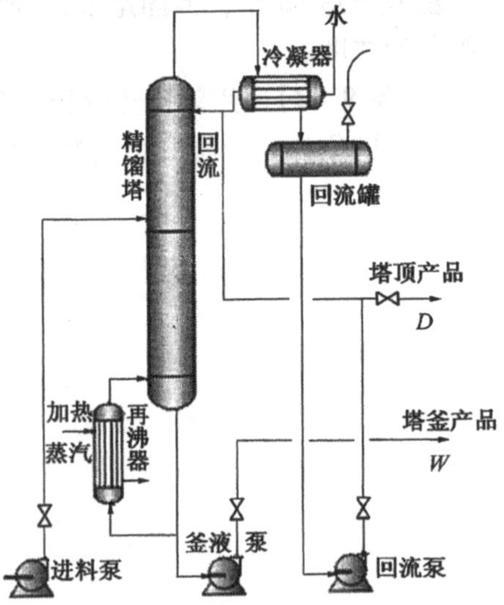

图 9－5　普通精馏操作流程

9.2.1　清晰分割的物料衡算

普通多组分精馏塔和普通双组分精馏塔的相同点是：只有一股进料和两股出料，没有侧线采出、中间冷凝器和中间再沸器。多组分精馏和双组分精馏不同点是：通常工艺条件并不规定所有组分的分离要求，而只规定馏出液中某一组分的含量和塔釜液中另一组分的含量不能高于或低于它们的规定值，并不规定其他组分在馏出液和塔釜液中的含量。因此，多组分精馏计算应首先确定所谓关键组分，通过物料衡算估算非关键组分在馏出液和塔釜液中的分配，从而进行回流比的计算和平衡级数计算。

（1）关键组分与非关键组分

对于多组分精馏来说，一个精馏塔，根据工艺要求，通常规定两个组分的分离要求，那么我们把被规定分离要求的组分称为关键组分。由于挥发度总是有差别的，所以把其中易挥发的关键组分称为轻关键组分（记为 lk），把不易挥发的关键组分称重关键组分（记为 hk）。

轻、重关键组分的相对挥发度值不一定是相邻的，但实际上大多数关键组分都是相邻的。如若分离要求中只规定了一个组分，这个组分通常是轻关键组分，此时可取与它相邻的、相对挥发度较小的组分为重关键组分。

其他未被指定分离要求的组分称为非关键组分。在非关键组分中，其中比轻关键组分（lk）还轻的，即相对挥发度大于轻关键组分相对挥发度的组分称为轻非关键组分（简称为轻组分，记为 lnk）。其中比重关键组分（hk）还重的，即相对挥发度小于重关键组分相对挥发度的组分称为重非关键组分（简称为重组分，记为 hnk）。

一般来讲，一个精馏塔的作用就是要使轻关键组分尽量多地进入馏出液，重关键组分尽量多地进入釜液。同时比轻关键组分还轻的轻组分将全部或接近全部进入馏出液，比重关键组分还重的重非关键组分（重组分）将全部或接近全部进入釜液，从而完成物料的分离。

（2）清晰分割与非清晰分割

在根据分离要求确定关键组分后，还不能直接确定非关键组分在馏出液和塔釜液中的含量。为了进行物料衡算，可将问题简化。若轻、重关键组分是相邻的，馏出液中除了重关键组分外没有其他重组分，而釜液中除了轻关键组分外没有其他轻组分，则这种在产品中组分的分配情况称为清晰分割。这是一种理想状态。当轻、重关键组分为相邻组分，而且与两关键组分相对挥发度相近的非关键组分的量不大或非关键组分的相对挥发度与两关键组分的相对挥发度相差较大时，可以近似按清晰分割处理而不会产生大的误差。

在实际精馏过程中，特别是在组分数多、各组分的相对挥发度较接近、两关键组分不是相邻组分的情况下，组分的分配不能按清晰分割处理。在轻、重关键组分为相邻组分的情况下，馏出液中除含有轻、重关键组分和轻组分外，尚含有重组分，或塔釜液中除含有轻、重关键组分和重组分外，尚含有轻组分。在轻、重关键组分为非相邻组分时，两关键组分间的各组分会在馏出液和釜液中同时出现。这两种产品中组分的分配情况称为非清晰分割。

清晰分割的物料衡算比较简单，而非清晰分割的物料衡算比较复杂，需要知道各组分的相对挥发度，才能按一定的规律进行组分的分配。

（3）分配组分与非分配组分

产品分配中，在塔顶、塔釜均出现的组分称为分配组分，而只在塔顶或只在塔釜出现的组分称为非分配组分。关键组分必定是分配组分，而非关键组分，在清晰分割的情况下为非分配组分，在非清晰分割的情况下为分配组分。

（4）清晰分割的物料衡算

多组分精馏塔的物料衡算包括全塔总物料衡算和各组分的物料衡算。通过物料衡算，可以求出馏出液、塔釜液的流量、组成之间的关系。馏出液的组成是计算最小回流比的基础数据之一，同时还用于计算冷凝器。塔釜液的组成是计算再沸器的基础数据之一，这两个组成数据又是计算最少理论板数所必需的数据。

普通精馏塔物料流程简图如图 9－6。与单级分离过程相似，精馏过程的物料衡算也分为总物料衡算和组分的物料衡算。

总物料衡算

$$F = D + W \tag{9-14}$$

组分物料衡算

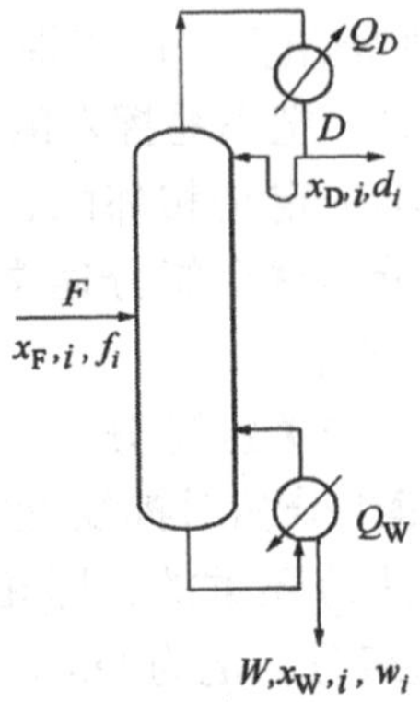

图 9－6　普通精馏塔流程简图

$$f_i = d_i + w_i \tag{9-15}$$

其中

$$f_i = Fx_{F,i}$$
$$d_i = Dx_{D,i}$$
$$w_i = Wx_{W,i}$$

式中　F——原料液流率，kmol 或 kmol/h；

D——塔顶馏出液流率，kmol 或 kmol/h；

W——塔底釜液流率，kmol 或 kmol/h；

w_i——塔釜液中组分 i 的摩尔流率，kmol 或 kmol/h；

d_i——馏出液中组分 i 的摩尔流率，kmol 或 kmol/h；

f_i——原料液中组分 i 的摩尔流率，kmol 或 kmol/h；

$x_{F,i}$——原料液中组分 i 的摩尔组成；

$x_{D,i}$——馏出液中组分 i 的摩尔组成；

$x_{W,i}$——塔底釜液中组分 i 的摩尔组成。

设原料组分数为 C，轻、重关键组分分别为 l、h，根据清晰分割的假定，对于轻组分（暂计为 i 组分），物料衡算式为

$$w_i = 0;\ d_i = f_i (1 \leqslant i \leqslant \mathrm{l}-1)$$

对于重组分（暂计为 j 组分）

$$d_j = 0;\ w_j = f_j (\mathrm{h}+1 \leqslant j \leqslant C)$$

各物流的总流量为其中各组分流量之和，即

馏出液的流量　　$D = \sum d_i + d_\mathrm{l} + d_\mathrm{h} = \sum f_i + d_\mathrm{l} + d_\mathrm{h}$

塔釜液流量　　$W = \sum w_j + w_\mathrm{l} + w_\mathrm{h} = \sum f_j + w_\mathrm{l} + w_\mathrm{h}$

根据分离要求，可由上述两式求得清晰分割时馏出液和塔釜液的流量，进而可计算其组成。

【例9-3】某精馏塔进料中含 $n-C_6^0(1)0.33$，$n-C_7^0(2)0.33$，$n-C_8^0(3)0.34$。要求馏出液中 $n-C_7^0$ 含量不大于0.011，釜液中 $n-C_6^0$ 含量不大于0.015（以上均为摩尔分数）。若进料流率为100kmol/h，试按清晰分割计算馏出液和釜液的流量及组成。

解：根据分离要求，$n-C_6^0(1)$ 为轻关键组分，$n-C_7^0(2)$ 为重关键组分，则 $n-C_8^0(3)$ 为重组分。

总物料衡算式　$F=100=D+W$

对于组分1　$Fx_{F,1}=Dx_{D,1}+Wx_{W,1}$

即　$100\times0.33=D(1-0.011)+W\times0.015$

解得　$D=32.34(\text{kmol/h})$；$W=67.66(\text{kmol/h})$

对于组分2　$Fx_{F,2}=Dx_{D,2}+Wx_{W,2}$

即　$100\times0.33=32.34\times0.011+67.66x_{W,2}$

解得　$x_{W,2}=0.482$

对于组分3　$Fx_{F,3}=Wx_{W,3}$

即　$100\times0.34=67.66x_{W,3}$

可解得　$x_{W,3}=0.503$

则　$D=32.34(\text{kmol/h})$　　$W=67.66(\text{kmol/h})$

$x_{D,1}=0.989$　　$x_{W,1}=0.015$

$x_{D,2}=0.011$　　$x_{W,2}=0.482$

$x_{D,3}=0$　　$x_{W,3}=0.503$

【例9-4】某乙烯精馏塔的进料组成如表9-2。已知原料流量为190.580kmol/h，要求馏出液中乙烯摩尔分数不小于0.9990。塔釜液中乙烯摩尔分数不大于0.0298，试用清晰分割法计算馏出液和塔釜液流量及组成。

表9-2　【例9-4】乙烯精馏塔的进料流量、组成

组分	甲烷(1)	乙烯(2)	乙烷(3)	丙烯(4)	丙烷(5)	共计
$f_i/(\text{kmol/h})$	0.038	167.730	22.107	0.686	0.019	190.580
摩尔分数	0.0002	0.8801	0.1160	0.0036	0.0001	1.0000

解：用清晰分割法，令乙烯为轻关键组分，则乙烷为重关键组分。总物料衡算方程为

$$F=D+W=190.580$$

由组分2的物料衡算可得　$Fx_{F,2}=Dx_{D,2}+Wx_{W,2}$

即　$167.73=0.9990D+0.0298W$

由以上两式可解得　$D=167.200(\text{kmol/h})$；$W=23.380(\text{kmol/h})$

由组分1的物料衡算可得　$Fx_{F,1}=Dx_{D,1}$

即　$0.038=167.2x_{D,1}$

解得　$x_{D,1}=0.0002$

由组分4的物料衡算可得　$Fx_{F,4}=Wx_{W,4}$

即　$0.686=23.38x_{W,4}$

解得　$x_{W,4}=0.0293$

由组分5的物料衡算可得　$Fx_{F,5}=Wx_{W,5}$

即　$0.019=23.38x_{W,5}$

解得 $x_{W,5}=0.0008$

因为 $x_{D,1}+x_{D,2}+x_{D,3}=1$

所以 $x_{D,3}=0.0008$

因为 $x_{W,2}+x_{W,3}+x_{W,4}+x_{W,5}=1$

所以 $x_{W,3}=0.9401$

则 $D=167.200(\text{kmol/h})$； $W=23.380(\text{kmol/h})$

$x_{D,1}=0.0002$ $x_{W,1}=0$

$x_{D,2}=0.9990$ $x_{W,2}=0.0298$

$x_{D,3}=0.0008$ $x_{W,3}=0.9401$

$x_{D,4}=0$ $x_{W,4}=0.0293$

$x_{D,5}=0$ $x_{W,5}=0.0008$

9.2.2 最少理论板数

(1)芬斯克公式

若 $R=\infty$，即全回流，此时理论板最少。与双组分精馏一样，全回流时所需的理论板数是最少的，称为最少理论板数，记为 N_m。若以再沸器为第一块理论板开始往上记塔板序号，由相对挥发度的定义可写出

$$\left(\frac{y_A}{y_B}\right)_1=\alpha_1\left(\frac{x_A}{x_B}\right)_W \tag{9-16}$$

式 9-16 中(以后各式同)，A、B 指任意两个组分，括号外的下标指理论板的序号，W 代表釜液。

第二块理论板上的液相浓度 $x_{2,A}$ 和 $x_{2,B}$ 可用物料衡算式由 $y_{1,A}$ 和 $y_{1,B}$ 求出，因为

$$V_1y_{1,A}=L_2x_{2,A}-Wx_{W,A}$$

对于多组分精馏，全回流时，$F=0$，$D=0$，$W=0$，$V_1=L_2$，所以

$$y_{1,A}=x_{2,A}$$

同理

$$y_{1,B}=x_{2,B}$$

所以

$$\left(\frac{y_A}{y_B}\right)_1=\left(\frac{x_A}{x_B}\right)_2 \tag{9-17}$$

由式(9-16)和(9-17)可得出

$$\left(\frac{x_A}{x_B}\right)_2=\alpha_1\left(\frac{x_A}{x_B}\right)_W$$

同理，由平衡关系可得

$$\left(\frac{y_A}{y_B}\right)_2=\alpha_2\left(\frac{x_A}{x_B}\right)_2$$

由物料衡算可得

$$\left(\frac{y_A}{y_B}\right)_2=\left(\frac{x_A}{x_B}\right)_3$$

故

$$\left(\frac{x_A}{x_B}\right)_3=\alpha_2\left(\frac{x_A}{x_B}\right)_2=\alpha_2\alpha_1\left(\frac{x_A}{x_B}\right)_W$$

如此顺序向上推，直到塔顶 N_m，可得

$$\left(\frac{x_A}{x_B}\right)_D=\alpha_{N_m}\alpha_{N_m-1}\alpha_{N_m-2}\cdots\alpha_2\alpha_1\left(\frac{x_A}{x_B}\right)_W \tag{9-18}$$

若塔顶为全凝器，第 N_m 板代表塔顶最上面一块塔板，若塔顶为部分冷凝器(简称分凝器)，塔顶为气相出料，分凝器相当于一块理论塔板，则分凝器为第 N_m 板。

若全塔的 α 值可视为常数，或可取平均值时，则式(9-18)可变为

$$\left(\frac{x_A}{x_B}\right)_D=(\alpha_{AB})_{av}^{N_m}\left(\frac{x_A}{x_B}\right)_W$$

可得

$$N_m=\frac{\lg\left[\frac{(x_A/x_B)_D}{(x_A/x_B)_W}\right]}{\lg(\alpha_{AB})_{av}} \tag{9-19}$$

式(9-19)为计算最少理论板数的芬斯克公式。应用时平均相对挥发度 α_{av} 可取全塔相对挥发度的平均值，一般可用塔顶、进料及塔底处相对挥发度的几何平均值。

$$\alpha_{av}=\sqrt[3]{\alpha_D\cdot\alpha_F\cdot\alpha_W}$$

或

$$\alpha_{av}=\sqrt{\alpha_W\cdot\alpha_D}$$

式中　α_F——进料板处 A、B 组分间的相对挥发度；

α_D——塔顶 A、B 组分间的相对挥发度；

α_W——塔底 A、B 组分间的相对挥发度。

式(9-19)中摩尔分数比也可用摩尔比、摩尔体积比或质量比来代替，所以式(9-19)也常写成以下形式

$$N_m=\frac{\lg\left[\frac{(d/w)_A}{(d/w)_B}\right]}{\lg(\alpha_{AB})_{av}} \tag{9-20}$$

式中　$(d/w)_i$——组分 i 的分配比，即组分 i 在馏出液中的摩尔数与在釜液中的摩尔数之比。

芬斯克公式在推导中并没有对组分数目有何限制，所以它既可以用于双组分精馏，也可用于多组分精馏。组分 A、B 可以是任意组分，用于多组分精馏时，由于设计者所选定的轻、重关键组分在设计中对整个过程起控制作用，所以式(9-19)、式(9-20)中，A、B 分别代表轻、重关键组分。

由芬斯克公式(9-19)和式(9-20)可以看出，最少理论板数与进料组成无关，而只决定于关键组分的分离要求，随着分离要求的提高(即在塔顶轻关键组分的分配比加大，重关键组分的分配比减少)，以及关键组分的挥发度的接近，所需最少理论板数将增加。

对关键组分的分离要求一般有两种指定方法。

① 回收率(φ)：指定轻关键组分在塔顶产品中的量占该组分进料量的百分数，或重关键组分在塔底产品中的量占该组分进料量的百分数。即规定原料中某关键组分的回收要求。

② 控制量：规定塔顶产品中轻、重关键组分的含量或塔底产品中轻、重关键组分的含量。即规定产品的纯度要求。

由芬斯克公式(9-19)和式(9-20)可知，在多组分精馏中，计算最少理论板数，必须已知轻、重关键组分在塔顶和塔底产品中的浓度或数量，它们的浓度或数量可由清晰分割计算。如不符合清晰分割，则按非清晰分割计算。

(2)非清晰分割的物料衡算

非清晰分割时，由于不仅关键组分是分配组分，而且轻、重组分都是分配组分，所以总的变量数增加了。与清晰分割法不同，单用组分物料平衡式和总物料平衡式来解是不行的，需要新的方程。

新增加的方程是以这样的假设为依据的：即在一定操作回流比下，塔内各组分在塔顶、塔底的分布与在全回流操作时的分布基本一致。这样就可采用芬斯克公式计算各组分在塔顶、塔釜的浓度比。

由式(9－20)可得出

$$\left(\frac{d}{w}\right)_{A}=\left(\frac{d}{w}\right)_{B}\alpha_{AB}^{N_m}$$

由于芬斯克公式是用任意两个组分推导的，可以任意非关键组分 i 与重关键组分 h 代替 A 和 B，即

$$\left(\frac{d}{w}\right)_{i}=\left(\frac{d}{w}\right)_{h}\alpha_{ih}^{N_m} \tag{9-21}$$

将式(9－15)代入式(9－21)得

$$w_i=\frac{f_i}{1+\left(\frac{d}{w}\right)_{h}\alpha_{ih}^{N_m}} \tag{9-22}$$

$$d_i=\frac{f_i\left(\frac{d}{w}\right)_{h}\alpha_{ih}^{N_m}}{1+\left(\frac{d}{w}\right)_{h}\alpha_{ih}^{N_m}} \tag{9-23}$$

由式(9－22)和式(9－23)即可求出非关键组分在塔顶、塔底的分配。但计算中需先计算出理论板数和重关键组分的分配比，所以需要采用试差法计算。试差过程为：先假定为清晰分割，按清晰分割计算产品分配，根据给出的关键组分的分离要求求得 N_m 和重关键组分的分配比。然后再用式(9－22)或式(9－23)重新计算非关键组分在产品中的量，如相差较大，再用所求出的浓度或数量，重新求最少理论板数，直到非关键组分在产品中的分配两次计算数值相近为止。

【例9－5】在一精馏塔中分离苯(B)，甲苯(T)，二甲苯(X)和异丙苯(C)四元混合物。进料量为100kmol/h，进料摩尔组成为 $z_B=0.2$，$z_T=0.1$，$z_X=0.4$。塔顶采用全凝器，饱和液体回流。相对挥发度数据为：$\alpha_{BT}=2.25$，$\alpha_{TT}=1.0$，$\alpha_{XT}=0.33$，$\alpha_{CT}=0.21$。规定二甲苯(X)在釜液中的回收率为99.8%，甲苯在釜液中的浓度不超过0.0105。试求所需最少理论板数及全回流条件下馏出液之组成。

解：根据题意，甲苯(T)为轻关键组分，二甲苯(X)为重关键组分，苯(B)为轻组分，异丙苯(C)为重组分。假定为清晰分割，则

对轻组分苯(B)　　$w_B=0$，$d_B=f_B=Fx_{F,B}=20(\text{kmol/h})$

对重组分异丙苯(C)　　$d_C=0$，$w_C=f_C=Fx_{F,C}=30(\text{kmol/h})$

对重关键组分二甲苯(X)　　$w_X=f_X\varphi_X=0.998\times40=39.92(\text{kmol/h})$

则　　$d_X=f_X-w_X=0.08(\text{kmol/h})$

因为　　$w_T=0.0105W$

所以　　$W=\sum w_i=0.0105W+30+39.92$

解得　　$W=70.66(\text{kmol/h})$

则　　$w_T=0.74(\text{kmol/h})$

所以　　$d_T=f_T-w_T=9.26(\text{kmol/h})$

因为　　$D=F-W$

解得　　$D=29.34(\text{kmol/h})$

则
$$N_m=\frac{\lg\left(\frac{d_l}{w_l}/\frac{d_h}{w_h}\right)}{\lg\alpha_{lh}}=\frac{\lg\left(\frac{9.26}{0.74}/\frac{0.08}{39.92}\right)}{\lg 1/0.33}=7.9(\text{块})$$

将算得的 N_m 及重关键组分分配比代入芬斯克公式计算轻组分苯(B)在釜液中的浓度及重组分异丙苯(C)在馏出液中的浓度。

对苯(B)

$$w_B=\frac{f_B}{1+\left(\frac{d}{w}\right)_h\alpha_{Bh}^{N_m}}=\frac{20}{1+\left(\frac{0.08}{39.92}\right)\left(\frac{2.25}{0.33}\right)^{7.9}}=2.6\times10^{-3}(\text{kmol/h})$$

因为　　$x_{W,i}=w_i/W$

所以　　$x_{W,B}=3.6\times10^{-5}$，此值可以忽略，清晰分割正确。

对异丙苯(C)

$$d_C=\frac{f_C\left(\frac{d}{w}\right)_h\alpha_{Ch}^{N_m}}{1+\left(\frac{d}{w}\right)_h\alpha_{Ch}^{N_m}}=\frac{30\times\left(\frac{0.08}{39.92}\right)\left(\frac{0.21}{0.33}\right)^{7.9}}{1+\left(\frac{0.08}{39.92}\right)\left(\frac{0.21}{0.33}\right)^{7.9}}=1.7\times10^{-3}(\text{kmol/h})$$

因为　　$x_{D,i}=d_i/D$

所以　　$x_{D,C}=5.8\times10^{-5}$，此值可以忽略，清晰分割正确。

则　　$W=70.66(\text{kmol/h})$，$D=29.34(\text{kmol/h})$

$x_{D,B}=0.6817$，$x_{D,T}=0.3156$，$x_{D,X}=0.0027$，$x_{D,C}=0$

$\sum x_{D,i}=1.0000$，无需圆整

$x_{W,B}=0$，$x_{W,T}=0.0105$，$x_{W,X}=0.5650$，$x_{W,C}=0.4246$

$\sum x_{W,i}=1.0001$

圆整得　　$x_{W,B}=0$，$x_{W,T}=0.0105$，$x_{W,X}=0.5649$，$x_{W,C}=0.4246$

如果分离要求是两个关键组分的回收率，则非清晰分割情况下用芬斯克方程求最少理论板数和非关键组分在塔顶、塔底的分配不需试差，计算是最简单的。

【例 9-6】脱丁烷塔进料如表 9-3。已知丁烷(3)在塔顶的回收率 $\varphi_3=98.1\%$；异戊烷(4)在塔釜的回收率 $\varphi_4=94.2\%$；物料处理量 $F=983\text{kmol/h}$。

① 计算最少理论板数；

② 按非清晰分割计算塔顶馏出液和釜液的量和组成。

表 9-3 【例 9-6】脱丁烷塔进料

组分	丙烷(1)	异丁烷(2)	丁烷(3)	异戊烷(4)	戊烷(5)	己烷(6)
$x_{F,i}$	0.0110	0.1690	0.4460	0.1135	0.1205	0.14
α_i	3.615	2.084	1.735	1.000	0.864	0.435

解：丁烷(3)为轻关键组分；异戊烷(4)为重关键组分

因为 $d_1 = \varphi_1 f_1$

所以 $d_3 = f_3\varphi_3 = 983 \times 0.446 \times 0.981 = 430.09(\text{kmol/h})$

又因为 $w_3 = f_3 - d_3$

所以 $w_3 = 983 \times 0.446 - 430.09 = 8.33(\text{kmol/h})$

因为 $w_{\text{h}} = \varphi_{\text{h}} f_{\text{h}}$

所以 $w_4 = f_4\varphi_4 = 983 \times 0.1135 \times 0.942 = 105.10(\text{kmol/h})$

又因为 $d_4 = f_4 - w_4$

所以 $d_4 = 6.47(\text{kmol/h})$

代入芬斯克公式(9-20)得

$$N_{\text{m}} = \frac{\lg\left(\frac{d_3}{w_3}\Big/\frac{d_4}{w_4}\right)}{\lg\alpha_{34}} = \frac{\lg\left(\frac{430.09}{8.33}\Big/\frac{6.47}{105.10}\right)}{\lg 1.735} = 12.2(\text{块})$$

对于组分1

$$w_1 = \frac{f_1}{1 + \left(\frac{d}{w}\right)_4 \alpha_{14}^{N_{\text{m}}}} = \frac{983 \times 0.0110}{1 + \left(\frac{6.47}{105.10}\right) \times 3.615^{12.2}} = 2.73 \times 10^{-5} \approx 0$$

因为 $d_1 = f_1 - w_1$

所以 $d_1 = f_1 = 983 \times 0.0110 = 10.81(\text{kmol/h})$

同理，对于组分2，解得

$w_2 = 0.35(\text{kmol/h})$；$d_2 = f_2 - w_2 = 983 \times 0.1690 - 0.35 = 165.78(\text{kmol/h})$

对于组分5

$$d_5 = \frac{f_5\left(\frac{d}{w}\right)_4 \alpha_{54}^{N_{\text{m}}}}{1 + \left(\frac{d}{w}\right)_4 \alpha_{54}^{N_{\text{m}}}} = \frac{983 \times 0.1205 \times \left(\frac{6.47}{105.10}\right) \times 0.864^{12.2}}{1 + \left(\frac{6.47}{105.10}\right) \times 0.864^{12.2}} = 1.22(\text{kmol/h})$$

因为 $w_5 = f_5 - d_5$

所以 $w_5 = 983 \times 0.1205 - 1.22 = 117.23(\text{kmol/h})$

同理，对于组分6，解得

$d_6 = 3.29 \times 10^{-4} \approx 0$；$w_6 = f_6 = 137.62(\text{kmol/h})$

所以 $D = \sum d_i = 10.81 + 165.78 + 430.09 + 6.47 + 1.22 = 614.37(\text{kmol/h})$

$W = \sum w_i = 0.35 + 8.33 + 105.10 + 117.23 + 137.62 = 368.63(\text{kmol/h})$

检验 $D + W = 614.37 + 368.63 = 983 = F$，满足物料衡算

因为 $x_{\text{D},i} = d_i/D$

所以 $x_{\text{D},1} = 10.81/614.37 = 0.0176$

$x_{\text{D},2} = 0.2698$，$x_{\text{D},3} = 0.7001$，$x_{\text{D},4} = 0.0105$，$x_{\text{D},5} = 0.0020$，$x_{\text{D},6} = 0$

则 $\sum x_{\text{D},i} = 1.0000$，无需圆整

因为 $x_{\text{W},i} = w_i/W$

所以 $x_{\text{W},1} = 0/368.63 = 0$

$x_{\text{W},2} = 0.0009$，$x_{\text{W},3} = 0.0226$，$x_{\text{W},4} = 0.2851$，$x_{\text{W},5} = 0.3180$，$x_{\text{W},6} = 0.3733$

则 $\sum x_{\text{W},i} = 0.9999$

圆整后结果不变。

全回流操作时，因塔板数有限，轻、重组分在塔两端产品中可能存在，只是有的量甚微。在最小回流比下操作时，因全塔板数无限多，不少轻、重组分只在塔的一端产品中存在，此即为非分配组分分布。因此，全回流时的产品组成与最小回流时的有些差异。可以想像实际回流下的两端产品组成与全回流时的有所不同。

9.2.3 最小回流比

精馏塔是使气、液两相逆流接触的分离设备。塔顶液相回流是保证精馏塔连续稳定操作的必要条件之一，回流比是回流液量与馏出液量之比。当塔板数一定时，只有选择合适的回流比才能满足给定的分离要求。而且，回流比也是影响精馏塔设备投资和运行费用的一个重要因素。

如果精馏塔不采出馏出液，则操作处于全回流状态。此时，欲达到一定的分离要求所需的理论板数最少。

当精馏塔平衡级数(理论板)为无穷多时，欲达到一定的分离要求所需的回流比为最小回流比。但实际精馏塔的平衡级数都是有限的。因此，实际回流比必须大于最小回流比，精馏塔才能达到分离要求。在一定的分离要求下，回流比和平衡级数之间存在着一定的关系。选择合适的回流比的步骤是：首先计算最小回流比，然后根据由经济衡算所得的实际回流比和最小回流比的经验比例系数，确定实际回流比。

在双组分精馏时，当平衡线无异常时，一般的精馏塔在最小回流比下，将在进料板附近出现恒浓区。在多组分精馏时，在最小回流比下也应当出现恒浓区，由于有非关键组分存在，使塔中出现恒浓区的部位要复杂。只有像双组分精馏那样，所有组分均全部出现在塔顶和塔底时，才与双组分情况相同，在进料板附近出现一个恒浓区。许多情况下多组分精馏在最小回流比下出现两个恒浓区，一个在进料板以上某个区域，称为上恒浓区，一个在进料板以下某个区域，称为下恒浓区。其主要原因就是进料中的各组分往往不一定全部在塔顶和塔底产品中出现。进料中某些重组分，由于其相对挥发度小，在通过精馏段下部少数几块板时，其组成即近似降为零，因而不能出现在塔顶产品中；与此类似，轻组分在通过提馏段上部少数几块板时，其组成降为零，它亦不能出现在塔底产品中。就是说上述情况下，进料板附近仍然起着一定分离作用，因而不可能恒浓，结果是恒浓区一分为二。对进料板以上来说，只有那些重组分的组成降为零后，其余组分的组成才不变并形成上恒浓区。而对进料板以下来说，只有那些轻组分的组成降为零后，其余组分的组成才不变并形成下恒浓区。显然，若进料中所有组分都出现在塔顶产品中，则上恒浓区就靠近进料板；若进料中所有组分都出现在塔底产品中，则下恒浓区就靠近进料板；若进料中所有组分同时都出现在塔顶和塔底产品中，则上、下恒浓区合并在一起，与双组分精馏相同，恒浓区出现在进料板附近。只有一个恒浓区的情况在多组分精馏中是比较少的。

有若干方法可用来计算最小回流比，其中最常用的是恩特伍德法(Underwood)，恩特伍德公式是计算有两个恒浓区时的最小回流比公式。推导该式时用了两点假设：① 塔内气相和液相在各块板上为恒摩尔流率；② 各组分的相对挥发度均为常数。根据物料平衡及相平衡关系，利用恒浓区的概念，可推导出两式联立求取最小回流比的公式

$$\sum_{i=1}^{C}\frac{\alpha_i\ (x_{D,i})_m}{\alpha_i-\theta}=R_m+1 \tag{9-24A}$$

$$\sum_{i=1}^{C}\frac{\alpha_i z_i}{\alpha_i-\theta}=1-q \tag{9-24B}$$

式中　α_i——恒浓区组分 i 的相对挥发度；

$(x_{D,i})_m$——最小回流比下馏出液中组分 i 的摩尔分数；

θ——参数，方程式的根。对于 C 个组分的系统将有 C 个根，只取 $\alpha_{lk}>\theta>\alpha_{hk}$ 区间的根；

R_m——最小回流比；

z_i——进料中组分 i 的摩尔分数；

q——进料热状态参数，其值由下式决定：$q=\frac{H_m-H_{m,F}}{H_m-h_m}$；

H_m——离开进料级气相摩尔焓，J/mol 或 kJ/mol；

$H_{m,F}$——进料摩尔焓，J/mol，或 kJ/mol；

h_m——离开进料级液相摩尔焓，J/mol，或 kJ/mol。

对于饱和液体进料，即泡点进料，$q=1$；对于饱和蒸气进料，即露点进料，$q=0$；气液混合物进料，q 介于两者之间，此时，q 与液化率相等，气化率 e 与 q 的关系为 $e=1-q$。

因为$(x_{D,i})_m$的确切数值难以知道，所以实际计算中需按芬斯克公式由关键组分的分配比估算馏出液的组成。即用全回流下的馏出液组成代替最小回流比下馏出液组成。

【例 9-7】某己烷精馏塔，进料中含正己烷(3)0.33，正庚烷(2)0.33，正辛烷(1)0.34（以上均为摩尔分数），进料中的液相分率为 0.4，塔顶采用全凝器，组分的相对挥发度及塔顶产品组成如表 9-4，求 R_m。

表 9-4　【例 9-7】己烷精馏塔组分的相对挥发度及塔顶产品组成

组分	α_i	$x_{F,i}$	$x_{D,i}$
正辛烷(1)	1	0.34	0.00
正庚烷(2)	2.27	0.33	0.01
正己烷(3)	5.25	0.33	0.99

解：液相分率即为进料热状态，$q=0.4$。

由恩特伍德公式(9-24B)得

$$1-0.4=\frac{0.34}{1-\theta}+\frac{0.33\times 2.27}{2.27-\theta}+\frac{0.33\times 5.25}{5.25-\theta}$$

经试差解得　　$\theta=3.814$

由恩特伍德公式(9-24A)得

$$R_m+1=\frac{2.27\times 0.01}{2.27-3.814}+\frac{5.25\times 0.99}{5.25-3.814}+0=3.605$$

解得　　$R_m=2.605$

9.2.4　回流比 R 的选择

回流比 R 是精馏过程设计和操作的重要参数。R 直接影响精馏塔的分离能力和系统能耗，同时也影响设备的结构尺寸。

当回流比增大时精馏段操作线斜率 $R/(R+1)$ 增大，则精馏段操作线远离平衡线，使得精馏塔内各板传质推动力增大，各板分离能力提高。为此，完成相同分离要求所需理论板数将会减少，可降低塔的高度。然而，由于R的增加导致塔内气、液两相流量增加，从而引起再沸器热流提高，使精馏过程能耗增加。同时，气相流量增加将影响塔径的设计，使塔径增加，导致设备投资增加。

精馏总成本最低时的回流比为最优回流比。总成本为投资费用和操作费用之和。而回流比变化对精馏总成本同时存在正、负两方面的影响，如回流比为R_m，其塔为无穷高，投资费用直线上升为无穷大。当R适当提高时，塔板数减少，投资费用很快下降为有限大小，总成本下降。当回流比继续增大时，则能耗随之增大，操作费用迅速增大，R增到一定程度，塔径增大成为主要因素，设备费用开始升高，将使总成本开始上升。为此，回流比存在一优化的问题。

图9－7中操作费用和投资费用之和最小的回流比为最适宜的回流比，即图中R_{opt}点。这一回流比通常选为最小回流比的倍数，所以，R的经验范围为：大多数文献建议$R = 1.1 \sim 2.0R_m$。

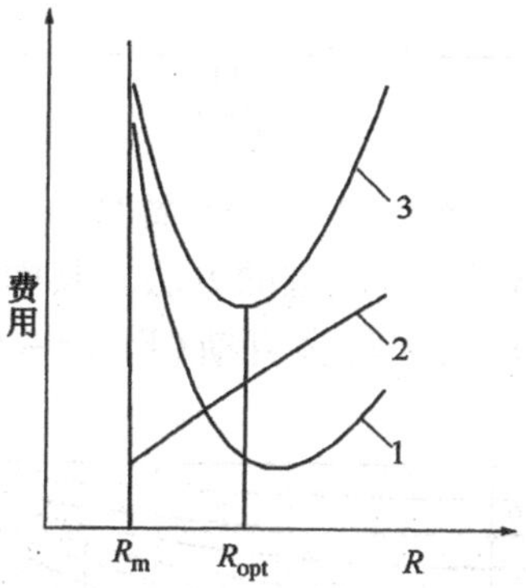

图9－7　回流比对费用的影响

1—设备费用；2—操作费用；3—总费用

实际应用中，回流比的选取还应考虑一些具体情况。例如，对难分离的物系，宜选用较大的回流比。对较易分离的物系，就可用高一点的塔，从而可以采用较小的回流比，减少能耗。

9.2.5　简捷法求理论板数

(1)吉利兰特关联

确定最小回流比和最少塔板数不仅有助于确定回流比和理论板数的容许范围，而且对于挑选设计计算中的特定操作条件也是很有用的指标。由于确定回流比与理论板数之间的确切关系需要很复杂的推导，因此有人提出一些经验关系，多半是以N_m为已知值，亦即：适用于在分离过程中相对挥发度变动不大的情况。最常用的是吉利兰特图(Gilliland)。

图9－8是对8个不同物系，根据不同精馏条件，用逐板计算的方法绘制的，误差在7%左右。建立吉利兰特图时，物系及操作条件的范围为

① 物系组分数2～11个；

② 进料状态从冷料至蒸气料($q=0.28 \sim 1.42$)；

③ 操作压力从接近真空至4.05MPa；

④ 关键组分的相对挥发度1.11～4.05；

⑤ 最小回流比0.53～9.09；

⑥ 最少理论板数3.4～60.3。

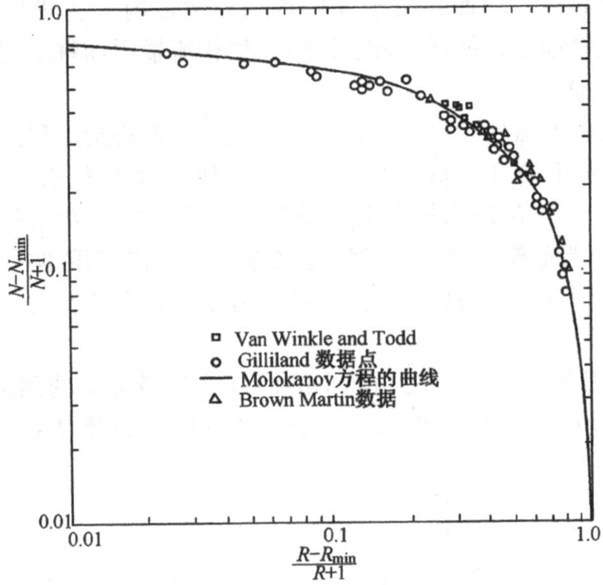

图 9-8　吉利兰特图

在吉利兰关联的基础上还提出了一些改进的方法。其中之一是耳波和马多克斯法，见图9-9，图中虚线是由 R_m 外推的。耳波和马多克斯(Erbar - Maddox)图只适用于泡点进料的情况。

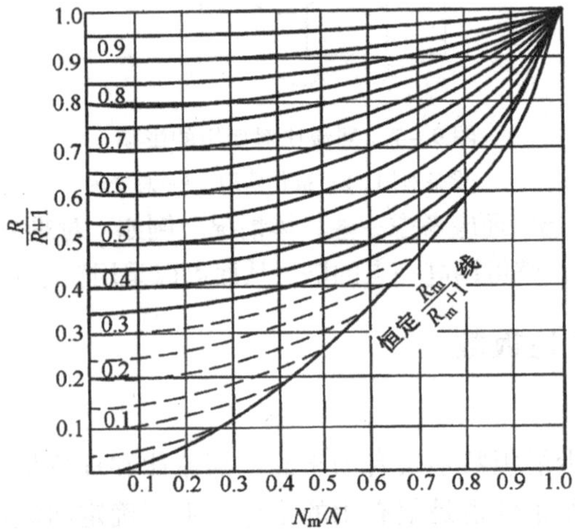

图 9-9　耳波和马多克斯图

为了使吉利兰特图用于电子计算机上，将吉利兰特图用具有足够精确度的数学解析式来表示，使用起来较为方便。

令
$$X=\frac{R-R_m}{R+1};\ Y=\frac{N-N_m}{N+1}$$

得
$$Y=1-\exp\left[\left(\frac{1+54.4X}{11+117.2X}\right)\left(\frac{X-1}{X^{0.5}}\right)\right] \tag{9-25}$$

(2)进料板位置的确定

根据芬斯克公式计算最少理论板数，既能用于全塔也能单独用于精馏段或提馏段。因此，适宜的进料位置，可用馏出物和进料中组分的摩尔比代入芬斯克方程而求得精馏段的最

少理论板数。即

$$(N_{精})_{m}=\frac{\lg\left[\left(\frac{x_{l}}{x_{h}}\right)_{D}\bigg/\left(\frac{x_{l}}{x_{h}}\right)_{F}\right]}{\lg\ (\alpha_{lh})_{n}} \tag{9-26}$$

其中

$$(\alpha_{lh})_{n}=\sqrt{\alpha_{F}\alpha_{D}}$$

式中 $(x_l/x_h)_D$——馏出液中轻、重关键组分浓度之比；

$(x_l/x_h)_F$——进料板上轻、重关键组分浓度之比，当进料不是泡点进料时可取其液相中轻、重关键组分浓度之比；

$(\alpha_{lh})_n$——精馏段轻、重关键组分间的相对挥发度。

再假设实际回流比下精馏段理论板数 $N_{精}$ 与全塔理论板数 N 之比等于全回流时精馏段的最少理论板数与全塔最少理论板数之比，即

$$\frac{N_{精}}{N}=\frac{(\mathrm{N}_{精})_{m}}{N_{m}} \tag{9-27}$$

经验表明，如果精馏塔的两端产品量 D 和 W 大致相当，该算法比较正确，否则误差较大。

此外，Kirkbride 提出，对于泡点进料可采用式(9－28)确定进料位置。

$$\lg\frac{N_{精}}{N_{提}}=0.206\lg\left[\left(\frac{W}{D}\right)\left(\frac{x_{h}}{x_{l}}\right)_{F}\left(\frac{x_{W,l}}{x_{D,h}}\right)^{2}\right] \tag{9-28}$$

$$N_{精}+N_{提}=N$$

$N_{提}$为提馏段理论板数。

当各平衡级相对挥发度与平均值偏差很大时，Kirkbride 计算误差较大。

【例9－8】计算例【9－6】的塔板数和进料位置。已知：泡点进料 $R=1.5R_m$，平均板效率 E_T为 60%。

解：用恩特伍德公式计算最小回流比

由恩特伍德公式(9－24B)得

$$\frac{3.615\times0.0110}{3.615-\theta}+\frac{2.084\times0.1690}{2.084-\theta}+\frac{1.735\times0.4460}{1.735-\theta}+\frac{1\times0.1135}{1-\theta}$$
$$+\frac{0.864\times0.1205}{0.864-\theta}+\frac{0.435\times0.1400}{0.435-\theta}=0$$

θ 在 1～1.737 之间，试差解得 $\theta=1.105$。

将 θ 和【例 9－6】计算所得的 $x_{D,i}$ 代入恩特伍德公式(9－24A)得

$$R_{m}=\frac{3.615\times0.0176}{3.615-1.105}+\frac{2.084\times0.2698}{2.084-1.105}+\frac{1.735\times0.7001}{1.735-1.105}+\frac{1\times0.0105}{1-1.105}+\frac{0.864\times0.0020}{0.864-1.105}-1$$
$$=1.421$$

则 $$R=1.5R_m=2.132$$

则 $$\frac{R-R_{m}}{R+1}=0.227$$

查吉利兰特图 9－8 得 $$\frac{N-N_{m}}{N+1}=0.40$$

解得 $$N=21.0(块)$$

则实际板数 $N_T=N/E_T=21/0.60=35$(块)(包括再沸器)

泡点进料，采用 Kirkbride 公式(9-28)确定进料板位置，得

$$\lg\frac{N_{精}}{N_{提}}=0.206\lg\left[\left(\frac{368.63}{614.37}\right)\left(\frac{0.1135}{0.446}\right)\left(\frac{0.0226}{0.0105}\right)^2\right]$$

又因为 $N_{精}+N_{提}=N$

解得 $N_{精}=10$(块)

则精馏段的实际板数为 10/0.6=16.8≈17(块)

即进料板位置在从上往下数第 17 块板。

9.3 逐板计算法(Lewis-Matheson)

鲁易斯-买提逊逐板计算法(Lewis-Matheson)是用来计算精馏塔达到分离要求时所需的理论板数，所以是属于设计型的计算方法。计算时，首先根据给出的塔顶、塔底分离要求，利用塔顶、塔底物料分配的计算估算出塔顶和塔底的组成。有了塔顶、塔底组成后，即可交替使用相平衡方程、物料平衡式和热平衡式逐板进行计算，得出各板的条件。

逐板计算可以从塔顶向下算或从塔釜向上算，也可以从两端向中间加料板处计算。这主要取决于哪端组成更精确些，而对它的另一端的组分估算差些，或者对两端的组分估计都不太精确。例如：某分离的混合物中除关键组分外，仅有轻组分存在，当分离时，轻组分只有少量在塔底，这时只要估算有少量的误差，就会造成相当大的误差。而塔顶的情况就不同，轻组分量大，相对误差小，所以这种情况下，估算的塔顶组成就较精确。除关键组分外，仅有重组分存在时，估算的塔底组成较为精确。若分离的混合物中除轻、重关键组分外，轻、重组分均存在时，两端估算的组成都不会太准确，应从两端开始，分别向加料板集中。例如：将一个由 A、B、C、D 四个组分所组成的溶液(挥发度递减)进行精馏，若 A、B 为关键组分(分配比指定)，应用逐板法估算 C、D 的分配比。设组分 B 在釜液中的回收率很大，而 C、D 的 α 比 B 的小得多，则可按清晰分割假定：C、D 全部进入釜液。但若实际进料中 99% 的 C 进入釜液，那么由于上述假定而产生的误差，对 W、$x_{W,C}$来说是 $|(100-99)/100|=1\%$，对 D、$x_{D,C}$来说是 $|(0-1)/1|=100\%$，所以要使 D、$x_{D,C}$的估算值有较高的准确度是很困难的，此时只能从塔釜开始逐板往上算。

下面以塔顶向下算为例来说明计算方法。塔顶冷凝器的编号为 1，第一块板为 2，加料板编号为 F，塔釜编号为 $N+1$。若塔顶冷凝器为全凝器，则

$$x_{D,i}(\text{产品组成})=x_{1,i}(\text{回流组成})$$

若为分凝器，则

$$x_{1,i}=y_{D,i}(\text{气相产品组成})/K_{1,i}$$

① 由给出的 $x_{1,i}$，利用精馏段操作线方程式求下一块板的气相组成 $y_{2,i}$。

精馏段操作线
$$y_{j+1,i}=\frac{L_j}{V_{j+1}}x_{j,i}+\frac{D}{V_{j+1}}x_{D,i}(\text{或 } y_{D,i})$$

即
$$y_{2,i}=\frac{L_1}{V_2}x_{1,i}+\frac{D}{V_2}x_{D,i}(\text{或 } y_{D,i})$$

恒摩尔流时，$L_j=L_{j+1}=\cdots=L$，$V_j=V_{j+1}=\cdots=V$

② 利用相平衡关系由已知关系的气相组成求得与之平衡的液相组成 $x_{2,i}$。

$$x_{2,i}=\frac{y_{2,i}}{K_{2,i}}$$

重复进行以上两步的计算，分别获得 $y_{3,i}$、$x_{4,i}$、$y_{4,i}$ 等等，一直计算到 $x_{j,i}$ 接近加料板组成为止。

其计算的过程示意如下

$$x_{1,i}\xrightarrow[\text{精馏段}]{\text{操作线方程}}y_{2,i}\xrightarrow{\text{相平衡方程}}x_{2,i}\xrightarrow[\text{精馏段}]{\text{操作线方程}}y_{3,i}\xrightarrow{\text{相平衡方程}}$$

$$x_{3,i}\xrightarrow[\text{精馏段}]{\text{操作线方程}}y_{4,i}\xrightarrow{\text{相平衡方程}}x_{4,i}\cdots\longrightarrow x_{F,i}$$

若进料为饱和液体或气液混合物时，应计算到板上的液相组成接近加料中的液相组成为止，若进料为气相时，应计算到板上的气相组成接近进料中的气相组成为止。

常用的近似判别方法为

$$(x_{lk}/x_{hk})_j>(x_{lk}/x_{hk})_F>(x_{lk}/x_{hk})_{j+1}$$
$$(y_{lk}/y_{hk})_j>(y_{lk}/y_{hk})_F>(y_{lk}/y_{hk})_{j+1}$$

式中　j、F、$j+1$——表示第 j 板、加料板、第 $j+1$ 板。

符合上式条件时，采用 $j+1$ 块板作为加料板。

③ 达到加料板后，由加料板上的液相组成 $x_{F,i}$（即上面计算 $j+1$ 板上的液相组成）出发改用提馏段操作线来求 $y_{F+1,i}$。

提馏段操作线

$$\overline{V}_{j+1}y_{j+1,i}=\overline{L}_jx_{j,i}-Wx_{W,i}$$
$$(\overline{L}_j=L+qF;\ \overline{V}_{j+1}=L+qF-W)$$

同样，恒摩尔流时 $\overline{V}_j=\overline{V}_{j+1}=\cdots=\overline{V}$，$\overline{L}_j=\overline{L}_{j+1}=\cdots=\overline{L}$。

④ 利用相平衡关系式，由 $y_{F+1,i}$ 求得 $x_{F+1,i}$。

同样，交替利用③、④两步，从 $x_{F+1,i}$ 求得 $y_{F+2,i}$，一直计算到液相组成等于 $x_{W,i}$。即

$$x_{F,i}\xrightarrow[\text{提馏段}]{\text{操作线方程}}y_{F+1,i}\xrightarrow{\text{相平衡方程}}x_{F+1,i}\xrightarrow[\text{提馏段}]{\text{操作线方程}}y_{F+2,i}\xrightarrow{\text{相平衡方程}}$$

$$x_{F+2,i}\xrightarrow[\text{提馏段}]{\text{操作线方程}}y_{F+3,i}\xrightarrow{\text{相平衡方程}}x_{F+3,i}\cdots\longrightarrow x_{W,i}$$

以上为恒摩尔流情况下的计算结果，若非恒摩尔流，则需再引入焓平衡式。交替由物料平衡式、相平衡式和焓平衡式逐板计算，而求得理论板数。

$$x_{1,i}\xrightarrow[\text{焓平衡}]{\text{操作线方程}}y_{2,i}\xrightarrow{\text{相平衡方程}}x_{2,i}\xrightarrow[\text{焓平衡}]{\text{操作线方程}}y_{3,i}\xrightarrow{\text{相平衡方程}}$$

$$x_{3,i}\xrightarrow[\text{焓平衡}]{\text{操作线方程}}y_{4,i}\xrightarrow{\text{相平衡方程}}x_{4,i}\cdots\longrightarrow x_{W,i}$$

9.4　精馏塔的严格计算

化工厂常见的精馏塔是前面介绍的简单精馏塔：有一股进料，两股出料，塔底设一个再沸器，塔顶设一个冷凝器。但为了既保证产品质量又减少设备和节省能量，在化工厂中往往也采用复杂精馏塔。复杂精馏塔包括多股进料、侧线采出和中间再沸器或中间冷凝器。

多股进料常用于深冷分离，主要是从能耗角度出发，在塔的不同位置加入浓度不同的进料。侧线采出是指除了在塔顶采出轻产品、塔底采出重产品外，还在塔的中部即精馏段或提

馏段也有一股或一股以上产品的采出。这样会减少精馏塔的数目，但操作条件较高。采用中间再沸器的精馏塔在提馏段某处抽出一股或多股液流，进入中间再沸器加热气化后返回塔内。采用中间再沸器会改善分离过程的不可逆性，可以利用比用于塔底再沸器的加热介质品位低的热源，从而节省能耗。中间冷凝器设在精馏段，精馏段侧线采出气相物料，进入中间冷凝器被取走热量冷凝成液相，然后返回精馏塔。中间冷凝器也可以改善分离的不可逆性，并提高热力学效率，减少冷却剂的费用，从而降低能耗。精馏塔的简捷计算法对复杂精馏塔的计算已经不适用，并且，即使是简单精馏塔，简捷计算法也只能对精馏过程作粗略的计算，要得到较准确的结果仍需采用严格法计算。

精馏过程进行严格计算所用的数学模型有平衡级(理论板)和非平衡级两类。实际的分离过程不能达到热力学的平衡状态，任一传质分离过程除相平衡外还受到传质、传热速率，流体动力学条件及设备结构等因素的影响。因此，平衡级分离只是一种简化的理想状态，实际过程是在非平衡状态下进行的。但由于平衡级模型易于实现，概念上易于被人们接受，至今依然是模拟设计中被广泛采用的最主要的方法。本节讨论的是以平衡级为基础的计算方法，平衡级模拟的严格算法大体上可分为三类。

① 矩阵法　本类算法的特点是将描述精馏过程的方程按类组合，对其中一类或几类方程组用矩阵法对各板同时求解。

② 逐板计算法　本类算法和矩阵法相反，将各类方程按板组合，计算是逐板进行的。该种算法在前面已有一些介绍。

③ 不稳定方程法　前两类算法均是对稳定状态的方程组求解，本类算法则是对不稳定状态下的物料平衡方程组求解。

逐板计算法和不稳定方程法在实际工程计算中已很少使用，这里讨论的是广泛使用的矩阵法中最常用的三对角矩阵法。

9.4.1 数学模型的建立

图9-10表示多级多组分分离的通用模型塔，是适用于精馏、吸收、蒸出和萃取的通用逆流装置。塔中有 N 个平衡级，级序按自上而下排列，任意平衡级 j 如图9-11所示。进入 j 级的进料可以是单相物流，也可以是双相物流，用 F_j 表示进料流率，$z_{j,i}$ 表示 i 组分的进料组成，H_j^F 表示进料摩尔热焓。来自上一级($j-1$ 级)进入 j 级的液相流率为 L_{j-1}，组成为 $x_{j-1,i}$，相应的摩尔热焓用 H_{j-1}^L 表示。来自下一级($j+1$ 级)进入 j 级的气相流率为 V_{j+1}，组成为 $y_{j+1,i}$，相应的焓用 H_{j+1}^V 表示。离开 j 级的气相物流组成用 $y_{j,i}$ 表示，相应的摩尔热焓为 H_j^V。这股物流可分成两股，一股进入上一平衡级 $j-1$ 级，流率用 V_j 表示；另一股为该级的气相侧线采出，其流率表示为 G_j。离开 j 级的液相组成为 $x_{j,i}$，相应的摩尔热焓为 H_j^L。这股物流也可以分成两股，一股进入下一平衡级 $j+1$ 板，流率用 L_j 表示，另一股为该级的液相侧线采出，其流率表示为 U_j。由 j 级通过换热器移入(或移出)的热量为 Q_j。热量移入时 Q_j 为正，移出时为负。

如上所说的通用模型塔可适用于实际生产中多种多样的操作方案，实际中不存在的量视为零。

对于精馏过程，第一级为冷凝器，没有侧线气相采出，$G_1=0$，则 $D=V_1+U_1$；第 N 级为再沸器，没有侧线液相采出，$U_N=0$，$L_N=W$。

对于图9-10所示的通用模型塔，若物流组分数为 C，在稳态操作时可用以下一组基本方程描述(各量均采用摩尔单位)。

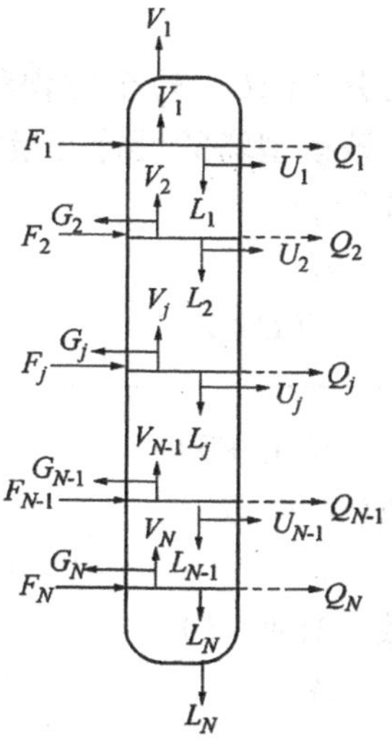

图9-10　通用模型塔

(1)物料平衡方程

物料平衡方程简称 M 方程，对任一理论板j(见图9-11)作组分i的物料衡算可得

$$G_{j,i}^{M}=L_{j-1}x_{j-1,i}+V_{j+1}y_{j+1,i}+F_jz_{j,i}-(L_j+U_j)x_{j,i}-(V_j+G_j)y_{j,i}=0$$

$$i=1,\ 2,\ \cdots C \tag{9-29}$$

下标i和j分别表示组分号和板号。

对每一级有C个方程，若全塔有N个平衡级，则可列出NC个物料平衡方程。

(2)相平衡方程

相平衡方程简称为 E 方程，对任一理论板j的任一组分为

$$G_{j,i}^{E}=y_{j,i}-K_{j,i}x_{j,i}=0\quad i=1,\ 2,\ \cdots\cdots C \tag{9-30}$$

每一级有C个方程，全塔可列出NC个相平衡方程。

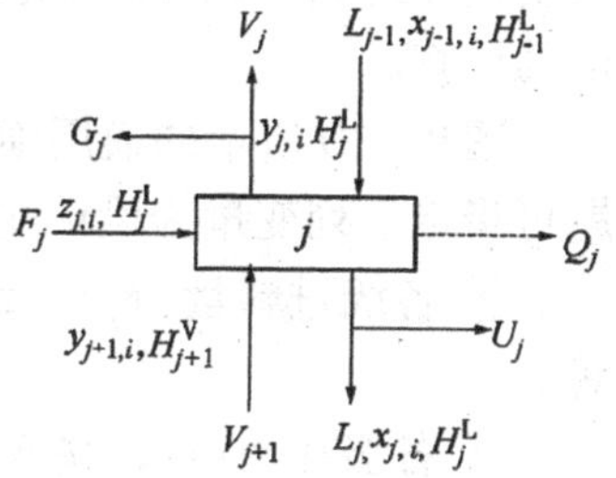

图9-11　理想平衡级

(3)浓度加和方程

浓度加和方程简称 S 方程，对任一理论板，气相或液相的摩尔分数总和应等于1，即

$$G_{j}^{SY}=\sum_{i=1}^{C}y_{j,i}-1=0\quad i=1,\ 2,\ \cdots\cdots C \tag{9-31}$$

$$G_{j}^{SX}=\sum_{i=1}^{C}x_{j,i}-1=0\quad i=1,\ 2,\ \cdots\cdots C \tag{9-32}$$

每一级有2个方程，全塔可列出$2N$个浓度加和方程。

(4)热平衡方程

热平衡方程简称为 H 方程，对任一理论板的任一组分为

$$G_{j}^{H}=L_{j-1}H_{j-1}^{L}+V_{j+1}H_{j+1}^{V}+F_jH_j^{F}-(L_j+U_j)H_j^{L}-(V_j+G_j)H_j^{V}+Q_j=0$$

$$i=1,\ 2,\ \cdots\cdots C \tag{9-33}$$

每一级有1个方程，全塔可列出N个热平衡方程。

上述四方程简称 MESH 方程组，它是描述精馏过程每一个理论板达到气液平衡时的数学模型。

除 MESH 方程外，尚有相平衡常数、气相摩尔热焓、液相摩尔热焓的关系式。若这些

关系不被计入方程组内，则不把这三个性质看成变量。因此，用$(2C+3)$个 MESH 方程即可描述一个平衡级。

图 9-10 所示的通用模型塔，共有$N(2C+3)$个方程和$[N(3C+9)-1]$个变量。

根据确定设计变量数的郭氏法，该模型塔的设计变量数为

固定设计变量数(N_x^u)	
压力等级数	N
进料变量数	$N(C+2)$
	$N(C+3)$
可调设计变量数(N_a^u)	
串级单元数	1
侧线采出单元数	$2(N-1)$
传热单元数	N
	$3N-1$

则设计变量总数为$[N(C+6)-1]$个。

对于多组分多级分离计算问题，进料变量和压力变量的数值一般是必须给定的，按设计变量的规定方法，可分为设计型问题和操作型问题：设计型问题规定关键组分的回收率(或浓度)及有关参数，计算平衡级数、进料位置等；操作型问题规定平衡级数、进料位置及有关参数，计算可达到的分离要求(回收率或浓度)等。因此，设计型问题是设计一个新分离装置使之达到一定分离要求的计算，而操作型问题是在一定操作条件下分析已有分离装置性能的计算。

图 9-10 所示的通用模型塔的严格计算，目前采用操作型方法计算居多。对于操作型问题可指定下列变量为设计变量。

① 各级进料量(F_j)、组成($Z_{j,i}$)、进料温度($T_{j,F}$)和进料压力($P_{j,F}$)[共$N(C+6)$个变量]；

② 各级压力(P_j，共N个变量)；

③ 各级气相侧线采出流率(G_j，$j=2$，……，N)和液相侧线采出流率(U_j，$j=1$，……，$N-1$)[共$2(N-1)$个变量]；

④ 各级换热器的换热量(Q_j，共N个变量)；

⑤ 级数(N，共 1 个变量)。

上述规定的变量总数为$[N(C+6)-1]$个。在$N(2C+3)$个 MESH 方程中，未知数为$x_{j,i}$，$y_{j,i}$，L_j，V_j和T_j，其总数也是$N(2C+3)$个，故联立方程组的解是唯一的。若要规定其他变量，则必须对以上变量作相应替换。不管作什么规定，其结果都是一组必须用迭代技术求解的非线性方程。

9.4.2 方程合并

为使计算得以简化，对 MESH 方程组进一步合并。

(1) M、E 方程的联立

将物料衡算方程与相平衡方程联立，将式(9-30)代入式(9-29)消去气相组成$y_{j,i}$得

$$F_jz_{j,i}+V_{j+1}K_{j+1,i}x_{j+1,i}+L_{j-1}x_{j-1,i}=(V_j+G_j)K_{j,i}x_{j,i}+(L_j+U_j)x_{j,i}$$

整理得 $L_{j-1}x_{j-1,i}+[-(L_j+U_j)-(V_j+G_j)K_{j,i}]x_{j,i}+V_{j+1}K_{j+1,i}x_{j+1,i}=-F_jz_{j,i}$ (9-34)

为了消去 V 和 L 中的一个，可在冷凝器（第一级）至第 j 板（见图 9-10）之间作总物料衡算

$$V_{j+1}+\sum_{k=1}^{j}F_k=L_j+\sum_{k=1}^{j}U_k+\sum_{k=1}^{j}G_k+D$$

则

$$L_j=V_{j+1}+\sum_{k=1}^{j}(F_k-G_k-U_k)-D \tag{9-35}$$

式中

$$D=V_1+U_1$$

将式(9-35)代入式(9-34)得

$$A_jx_{j-1,i}+B_jx_{j,i}+C_jx_{j+1,i}=D_j \tag{9-36}$$

其中

$$A_j=L_{j-1}=V_j+\sum_{k=1}^{j-1}(F_k-G_k-U_k)-D \quad 2\leqslant j\leqslant N \tag{9-37}$$

$$A_1=L_0=0$$

$$B_j=-[V_{j+1}+\sum_{k=1}^{j}(F_k-G_k-U_k)-V_1+U_j+(V_j+G_j)K_{j,i}] \quad 1\leqslant j\leqslant N \tag{9-38}$$

$$C_j=V_{j+1}K_{j+1,i} \quad 1\leqslant j\leqslant N-1 \tag{9-39}$$

$$C_N=V_{N+1}K_{N+1,i}=0$$

$$D_j=-F_jz_{j,i} \quad 1\leqslant j\leqslant N \tag{9-40}$$

考察式(9-38)~式(9-40)，B_j、C_j、D_j应与组分 i 有关，这里为方便将下标 i 略去。

由图 9-10 可以看出，第 1 级和第 N 级比较特殊，当 $j=1$ 时，由于 $x_{0,i}(L_0=0)$不存在，故 $A_1=0$。当 $j=N$ 时，由于不存在 V_{N+1}，故 $C_N=0$。

则可将方程写成以下形式

第一板 $B_1x_{1,i}+C_1x_{2,i}=D_1$

第二板 $A_2x_{1,i}+B_2x_{2,i}+C_2x_{3,i}=D_2$

……

第 j 板 $A_jx_{j-1,i}+B_jx_{j,i}+C_jx_{j+1,i}=D_j$

……

第$(N-1)$板 $A_{N-1}x_{N-2,i}+B_{N-1}x_{N-1,i}+C_{N-1}x_{N,i}=D_{N-1}$

第 N 板 $A_N x_{N-1,i}+B_Nx_{N,i}=D_N$

上述方程组可写成三对角矩阵形式。

$$\begin{bmatrix} B_1 & C_1 & & & & & \\ A_2 & B_2 & C_2 & & & & \\ & & \vdots & & & & \\ & A_j & B_j & C_j & & & \\ & & & \vdots & & & \\ & & A_{N-1} & B_{N-1} & C_{N-1} \\ & & & A_N & B_N \end{bmatrix}\begin{bmatrix} x_1 \\ x_2 \\ \vdots \\ x_i \\ \vdots \\ x_{N-1} \\ x_N \end{bmatrix}=\begin{bmatrix} D_1 \\ D_2 \\ \vdots \\ D_i \\ \vdots \\ D_{N-1} \\ D_N \end{bmatrix} \tag{9-41}$$

因为只有三条对角线上具有元素 A_j、B_j、C_j，其余部分的元素都为零，故称为三对角矩阵。它亦可简写为

$$[A_j,\ B_j,\ C_j][x_{j,i}] = [D_j] \tag{9-42}$$

式中 $[A_j,\ B_j,\ C_j]$——三对角线矩阵；

$[x_{j,i}]$——未知量的列向量；

$[D_j]$——常数项的列向量。

由于在式(9-41)中消去了 γ 和 L，因此计算的方程与其他方程分离开来。在假定了各级温度和气相流率，并根据具体情况计算出相平衡常数 K 之后，上式即成为求解液相组成的线性方程组(修正的 M 方程)，用托马斯法可简便地求解。

(2)消去 H 方程中的 L_j

类似的，分别对 L_{j-1}、L_j写出式(9-35)并代入 H 方程式(9-33)消去 L_j，展开并化简得到修正的 H 方程。

$$\alpha_j V_j + \beta_j V_{j+1} = \gamma_j \tag{9-43}$$

式中

$$\alpha_j = (H_{j-1}^{\mathrm{L}} - H_j^{\mathrm{V}}) \tag{9-44}$$

$$\alpha_1 = 0$$

$$\beta_j = (H_{j+1}^{\mathrm{V}} - H_j^{\mathrm{L}}) \tag{9-45}$$

$$\beta_N = 0$$

$$\gamma_j = \left[\sum_{k=1}^{j-1}(F_k - G_k - U_k) - V_1\right](H_j^{\mathrm{L}} - H_{j-1}^{\mathrm{L}}) + F_j(H_j^{\mathrm{L}} - H_j^{\mathrm{F}}) + G_j(H_j^{\mathrm{V}} - H_j^{\mathrm{L}}) + Q_j \tag{9-46}$$

对第 2 级到第 $N-1$ 级写出式(9-43)，并把它们集合在一起，得到如下二对角线矩阵形式

$$\begin{bmatrix} \beta_2 & & & & & & \\ \alpha_3 & \beta_3 & & & & & \\ & \cdots & \cdots & & & & \\ & & \alpha_j & \beta_j & & & \\ & & & \cdots & \cdots & & \\ & & & & \alpha_{N-2} & \beta_{N-2} & \\ & & & & & \alpha_{N-1} & \beta_{N-1} \end{bmatrix} \begin{bmatrix} V_3 \\ V_4 \\ \vdots \\ V_{j+1} \\ \vdots \\ V_{N-1} \\ V_N \end{bmatrix} = \begin{bmatrix} \gamma_2 - \alpha_2 V_2 \\ \gamma_3 \\ \vdots \\ \gamma_j \\ \vdots \\ \gamma_{N-2} \\ \gamma_{N-1} \end{bmatrix} \tag{9-47}$$

如 α_j、β_j和 γ_j为已知，因 V_2可由式(9-35)得到，故可逐级计算 V_j值。

$$V_2 = L_1 - (F_1 - U_1) + V_1$$

$$V_3 = \frac{\gamma_2 - \alpha_2 V_2}{\beta_2}$$

通式为

$$V_{j+1} = \frac{\gamma_j - \alpha_j V_j}{\beta_j}$$

(3)S 方程保留一个

$$G_j^{\mathrm{Y}} = \sum_{i=1}^{C} K_{j,i} x_{j,i} - 1 = 0 \tag{9-48}$$

9.4.3 托马斯法解三对角矩阵方程

方程(9-41)为一三对角矩阵，用以求解多级平衡过程则称三对角矩阵法。托马斯法解三对角矩阵方程是用高斯消去法消去三对角矩阵方程中的 $x_{j-1,i}$项。

首先可假定 V_j及 T_j值，应用三对角矩阵式(9-41)解出 $x_{j,i}$。然后由式(9-47)和式(9-48)解出 V_j和 T_j值，与假定值进行比较。因为式(9-47)中涉及的 H_j^V 和 H_j^L 均为 $x_{j,i}$和 $y_{j,i}$的函数，而式(9-48)只是 $x_{j,i}$的函数，因此，可先解式(9-48)然后再解式(9-47)。

当各 V_j和 T_j之值假定后，则式(9-41)中的 A_j、B_j、C_j、D_j各元素均为常数，式(9-41)成为线性方程组。先把矩阵中一对角线元素 A 变为“零”，另一对角线元素 B 变为1，然后将 C_j和 D_j引用两个辅助参数 p_j和 q_j代替。

下面讨论用高斯消元法求解的过程。

将方程(9-41)矩阵中第一个方程乘以 $1/B_1$，并令 $p_1 = C_1/B_1$，$q_1 = D_1/B_1$，则第一行变为

$$x_{1,i} + P_1 x_{2,i} = q_1 \tag{9-49}$$

将矩阵中的第二个方程两边除以 A_2，得

$$x_{1,i} + \frac{B_2}{A_2}x_{2,i} + \frac{C_2}{A_2}x_{3,i} = \frac{D_2}{A_2}$$

用上式减去式(9-49)得

$$\left(\frac{B_2}{A_2} - p_1\right)x_{2,i} + \frac{C_2}{A_2}x_{3,i} = \frac{D_2}{A_2} - q_1$$

再将上式两边除以$\left(\frac{B_2}{A_2} - p_1\right)$可得

$$x_{2,i} + p_2 x_{3,i} = q_2$$

式中

$$p_2 = \frac{C_2}{B_2 - A_2 p_1}$$

$$q_2 = \frac{D_2 - A_2 q_1}{B_2 - A_2 p_1}$$

这样可以逐次将矩阵(9-41)中各式的 $x_{j-1,i}$项消去，得到下面的方程组。

$$\begin{gathered} x_{1,i} + p_1 x_{2,i} = q_1 \\ x_{2,i} + p_2 x_{3,i} = q_2 \\ \vdots \\ x_{j,i} + p_j x_{j+1,i} = q_j \\ \vdots \\ x_{N-1,i} + p_{N-1} x_{N,i} = q_{N-1} \\ x_{N,i} = q_N \end{gathered}$$

式中

$$p_j = \frac{C_j}{(B_j - A_j p_{j-1})} \tag{9-50}$$

$$q_j = \frac{(D_j - A_j q_{j-1})}{(B_j - A_j p_{j-1})} \tag{9-51}$$

上述方程组写成矩阵形式为

$$
\begin{bmatrix}
1 & p_1 & & & & \\
0 & 1 & p_2 & & & \\
 & 0 & 1 & p_3 & & \\
 & \cdots & \cdots & \cdots & & \\
 & & & 0 & 1 & p_{N-1} \\
 & & & & 0 & 1
\end{bmatrix}
\begin{bmatrix} x_{1,i} \\ x_{2,i} \\ x_{3,i} \\ \vdots \\ x_{N-1,i} \\ x_{N,i} \end{bmatrix}
=
\begin{bmatrix} q_1 \\ q_2 \\ q_3 \\ \vdots \\ q_{N-1} \\ q_N \end{bmatrix}
\tag{9-52}
$$

由式(9－50)和式(9－51)可知，p_j和q_j均为V_j和T_j的函数，因此，当已知V_j、T_j后p_j和q_j均可求出。由式(9－52)的第N个方程可得出

$$x_{N,i} = q_N$$

求出$x_{N,i}$后，将$x_{N,i}$值向上进行回代，这样逐级求出各$x_{j,i}$值，直至算得$x_{1,i}$，即

$$x_{N-1,i} = q_{N-1} - p_{N-1}x_{N,i}$$

$$\vdots$$

$$x_{j,i} = q_j - p_j x_{j+1,i}$$

$$\vdots$$

$$x_{1,i} = q_1 - p_1 x_{2,i}$$

上述求解方法称为追赶法，当解得的$x_{j,i}$出现负值时，需令$x_{j,i}=0$。

9.4.4 泡点法(BP 法)

MESH 方程中的另外两组方程——S 方程和 H 方程用于迭代和收敛变量T_j和V_j，但方程式和变量的组合方式，即用哪个方程计算哪个变量，取决于不同物系具有不同的收敛特性。泡点法(BP 法)和流率加和法(SR 法)是两种不同的组合情况，分别有其应用场合。在9.4.3中提到的求解过程即为泡点法的求解过程。

(1)利用S方程求解各板的T_j

由上面已求得各块板的液相组成$x_{j,i}$，在泡点法中是利用S方程式(9－48)求得各块板的温度T_j。若解出的T_j值与原假设值一致，则可进行下一步求解V_j；若不一致，则以计算所得的T_j，作为新的假设值，重复计算。

(2)利用H方程求解各板的V_j和L_j

在计算各板温度的同时，各组分的气相浓度$y_{j,i}$也可求出。这样就可求出各板的气相焓H_j^V和液相焓H_j^L。因此，可由H方程式(9－43)从第一板(冷凝器)开始逐级求出各板的气相流率V_j。

若求得的V_j与原假设值一致，计算即可结束。若不一致，则以求得的V_j值为新的假设值重新计算。各板的液相流率L_j可由式(9－35)求得。至于T_j及V_j之最初假定值(即所谓初值)的确定，一般是以在假定恒摩尔流率的情况下求得的气相流率作为V_j初值；以简捷法求得之塔顶温度和塔釜温度进行线性内插为T_j之初值。

上述计算顺序是以泡点温度来检验假设的级温度T_j值，故称泡点法(BP 法)。它适用于塔板温度主要由组成决定、而流率主要由热平衡决定的情况，也就是热量衡算中潜热的影响大于显热影响的情况。它对窄沸程烃类物系的精馏计算是相当成功的。

当以露点温度来检验假设的温度T_j值时，称为露点法。

BP 法解精馏过程(或其他多级分离过程)计算顺序如图9－12。

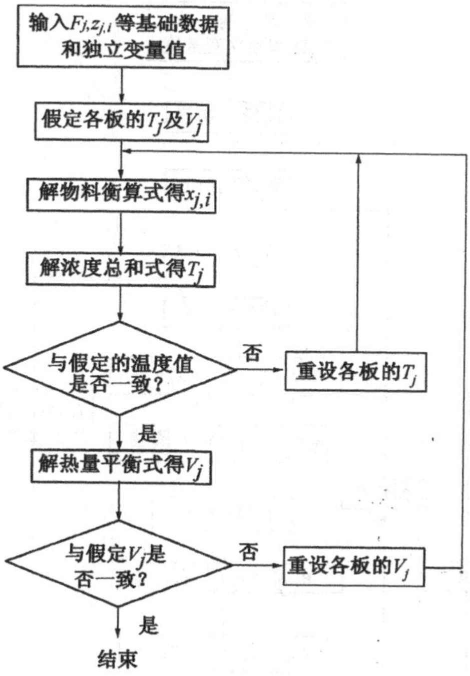

图 9－12　BP 法程序示意图

在 Excel 中，通过 BP 法严格计算精馏过程，不需采用托马斯法，由 Excel 自带的规划求解功能就可轻松完成。

为便于书写 Excel 公式，将物料衡算式(9－36)改写为

$$A_j x_{j-1,i} + B_j x_{j,i} + C_j x_{j+1,i} - D_j = 0 \tag{9-53}$$

将热量衡算式(9－43)改写为

$$\alpha_j V_j + \beta_j V_{j+1} - \gamma_j = 0 \tag{9-54}$$

BP 法严格计算精馏过程(或其他多级平衡分离过程)，$(\Phi-\Phi)$法计算相平衡常数 K 的 Excel 计算步骤如图 9－13。

【例 9－9】用 BP 法计算图 9－14 所示的分离轻烃混合物的精馏塔。全塔共 5 个平衡级(包括全凝器和再沸器)，在从上往下数第 3 级进料，进料量为 100kmol/h，原料中丙烷(1)、正丁烷(2)和正戊烷(3)的摩尔含量分别为 $z_1=0.3$，$z_2=0.3$，$z_3=0.4$，进料温度为 323.3K。各级压力均为 689.4kPa，且进料压力与塔压相同。塔顶馏出液流率为 50kmol/h，饱和液体回流，回流比 $R=2$。规定各级(全凝器和再沸器除外)及分配器在绝热情况下操作。

解：馏出液量 $D=U_1=50$kmol/h，则

$L_1=RU_1=2\times50=100$kmol/h，由第一块板即全凝器的总物料衡算得 $V_2=L_1+U_1=150$kmol/h。在假定恒摩尔流率的情况下求得 V_j初值、以简捷法求得之塔顶温度和塔釜温度进行线性内插为 T_j之初值列于表 9－5；在假定的级温度及 689.4kPa 压力下查 K 图 8－1(A)得 $K_{j,i}$初值列于表 9－6；$x_{j,i}$初值取为原料组成；各级液相压缩因子 Z_j^{L} 取为 0，各级气相压缩因子 Z_j^{V} 取为 1。

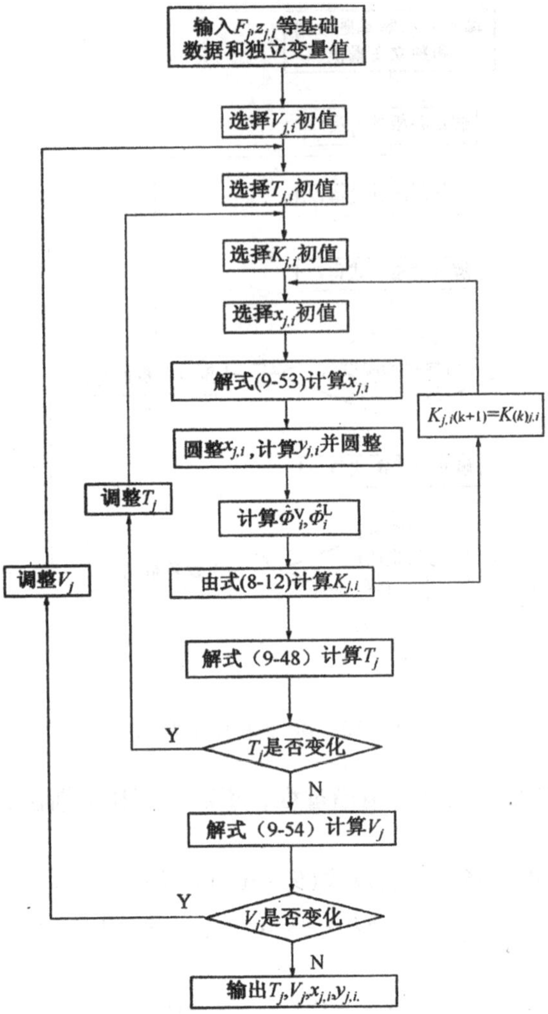

图9－13　BP法Excel计算框图

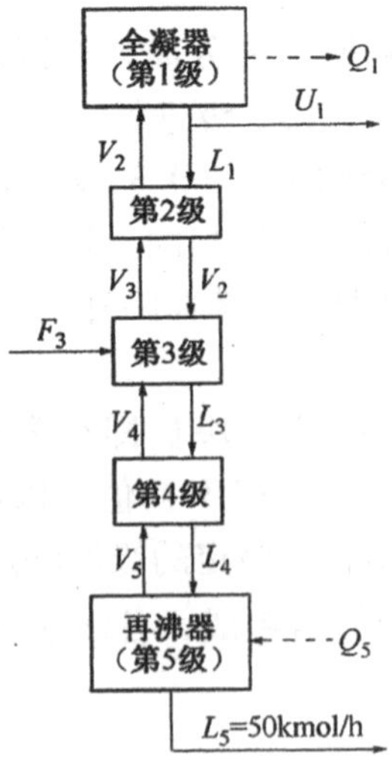

图9－14　【例9－9】精馏塔的规定

表 9-5 【例 9-9】迭代变量 V_j 和 T_j 初值

级序号, j	V_j/kmol·h^{-1}	T_j/K	级序号, j	V_j/kmol·h^{-1}	T_j/K
1	0	291.5	4	150	333.2
2	150	305.4	5	150	347.0
3	150	319.3			

表 9-6 【例 9-9】$K_{j,i}$ 初值

组分	$K_{j,i}$				
	1	2	3	4	5
C_3	1.23	1.63	2.17	2.7	3.33
$n-C_4$	0.33	0.50	0.71	0.95	1.25
$n-C_5$	0.103	0.166	0.255	0.36	0.49

K_i采用(Φ-Φ)法由式(8-12)计算，焓差及各组分的气、液相组分的逸度系数 $\hat{\Phi}_i^V$ 和 $\hat{\Phi}_i^L$ 采用 PR 方程计算。

$$\frac{H-H^0}{RT}=(Z-1)+\frac{T\frac{\mathrm{d}a}{\mathrm{d}T}-a}{2\sqrt{2}bRT}\ln\left[\frac{Z+(1+\sqrt{2})B}{Z+(1-\sqrt{2})B}\right] \tag{8-58}$$

当采用式(8-23)表示的混合规则时可导得

$$\frac{\mathrm{d}a}{\mathrm{d}T}=-\sum y_i m_i\sqrt{\frac{a_m a_{Ci}}{TT_{Ci}}} \tag{8-59}$$

式(8-58)用于混合物焓差计算时应代入相应的混合物参数，将式(8-59)代入式(8-58)并将其变形为

$$H-H^0=\left[(Z-1)-\frac{\sum y_i m_i\sqrt{a_m a_{Ci} T_{ri}}+a_m}{2\sqrt{2}bRT}\ln\left(\frac{Z+(1+\sqrt{2})B_m}{Z+(1-\sqrt{2})B_m}\right)\right]RT \tag{9-55}$$

$$\ln\hat{\Phi}_i=\frac{b_i}{b_m}(Z-1)-\ln(Z-B_m)-\frac{A_m}{2\sqrt{2}B_m}\left(2\frac{\sum_{j=1}^{C}x_j a_{ij}}{a_m}-\frac{b_i}{b_m}\right)\ln\left(\frac{Z+(1+\sqrt{2})B_m}{Z+(1-\sqrt{2})B_m}\right) \tag{8-60}$$

当 $k_{ij}=0$ 时，混合规则式(8-27)还原为(8-23)，则式(8-60)转化为

$$\ln\hat{\Phi}_i=\frac{b_i}{b_m}(Z-1)-\ln(Z-B_m)-\frac{A_m}{2\sqrt{2}B_m}\left(2\left(\frac{a_i}{a_m}\right)^{0.5}-\frac{b_i}{b_m}\right)\ln\left(\frac{Z+(1+\sqrt{2})B_m}{Z+(1-\sqrt{2})B_m}\right)$$

将其变形为

$$\hat{\Phi}_i=\mathrm{EXP}\left\{\frac{b_i}{b_m}(Z-1)-\ln(Z-B_m)-\frac{A_m}{2\sqrt{2}B_m}\left(2\left(\frac{a_i}{a_m}\right)^{0.5}-\frac{b_i}{b_m}\right)\ln\left(\frac{Z+(1+\sqrt{2})B_m}{Z+(1-\sqrt{2})B_m}\right)\right\} \tag{9-56}$$

纯物质理想气体焓由式(8-130)计算。

$$H_i^0=0.556A_i+B_iT+1.8C_iT^2+3.24D_iT^3+5.83E_iT^4+10.5F_iT^5 \tag{8-130}$$

查《石油化工工艺计算图表》得各组分系数 A_i、B_i、C_i、D_i、E_i和 F_i。

表 9-7 【例 9-9】各组分系数 A_i、B_i、C_i、D_i、E_i和 F_i

组分	A_i	B_i	$C_i(\times10^{-4})$	$D_i(\times10^{-7})$	$E_i(\times10^{-11})$	$F_i(\times10^{-15})$
C_3	165.7238	0.172601	0.94041	2.155433	-10.70986	15.92794
$n-C_4$	164.444	0.098571	2.691795	0.518202	-4.20139	6.560421
$n-C_5$	173.4609	-0.002795	4.400733	-0.86288	0.817644	-0.19715

理想气体混合物焓由式(8-128)计算。

$$H^0=\sum_{i=1}^{C}y_iH_i^0 \tag{8-128}$$

真实气相和液相混合物的焓由式(8-127)计算。

$$H=(H-H^0)+H^0 \tag{8-127}$$

Z 因子由 PR 方程式(8-54)计算。

$$Z^3-(1-B)Z^2+Z(A-2B-3B^2)-(AB-B^2-B^3)=0 \tag{8-54}$$

采用式(8-23)~(8-26)计算混合物参数。

$$a_m=(\sum_{i=1}^{C}y_ia_i^{0.5})^2 \tag{8-23}$$

$$b_m=\sum_{i=1}^{C}y_ib_i \tag{8-24}$$

$$A_m=(\sum_{i=1}^{C}y_iA_i^{0.5})^2 \tag{8-25}$$

$$B_m=\sum_{i=1}^{C}y_iB_i \tag{8-26}$$

式中，各纯组分参数由以下各式计算。

$$a(T)=a_C\alpha(T) \tag{8-49}$$

$$a_C=0.45724R^2{T_C}^2/P_C \tag{8-50}$$

$$b=0.07780RT_C/P_C \tag{8-51}$$

$$\alpha(T)=[1+m(1-T_r^{0.5})]^2 \tag{8-52}$$

$$m=0.37464+1.54226\omega-0.26992\omega^2 \tag{8-53}$$

$$A=\frac{a(T)P}{R^2T^2} \tag{8-55}$$

$$B=\frac{bP}{RT} \tag{8-56}$$

$x_{j,i}$的初值及气、液相压缩因子 Z_j^L、Z_j^V 初值对逸度系数的影响很大，如果选择不合适，逸度系数的计算会出错，导致计算中断，所以在这里采用分步计算，即首先通过规划求解解出在初值 T_j、V_j、$K_{j,i}$下的 $x_{j,i}$、Z_j^L 和 Z_j^V，然后再进行后续的计算。

计算步骤如图 9-13。

Excel 计算过程如下：

① 已知量及初值的输入

[B2：D2]输入原料组成 z_i；

[B4：O8]输入各级 F_j、$\sum_{m=1}^{j}F_m$、U_j、$\sum_{m=1}^{j}U_m$ 和各级 V_j、T_j、$K_{j,i}$、$x_{j,i}$、Z_j^L 和 Z_j^V 初值。

[N9]输入原料液相压缩因子的初值。

已知量及初值的输入情况如图 9-15。

	A	B	C	D	E	F	G	H	I	J	K	L	M	N	O
1								BP法计算精馏过程							
2	z_i	0.3	0.3	0.4								$x_{j,i}$			
3	j	F_j	$\sum F_m$	U_j	$\sum U_m$	V_j	T_j		$K_{j,i}$					Z_j^L	Z_j^V
4	1	0	0	50	50	0	291.5	1.23	0.33	0.103	0.3	0.3	0.4	0	1
5	2	0	0	0	50	150	305.4	1.63	0.5	0.166	0.3	0.3	0.4	0	1
6	3	100	100	0	50	150	319.3	2.17	0.71	0.255	0.3	0.3	0.4	0	1
7	4	0	100	0	50	150	333.2	2.7	0.95	0.36	0.3	0.3	0.4	0	1
8	5	0	100	0	50	150	347	3.33	1.25	0.49	0.3	0.3	0.4	0	1
9	原料													0	

图 9-15 【例 9-9】已知量及初值的输入

② 修正的 M 方程的输入

[B12：B16]输入修正的 M 方程(9-53)式的系数 A_j 初值，在 B12 单元格输入 0(A_1)，B13：B16 单元格输入式(9-37)的数组公式"{ = F5:F8 + C4:C7 - E4:E7}"计算 $A_2 \sim A_5$；

[C12：E16]输入式(9-38)的数组公式"{ = -(F5:F9 + C4:C8 - E4:E8 + D4:D8 + F4:F8 * H4:J8)}"计算式(9-53)中各组分 B_j 初值；

[F12：H16]F12：H15 单元格输入式(9-39)的数组公式"{ = F5:F9 * H5:J9}"计算式(9-53)中各组分 $C_1 \sim C_4$ 初值，F16：H16 输入 0，即各组分的 C_5；

[I12：K16]输入式(9-40)的数组公式"{ = -B4:B8 * B2:D2}"计算式(9-53)中的 D_j；

[L12：N16]输入修正的 M 方程式(9-53)的数组公式"{ = B12:B16 * K3:M7 + C12:E16 * K4:M8 + F12:H16 * K5:M9 - I12:K16}"；

[A18：A20]输入单位数组，用于矩阵运算；

[C18：C22]输入数组公式"{ = MMULT(K4:M8,A18:A20)}"计算各级 $\sum x_{j,i}$；

[D18：F22]输入圆整公式"$x_{j,i} = x_{j,i}/\sum x_{j,i}$"的数组公式"{ = K4:M8/C18:C22}"对 $x_{j,i}$ 圆整；

[G18：I22]输入式"$y_{j,i} = K_{j,i} x_{j,i}$"的数组公式{ = H4:J8 * D18:F22}计算 $y_{j,i}$；

[J18：J22]输入数组公式"{ = MMULT(G18:I22,A18:A20)}"计算各级 $\sum y_{j,i}$；

[K18：M22]输入圆整公式"$y_{j,i} = y_{j,i}/\sum y_{j,i}$"的数组公式"{ = G18:I22/J18:J22}"对 $y_{j,i}$ 圆整。

③ PR 方程及 S 方程的输入

[B26：D28]输入各组分的 T_{Ci}、ω_i、P_{Ci}；

[B29：D29]输入式(8-53)的数组公式"{ =0.37464 + 1.54226 * B27:D27 - 0.26992 * B27:D27^2}"计算 PR 方程涉及到的斜率 m_i；

[B30：D30]输入式(8-50)的数组公式"{ = 0.45724 * 8.314^2 * B26:D26^2/B28:D28/1000}"计算 a_{Ci}；

[B31：D31]输入式(8-51)的数组公式"{ =0.0778 * 8.314 * B26:D26/B28:D28/1000}"计算 b_i；

[F26：H30]输入式(8-52)的数组公式"{ =(1 + B29:D29 * (1 - (G4:G8/B26:D26)^0.5))^2}"计算 $\alpha_{j,i}(T)$；

[I26：K30]输入式(8-49)的数组公式"{ = F26:H30 * B30:D30}"计算 $a_{j,i}(T)$；

[L26：N30]输入式(8-55)的数组公式"{ = I26:K30 * 689.4 * 1000/8.314^2/G4:G8^2}"计算 $A_{j,i}$；

[B33：D37]输入式(8-56)的数组公式"{ = B31:D31 * 689.4 * 1000/8.314/G4:G8}"计算 $B_{j,i}$；

[E33：E37]输入混合规则式(8-23)的数组公式"{ = MMULT(D18:F22 * I26:K30^0.5,

A18:A20)^2}"计算液相混合物的 PR 方程参数 a_{mj}^{L};

[F33: F37]输入式(8-24)的数组公式"{ = MMULT(B31:D31 * D18:F22,A18:A20)}"计算液相混合物的 PR 方程参数 b_{mj}^{L};

[G33: G37]输入式(8-25)的数组公式"{ = MMULT(D18:F22 * L26:N30^0.5,A18: A20)^2}"计算液相混合物的 PR 方程参数 A_{mj}^{L};

[H33: H37]输入式(8-26)的数组公式"{ = MMULT(B33:D37 * D18:F22,A18:A20)}"计算液相混合物的 PR 方程参数 B_{mj}^{L};

[I33: L37]与平衡液相相似，分别输入式(8-23)~(8-26)的数组公式计算气相混合物的 PR 方程参数 a_{mj}^{V}、b_{mj}^{V}、A_{mj}^{V}和 B_{mj}^{V};

[F31: N31, B38: H38]与平衡液相、气相相似，分别输入各式的数组公式计算原料液的 PR 方程各参数 $\alpha_{F,i}(T)$、$a_{F,i}(T)$、$A_{F,i}$、$B_{F,i}$、a_{mF}、b_{mF}、A_{mF}和 B_{mF};

[M33: M37]输入 PR 方程式(8-54)的数组公式"{ = N4:N8^3 - (1 - H33:H37) * N4: N8^2 + (G33:G37 - 2 * H33:H37 - 3 * H33:H37^2) * N4:N8 - (G33:G37 * H33:H37 - H33:H37^2 - H33:H37^3)}"用于计算各级 Z_j^{L};

[N33: N37]输入 PR 方程式(8-54)的数组公式"{ = O4:O8^3 - (1 - L33:L37) * O4:O8^2 + (K33:K37 - 2 * L33:L37 - 3 * L33:L37^2) * O4:O8 - (L33:L37 * K33:K37 - L33:L37^2 - L33:L37^3)}"用于计算各级 Z_j^{V};

[M38]与平衡液、气相相似，输入式(8-54)的数组公式用于计算原料液的液相压缩因子 Z_F;

[B40: D44]输入式(9-56)的数组公式"{ = EXP(B31:D31/F33:F37 * (N4:N8 - 1) - LN(N4: N8 - H33:H37) - G33:G37/H33:H37/8^0.5 * (2 * (I26:K30/E33:E37)^0.5 - B31:D31/F33:F37) * LN((N4:N8 + (1 + 2^0.5) * H33:H37)/(N4:N8 + (1 - 2^0.5) * H33:H37))))}"计算平衡液相各级各组分的逸度系数 $\Phi_{j,i}^{L}$;

[E40: G44]与平衡液相相似，输入平衡气相式(9-56)的数组公式计算平衡气相各级各组分的逸度系数 $\Phi_{j,i}^{V}$;

[H40: J44]输入式(8-12)的数组公式"{ = B40:D44/E40:G44}"计算各级各组分的 $K_{j,i}$;

[K40: K44]输入 S 方程式(9-48)的数组公式"{ = MMULT(H40:J44 * D18:F22,A18:A20) -1}"用于计算各级温度 T_j。

④ 焓值计算及 H 方程输入

[B47: D47]输入各组分的相对分子质量;

[B48: D53]输入式(8-130)中各组分的系数: A_i、B_i、C_i、D_i、E_i和 F_i;

[F48: H52]输入式(8-130)的数组公式"{ = 0.556 * B48:D48 + B49:D49 * G4:G8 + 1.8 * B50:D50/10^4 * G4:G8^2 + 3.24 * B51:D51/10^7 * G4:G8^3 + 5.83 * B52:D52/10^11 * G4:G8^4 + 10.5 * B53:D53/10^15 * G4:G8^5}"计算各级各组分的理想气体焓 $H_{j,i}^{0}$(kcal/kg);

[I48: K52]输入数组公式"{ = F48:H53 * B47:D47 * 4.817}"将 $H_{0j,i}$换算为单位 J/mol 的值;

[L48: L52]输入式(8-128)的函数数组公式"{ = MMULT(I48:K52 * D18:F22,A18:A20)}"计算各级液相理想焓 H_j^{0L};

[M48: M52]输入式(8-128)的函数数组公式"{ = MMULT(I48:K52 * K18:M22,A18:A20)}"计算各级气相理想焓 H_j^{0V};

[F53：K53]相似的，分别输入原料液的各数组公式计算原料液各组分的 $H_{F,i}^0$；

[L53]输入数组公式"{ = SUM(I53:K53 * B2:D2)}"计算原料液的理想焓 H_F^0；

[B55：B59]输入式(9-55)的数组公式"{ = ((N4:N8-1) - (E33:E37^0.5 * MMULT(D18:F22 * B29:D29 * (B30:D30 * G4:G8/B26:D26)^0.5, A18:A20) + E33:E37)/8^0.5/G4:G8/8.314/F33:F37 * LN((N4:N8 + (1+2^0.5) * H33:H37)/(N4:N8 + (1-2^0.5) * H33:H37))) * 8.314 * G4:G8}"计算各级液相焓差 $(H-H^0)_j^L$；

[C55：C59]输入式(8-127)的数组公式"{ = B55:B60 + L48:L53}"计算各级液相真实焓 H_j^L；

[D55：E59]相似的，分别输入数组公式计算各级气相焓差 $(H-H^0)_j^V$ 和真实焓 H_j^V；

[B60：C60]相似的，分别输入原料液的数组公式计算原料液的焓差 $(H-H^0)_F$ 和真实焓 H_F。

[F55：F59]F57 输入公式" = C60"，其余单元格输入 0，形成 H_j^F 数组；

[G56：G58]输入式(9-44)的数组公式"{ = C55:C57 - E56:E58}"计算 H 方程式(9-54)第 2~4 平衡级系数 $\alpha_2 \sim \alpha_4$；

[H56：H58]输入式(9-45)的数组公式"{ = E57:E59 - C56:C58}"计算 H 方程式(9-54)第 2~4 平衡级系数 $\beta_2 \sim \beta_4$；

[I56：I58]输入式(9-46)的数组公式"{ = (C4:C6 - E4:E6) * (C56:C58 - C55:C57) + B5:B7 * (C56:C58 - F56:F58)}"计算 H 方程式(9-54)第 2~4 平衡级系数 $\gamma_2 \sim \gamma_4$；

[J56：J58]输入第 2~4 平衡级 H 方程式(9-54)的数组公式"{ = G56:G58 * F5:F7 + H56:H58 * F6:F8 - I56:I58}"。

⑤ 修正的 M 方程和 PR 方程的规划求解

"规划求解"对话框中的"设置目标单元格"栏设为" $M $38"，"值为"设置为 0(即原料液的 PR 方程)。"可变单元格"栏设为" $K$4：$O$8， $N$9"，即 $x_{j,i}$、Z_j^L、Z_j^V 和 Z_F。在"约束"栏中通过"添加"按钮填入各级各组分的修正的 M 方程和液相及气相的 PR 方程式，即填入" $L$12：$N$16 = 0"和" $M$33：$N$37 = 0"。规划求解参数设置如图 9-16。

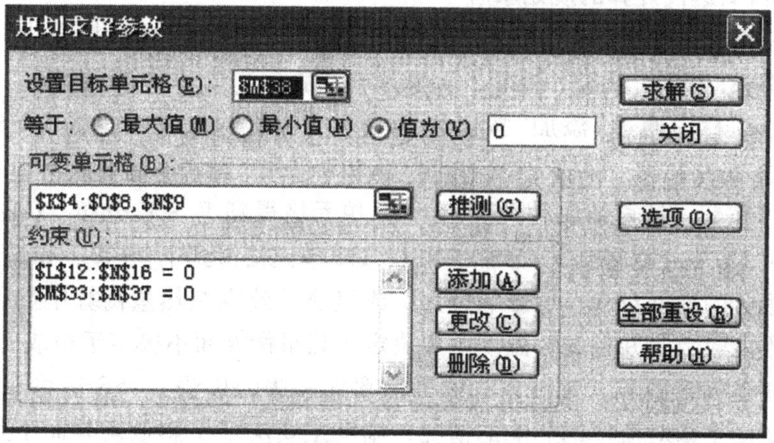

图 9-16 【例 9-9】修正的 M 方程和 PR 方程规划求解参数设置

单击"求解"按钮，可计算出第一次设置初值下的 $x_{j,i}$ 和各压缩因子值。

⑥ 加入 $K_{j,i}$ 迭代计算的规划求解

“可变单元格”栏中补加“ \$H\$4: \$J\$8”，即将 $K_{j,i}$补加为待求变量。在“约束”栏中通过“添加”按钮补加 $K_{j,i}$迭代式，即填加“ \$H\$4: \$J\$8 = \$H\$40: \$J\$44”。规划求解参数设置如图 9－17。

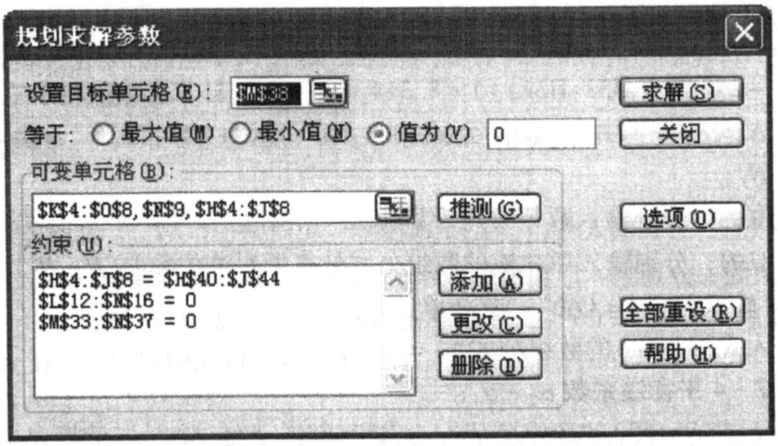

图 9－17 【例 9－9】加入 $K_{j,i}$迭代计算的规划求解参数设置

单击“求解”按钮。两次规划求解的计算结果如图 9－18。

	B	C	D	E	F	G	H	I	J	K	L	M	N	O
1	BP法计算精馏过程													
2	0.3	0.3	0.4								$x_{j,i}$			
3	F_j	$\sum F_m$	U_j	$\sum U_m$	V_j	T_j		$K_{j,i}$					Z_j^L	Z_j^V
4	0	0	50	50	0	291.5	1.13422	0.34105	0.10745	0.55659	0.18542	0.01994	0.02466	0.85868
5	0	0	0	50	150	305.4	1.52435	0.49608	0.16908	0.36513	0.37378	0.11794	0.02584	0.86168
6	100	100	0	50	150	319.3	1.98314	0.69593	0.25552	0.2163	0.44687	0.33371	0.027	0.85744
7	0	100	0	50	150	333.2	2.49239	0.9416	0.37137	0.10991	0.48602	0.49798	0.02759	0.85141
8	0	100	0	50	150	347	3.04249	1.22979	0.51784	0.04341	0.41458	0.78006	0.02824	0.84304
9													0.02696	

图 9－18 【例 9－9】修正的 M 方程、PR 方程和 $K_{j,i}$规划求解结果

⑦ 添加 T_j和 V_j迭代计算的规划求解

“规划求解”对话框中的“设置目标单元格”不变。“可变单元格”栏设为“ \$K\$4: \$O\$8, \$N\$9, \$H\$4: \$J\$8, \$F\$6: \$F\$8, \$G\$4: \$G\$8”，即除了 $x_{j,i}$、Z_j^L、Z_j^V 和 Z_F，又添加了 V_3 ~ V_5和 T_j。在“约束”栏中通过“添加”按钮继续填入 S 方程约束式，即填入“ \$K\$40: \$K\$44 =0”；填入 H 方程约束式，即填入“ \$M\$33: \$N\$37 =0”。规划求解参数设置如图 9－19。

单击“求解”按钮。计算结束后，在 F5: F8 单元格得到 V_3 ~ V_5分布，G4: G8 单元格得到 T_j分布，K4: K8 单元格得到 $x_{j,i}$分布，G18: I22 单元格得到 $y_{j,i}$分布。如图 9－20 所示。

当液相中组分的浓度对泡点值影响过大，或显热的效应在热量衡算中显得十分重要时，用泡点法往往不能收敛，并且此时温度主要决定于热量衡算而不决定于组成。所以常用热量衡算方程来修正迭代变量 T_j。此种方法称为流率加和法(SR 法)。SR 法可用于组成对气液流率的影响大于焓平衡对流率的影响的情况；温度主要决定于热量衡算而不是决定于组成；以及热平衡中显热的影响较为显著的情况。它主要适用于吸收、解吸过程和沸点差较大的混合物的精馏计算。

SR 法将在吸收、解吸过程介绍。

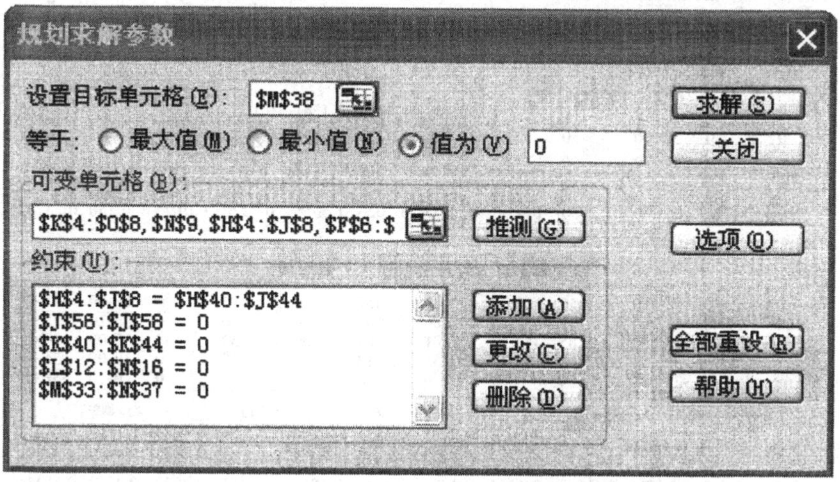

图9－19 【例9－9】规划求解参数设置

习 题

1. 苯、甲苯、二甲苯三元混合物精馏，已知

组分	苯(1)	甲苯(2)	二甲苯(3)
进料组成(摩尔组成)	0.6	0.3	0.1
α_i	5.75	2.33	1.00

要求甲苯在馏出液中含量不超过0.005，苯在釜液中含量不超过0.005，试按清晰分割法计算馏出液、釜液组成，并计算最小理论板数。

2. 已知第一脱甲烷塔的进料组成及操作条件下各组分的相平衡常数如下表所示，要求甲烷的蒸出率为98%，乙烯的回收率为96%，试分别按清晰分割和非清晰分割方法计算馏出液和釜液的组成，并比较两种计算结果。

序号	1	2	3	4	5	6	7
组分	H_2	CH_4	C_2H_4	C_2H_6	C_3H_6	C_3H_8	C_4H_{10}
$x_{F,i}$/%(摩尔分数)	33.8	5.8	33.2	25.7	0.50	0.20	0.70
K_i	—	1.7	0.28	0.18	0.033	0.022	0.004

3. 某连续精馏塔的进料、馏出液、釜液组成以及平均条件下各组分对重关键组分的平均相对挥发度如下

组分	$x_{F,i}$	$x_{D,i}$	$x_{W,i}$	α_i
A	0.25	0.50	—	5
B	0.25	0.48	0.02	2.5
C	0.25	0.02	0.48	1
D	0.25	—	0.50	0.2
Σ	1.00	1.00	1.00	

	A	B	C	D	E	F	G	H	I	J	K	L	M	N	O
1								BP法计算精馏过程							
2	z_i	0.3	0.3	0.4								$x_{j,i}$			
3	j	F_j	ΣF_m	U_j	ΣU_m	V_j	T_j		$K_{j,i}$					Z_j^L	Z_j^V
4	1	0	0	50	50	0	302.28	1.4271	0.4581	0.1538	0.5804	0.352	0.06756	0.0252	0.867
5	2	0	0	0	50	150	322.09	2.0725	0.7405	0.2762	0.2801	0.4754	0.24457	0.0265	0.869
6	3	100	100	0	50	139.57	337.78	2.667	1.0308	0.4152	0.1454	0.4183	0.43636	0.0274	0.866
7	4	0	100	0	50	141.91	351.44	3.2254	1.3305	0.5708	0.0588	0.3595	0.58172	0.0281	0.858
8	5	0	100	0	50	144.08	362.63	3.7026	1.6055	0.7228	0.0196	0.248	0.73244	0.0286	0.85
9	原料													0.027	
10								解物料衡算方程计算各级气、液组成							
11	j	A_j		B_j			C_j			D_j		三对角矩阵方程			
12	1	0	-150	-150	-150	310.88	111.07	41.437	0	0	0	1E-09	-2E-09	-5E-10	
13	2	100	-400.44	-200.64	-131	372.22	143.86	57.942	0	0	0	8E-10	8.5E-09	-7E-10	
14	3	89.565	-564.13	-335.77	-249.85	457.72	188.81	81	-30	-30	-40	-5E-09	-4E-09	7E-10	
15	4	191.91	-651.79	-382.89	-275.08	533.45	231.31	104.14	0	0	0	3E-09	-5E-10	6E-10	
16	5	194.08	-583.45	-281.31	-154.14	0	0	0	0	0	0	2E-10	-3E-09	-2E-10	
17	单位数组	j	$\Sigma x_{j,i}$		$x_{j,i}$圆整			$y_{j,i}$		$\Sigma y_{j,i}$		$y_{j,i}$圆整			
18	1	1	1	0.58044	0.352	0.0676	0.8283	0.1613	0.0104	1	0.8283	0.1613	0.01039		
19	1	2	1	0.28007	0.47536	0.2446	0.5804	0.352	0.0676	1	0.5804	0.352	0.06756		
20	1	3	1	0.14536	0.41829	0.4364	0.3877	0.4312	0.1812	1	0.3877	0.4312	0.18116		
21		4	1	0.05881	0.35947	0.5817	0.1897	0.4783	0.332	1	0.1897	0.4783	0.33204		
22		5	1	0.01956	0.248	0.7324	0.0724	0.3982	0.5294	1	0.0724	0.3982	0.52941		
23															
24								解S方程计算各级温度							
25	i	1	2	3	j		$a_{j,i}(T)$			$a_{j,i}(T)$			$A_{j,i}$		
26	T_{Ci}	369.83	425.12	469.7	1	1.119	1.2214	1.315	1.1387	1.8379	2.7208	0.1243	0.2006	0.297	
27	ω_i	0.152	0.199	0.249	2	1.0821	1.1814	1.2714	1.1012	1.7777	2.6305	0.1059	0.1709	0.2529	
28	P_{Ci}	4248	3796	3370	3	1.0541	1.1511	1.2382	1.0727	1.732	2.562	0.0938	0.1514	0.224	
29	m_i	0.6028	0.67086	0.74193	4	1.0306	1.1255	1.2104	1.0487	1.6936	2.5043	0.0847	0.1368	0.2022	
30	a_{Ci}	1.0176	1.50474	2.06907	5	1.0118	1.1052	1.1882	1.0297	1.663	2.4584	0.0781	0.1261	0.1865	
31	b_i	6E-05	7.2E-05	9E-05	进料	1.0799	1.179	1.2688	1.099	1.7741	2.6251	0.1049	0.1693	0.2505	
32	j		$B_{j,i}$		a_{mj}^L	b_{mj}^L	A_{mj}^L	B_{mj}^L	a_{mj}^V	b_{mj}^V	A_{mj}^V	B_{mj}^V	PR(液)	PR(气)	
33	1	0.0154	0.01987	0.02473	1.45933	6E-05	0.1593	0.0176	1.2537	6E-05	0.1368	0.0163	-3E-15	2E-13	
34	2	0.0145	0.01865	0.02321	1.75394	7E-05	0.1686	0.0186	1.4113	6E-05	0.1357	0.0165	-4E-15	2E-13	
35	3	0.0138	0.01778	0.02213	1.95856	8E-05	0.1712	0.0191	1.5849	7E-05	0.1385	0.017	7.8E-15	-1E-12	
36	4	0.0133	0.01709	0.02127	2.09846	8E-05	0.1695	0.0193	1.8013	8E-05	0.1455	0.0178	2.9E-15	-1E-13	
37	5	0.0129	0.01656	0.02061	2.21434	9E-05	0.1679	0.0195	2.0079	8E-05	0.1523	0.0184	2.7E-15	-8E-13	
38	原料	0.0144	0.01858	0.02312	1.91198	7E-05	0.1771	0.0192					0		
39	j		$\hat{\Phi}_{ji}^L$			$\hat{\Phi}_{ji}^V$			$K_{j,i}$		S方程				
40	1	1.2748	0.3801	0.11844	0.8933	0.8297	0.7699	1.4271	0.4581	0.1538	-9E-12				
41	2	1.8911	0.63147	0.22002	0.91249	0.8528	0.7964	2.0725	0.7405	0.2762	-1E-11				
42	3	2.4722	0.89576	0.33805	0.92693	0.869	0.8143	2.667	1.0308	0.4152	7E-12				
43	4	3.033	1.17431	0.47263	0.94036	0.8826	0.828	3.2254	1.3305	0.5708	9E-12				
44	5	3.5249	1.43534	0.60662	0.95202	0.894	0.8393	3.7026	1.6055	0.7228	1E-11				
45															
46								解热衡算方程计算各级气相流率							
47	相对分子质量	44.097	58.124	72.151	j		$H_{j,i}^0$(kcal/kg)			$H_{j,i}^0$(J/mol)		H_j^{0L}	H_j^{0V}		
48	A_i	165.72	164.444	173.461	1	174.28	168.27	160.65	37020	47112	55835	41844	38843.4		
49	B_i	0.1726	0.09857	-0.0028	2	182.49	176.66	168.89	38764	49461	58697	48724	43876.2		
50	C_i ($\times 10^{-4}$)	0.9404	2.6918	4.40073	3	189.28	183.59	175.71	40205	51403	61070	53993	48812.9		
51	D_i ($\times 10^{-7}$)	2.1554	0.5182	-0.8629	4	195.39	189.84	181.88	41505	53151	63212	58319	54282.8		
52	E_i ($\times 10^{-11}$)	-10.71	-4.2014	0.81764	5	200.55	195.09	187.08	42599	54623	65019	62002	59255.7		
53	F_i ($\times 10^{-15}$)	15.928	6.56042	-0.1972	原料	183.01	177.18	169.4	38873	49608	58876	50095			
54	j	$(H-H^0)_j^L$	H_j^L	$(H-H^0)_j^V$	H_j^V	H_j^F	α_j	β_j	γ_j	$G(T)$					
55	1	-18646	23197.3	-924.39	37919	0									
56	2	-20255	28469.5	-982.92	42893.2	0	-19696	19280	-3E+05	-8E-06					
57	3	-21180	32813.5	-1063.7	47749.2	28757	-19280	20289	188458	8E-05					
58	4	-21672	36647.4	-1180.1	53102.7	0	-20289	21314	191694	-9E-05					
59	5	-22038	39963.7	-1293.8	57961.9	0									
60	原料	-21338	28756.9												

图 9－20 【例 9－9】规划求解计算结果

饱和液体进料。试求

(1) 最小回流比 R_m；

(2) 若回流比 $R=1$，用简捷法求理论板数 N。

4. 设计一脱乙烷(C_2)塔，已知

组分	$C_1(1)$	$C_2(2)$	$C_3(3)$
f_i/(kmol/h)	160	370	270
α_i	8.220	2.439	1

现要求塔顶产物中组分 C_3 的流量为 2kmol/h，塔釜产物中组分 C_2 的流量为 2kmol/h，塔顶采用全凝器。计算：

(1) 所需最少理论塔板数；

(2) 按照非清晰分割计算各组分在塔顶、塔底的分布。

5. 脱丙烷塔从轻烃的混合物中回收乙烷，进、出物料组成见表，已知塔顶和塔底温度分别为 67℃和 132℃。

(1) 使用 Underwood 法确定最小回流比；

(2) 使用耳波和马克多斯图求 $R=1.5R_m$ 的理论板数；

(3) 使用 Kirkbride 法确定进料级位置。

编号	组分	$x_{F,i}$	$x_{D,i}$	$x_{W,i}$
1	CH_4	0.40	0.6197	0.0011
2	C_2H_6(L)	0.25	0.3489	0.0704
3	C_3H_8(H)	0.20	0.0310	0.5068
4	C_4H_{10}	0.15	0.0004	0.4217
Σ		1.00	1.0000	1.0000

6. 某精馏塔共有三个平衡级，一个全凝器和一个再沸器，用于分离由 60%(摩尔分数)的甲醇，20%乙醇和 20%正丙醇所组成的饱和液体混合物。在中间一级上进料，进料量为 1000kmol/h。此塔的操作压力为 101.3kPa，馏出液量为 600kmol/h，回流量为 2000kmol/h，饱和液体回流。设该物系为完全理想系，请用 BP 法设计该塔。已知各组分的安托尼方程

甲醇：$\ln P_1^S=23.4803-3626.5/(T-34.29)$

乙醇：$\ln P_2^S=23.8047-3803.98/(T-41.68)$

正丙醇：$\ln P_3^S=22.4367-3166.38/(T-80.15)$ （T：K；P^S：Pa）

7. 精馏塔如图所示，流量为 100kmol/h，摩尔组成为苯 0.35，甲苯 0.35，乙苯 0.30 的饱和液体三元混合物在第 3 级进入精馏塔，塔顶采用全凝器，$j=1$，塔顶馏出液量 $D=40$kmol/h，在第 2 级上有一侧线出料，出料量 $U_2=10$kmol/h，操作回流比 $R=1$，操作压力 $P=0.103$kPa，求分离后各级的浓度分布及温度分布(假定为恒摩尔流)。各组分的饱和蒸气压和温度的关系可以按安托尼方程表示

$$\ln P^S=A-\frac{B}{T+C}(T\text{: K; }P^S\text{: kPa})$$

其常数值如下

组分	A	B	C
苯	6.01907	1204.682	-53.072
甲苯	6.05043	1327.62	-55.525
乙苯	6.06991	1416.922	-60.716

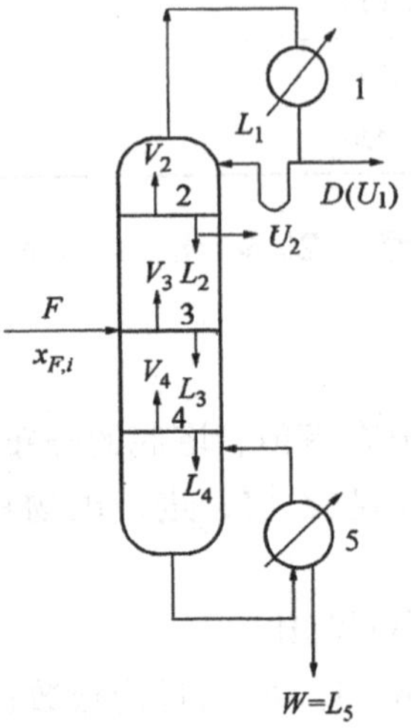

习题 7 附图

第 10 章　特殊精馏

精馏过程是利用组分间相对挥发度的差异达到分离提纯目的，但是有时所处理的物系常常会有欲分离组分之间相对挥发度接近于 1 或相对挥发度等于 1 产生共(恒)沸物、或有价值的组分在混合液中浓度很低且难挥发及待分离的物质是热敏感物质等情况，此时如果采用普通精馏方法，则或者无法分离得到纯组分，或者即使能得到纯组分，但都是十分不经济、不实际的，需要许多块塔板。对于这类液体混合物的分离则需要采用特殊精馏，即本章讨论的共沸精馏和萃取精馏。

特殊精馏的原理是在原溶液中加入一新组分，由于该组分对原溶剂中关键组分作用的差异，这样就改变了关键组分间的相对挥发度，因此，就可以用精馏方法分离关键组分。这种既加入能量分离剂又加入物质分离剂的精馏过程称为特殊精馏。

如果加入的新组分和原溶液中一个或两个组分形成二元或三元共(恒)沸物，此共沸物沸点比料液中任一组分的沸点及原来共沸物的沸点低得多，即形成的是最低共沸物，则这一共沸物成为精馏塔的塔顶产物离开塔，使原来的料液得到了分离，这种精馏操作被称为共(恒)沸精馏，所加入的组分称为共(恒)沸剂或夹带剂。如果加入的组分仅改变各组分间的相对挥发度，并不产生新的共沸物，一般该溶剂的沸点均比较高，故随塔底产品流出，这种精馏操作被称为萃取精馏，所加入的新组分称为萃取剂或溶剂。

共(恒)沸精馏和萃取精馏是采用物理方法改变原有组分的相对挥发度。近年来逐渐发展起来将化学反应和精馏过程结合起来的反应精馏过程，反应精馏也可以认为是一种特殊精馏。反应精馏可以提高化学反应产物的收率，这是由于一旦反应产物生成，立即从反应区蒸出，使反应向生成产物方向移动，提高反应的转化率和选择性，同时也能加快反应速率，提高生产能力。对于放热反应，反应热还可作为精馏所需的热量，从而既节省了能量又省去了精馏供热设备。

本章主要介绍共沸精馏与萃取精馏。这两种精馏实质上都是多组分非理想溶液的精馏，计算这类精馏过程所用的基本关系仍是相平衡、物料衡算和热量衡算，但若保持适当的溶剂浓度，除加料口外，一般均有共沸剂或萃取剂加入口，因此共沸精馏塔和萃取精馏塔通常都是多股进料的复杂塔。

10.1　萃取精馏及其计算

萃取精馏是在原溶液中加入萃取剂 P 后，由于它与各组分的作用不同，而改变了原溶液中关键组分的相对挥发度，从而使精馏变得容易，致使采用普通的精馏方法在技术上可行，经济上合理的一种特殊精馏操作。萃取剂不和原溶液中任一组分形成共沸物，但萃取剂改变了原溶液中关键组分之间的相对挥发度。萃取剂的沸点比原溶液中任一组分的沸点高，所以它随塔底产品一起从塔底引出。萃取精馏主要用来分离组分间相对挥发度接近于 1，且相对含量又比较大的物系。

10.1.1 萃取精馏的基本原理及萃取剂的作用

设组分1、组分2的混合物，加入萃取剂P进行分离。常压下，原溶液组分的相对挥发度为α_{12}，如果系统的压力不高，那么气相可看成理想气体，则

$$\alpha_{12}=\frac{K_1}{K_2}=\frac{\gamma_1 P_1^S}{\gamma_2 P_2^S}$$

式中 γ_1、γ_2——组分1、2在液相中的活度系数；

P_1^S、P_2^S——纯组分1、2在系统操作条件下的饱和蒸气压，kPa。

加入萃取剂P后，其相对挥发度记为$(\alpha_{12})_P$。则

$$(\alpha_{12})_P=\frac{K_1}{K_2}=\left(\frac{\gamma_1 P_1^S}{\gamma_2 P_2^S}\right)_P \tag{10-1}$$

描述萃取剂优劣可用萃取剂的选择性S表示。

$$S_{12}=\frac{(\alpha_{12})_P}{\alpha_{12}}=\frac{(\gamma_1 P_1^S/\gamma_2 P_2^S)_P}{\gamma_1 P_1^S/\gamma_2 P_2^S}$$

相对挥发度变化虽与饱和蒸气压有关，但主要与活度系数有关。若P_1^S/P_2^S的比值变化不大可忽略，则

$$S_{12}=\frac{(\alpha_{12})_P}{\alpha_{12}}=\frac{(\gamma_1/\gamma_2)_P}{\gamma_1/\gamma_2} \tag{10-2}$$

选择性是衡量萃取剂效果的一项重要标志。选择性越高，萃取剂对原溶液的相对挥发度改变程度越大。上式表明，萃取精馏之所以能提高选择性，关键是萃取剂的存在造成了待分离的两组分间活度系数的变化。因活度系数与组分的浓度及组分的物性有关系，所以加入萃取剂后活度系数既与被分离组分的浓度和物性有关，又与萃取剂的物性和浓度有关。

萃取精馏处理的料液大致有两类，一类是在全浓度范围内α_{12}接近于1，另一类是恒沸物。对于前一类料液，希望加入萃取剂后能使组分1和2间的相对挥发度$(\alpha_{12})_P$在全浓度范围均提高，也即各浓度下的萃取剂选择性都须大于1。如果选择的萃取剂合适，萃取剂可与组分1形成具有较强正偏差的非理想溶液，而与组分2形成负偏差溶液或理想溶液，从而提高了组分1对组分2的相对挥发度，以实现原有两组分的分离。如在常压下苯的沸点为80.1℃，环己烷的沸点为80.73℃，若在苯-环己烷溶液中加入萃取剂糠醛，则溶液的相对挥发度发生显著的变化，且相对挥发度随萃取剂量加大而增高，如表10-1所示。

表10-1 糠醛对苯-环己烷系统相对挥发度的影响

溶液中糠醛的摩尔分数	0	0.2	0.4	0.5	0.6	0.7
环己烷对苯相对挥发度	0.98	1.38	1.86	2.07	2.36	2.7

对于后一类料液，往往只在恒沸浓度和其邻近区域时α_{12}才等于或接近于1，而在其他浓度区域α_{12}会远离1，例如乙醇—水料液。对于这类料液，加入萃取剂后，主要要求恒沸浓度邻近区域的$(\alpha_{12})_P$有明显增大，而原来α_{12}远离1的区域，并不要求$(\alpha_{12})_P$明显增大，甚至还可以有所减小，只要保持全浓度范围的$(\alpha_{12})_P$较明显偏离1即可。这种情况下，加入萃取剂后，原有组分的浓度均下降，而减弱了它们之间的相互作用，萃取剂起稀释作用。只要萃取剂的浓度足够大，就可突出组分1和组分2蒸气压的差异对挥发度的贡献，以实现组

分的分离。

10.1.2 萃取剂的选择

萃取精馏能否实现，实现的经济效果如何，萃取剂的选择是个关键性问题。一般说来，对萃取剂的要求是

① 选择性高　能使原有组分的相对挥发度按所希望的方向改变，并有尽可能大的选择性。

② 易于回收　易于从被分离的混合物中得到再生，这里包括不与原有组分起化学反应，不形成共沸物，并与原有组分有一定的沸点差。

③ 适宜的物性　例如希望与原有组分有较大的相互溶解度，而不致在塔盘上产生分层现象；黏度、比重、表面张力、比热等影响板效率和热量消耗的物性值对经济指标也有重大影响。

此外，还要求萃取剂使用安全、无毒、无腐蚀、热稳定性好、价格便宜，来源丰富等。

在上述要求中，首要的是应符合要求①，其余各项均属一般的工艺要求。所以在选择萃取剂之前，应首先对原系统的性质加以研究，然后再对可能的萃取剂进行筛选。目前，萃取剂的选择主要通过实验方法，此外，还有应用三组分系统活度系数方程式计算、按萃取剂溶解度的大小选择、从同系物中选择等方法。

① 实验方法　通过实验，测定萃取剂存在下的气液平衡数据是最准确的选择方法，但实验次数多、操作繁琐。常以等物质的量的被分离组分混合液中加入等质量的萃取剂(例如混合液和萃取剂各为10g)相混合后，通过实验方法测定气液两相的平衡组成，并计算其相对挥发度$(\alpha_{12})_P$。

$$(\alpha_{12})_P=\left(\frac{y_1x_2}{y_2x_1}\right)_P$$

$(\alpha_{12})_P$值越大，说明其选择性越强。

② 应用三组分系统活度系数方程式计算　通过实验方法测定气、液两相的平衡组成，可计算相对挥发度$(\alpha_{12})_P$。此外，不经实验，可应用三组分系统活度系数方程式直接计算活度系数，再由式(10－1)计算$(\alpha_{12})_P$。

③ 按萃取剂溶解度的大小选择　萃取剂溶解度的大小，直接影响萃取剂的用量、动力和热量的消耗。

④ 从同系物中选择　选择萃取剂时，希望所选的萃取剂应该是与塔釜产品形成具有负偏差的非理想溶液或理想溶液。与塔釜产品形成理想溶液的萃取剂容易选择，一般可由同系物或性质接近的物料中选取。

10.1.3 萃取精馏流程

萃取精馏装置的典型流程如图10－1所示，主要设备是萃取精馏塔。由于萃取剂沸点高，所以从塔釜排出。同时为了在塔的绝大部分塔板上均能维持较高的萃取剂浓度，萃取剂加入口一定要在原料进入口以上。但一般情况，它又不能从塔顶引入，因为萃取剂入口以上必须还有若干块塔板组成萃取剂再生段，以便使馏出物从塔顶引出以前，能将其中的萃取剂浓度降到可忽略的程度。因此，萃取精馏塔的塔结构与普通精馏塔不同，除了具有精馏段和提馏段以外，还包括萃取剂进料板至塔顶这一段，称为萃取剂回收段。萃取剂与重组分一起

自塔釜引出，进入回收装置。回收装置一般是蒸出塔，将重组分蒸出后，萃取剂送回萃取精馏塔循环使用。一般来说，整个流程中萃取剂的损失不大，只需补充少量新鲜萃取剂即可。

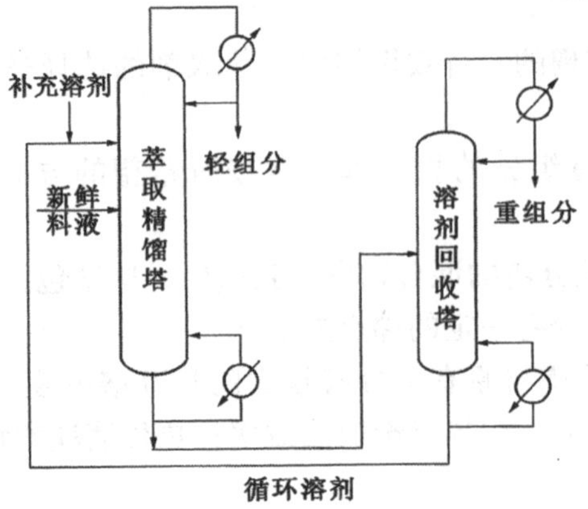

图 10－1　萃取精馏装置流程示意图

若原料是以液相加入萃取精馏塔的，则提馏段中萃取剂浓度将会因料液的加入而变得比精馏段低，因此一般用气相加料。若有必要用液相时，除了在萃取剂加入板加入萃取剂外，常将部分萃取剂随料液加入。

10.1.4　萃取精馏过程分析

萃取精馏的进料与普通精馏不同，进入塔内的物料除原料和回流外还有萃取剂，且萃取剂的流量很大，因而两相流量在塔内的分布与普通精馏有也所不同。萃取精馏塔的一些特点可以通过物料衡算来反映。

(1)物料衡算

不包括萃取剂对原有溶液作物料衡算(见图 10－2)。

$$F = W' + D'$$

$$Fz_i = W'x'_{W,i} + D'x'_{D,i}$$

式中　F——被分离的原有溶液的进料摩尔流量，kmol/h；

W'——原有溶液各组分在釜液中的总摩尔流量，kmol/h；

D'——原有溶液各组分在馏出液中的总摩尔流量，kmol/h；

z_i——被分离的原有溶液中组分 i 的摩尔分数；

$x'_{W,i}$——釜液中以原有溶液各组分计算的组分 i 的摩尔分数；

$x'_{D,i}$——馏出液中以原有溶液各组分计算的组分 i 的摩尔分数。

对原有溶液各组分与萃取剂构成的总体系的物料衡算为

$$F + P = W + D$$

$$Fz_i + Pz_{P,i} = Wx_{W,i} + Dx_{D,i}$$

其中萃取剂的物料衡算为

$$P = Wx_{W,P} + Dx_{D,P}$$

式中　P——萃取剂的摩尔流量，kmol/h；

$z_{P,i}$——萃取剂中组分 i 的摩尔分数；

W——塔釜液摩尔流量，kmol/h；

D——馏出液摩尔流量，kmol/h；

$x_{W,i}$——釜液中组分 i 的摩尔分数；

$x_{D,i}$——馏出液中组分 i 的摩尔分数；

$x_{W,P}$——釜液中萃取剂的摩尔分数；

$x_{D,P}$——馏出液中萃取剂的摩尔分数。

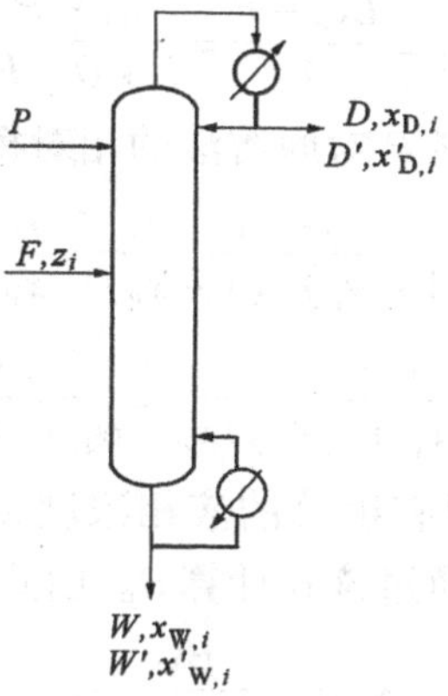

图 10－2　萃取精馏塔简图

(2)在萃取剂加入板物料流率有突变

由于萃取剂总是以液态加入，故在萃取剂加入板液体流率必然有突变。按恒摩尔流假设，则萃取剂回收段和精馏段的气、液相流量分别为

萃取剂回收段　　$V'=(R+1)D$；$L'=RD$

精馏段　　$V=(R+1)D$；$L=RD+P$

可见，当加入的萃取剂温度等于塔内温度时，精馏段与回收段的气相量没有变化，而液相量则相应增加相当于萃取剂的数量。因加入的萃取剂量较大，所以在萃取剂加入板物料流率会突然加大。

提馏段的气、液相流量与普通精馏塔计算相似。经物料衡算得

$$\bar{V}=\bar{L}-W=RD+P+qF-W$$

$$\bar{L}=L+qF=RD+P+qF$$

式中　V'——萃取剂回收段气相流量，kmol/h；

L'——萃取剂回收段液相流量，kmol/h；

V——精馏段气相流量，kmol/h；

L——精馏段液相流量，kmol/h；

q——进料热状态；

$\bar{L}$——提馏段液相流量，kmol/h；

$\bar{V}$——提馏段气相流量，kmol/h。

(3)萃取精馏塔内萃取剂的浓度

萃取精馏塔内萃取剂的挥发度比所处理物料的挥发度要低的多，且用量较大，如果假设塔内为恒摩尔流，则萃取剂可看作在塔内基本上维持在一个固定的浓度值，即所谓萃取剂的恒定浓度：塔顶流量为0、精馏段一个浓度值、提馏段一个浓度值。萃取剂浓度可通过物料衡算得到。

对塔内精馏段任一板作物料衡算得

$$V+P=L+D$$

$$Vy_P+P=Lx_P$$

式中 y_P——精馏段气相中萃取剂的浓度；

x_P——精馏段液相中萃取剂的浓度。

$$y_P=\frac{Lx_P-P}{V}=\frac{Lx_P-P}{L+D-P} \tag{10-3}$$

由相对挥发度定义，假设萃取剂 P 对原溶液的相对挥发度为 β，则

$$\beta=\frac{K_P}{K_{1,2}}=\frac{y_P/x_P}{(1-y_P)/(1-x_P)}=\frac{y_P/(y_1+y_2)}{x_P/(x_1+x_2)}$$

$$=\frac{x_1+x_2}{(y_1/y_P+y_2/y_P)x_P}=\frac{x_1+x_2}{\alpha_{1P}x_1+\alpha_{2P}x_2} \tag{10-4}$$

式(10-4)表达了 β 与溶液中原有组分的液相浓度 x_i 及它们对萃取剂的相对挥发度 α_{iP} 间的关系。如 α_{1P}、α_{2P} 已知，则可通过该式计算 β。由式(10-4)变型得

$$y_P=\frac{\beta x_P}{(\beta-1)+P} \tag{10-5}$$

整理(10-5)、式(10-4)两式得

$$x_P=\frac{P}{(1-\beta)\mathrm{L}-\dfrac{\beta D}{1-x_P}} \tag{10-6}$$

同理，对提馏段至塔底作物料衡算可得提馏段萃取剂的液相浓度 $\bar{x}_P$。

$$\bar{x}_P=\frac{P}{(1-\beta)\bar{\mathrm{L}}+\dfrac{\beta W'}{1-\bar{x}_P}} \tag{10-7}$$

由式(10-6)和式(10-7)可看出，萃取剂浓度 x_p 和 $\bar{x}_P$ 的值与萃取剂加入量 P、萃取剂对原溶液的相对挥发度 β 以及塔板间的液相流率有关。若萃取剂相对挥发度 β 很小，$\beta D/(1-x_P)$ 及 $\beta W'/(1-\bar{x}_P)$ 可以忽略，则式(10-6)、(10-7)可简化

$$x_P=\frac{P}{(1-\beta)L}\approx\frac{P}{L}=\frac{P}{RD+P} \tag{10-8}$$

$$\bar{x}_P\approx\frac{P}{\bar{L}}=\frac{P}{RD+P+qF} \tag{10-9}$$

由式(10-8)和式(10-9)可看出，当原料为饱和蒸气时，$q=0$，$L=\bar{L}$，$x_p=\bar{x}_P$。当原料温度低于露点时，$\bar{L}=L+qF$，则 $x_p>\bar{x}_P$。

在萃取精馏的基本原理讨论中已知，萃取剂浓度大，有利于原溶液组分的分离。所以当原料温度低于露点时，为了保持提馏段与精馏段萃取剂液相浓度相等，可在提馏段补充萃取剂，即在进料板处补加相应量的萃取剂，补加量 P' 可由 x_P 求得。

$$P'=Fq\left(\frac{x_P}{1-x_P}\right)$$

10.1.5 萃取精馏过程的计算

精确计算萃取精馏塔必须使用电子计算机进行逐渐逼近法计算。但在很多情况下，特别

是处理烃类混合物等组分性质相似的物料，如萃取剂的浓度和液体的焓值沿塔高变化不大，此时只要考虑萃取剂对原溶液组分间相对挥发度的影响后，可按二元精馏的原理用图解法或解析法计算，也可按简捷法计算。其简捷计算法与普通精馏相似，计算步骤如下：

① 确定混合物的分离要求并计算塔顶、塔底的物料组成；

② 确定萃取剂加入量并计算萃取剂在塔内的泡点温度；

③ 确定加料板、塔顶、塔底物料的泡点温度；

④ 计算萃取剂加入板，加料板和物料在操作条件下各组分的相对挥发度，并确定各组分在全塔的平均相对挥发度；

⑤ 按恩特伍德公式确定最小回流比并用芬斯克公式确定最小理论板数；

⑥ 按吉利兰特关联式确定实际回流比下的理论板数。

因萃取精馏简捷计算过程与普通精馏的简捷计算相似，所以这里不再赘述，只讨论萃取剂用量的确定。

【例 10－1】在维尼纶生产中有一乙酸甲酯(1)和乙醇(2)混合物，含乙酸甲酯 $x_1 = 0.649$，要求获得浓度为 0.95 的乙酸甲酯，且要求回收率为 98%，决定采用以水为萃取剂的萃取精馏，要求精馏段塔板上水的浓度 $x_P = 0.80$（以上均为摩尔分数），操作回流比 1.1，饱和液相进料，全凝器。若忽略萃取剂在塔顶的浓度，试求所需萃取剂/料液。已知 $(\alpha_{12})_P = 5.74$，$\alpha_{1P} = 25.1$，$\alpha_{2P} = 5.4$。

解：以 100kmol/h 进料为计算基准，进行物料衡算。由已知 $(\alpha_{12})_P$ 可知，乙酸甲酯(1)为轻关键组分，则

$$d_1 = f_1\varphi_1 = 100 \times 0.649 \times 0.98 = 63.6\text{(kmol/h)}$$

因为 $x'_{D,1} = \dfrac{d_1}{D'} = 0.95$

所以 $D' = \dfrac{d_1}{x'_{D,1}} = \dfrac{63.6}{0.95} = 66.95\text{(kmol/h)}$

板上原溶液各组分的浓度可以用塔顶浓度代替，忽略萃取剂在塔顶的浓度，则

$x'_{D,1} = x_{D,1} = 0.95$，$x'_{D,2} = x_{D,2} = 0.05$

因为 $x_P = 0.8$

所以 $x_1 = 0.95 \times (1 - 0.80) = 0.19$；$x_2 = 0.01$

则 $\beta = \dfrac{x_1 + x_2}{\alpha_{1P}x_1 + x_2\alpha_{2P}} = \dfrac{0.19 + 0.01}{0.19 \times 25.1 + 0.01 \times 5.4} = 0.0415$

忽略萃取剂在塔顶的浓度，即 $D = D'$，则

$$L = RD + P = P + 1.1 \times 66.95 = P + 73.65$$

因为 $x_P = \dfrac{P}{(1-\beta)L - \dfrac{\beta D}{1 - x_P}}$

所以 $0.8 = \dfrac{P}{(1 - 0.0415)(P + 73.65) - \dfrac{0.0415 \times 66.95}{1 - 0.8}}$

解得 $P = 217\text{(kmol/h)}$

则 $P/F = 2.17$

10.2 共沸精馏及其计算

10.2.1 形成共沸物的条件及其共沸物的特点

共沸精馏与萃取精馏相同，也是通过加入适当的分离媒介，即共沸剂进行精馏的。由于共沸剂的作用改变了原溶液中组分间的相互作用，增大了关键组分间的相对挥发度，所以使分离由难变易。并且共沸剂通常与溶液中的一个或二个组分形成二元或三元最低共沸物，新的共沸物比原溶液中任一组分或共沸物的沸点都要低，且组成也有明显差异。共沸物从塔顶蒸出以后，需采用其他分离方法将共沸剂分离供循环使用。

(1)共沸物

共沸物是一种液体混合物，它在一定压力下加热气化时，气相组成恒等于液相组成，且沸腾温度恒定不变。产生共沸物的原因是由于溶液中各组分分子间引力的差异，主要是氢键的作用，形成与理想溶液的正偏差或负偏差。所谓正偏差或负偏差，是指对于拉乌尔定律的偏差。对于正偏差的物系，各组分的活度系数大于1，各组分的分压均大于拉乌尔定律的计算值，总的相平衡压力 P 在全浓度范围内高于理想线。若总的相平衡压力 P 仍位于两组分饱和蒸气压之间，不会形成共沸物。当正偏差达到一定程度，在双组分 $P-x$ 相图泡点线上会出现一个最高点，即总的相平衡压力 P 会在某一段高出组分的饱和蒸气压，此时称为形成最大正偏差。图 10-3 为一定温度下双组分的 $P-x$ 相图，曲线 1 为最大正偏差泡点线，m 点为最高点，称为极值点，在该极值点会形成共沸物。图 10-4 为双组分组成相图，图中 m 点即对应图 10-3 的极值点，在该点处 $y=x$，m 点称为恒沸点。同时在 $T-x$ 相图相应位置会出现最低点，所以该共沸物称为最低共沸物。而对于负偏差体系，各组分的活度系数小于1，各组分的分压及总压均小于拉乌尔定律的计算值。总的相平衡压力 P 在全浓度范围内低于理想线。若总的相平衡压力 P 仍位于两组分的饱和蒸气压之间，不会形成共沸物。当负偏差达到一定程度，在 $P-x$ 相图中泡点线上会出现一个最低点，即总的相平衡压力 P 会在某一段低于饱和蒸气压，此时称为形成最大负偏差。图 10-3 中曲线 2 为最大负偏差泡点线，M 点为最低点，也称为极值点。在该极值点会形成共沸物，此时在图 10-4 双组分 $y-x$ 相图中相应的 M 点处 $y=x$，同时在 $T-x$ 相图上会出现最高点，所以该共沸物称为最高共沸物。除有机酸、酚、有机胺等形成最高共沸物外，多数具有官能团的有机物或水和有机物所形成的共沸物一般均是最低共沸物。

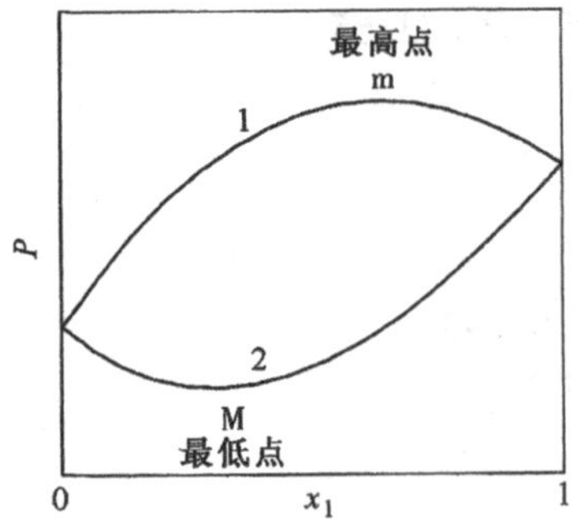

图 10-3 双组分 $P-x$ 相图

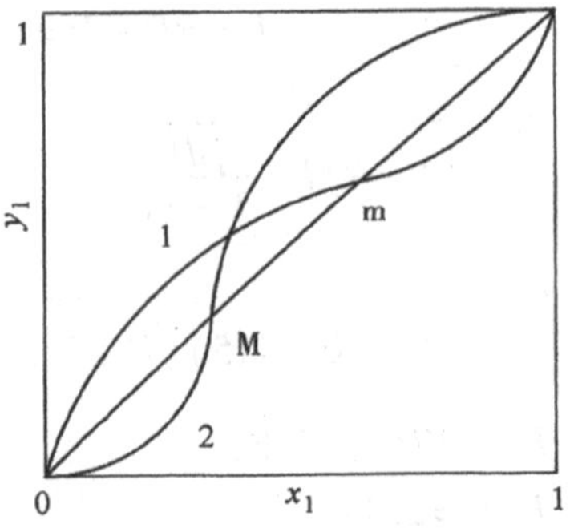

图 10-4 双组分 $y-x$ 相图

多元系不同于二元系，平衡的气、液相组成相等并不一定相当于温度或压力的极值点，这是因为在多元系中，组成与蒸气的分压及总压之间的关系要比二元系复杂得多。

由于共沸物沸腾时气相组成与液相组成相同，部分气化或部分冷凝均不能改变混合物的组成，非共沸物组成的二元液态混合物经过精馏后只能得到一个纯组分和共沸物，而不能同时得到两个纯组分，所以需采用特殊精馏分离该种混合物。

共沸物的形成是由于系统与理想性有偏差的结果。根据二元系组分的活度系数与组成的关系可知：两纯组分的饱和蒸气压相差越小，则越可能在较小的正(或)负偏差时形成共沸物，而且共沸组成越接近等摩尔分数。随着纯组分蒸气压差的增大，最低共沸物向含低沸点组分多的浓度区移动，最高共沸物向含高沸点组分多的浓度区移动。

系统的非理想程度越大，则蒸气压—组成曲线越偏离直线，极值点也越明显。当拉乌尔定律的正偏差很大时，则可能形成两个液相。而二元系在三相共存时只有一个自由度，因此在等温(或等压)时，系统是无自由度的，即在任何不同的两液相的比例下，气相组成和压力不变。这种物系又可分为三类：第一类是在恒温下，两液相共存区的溶液蒸气压大于纯组分的蒸气压，且蒸气组成介于两液相组成之间。这种系统形成非均相共沸物。第二类是在恒温下，两液相共存区的溶液蒸气压大于纯组分的蒸气压，但蒸气组成不介于两液相组成之间。这种系统形成非均相共沸物。第三类是在恒温下，两液相共存区的溶液蒸气压介于两纯组分之间，而蒸气组成并不介于两液相组成之间，这种系统不形成共沸物。这三类系统的相图见图 10－5。选择共沸剂，应使共沸剂能与原溶液组分形成第一类或第二类系统，其中第一类系统在共沸物温度下即能分层，而第二种系统只有将凝液降温后才能分层。

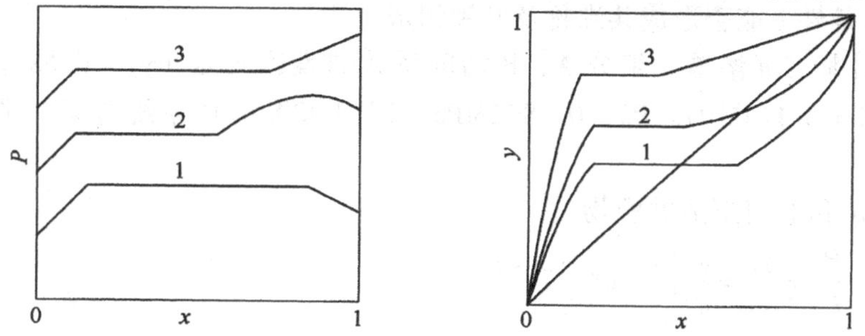

图 10－5　液相部分互溶的二元系相图

若气相为理想气体，则第一类、第二类系统满足

$$P = P_1 + P_2 > P_1^S > P_2^S \tag{10-10}$$

而第三类系统

$$P_2^S < P = P_1 + P_2 < P_1^S \tag{10-11}$$

即(10－10)式为
$$P_1^S - P_1 < P_2 \tag{10-12}$$

(10－11)式为
$$P_1^S - P_1 > P_2 \tag{10-13}$$

式中　P——两液相共存区的溶液蒸气压，kPa；

P_1、P_2——共存相区饱和蒸气中组分 1 和组分 2 的分压，kPa；

P_1^S、P_2^S——组分 1、2 在系统操作条件下的纯组分饱和蒸气压，kPa。

在两液相共存区

$$P_1 = P_1^S \gamma_1^I x_1^I；\ P_2 = P_2^S \gamma_2^{II} x_2^{II} \tag{10-14}$$

将式(10－14)代入式(10－12)得

$$\frac{P_1^S(1-x_1^{I}\gamma_1^{I})}{P_2^S x_2^{II}\gamma_2^{II}}<1 \qquad (10-15)$$

将式(10－14)代入式(10－13)得

$$\frac{P_1^S(1-x_1^{I}\gamma_1^{I})}{P_2^S x_2^{II}\gamma_2^{II}}>1 \qquad (10-16)$$

式中，Ⅰ、Ⅱ分别为以组分1、2为主的液相。

若1、2两组分相互溶解度很小，即 $x_1^{I}\approx1$，$x_2^{II}\approx1$，则 $\gamma_1^{I}=\gamma_2^{II}=1$。

式(10－15)和式(10－16)简化为

$$E=\frac{P_1^S x_2^{I}}{P_2^S x_2^{II}}<1；\ E=\frac{P_1^S x_2^{I}}{P_2^S x_2^{II}}>1$$

由上两式可知，$E<1$ 时1、2两组分能形成共沸物，所以能否形成共沸物可用 E 作为定性指标。组分的蒸气压差越小，相互溶解度越小，形成共沸物的可能越大。

(2)共沸组成的计算

对能形成二元均相共沸物的系统来说，若系统压力不大，可假定气相为理想气体，则

$$\alpha_{12}=K_1/K_2=\frac{y_1/x_1}{y_2/x_2}=\frac{(\gamma_1P_1^S)/P}{(\gamma_2P_2^S)/P}=\frac{\gamma_1P_1^S}{\gamma_2P_2^S}=1$$

即

$$\frac{\gamma_1}{\gamma_2}=\frac{P_2^S}{P_1^S} \qquad (10-17)$$

若已知饱和蒸气压与温度间的函数关系式及活度系数与组成的数学式，则可由式(10－17)确定在操作条件下能否形成共沸物及共沸组成。

【例10－2】某二元溶液，组分A、B活度系数的表达式为 $\ln\gamma_A=0.5x_B^2$，$\ln\gamma_B=0.5x_A^2$。已知80℃时 $P_A^S=0.124\text{MPa}$，$P_B^S=0.0832\text{MPa}$。试问80℃时该系统有无共沸物产生，如果有，组成如何？

解：假设A和B可形成共沸物

则 $$\frac{P_A^S}{P_B^S}=\frac{\gamma_B}{\gamma_A}=\frac{e^{0.5x_A^2}}{e^{0.5x_B^2}}=e^{0.5x_A^2-0.5x_B^2}$$

即 $\ln(P_A^S/P_B^S)=0.5x_A^2-0.5x_B^2$

又因为 $x_B=1-x_A$

解得 $x_A=0.899$，$x_B=0.101$，有物理意义，能产生共沸物。

共沸物组成即为以上计算结果。

10.2.2 共沸剂的选择

共沸剂至少与原溶液中一个组分形成最低共沸物，且共沸物与任一组分的沸点差应大于10℃。这样，选择的共沸剂，首先必须改变混合物中关键组分的相对挥发度，而且要与被分离组分形成最低共沸物。这与共沸物的类型、物料的性质、浓度和操作温度有关。其次，希望具有下述特点

① 汽化潜热低(共沸剂用量少，气化所需热小，比较经济)。

② 热稳定性高，精馏过程中不发生化学变化。

③ 价格低廉，易于获得，无毒无腐蚀。

④ 易于分离回收(最好冷却分层)。组分在操作浓度和温度范围内完全互溶不分层；

同时还要考虑溶剂选择和溶剂回收过程的操作费用和投资费用。

10.2.3 共沸精馏流程

共沸精馏流程包括共沸精馏塔和共沸剂回收系统两个部分，通常还需要料液的准备过程，例如用共沸精馏分离二元共沸物时，一般都是先经过初步精馏，使料液组成接近共沸组成后才送入共沸精馏塔。现介绍几种典型流程。

(1)二元非均相共沸物分离流程

某些双组分共沸物(如苯－水，丁醇－水)在温度降低时可分为两个具有一定互溶度的液层，此时不需外加共沸剂，采用两个精馏塔联合操作便可获得两个纯产品。例如，正丁醇—水系统的分离流程，见图10－6。组成为x_F的料液加入丁醇塔以后，塔底得到纯丁醇，塔顶得到近于共沸物组成的$y_{D\,I}$蒸气。共沸物冷凝冷却后得到两个液相，一为组成为$x_{R\,II}$的富水液相，另一为组成为$x_{R\,I}$的富丁醇相，前者作为进料进入水塔，后者作为回流返回丁醇塔。由图10－6可以看出，水塔只需提馏段而不需精馏段。在水塔中水为塔釜产品，塔顶蒸气组成为接近共沸组成的$y_{D\,II}$。把它冷凝后的混合物，也进入分层器分为组成为$x_{R\,I}$和$x_{R\,II}$两个液相。因为水塔的塔底产品是水，故可用水蒸气直接通入作为上升蒸汽，而不用再沸器加热气化而产生气相物流。

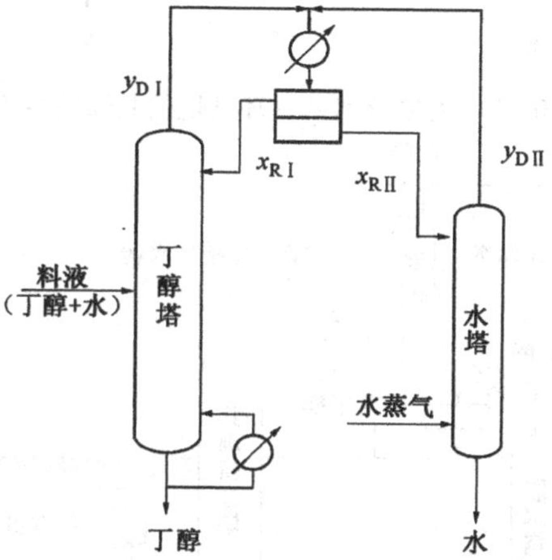

图10－6 正丁醇－水系统的分离流程

在正丁醇塔中水为易挥发组分，而正丁醇为难挥发组分。在水塔中正丁醇为易挥发组分，而水为难挥发组分。如果原料液的组成在$x_{R\,I}$和$x_{R\,II}$之间时，可将原料直接加入分层器，分层后分别作为进料进入正丁醇塔和水塔。

(2)塔顶为均相共沸物的流程

如加入的共沸剂S与一个或一个以上组分形成均相最低共沸物，则不能用冷却分层法分离共沸剂，一般可用液－液萃取法。以丙酮为共沸剂分离苯－环己烷混合物属这种流程，见图10－7。丙酮－环己烷二元共沸物从共沸精馏塔分出后，经冷凝一部分作回流，一部分送入萃取装置用水回收丙酮，把丙酮和环己烷分开，然后再用普通精馏塔把水与丙酮分开。在此流程中丙酮只与原料中环己烷一个组分形成均相共沸物。

有时共沸剂与原溶液的两组分都能形成均相共沸物，如用甲醇作共沸剂从与甲苯沸点相近的烷烃中分离甲苯的流程，见图10－8。在共沸精馏塔中，甲醇与烷烃形成均相最低共沸物从塔顶蒸出，凝液部分回流，部分进入甲醇萃取塔。萃取塔用水作萃取剂，水和甲醇互溶从塔底流出，萃余液烷烃作为产品从塔顶馏出，萃取液进入脱水塔。在脱水塔塔顶得甲醇，塔底得水，均可供循环使用。共沸塔塔底为甲苯与夹带的少量甲醇，进入脱甲醇塔以回收夹带的甲醇。在脱甲醇塔塔顶得甲醇－甲苯共沸物，塔底得纯甲苯作产品。

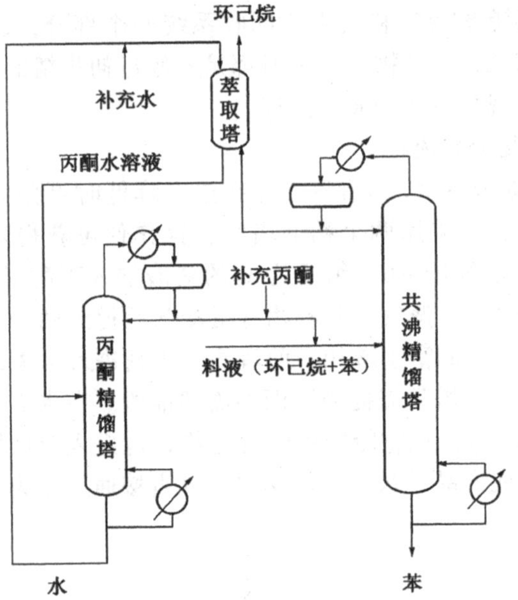

图 10－7　丙酮分离苯－环已烷的共沸精馏流程

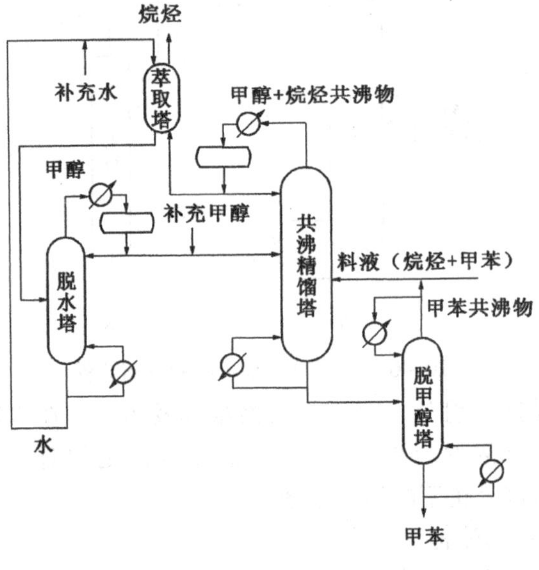

图 10－8　以甲醇为共沸剂分离烷烃和甲苯流程

(3)塔顶为非均相共沸物的流程

在对二甲苯氧化生产对苯二甲酸时需要利用乙酸做溶剂，反应过程中有水生成，因此会产生乙酸的水溶液，同时含有少量的乙酸甲酯。可利用乙酸异丁酯作为挟带剂把水和有机溶剂分开，最后得到乙酸。如图 10－9 所示，乙酸水溶液自共沸精馏塔中部加入，乙酸产品由塔底采出，水与乙酸异丁酯形成的共沸物从塔顶馏出，经冷凝器冷凝后，进入分层器。分层器中的上层油相返回共沸精馏塔作为回流，下层水相一部分返回共沸精馏塔作为回流，一部分进入共沸剂回收塔。回收塔塔顶得到乙酸甲酯，乙酸异丁酯由回收塔上部侧线采出返回分层器，塔底得到废水。

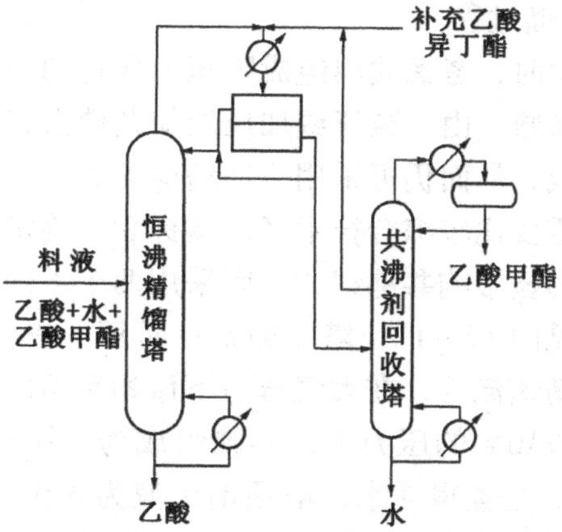

图 10－9　乙酸－水共沸精馏系统

以苯为共沸剂分离乙醇－水制取无水乙醇时，苯与乙醇、水形成三元非均相共沸物。所形成的三元非均相共沸物，其中苯为 53.9%，水为 23.3%，乙醇为 22.8%（摩尔分数），共沸点为 64.86℃。而乙醇、水所形成的二元最低共沸物组成为乙醇 89.43%，共沸点为 78.15℃。在此二元系统中所形成的三元非均相共沸物的共沸点（64.86℃）比乙醇－水物系（78.15℃）、苯－水物系（69.25℃）、苯－乙醇物系（68.24℃）都低，而且共沸组成中所含水与乙醇之比高于乙醇－水的共沸组成。所以可以采用苯为共沸剂进一步脱除乙醇－水共沸物中的少量水分。

图 10－10 为从乙醇－水共沸物生产无水乙醇的流程。补充苯可以随塔顶回流进入共沸精馏塔，也可以随原料一起加入。在主塔塔顶分出三元共沸物。从共沸精馏塔塔底得到的是无水乙醇。塔顶蒸气经冷凝后分成两层，上层富含苯，返回主塔作回流，下层富含水，送到苯回收塔。苯回收塔塔顶产物也是三元非均相共沸物；塔底出来的水中因尚有一定浓度的乙醇，故送入乙醇回收塔（也可用于使原料液增浓的精馏塔）精馏，其底部产品为近于纯水，顶部产物则是乙醇－水二元恒沸物，可重新返回主塔的进料中。

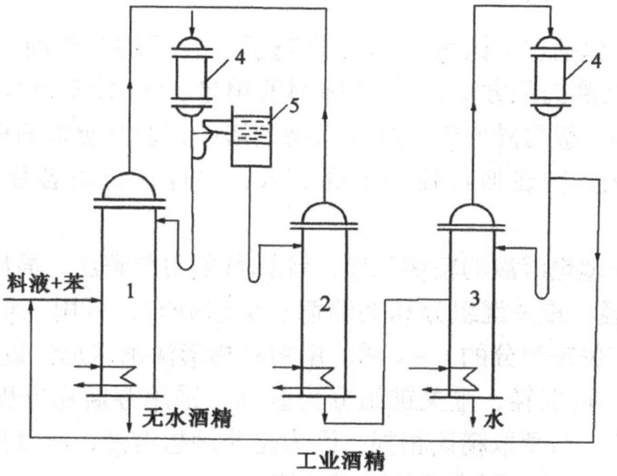

图 10－10　乙醇－水共沸精馏流程

1—共沸精馏塔；2—苯回收塔；3—乙醇回收塔；4—全凝器；5—分层器

由以上的各流程可以看出，形成均相共沸物的流程，由于回收共沸剂比较困难而常使流程比较复杂，故一般希望采用形成非均相共沸物的流程。

(4)分离共沸物的双压精馏过程

在设计一个共沸精馏过程时，考虑共沸组成随压力变化的一般规律是很重要的。因为压力是一个很容易改变的操作参数，由于减压或加压能使共沸点移动，所以工业上也采用通过改变压力来改变共沸物的组成，从而仍可采用普通精馏的方法来分离共沸系统。但此时动力消耗及设备投资费用增加，需要比较综合技术经济指标后，确定适宜的操作条件。

一般来说，若压力变化明显影响共沸组成，则采用两个不同压力操作的双塔流程，可实现二元混合物的完全分离。见图 10-11，塔 1 通常在常压下操作，而塔 2 在较高(低)压力下操作。如甲乙酮-水双压精馏流程，在大气压力下该物系形成二元正偏差共沸物，共沸组成为含甲乙酮65%，而在0.7MPa 的压力下，共沸组成为含甲乙酮 50%。如果原料中含甲乙酮小于65%，在塔1进料，塔釜得纯水，塔顶馏出液为含甲乙酮65%的共沸物，共沸物经冷凝后一部分打回流，一部分进高压塔塔2。在塔2塔顶出含甲乙酮50%的共沸物，共沸物经冷凝后一部分打回流，一部分循环到塔1，塔釜得到纯甲乙酮。

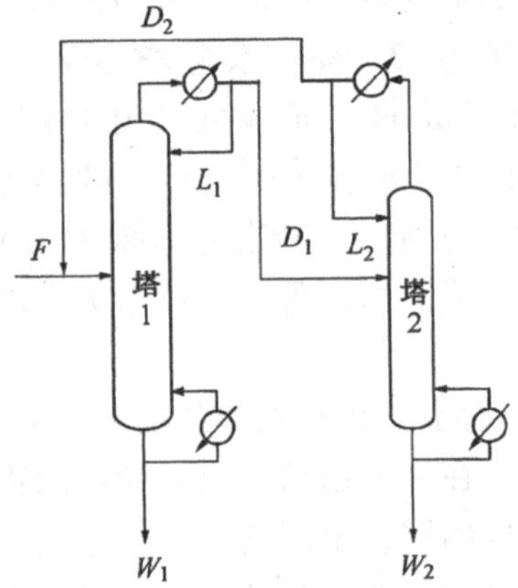

图 10-11　双压精馏流程

10.2.4　共沸精馏的计算

共沸精馏的计算应包括许多因素，如：① 选择一合适的共沸剂并获得完全的相平衡数据；② 从产品中回收共沸剂的方法；③ 共沸剂的用量；④ 共沸剂的加入位置；⑤ 共沸精馏塔的计算等。共沸剂一般可随原料一起加入精馏塔中，若共沸剂的挥发度较低，则应在加料板的上部加入；反之，应在加料板的下部加入，以保证全塔各板上均有足够的共沸剂浓度。

共沸精馏是多元非理想溶液的精馏问题，计算可采用图解法、简捷法及逐板计算法。

① 当系统仅包括轻、重关键组分和共沸剂三个组分时，可用三角形相图图解法，或根据三元系的平衡数据作关键组分的 $y-x$ 图。用图解梯形法确定理论板数。

② 作为初步设计，可以轻、重关键组分为基准，采用芬斯克方程，恩特伍德方程，吉利兰特图等简捷法计算。与萃取精馏相同，因为是非理想溶液，所以简捷法误差较大。

③ 采用逐板计算法并结合严格的相平衡计算。

恒沸精馏处理的物料非理想性很强，如果已取得恰当的相平衡和焓关联，它的操作型模拟计算需采用那些温度和液相组成同时迭代逼近的算法。对于形成非均相共沸物的共沸精馏塔，还需同时计算液液平衡。如果在塔中塔板上已出现了两个液相，则需应用三相精馏的模拟算法，计算比较困难。对共沸精馏和萃取精馏，都可采用逐板计算法严格计算理论板数，但要结合进行严格的相平衡计算。

在逐板法计算中，除了进料位置的确定外，计算起点的确定和对非关键组分初值的估计与校核是另一关键。按清晰分割处理，对于只有轻组分的物系，馏出液浓度可以估计得比较准确，应该选择从塔顶开始逐级计算；反之，对于仅有重组分存在的物系，估算的塔底组成较为精确。若分离的混合物中除轻、重关键组分外，轻、重组分均存在时，两端估算的组成都不会太准确。所以对于多组分精馏，因为含有的组分多，估算组成较困难，在工程计算中很少采用逐板计算法。而对于特殊精馏的共沸精馏和萃取精馏，由于通常含 2 ~4 个组分，所以采用逐板计算较为简便，准确。

简捷法计算过程与普通精馏塔简捷法计算过程相似，这里重要的是确定共沸剂用量。共沸剂用量可通过馏出液或共沸物组成、塔釜液组成、进料组成和流量，由物料衡算求得。适宜的共沸剂量应该是共沸剂不混入塔釜液，同时被分离的共沸组分 A 完全和共沸剂形成共沸物而蒸出，即共沸剂加入量应恰好与全部轻组分形成共沸物。在此情况下，塔釜液 W 几乎是纯组分 B 的组成，馏出液 D 的组成几乎等于或接近于共沸物组成。

【例 10 -3】现有 95% 的乙醇和水组成的二元溶液，拟用三氯乙烯作共沸剂脱除乙醇中的水分，三氯乙烯与乙醇和水能形成三元最低共沸物，共沸物组成为乙醇 16.1%，水 5.5%，三氯乙烯 78.4%（以上均为质量分数），试求共沸剂的用量。

解：以 100kg 料液为基准，设共沸剂三氯乙烯用量为 Skg，恰好与料液中的水分形成共沸物。

对水作物料衡算 $Dx_{D,水} = Fx_{F,水}$

则 $D = Fx_{F,水}/x_{D,水} = (100 \times 0.05)/0.055 = 90.9(\text{kg})$

对三氯乙烯作物料衡算 $S = Dx_{D,S}$

得 $S = 90.9 \times 78.4\% = 71.3(\text{kg})$

在实际生产中，由于操作波动等原因，共沸剂的用量并不能处于恰好的量，因此，为了保证产品质量，视共沸剂和产品的不同性质，共沸剂的用量总是取得比恰好的量多一些或少一些，此时，共沸剂的用量仍然可通过物料衡算求得。

【例 10 -4】在【例 10 -3】中，若要求釜液中水的含量不超过 0.5%，求共沸剂的用量 S'。

对水作物料衡算 $Fx_{F,水} = Dx_{D,水} + Wx_{W,水}$

即 $$100 \times 0.05 = D \times 0.055 + W \times 0.005 \qquad (1)$$

对全塔作物料衡算 $F + S' = D + W$

即 $$100 + S' = D + W \qquad (2)$$

对三氯乙烯作物料衡算 $S' = Dx_{D,S}$

即 $$S' = D \times 78.4\% \qquad (3)$$

联解(1)、(2)、(3)式得 $S' = 65.43(\text{kg})$

【例 10 -5】有一粗γ - 丁内酯混合液，由于该组分是热敏感性物质，可以用联产丙酸作共沸剂脱除γ - 丁内酯中的水分。在 $P = 0.200\text{MPa}$ 下丙酸、水二元系形成均相共沸物。共沸组成为 $x_{丙} = 4\%$。加料组成为γ - 丁内酯(1)90%，水(2)10%（以上均为摩尔分数）。要求γ - 丁内酯的回收率为 98%，共沸剂丙酸(S)的回收率 $\varphi_S = 98.2\%$。试确定共沸剂的用量。

解：以 100kmol 进料为基准，设所需的丙酸量为 Skmol，因为共沸剂丙酸(S)的回收率为 98%，所以水可看做全部由塔顶蒸出，则对水作物料衡算得

$$d_2 = Fx_{F,2}$$

即 $\quad d_2 = 100 \times 10\%$

解得 $\quad d_2 = 10(\text{kmol})$

因为 $\quad \dfrac{d_S}{d_2 + d_S} = 0.04$

解得 $\quad d_S = 0.417(\text{kmol})$

因为 $\quad \varphi_S = d_S/S$

所以 $\quad S = d_S/\varphi_S = 0.417/0.982 = 0.425(\text{kmol})$

10.2.5 共沸精馏和萃取精馏的比较

共沸精馏和萃取精馏都是分离液体混合物的操作过程，由于加入溶剂引起与理想溶液的偏差，根据偏差的大小程度，可分为共沸精馏和萃取精馏。二者比较如下：

(1)萃取精馏比共沸精馏灵活

共沸精馏的溶剂一定要与被分离组分形成共沸物，所以溶剂的选择范围较窄，而萃取精馏溶剂的选择范围较宽，选择余地大。共沸剂用量不宜波动，溶剂用量的多少直接影响产品的纯度；而萃取剂浓度在较宽的范围内操作，均能保证产品的质量。

(2)能量消耗

就萃取精馏塔本身而言，由于萃取剂的沸点较高，在塔内并不蒸发，而共沸精馏溶剂在塔内气化，因此，通常共沸精馏比萃取精馏能量消耗大。

(3)溶剂加入方式

萃取精馏的溶剂在塔顶加入，并在加料板上做一定的补充。共沸精馏的溶剂加入方式随溶剂的性质而异，可随物料加入，或在加料板上下适当的位置加入。

另外，共沸精馏常用来脱除相对含量较少的组分，如醇、酯、苯的脱水，可进行连续或间歇操作。萃取精馏常用来分离物性相似、且相对含量又较大的物系，如 C_4分离、C_5分离，常用于大规模连续生产装置。共沸精馏因受共沸组成的控制，故操作参数的变动范围不如萃取精馏灵活。有热敏性组分存在时，因共沸精馏可以在比萃取精馏低的温度下进行，故共沸精馏比萃取精馏有利。

习 题

1. 以乙腈为萃取剂，萃取分离 C_4混合物。C_4混合物组成、流量以及各组分在馏出液和塔釜液中分配情况如表所示。

组　分	$n-C_4^0(1)$	$i-C_4^0(2)$	$2-C_4^=(3)$	$C_4^=(4)$	Σ
进料 f_i/(kmol/h)	13.90	8.06	33.50	25.00	80.46
馏出液 D/(kmol/h)	13.90	8.06	30.60	1.20	53.76
塔釜液 W/(kmol/h)	0	0	2.90	23.80	26.70

萃取剂在塔内保持恒定，$x_P = 0.8$，泡点进料，$R = 1.2$。萃取剂对原溶液的相对挥发度可忽略，气、液相流量可按恒摩尔流处理。试求精馏段萃取剂用量。

2. 某含有正庚烷(1)0.40、正辛烷(2)0.20、乙苯(3)0.40的混合物(以上均为摩尔分数)，拟用苯酚(4)作萃取剂进行萃取精馏，原料溶液的进料量为100kmol/h，泡点进料，萃取剂与进料流量比为3:1。要求塔底乙苯(3)的回收率为99%，塔顶辛烷(2)的回收率为99%，馏出液中苯酚浓度可视为0。塔顶采用全凝器，回流比为6。试采用清晰分割法计算：

(1) 精馏段和提馏段溶剂的浓度；

(2) 为使提馏段溶剂浓度与精馏段溶剂浓度相同，应在何处补充多少溶剂？

3. 含甲苯50%(摩尔分数)的甲苯、甲基环己烷混合物，采用苯酚作萃取剂进行分离。要求在塔底回收95%的甲苯，且甲苯的纯度为99%(无溶剂基)。塔顶设全凝器，溶剂量与进料量比为3.3:1。萃取剂为循环溶剂，其中含甲苯0.9%，塔顶馏出物中苯酚含量低于0.2%，试对该萃取精馏塔作物料衡算。

4. 用萃取精馏法分离正庚烷(1)-甲苯(2)二元混合物。原料组成$z_1=50\%$，采用苯酚作溶剂进行萃取精馏，原料液的进料量为100kmol/h，饱和蒸气进料，要求塔板上溶剂浓度$x_P=55\%$，回流比为4，馏出液中甲苯含量不超过0.8%，塔釜液中正庚烷的浓度不超过1%(以上均为摩尔分数)(脱溶剂基)。萃取精馏塔有足够高的溶剂回收段，馏出液中苯酚浓度可视为0，苯酚相对于原溶液的相对挥发度可忽略不计，试求溶剂与进料比。

5. 某1、2两组分构成二元系，活度系数方程为$\ln\gamma_1=Ax_2^2$，$\ln\gamma_2=Ax_1^2$，饱和蒸气压方程为

$$\ln P_1^S=16.0826-\frac{4050}{T}$$

$$\ln P_2^S=16.3526-\frac{4050}{T} \qquad (P^S:\mathrm{kPa};\ T:\mathrm{K})$$

假设气相为理想气体，试问352K时该系统能否形成共沸物？如果能，确定共沸物组成及共沸压力。

6. 已知A、B两组分在压力$P=0.1\mathrm{MPa}$下形成的均相共沸物的组成为$x_A=0.65$(摩尔分数)，在共沸温度下纯A组分的饱和蒸气压为0.0667MPa，纯B组分的饱和蒸气压为0.018MPa。求

(1) 在共沸组成条件下的活度系数；

(2) 该共沸物是最低共沸物还是最高共沸物？

7. 要求在常压下分离环已烷(1)(沸点80.8℃)和苯(2)(沸点80.2℃)，它们的共沸组成为苯0.502(摩尔分数)，共沸点77.4℃，现以丙酮(S)为共沸剂进行共沸精馏，丙酮与环已烷能形成共沸物，共沸组成为$x_1=0.60$，苯在塔底的回收率为98%，若希望得到几乎纯净的苯，试计算

(1) 所需共沸剂量；

(2) 塔顶、塔釜流出物量各为多少。

8. 为了得到无水乙醇，以苯为共沸剂加入到含乙醇95%的乙醇-水原料中进行共沸精馏，苯与水和乙醇能形成三元最低共沸物，共沸组成为：乙醇18.5%，水7.4%，苯74.1%。今欲得到2.5m³无水乙醇，理论上需加入多少苯？已知各组分的密度：95%的乙醇为799kg/m³，100%乙醇为785kg/m³，苯为872kg/m³(以上均为质量浓度)。

第11章 多组分吸收和解吸过程

11.1 吸收过程的分类及应用

吸收分离是用一种适当的液体溶剂处理气体混合物，使各组分得以分离的过程，是化工生产中分离气体混合物的重要方法之一。吸收时所用的液体溶剂称为吸收剂，如果气体吸收过程中只有一个组分在吸收剂中具有显著的溶解度，其他组分的溶解度均很小，则这种吸收称为单组分吸收。例如制氧工业中，将空气进行深冷分离之前，用碱液脱除其中的二氧化碳，以防止二氧化碳在低温下结成干冰，堵塞设备和管道，使深冷分离操作无法正常进行。单组分吸收在化工原理课程中已进行了详细的讨论。若气体混合物中具有显著溶解度的组分不止一个，例如用油吸收法分离石油裂解气，除氢以外，其他组分都程度不同地从气相溶解到吸收剂中，则这类吸收称为多组分吸收。多组分吸收是本门课程要讨论的重点。由于基本有机合成反应的特点，反应气几乎都是多组分混合物，所以其中除了目的产物以外，还含有一些有价值的副产品，也有一些有害的杂质。因此，采用吸收法分离这种气体混合物通常是多组分吸收，即是：在吸收目的产物的同时也不同程度地吸收其他的一些组分。

除了将吸收分为多组分吸收和单组分吸收外，根据讨论问题的方法和着眼点不同，吸收过程还可以有多种分类。例如根据过程进行中各组分和吸收剂之间有无化学反应发生，将吸收过程分为物理吸收和化学吸收，化学吸收按反应类型又分为可逆反应和不可逆反应的吸收。物理吸收是根据气体混合物中各组分在液体中溶解度的不同，而达到分离目的的传质过程；根据过程进行中有无显著的温度变化，将吸收过程分为等温吸收和非等温吸收；按照过程中气液两相接触的方式和采用的设备形式，可分为喷淋吸收、鼓泡吸收、降膜吸收等等。

每一具体的吸收过程以采用哪一种分类方法为宜，完全视何种分类方法能较确切地反映出该具体过程的特点来衡量。如采用吸收法分离石油气，在进行吸收计算时，应突出说明它是多组分吸收，在计算过程中，应考虑到它又是非等温吸收。在比较采用何种设备时，应当考虑到是用鼓泡吸收还是喷淋吸收等。

在基本有机化工生产中，无论是原料的净制还是产品的分离，常常需要从气体混合物中分出一种或若干种组分，因而吸收的应用十分广泛，单就其目的而言，可以分为以下几个方面：

(1) 用液体吸收气体获得半成品

例如用水吸收环氧乙烷制取乙二醇；用水吸收甲醛蒸气制甲醛溶液；用水吸收丙烯氨氧化反应气中的丙烯腈作为中间产品等。

(2) 气体混合物的分离

此时所用的吸收剂应有较好的选择性，且常与解吸过程相结合，用以得到目的产物或回收其中一些组分。例如：石油裂解气的油吸收过程，可把碳二以上的组分与甲烷、氢分开；

焦炉气的油吸收以回收苯以及用 N – 甲基吡咯烷酮作溶剂，将天然气部分氧化所得裂解气中的乙炔分离出来等。

(3) 气体的净化和精制

可分为两种情况，一种是排放于大气中的废气的净化。例如：烟道气除去 SO_2 的净化；液氯冷凝后的废气除去氯气的净化以及工业放空尾气中氯化氢的净化等。这些有害气体如不脱除而直接排空，就会污染大气，威胁人民身体健康、腐蚀设备和建筑物，造成难以估量的损失。另一种是除去在气体继续加工时所不允许有的杂质，即原料的预处理过程。例如：用乙醇胺脱除石油裂解气或天然气中的硫化氢；用于合成氨生产的氮氢混合气中的 CO_2 和 CO 的净化以及在接触法生产硫酸中二氧化硫的干燥等。

(4) 从气体混合物中回收有价值的组分

为了防止有价值的组分损失和污染环境，常采用吸收方法将其回收。例如对气体中所含的易挥发性溶剂，如醇、酮、醚等用水吸收进行回收。

对于气体混合物的分离、净化和有价值组分的回收，除用吸收方法外，还可采用深度冷冻、精馏、吸附等方法，选择哪一种方法为宜，要从技术、经济观点来权衡。通常当气体处理量较大，提取的组分不要求很完全时，吸收是最好的方法。

11.2 工艺流程

化工生产中通常将离开吸收塔的吸收液送到下一工序进行处理，以便回收吸收剂，循环使用。使吸收剂再生的方法是将吸收液中的易溶组分驱赶出来，这种操作称为解吸(蒸出)。它的作用就是把我们所需的目的产物从吸收液中驱赶出来，并使吸收剂获得再生，返回吸收塔继续使用，所以解吸可看作是吸收的逆过程。化工生产中，通常吸收和解吸并存，有时将它们进行联合操作，以完成给定的工艺要求。

吸收装置的工艺流程可以分为两大类：一类是吸收剂不需要再生的流程；另一类为吸收剂需要解吸再生以循环使用的流程。

解吸过程一般可采用的方法有：加热升温；减压闪蒸；精馏解吸。分离后易溶组分单独作为一种气体产品送出，而吸收剂则再送回吸收塔内循环使用。

(1) 单纯吸收流程

当吸收剂与被吸收组分一起作为产品或者废液送出及吸收剂使用之后不需要再生时，则采用单纯吸收流程，该流程只有吸收塔而没有解吸塔。

单纯吸收流程又可分为单塔一次吸收(如图 11 – 1)和多塔串联吸收(如图 11 – 2)。

用水作吸收剂吸收氯化氢生产盐酸、用水作吸收剂吸收乙醛蒸气生产乙醛溶液，石油裂解气用碱液吸收法脱 H_2S 等均为单塔一次吸收。

当惰性气体中允许含易溶组分极少，或易溶组分溶解度很低、溶解速度很慢时，因为一次吸收的程度有限，因此为了使吸收完全，常常采用多塔串联吸收。如稀硝酸生产中，稀硝酸是由水吸收氮氧化物制得，常采用 5 ~ 7 个吸收塔串联吸收完成。

吸收过程中，一般来讲塔顶不设冷凝器，塔底不设加热器。当吸收剂在吸收操作条件下较易挥发时，可以在惰性气体离开吸收塔后让其进入一个分凝器使吸收剂冷凝再回收。

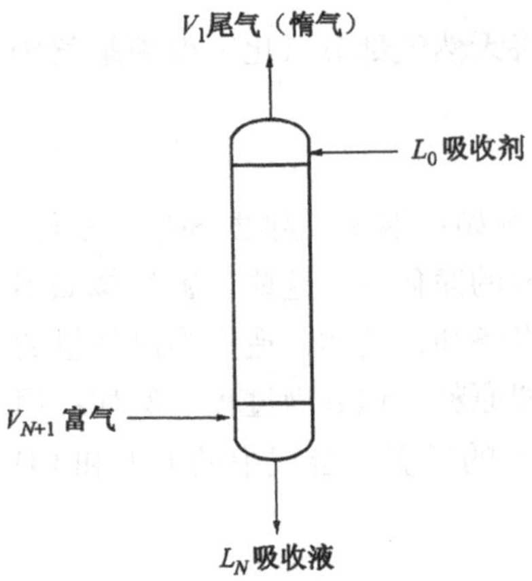

图 11－1　单塔单纯吸收流程图

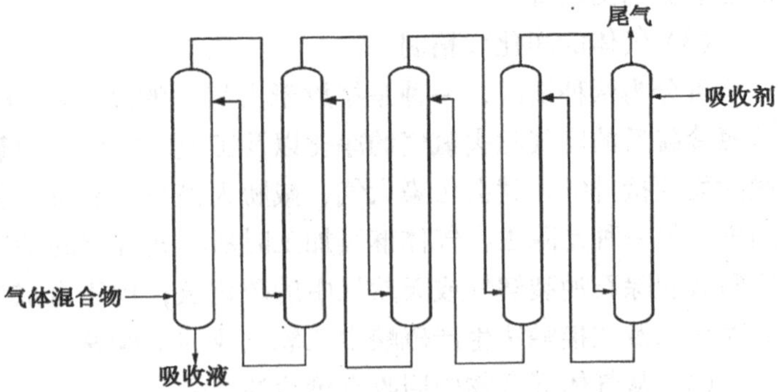

图 11－2　多塔逆流串联单纯吸收流程图

（2）吸收－解吸法的工艺流程

吸收过程之后常伴随解吸过程。为了使吸收过程中的吸收剂能够循环使用，就需要通过解吸过程把被吸收的物质从溶液中分出而使吸收剂再生。此外，当以回收利用被吸收气体组分为目的时，也必须解吸。因此，将气体混合物通过吸收方法将其分离为惰性气体和易溶气体两部分时，一般均采用吸收－解吸联合使用的分离方法，因采用的解吸方法不同，解吸流程也有所不同，见图 11－3～图 11－5。

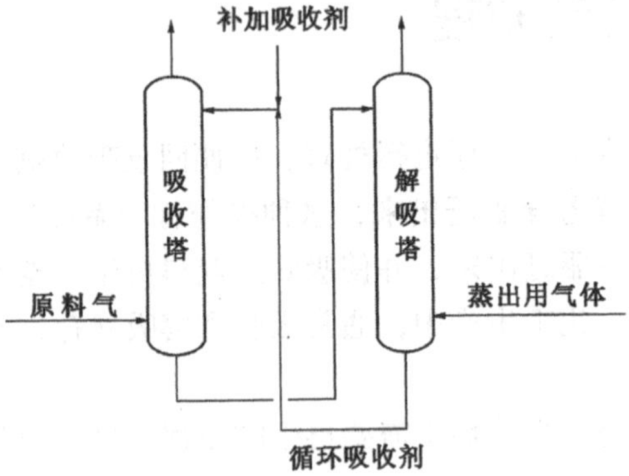

图 11－3　用蒸汽或惰性气体的解吸塔

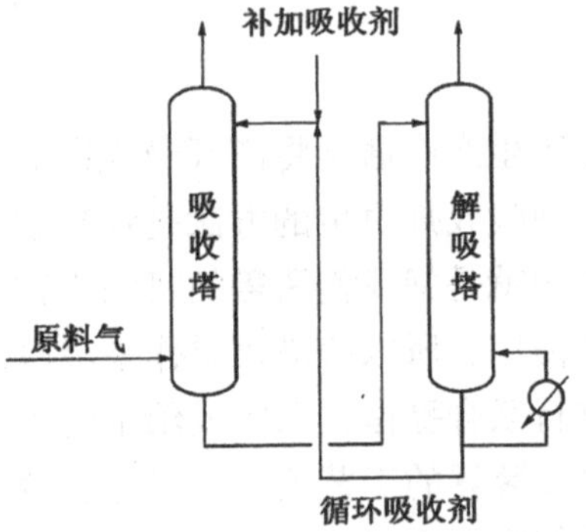

图 11－4　采用再沸器的解吸塔

图 11－3 为采用蒸汽或惰性气体的解吸过程的流程，解吸剂为蒸汽或惰性气体。在解吸塔中，气、液相浓度的变化规律与吸收相反，由于组分不断地从液相转入气相，故液相浓度由上而下逐渐降低，而解吸气体中溶质的量不断增加，气相浓度由下而上逐渐增大。为了使解吸过程在较高的温度下进行，可以用水蒸气作为解吸剂，促使溶质的解吸更为完全。

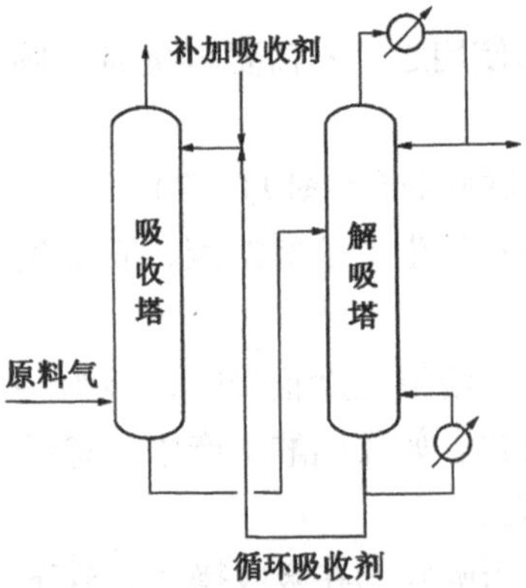

图 11－5　用精馏塔的解吸塔

图 11－4 为采用再沸器的解吸过程的流程。用再沸器的解吸塔实际上是一个只有提馏段的精馏塔，利用再沸器提供的热量间接加热被解吸液体使其汽化。

图 11－5 中采用精馏塔作为解吸塔，此时的解吸塔就是一个精馏塔，也是采用再沸器间接加热被解吸液体使其汽化的解吸方法，与采用再沸器的解吸过程的区别就在于增加了精馏段，起到了提高蒸出溶质的纯度和回收吸收剂的作用。该法用于气体混合物通过吸收方法将其分离为惰性气体和易

溶气体两部分的情况。

采用再沸器的解吸过程和采用精馏塔的解吸过程都是以被解吸液体自身气化所产生的蒸气作为解吸过程所需的解吸剂，而不是从外部引入的，这是比以蒸汽或惰性气体为解吸剂的过程优越的地方。若吸收液的热稳定性高，以采用再沸器和精馏塔解吸为宜。

在图 7－2 所示的环氧乙烷生产流程中，第 5 和第 6 设备分别为 CO_2的吸收塔和解吸塔，第 4 和第 7 设备分别为环氧乙烷的吸收塔和解吸塔。CO_2和环氧乙烷的解吸均是采用再沸器和水蒸气结合的方式进行解吸的，用于脱除 CO_2和环氧乙烷的蒸汽部分来自于再沸器，部分来自于直接蒸汽。因为 CO_2和环氧乙烷的吸收分别以碳酸钾水溶液和水为吸收剂，所以解吸时通入水蒸气并没有引入其他杂质，增加分离难度，相反，对分离是有益的。如对于环氧乙烷解吸塔，维持塔内气化率恒定是很重要的，直接输入的水蒸气不仅控制解吸塔的水平衡、影响解吸塔的能量平衡，而且能维持塔顶温度稳定，通过优化蒸汽平衡确定清洁蒸汽与再沸器蒸汽比率。

（3）采用吸收蒸出塔的过程

利用吸收—解吸法将气体混合物分为易溶气体和惰性气体两部分的方法，只适用于惰性气体在吸收剂中溶解度很小、可忽略不计的情况。当吸收尾气中某些组分在吸收剂中也有一定的溶解度，运用一般吸收方法来进行分离时，这些组分必然也要被吸收剂吸收，这样很难达到预期的分离要求。因此，为了保证关键组分的纯度需采用吸收蒸出塔。

吸收蒸出塔实际上是将吸收塔和精馏塔的提馏段组合在一起而成，见图 11－6。原料气从塔中部进入，进料口上部为吸收段，下部为提馏段(蒸出段)，当吸收段流下来的吸收液(含有关键组分和其他组分的溶质)与塔釜再沸器蒸发上来的温度较高的蒸气相接触时，高温使其他组分的溶质从吸收液中蒸出，重新回到吸收段。塔釜的吸收液一部分在再沸器中加热蒸发以提供蒸出段必须的热量，大部分则进入解吸塔，使易溶组分与吸收剂分离开，吸收剂经冷却后再送入吸收塔循环使用。此法一般适用于关键组分为重组分的场合。

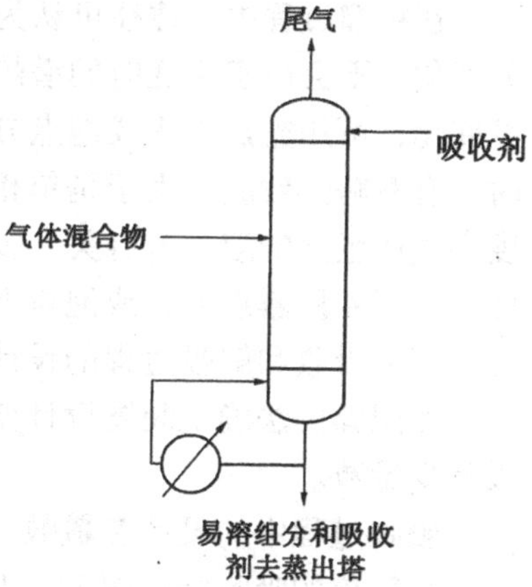

图 11－6　吸收蒸出塔

用油吸收分离裂解气即采用吸收蒸出塔。裂解气由塔的中部进入，用 C_4馏分作吸收剂，吸收裂解气中的 $C_1\sim C_3$馏分，吸收液通过下塔段蒸出甲烷、氢等气体，使塔釜得到纯度较高的 $C_2\sim C_3$馏分。塔釜吸收液再进入 C_2、C_3分离塔，达到分离目的。

11.3　多组分吸收和解吸过程分析

吸收和精馏同属传质过程，它们之间有很多共同的地方。但多组分吸收的计算以及吸收和解吸的组合方案不同于多组分精馏，吸收、解吸过程尚有它们自己的一些特点。

（1）吸收塔是一个复杂塔

和只有一股进料的普通精馏塔不同，即使最简单的吸收塔也有塔顶(吸收剂)和塔底(混合气)两股进料，所以吸收塔基本上是一个复杂塔。当解吸塔以惰性气体或蒸汽为解吸剂时，也是有塔顶(吸收液)和塔底(解吸剂)两股进料，此时也是一个复杂塔。并且精馏过程中有的物系可视为理想物系，而在吸收中吸收剂与溶质的沸点差较大，有的甚至在临界温度以上进行吸收，是溶质的溶解过程，故不能视为理想系，气液关系比较复杂，所以吸收的计算比普通精馏的计算复杂。

(2) 吸收过程是单相的传质过程

精馏操作中，气液两相接触时，气相中的较重组分冷凝到液相中去，而液相中的较轻组分却被气化而转入气相，传质过程是在两个方向上进行的，因此在考虑被分离混合物中各组分的分子气化潜热相差不大的前提下，往往假定塔内的气相和液相是恒摩尔流。而吸收一般为单相传质过程，通常吸收剂为不易挥发的液体，当原料气与吸收剂接触时，气相中的某些组分不断溶解到吸收剂中，而液相中气化到气相中的组分却很少，即只有气相到液相的传质，而没有液相到气相的传质。因此从进塔到出塔，气相(由下至上)流率逐渐减小，而液相(由上至下)流率不断增大。尤其在多组分吸收中，吸收量大，气、液相流率的变化也大，故物流流率不能按恒摩尔流处理。

以惰性气体或水蒸气为解吸剂的解吸过程也是单相的传质过程。只是与吸收相反，溶质不是从气相传入液相，而是由液相传至气相，塔中气相和液相流率是自下而上增大的，也不能按恒摩尔流来处理。

(3) 吸收和解吸过程的热效应

在精馏过程中，往往可认为气相中较重组分冷凝时放出的热量，正好用来使液相中轻组分气化，不会由于相变时的潜热而引起温度的变化，至于每块板上由于组成变化而引起的温度变化，可用露点方程或泡点方程定出。而在吸收过程中，气体中易溶组分溶解到吸收剂中时，有溶解热效应，由于是单相传质，这一热效应就会使液相和气相的温度上升，上升的幅度和气体组分的溶入量有关，吸收塔温度变化主要取决于热量平衡，温度分布比较复杂，温度变化不能用露点方程或泡点方程定出，而只能由热量衡算方程计算。

(4) 吸收和解吸过程的设计变量数、关键组分

按照郭氏法确定装置设计变量的原则，很容易定出平衡级数为 N 的吸收塔和解吸塔的设计变量数。

吸收过程中的设计变量数

最简单的吸收塔如图 11－1 所示，按郭氏法分析。

① 压力等级数	N	
② 进料物流的变量数	$C+2$	(原料气)
	$C'+2$	(吸收剂)

$\therefore N_x^u = C + C' + N + 4$

串级(1)、分配器(0)、侧线采出(0)、传热(0)。

$\therefore N_a^u = 1$

以惰性气体或水蒸气为解吸剂的解吸过程的设计变量数

如图 11－2 中的解吸塔。

① 压力等级数	N	
② 进料物流的变量数	$C+2$	(吸收液)
	$C'+2$	(解吸剂)

$\therefore N_x^u = C + C' + N + 4$

串级(1)、分配器(0)、侧线采出(0)、传热(0)。

∴ $N_a^u=1$

多组分吸收和解吸与多组分精馏一样，不能对所有组分规定分离要求，只能对在吸收操作中起关键作用的组分规定分离要求，但多组分吸收和解吸的 N_a^u 等于1，所以只能对一个组分提出分离要求，即只能有一个关键组分。这是因为吸收过程是单相传质过程，一旦规定了关键组分的分离要求，其他非关键组分由于在同一塔内被吸收，塔平衡级数和液气比均与关键组分相同，所以它们所能达到的分离程度就由各自的相平衡常数来决定。

11.4 多组分吸收的计算

物理吸收是应用气体混合物在吸收剂中有着不同的溶解度的特点将易溶组分和难溶组分分离开的原理进行气体混合物的分离的。吸收剂一般采用水、有机溶剂及有机溶剂的水溶液。物理吸收过程多属于扩散控制，吸收作用发生在相接触面之间，因此要提高吸收效果，必须从增大吸收过程的推动力和相接触表面积两方面入手。

增大相间接触表面，就是使气、液两相能进行良好接触，应尽可能地将气、液两相分散。它涉及设备的结构、各种不同类型塔器的特点以及塔设备的设计计算等。

当组分在气相中的浓度 y 大于与液相呈平衡的气相浓度 y^* 时，该组分便可由气相转入液相，达到吸收的目的。$y-y^*$ 即是吸收过程的推动力，y 是由原料气所决定的，因此，要增大推动力，促进吸收进行，只有使 y^* 变小。

吸收过程中，在溶液中溶质浓度不大、压力不高的条件下，其平衡关系可由亨利定律描述

$$P_i=H_ix_i$$

式中 H_i——i 组分的亨利系数，Pa；

P_i——i 组分在气相中的平衡分压，Pa；

x_i——i 组分在液相中的摩尔分数。

当溶质和溶剂所形成的整个溶液都可看做理想溶液时，亨利常数与该组分的饱和蒸气压相等，$H_i=P_i^S$，此时亨利定律便和拉乌尔定律一致。可得

$$P_i=P_i^Sx_i=Py_i^*$$

则

$$y_i^*=\frac{P_i^S}{P}x_i=K_ix_i \tag{11-1}$$

式中 P——系统总压。

从式(11-1)可以看出，增加操作压力和降低操作温度均可使 y^* 变小，而使推动力 $y-y^*$ 增大。因此，在吸收操作过程中增加操作压力、降低操作温度必然都有利于吸收过程的进行。

多组分吸收的计算，通常是确定一个关键组分的吸收率(或确定吸收塔的理论板数)来计算所需的理论板数(或关键组分的吸收率)、吸收液和尾气的数量和组成、沿塔高的温度及气、液相流率的分布等。

在多组分吸收计算中，为了确定吸收率、理论板数或传质单元数和操作条件之间的关

系，已经提出的方法有简捷计算法的平均吸收因子法、严格法的 SR 法及传质单元法。前两种方法是根据理论板数的概念，以联解物料衡算、相平衡和热量衡算为基础，后一种方法则是以求解物料衡算和传质速率方程式而建立的微分方程为基础的。本章着重讨论平均吸收因子法和 SR 法。

11.4.1 吸收因子

典型的吸收流程如图 11－1 所示。在多级逆流吸收中，原料气又称为富气，其流量记为 V_{N+1}，由塔底进入。吸收剂从塔顶进入，其流量记为 L_0。原料气与吸收剂在吸收塔内逆流接触进行传质、传热，经过吸收之后由塔顶离开的气体称为贫气或吸收尾气，其流量记为 V_1。吸收剂吸收了易溶组分后称为吸收液，从塔釜离开，其流量记为 L_N。由于吸收是一个放热过程，因此吸收剂和原料气通常都在低于塔的平均操作温度下进入塔内。

在多组分吸收中，不同的组分在吸收剂中有不同的溶解度，因此在吸收目的组分的同时，会不同程度地吸收一些其他组分。所以物理吸收过程通常用于要求不高的气体混合物的分离。

由式(11－1)可知，当溶质和溶剂所形成的整个溶液都可看做理想溶液时，吸收过程的平衡关系仍然可用相平衡表示，所以根据理论板的概念，任一组分离开塔板 n 的气液两相组成达到平衡，相平衡关系可表示为

$$y_i = K_i x_i \tag{11-2}$$

由摩尔分数定义，式(11－2)可表示为

$$\frac{v_i}{V} = K_i \frac{l_i}{L}$$

整理得

$$l_i = \frac{L}{K_i V} v_i \tag{11-3}$$

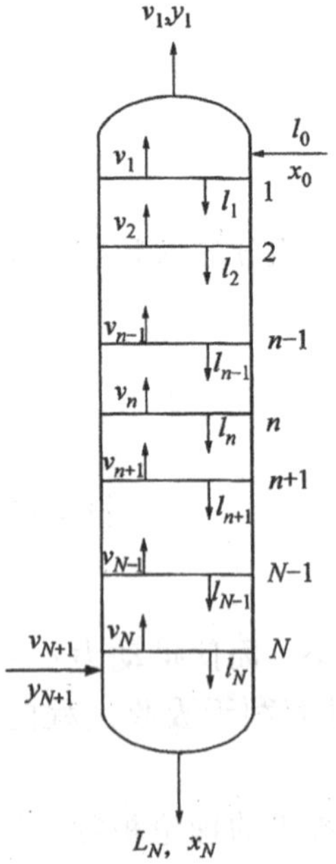

图 11－7 板式吸收塔计算示意图

式中 l_i——i 组分在液相中的摩尔流量，kmol/h；

L——液相的总摩尔流量，kmol/h；

v_i——气相中组分 i 的摩尔流量，kmol/h；

V——气相的总摩尔流量，kmol/h。

令组分 i 的吸收因子为 A_i

$$A_i = \frac{L}{K_i V} \tag{11-4}$$

则式(11－3)改写为

$$l_i = A_i v_i \tag{11-5}$$

A 称为吸收因子或吸收因数，它是综合考虑了塔内气、液两相流率和组分的相平衡常数关系的一个数群。其物理意义为：操作线与平衡线斜率的比值。L/V 称为液气比，是吸收操作线的斜率。L/V 值越大，相平衡常数越小，则 A 越大，越有利于组分的吸收。

对于一个具有 N 块理论板的吸收塔，如图 11－7，假定其所示的吸收塔的每一块塔板均为一个平衡级，对图中的第 n 级作组分 i 的物料衡算(为了表示方便，以下推导中略去下标 i)得

$$v_n + l_n = v_{n+1} + l_{n-1} \tag{11-6}$$

将式(11-5)代入式(11-6)消去 l 得

$$v_n + A_n v_n = v_{n+1} + A_{n-1} v_{n-1}$$

整理得

$$v_n = \frac{v_{n+1} + A_{n-1} v_{n-1}}{A_n + 1} \tag{11-7}$$

由式(11-7)，当 $n=1$ 时有

$$v_1 = \frac{v_2 + A_0 v_0}{A_1 + 1}$$

由式(11-5)得 $A_0 v_0 = l_0$，代入上式得

$$v_1 = \frac{v_2 + l_0}{A_1 + 1} \tag{11-8}$$

式中，l_0为吸收剂中组分 i 的摩尔流量。

当 $n=2$ 时，由式(11-7)可得

$$v_2 = \frac{v_3 + A_1 v_1}{A_2 + 1}$$

将式(11-8)代入上式，并简化得

$$v_2 = \frac{(A_1 + 1) v_3 + A_1 l_0}{A_1 A_2 + A_2 + 1} \tag{11-9}$$

同样的方法可导得当 $n=3$ 时，有

$$v_3 = \frac{(A_1 A_2 + A_2 + 1) v_4 + A_1 A_2 l_0}{A_1 A_2 A_3 + A_2 A_3 + A_3 + 1} \tag{11-10}$$

逐级向下，直到第 N 级，有

$$v_N = \frac{(A_1 A_2 \cdots A_{N-1} + A_2 A_3 \cdots A_{N-1} + \cdots + A_{N-1} + 1) v_{N+1} + A_1 A_2 \cdots A_{N-1} l_0}{A_1 A_2 \cdots A_N + A_2 A_3 \cdots A_N + \cdots + A_N + 1} \tag{11-11}$$

为了消去 v_N，对全塔进行组分 i 的物料衡算，有

$$l_N = v_{N+1} - v_1 + l_0$$

将式(11-5)代入上式可得

$$v_N = \frac{v_{N+1} - v_1 + l_0}{A_N} \tag{11-12}$$

由式(11-11)与式(11-12)，消去 v_N 有

$$\frac{v_{N+1} - v_1}{v_{N+1}} = \frac{A_1 A_2 \cdots A_N + A_2 A_3 \cdots A_N + \cdots + A_N}{A_1 A_2 \cdots A_N + A_2 A_3 \cdots A_N + \cdots + A_N + 1} - \frac{l_0}{v_{N+1}} \left(\frac{A_2 A_3 \cdots A_N + A_3 A_4 \cdots A_N + \cdots + A_N + 1}{A_1 A_2 \cdots A_N + A_2 A_3 \cdots A_N + \cdots + A_N + 1} \right) \tag{11-13}$$

其中

$$v_{N+1} = V_{N+1} y_{N+1}$$

$$v_1 = V_1 y_1$$

式中 y_{N+1}——原料气中组分 i 的摩尔组成；

y_1——尾气中组分 i 的摩尔组成。

式(11-13)的左侧为组分 i 的吸收率(φ')，右侧包含该组分在吸收剂和富气中的摩尔流量及其在各平衡级上的吸收因子。该式关联了吸收率、吸收因子和平衡级数三个参数，称

为汉顿(Horton)－富兰克林(Franklin)方程。它实际反映了在吸收操作过程中的工艺要求(吸收率)、操作条件(温度、压力和液气比)和吸收塔设备要求(理论板数)三者之间的关系。

汉顿(Horton)－富兰克林(Franklin)方程的推导没有做任何假设，是普遍适用的。但严格按照该式求解吸收率、吸收因子和理论板之间的关系还是很困难的。因为各板的相平衡常数是各板的温度、压力和组成的函数，而这些条件在计算之前却是未知的，并且各板上的气、液相流率也是未知的，但吸收因子是由相平衡常数和气、液相流率计算来的，所以需采用试差法求解。显然这样的计算是非常复杂的，绝非手工计算所能做到。并且采用试差法进行严格计算时，假设的初值也是非常重要的，若假设合理，可减少试差次数。所以无论是手工计算吸收过程，还是为严格计算确定初值，都需要对吸收因子的确定进行简化处理。现有的一些多组分吸收的简捷计算法，其区别就在于对各板吸收因子的简化处理方法不同。

11.4.2 多组分吸收的简捷计算

(1) 平均吸收因子法

在精馏过程的简捷计算中假设全塔相对挥发度是不变的。与其相似，在吸收过程的简捷计算中，克雷姆塞尔和布朗等假定全塔各板的吸收因子 A 是相同的，即采用全塔平均的吸收因子来代替各板的吸收因子，此时式(11－13)可作进一步简化，得

$$\begin{aligned}\frac{v_{N+1}-v_1}{v_{N+1}}&=\frac{A^N+A^{N-1}+\cdots+A}{A^N+A^{N-1}+\cdots+A+1}-\frac{l_0}{Av_{N+1}}\left(\frac{A^N+A^{N-1}+\cdots+A}{A^N+A^{N-1}+\cdots+A+1}\right)\\&=\left(1-\frac{l_0}{Av_{N+1}}\right)\frac{A^N+A^{N-1}+\cdots+A}{A^N+A^{N-1}+\cdots+A+1}\end{aligned}\tag{11－14}$$

因 $l_0=A_0v_0$，式(11－14)可写为

$$\frac{v_{N+1}-v_1}{v_{N+1}-v_0}=\frac{A^{N+1}-A}{A^{N+1}-1}=\varphi\tag{11－15}$$

式(11－15)左端的分子表示气体中某组分通过吸收塔后实际被吸收的量，分母表示根据平衡关系计算所得的该组分的最大可能吸收量，所以等式左端表明的是该组分通过吸收塔的相对吸收率 φ。

若吸收液中不含溶质，即 $l_0=0$ 时，$v_0=0$，此时式(11－15)的左端简化为

$$\varphi=\frac{v_{N+1}-v_1}{v_{N+1}}=\varphi'\tag{11－16}$$

此时相对吸收率与吸收率相等。

式(11－15)所表达的是相对吸收率 φ、平均吸收因子 A 和理论板数 N 之间的关系。为了便于计算，把式(11－15)绘制成为图 11－8 所示的吸收因子图。利用此图，只要已知 A、φ、N 三个参数中任意两个，便可很容易地求出第三个参数。

对于设计型计算，通常规定关键组分的分离要求，求算完成分离要求所需的理论板数。将式(11－15)变形得

$$N=\frac{\lg\dfrac{A-\varphi}{1-\varphi}}{\lg A}-1\tag{11－17}$$

由式(11－17)可从关键组分的相对吸收率和吸收因子求得所需的理论板数。吸收过程与精馏过程相同，也是从关键组分出发进行简捷计算。但不同的是，吸收过程只规定一个组

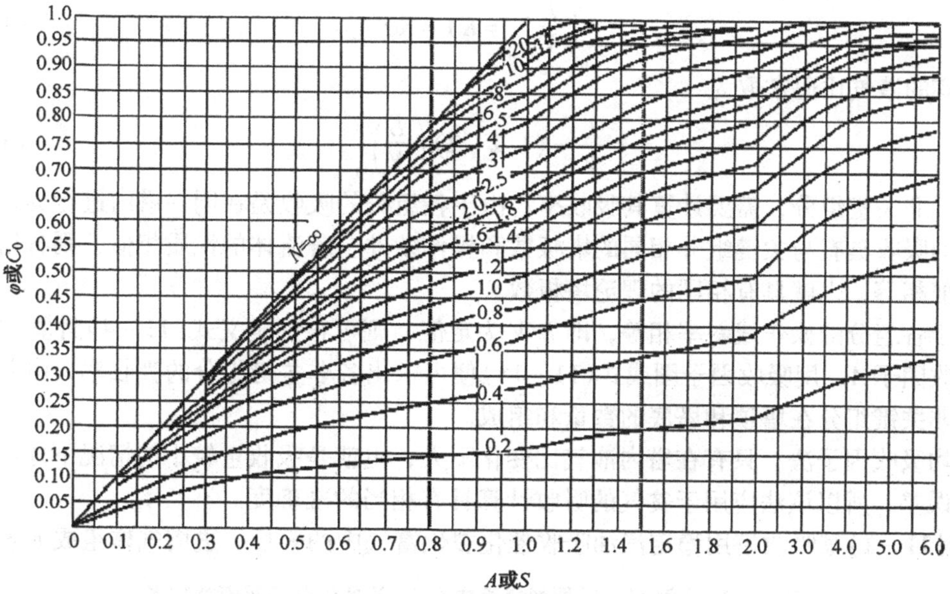

图 11－8　吸收因子(或解吸因子)图

分的分离要求，所以关键组分只有一个。

计算理论板数时吸收因子 A 还需已知。在该法中 A 是平均值，如何确定这一平均值有不同的方法。一般根据塔的平均温度和平均压力计算相平衡常数，而吸收因子中的液气比则有不同的计算方法。常见的有以下三种

① 以塔顶、塔底液气比的平均值计算

$$\frac{L}{V}=\frac{1}{2}\left(\frac{L_0}{V_1}+\frac{L_N}{V_{N+1}}\right) \tag{11-18}$$

② 以吸收剂和原料气计算

$$\frac{L}{V}=\frac{L_0}{V_{N+1}} \tag{11-19}$$

③ 以塔顶和塔底条件下的气、液相流量各自的平均值计算

$$\frac{L}{V}=\frac{L_0+L_N}{V_1+V_{N+1}} \tag{11-20}$$

在确定平均吸收因子时，计算液气比方法不同，吸收过程的计算结果也不同。应用式(11－19)计算所得的吸收因子要比用式(11－20)计算所得的值小，在达到相同吸收率的情况下，所计算出的理论塔板数要多。在吸收的简捷计算中，通常以式(11－20)计算液气比，但此时尾气流量 V_1 和吸收液流量 L_N 是未知的，所以液气比尚无法采用此式计算(在简捷计算法中，此式用于吸收剂用量的计算)。与精馏过程简捷计算中回流比的确定相似，液气比通过最小液气比 $(L/V)_m$ 计算。最小液气比为在无穷多塔板的条件下，达到规定分离要求时 1kmol 气体进料所需吸收剂的量(kmol)。

在最小液气比下进行吸收操作，所需的塔板数为无穷多。在多组分吸收过程中由于各组分的相对吸收率小于 1，故当 $N\to\infty$ 时，由图 11－8 可知，$0\leqslant A_i\leqslant 1$ 时，$A_i=\varphi_i$；当 $A_i>1$ 时，$\varphi_i=1$。由式(11－15)也可导得同样的结果。

由以上结果，根据吸收因子的定义，可得出

$$\left(\frac{L}{V}\right)_m = KA = K\varphi \tag{11-21}$$

适宜的液气比通常取为

$$\frac{L}{V} = (1.2-2)\left(\frac{L}{V}\right)_m \tag{11-22}$$

对于非关键组分，需要计算其吸收率。由于各组分的吸收是在同一塔内进行的，故非关键组分的吸收具有与关键组分相同的塔板数和操作条件。若流体的性质相似，则各组分的板效率近似相等，也就具有相同的理论塔板数。

由于各组分的操作线斜率相等，即 L/V 为定值，则可根据定义式(11-4)计算非关键组分的吸收因子 A，用吸收因子图或式(11-15)便可求出各非关键组分的吸收率，由此进一步求出各非关键组分在塔顶和塔底的数量和组成。

平均吸收因子法，只有在塔内液气比变化不大，也就是吸收量较小的情况下才不致带来太大的误差，所以该法应用于贫气的吸收计算具有相当的准确度。

【例 11-1】某吸收塔用稳定汽油吸收催化裂化富气中的轻烃。进塔气体组成如表11-1。

表 11-1 【例 11-1】原料气组成 $y_{N+1,i}$ 及各组分相平衡常数 K_i

组　分	H_2(1)	C_1^0(2)	$C_2^=$(3)	C_2^0(4)	$C_3^=$(5)	C_3^0(6)	$C_4^=$(7)	C_4^0(8)
$y_{N+1,i}$/%(摩尔分数)	44	5	3	8	11	7	10	12
K_i	—	20	6.7	4.4	1.9	1.65	0.67	0.58

进塔气体量为 400kmol/h。吸收塔的操作压力为 0.981MPa(绝压)，平均操作温度为 50℃。吸收剂为 C_6 以上组分。现忽略 C_6 以上组分向气相中的挥发及 H_2 在吸收剂中的溶解度，富气中 $C_3^=$(5)的吸收率要求达到 90%，试

① 选择关键组分；

② 计算完成吸收任务所需的最小液气比；

③ 当操作液气比为最小液气比的 1.5 倍时，所需的理论板数；

④ 各组分的吸收率；

⑤ 出塔尾气的量和组成；

⑥ 塔顶应加入的吸收剂的量。

解：

① 关键组分：$C_3^=$(5)

② 最小液气比和操作液气比

$$\left(\frac{L}{V}\right)_m = K_{关}\,\varphi_{关} = 1.9\times0.90 = 1.71$$

已知操作液气比为最小液气比的 1.5 倍，则

$$\frac{L}{V} = 1.5\left(\frac{L}{V}\right)_m = 1.5\times1.71 = 2.565$$

③ 理论板数

在操作液气比下关键组分 $C_3^=$(5)的吸收因子为

$$A_5 = \frac{L}{VK_5} = \frac{2.565}{1.9} = 1.350$$

则

$$N=\frac{\lg\left(\frac{A_{关}-\varphi_{关}}{1-\varphi_{关}}\right)}{\lg A_{关}}-1=\frac{\lg\left(\frac{1.350-0.90}{1-0.90}\right)}{\lg 1.350}-1=4.0$$

④ A_i、φ_i及贫气量和组成计算

由式$v_{N+1,i}=V_{N+1}y_{N+1,i}$计算进料中各组分的量$v_{N+1,i}$；由式(11－4)计算各组分的吸收因子$A_i$；由式(11－15)计算各组分的吸收率$\varphi_i$；由式$l_{N,i}=v_{N+1,i}\varphi_i$计算各组分的被吸收量$l_{N,i}$；由式$v_{1,i}=v_{N+1,i}(1-\varphi_i)$计算各组分的塔顶尾气量$v_{1,i}$；由式$V_1=\sum v_{1,i}$计算塔顶尾气总量；由式$y_{1,i}=v_{1,i}/V_1$计算尾气摩尔组成$y_{1,i}$。计算结果列于表11－2。

表11－2 【例11－1】吸收率、塔顶尾气的量和组成的计算

组　分	进料中各组分的量 $v_{N+1,i}$/(kmol/h)	吸收因子 A_i	吸收率 φ_i	被吸收量 $l_{N,i}$/(kmol/h)	塔顶尾气	
					$v_{1,i}$/(kmol/h)	$y_{1,i}$
H_2(1)	176	0	0	0	176	0.7986
$C_1{}^0$(2)	20	0.128	0.1283	2.57	17.43	0.0791
$C_2{}^=$(3)	12	0.383	0.3809	4.57	7.43	0.0337
$C_2{}^0$(4)	32	0.583	0.5660	18.11	13.89	0.0630
$C_3{}^=$(5)	44	1.350	0.90	39.60	4.40	0.0200
$C_3{}^0$(6)	28	1.555	0.9577	26.82	1.18	0.0054
$C_4{}^=$(7)	40	3.828	0.9991	39.96	0.04	0.0002
$C_4{}^0$(8)	48	4.422	0.9995	47.98	0.02	0.0001
合计	400			179.61	220.39	1.0001

圆整后$y_{1,i}=0.7985$，其余不变，$\sum y_{1,i}=1.0000$。

⑤ 塔顶应加入的吸收剂的量

因为
$$\frac{L}{V}=\frac{L_0+L_N}{V_1+V_{N+1}}$$

又因为
$$L_N=L_0+\sum l_N$$

所以
$$\frac{L_0+L_0+179.61}{220.39+400}=2.565$$

解得
$$L_0=705.85(\text{kmol/h})$$

(2) 有效吸收因子法

该法是由埃德密斯特(edmister)提出的。所谓有效吸收因子，就是以某不变的A_e和A'_e值代替式(11－13)中各板的吸收因子A_1、A_2、$\cdots A_N$，并且保持式(11－13)左端的吸收率不变。这种方法所得结果颇为满意，因此得到了广泛的应用。

以有效吸收因子A_e取代式(11－13)右端第一项中的A_1、A_2、$\cdots A_N$得

$$\frac{A_1A_2\cdots A_N+A_2A_3\cdots A_N+\cdots+A_N}{A_1A_2\cdots A_N+A_2A_3\cdots A_N+\cdots+A_N+1}=\frac{A_e^N+A_e^{N-1}+\cdots+A_e}{A_e^N+A_e^{N-1}+\cdots+A_e+1}=\frac{A_e^{N+1}-A_e}{A_e^{N+1}-1}\quad(11-23)$$

式(11－13)等式右侧第二项分子中各项分别乘以A_1、A_2、$\cdots A_N$，并在分母乘以有效吸收因子A'_e，再用有效吸收因子A_e取代A_1、A_2、$\cdots A_N$，可得

$$\frac{l_0}{v_{N+1}}\left(\frac{A_2A_3\cdots A_N+A_3A_4\cdots A_N+\cdots+A_N+1}{A_1A_2\cdots A_N+A_2A_3\cdots A_N+\cdots+A_N+1}\right)=\frac{l_0}{v_{N+1}A'_e}\left(\frac{A_e^N+A_e^{N-1}+\cdots+A_e}{A_e^N+A_e^{N-1}+\cdots+A_e+1}\right)$$

$$= \frac{l_0}{v_{N+1}A'_e}\left(\frac{A_e^{N+1}-A_e}{A_e^{N+1}-1}\right)$$

因此，式(11－13)可改写为

$$\frac{v_{N+1}-v_1}{v_{N+1}} = \left(1-\frac{l_0}{v_{N+1}A'_e}\right)\left(\frac{A_e^{N+1}-A_e}{A_e^{N+1}-1}\right) \tag{11-24}$$

埃德密斯特(edmister)指出，对具有N块板的吸收塔，吸收过程主要由塔顶和塔底两块板来完成。这一假想和马多克斯(Maddox)等人的提法基本吻合。马多克斯通过对一些多组分轻烃吸收过程的逐板计算结果的研究，得出吸收过程主要是在吸收塔的顶、底两块板完成的结论。它指出，对一个只有两块理论板的吸收塔而言，总吸收量的100%在顶、底这两块板完成；而对具有三块理论板的吸收塔，顶、底两块板约完成总吸收量的88%；当具有四块理论板时，顶、底两块板约完成总吸收量的80%。正是由于这一原因，通常吸收塔的理论板数是不需要很多的，增加板数不能显著改善吸收效果，相反，却使设备费用和操作费用大幅度上升。要提高吸收率，比较有效的方法是增加操作压力、降低操作温度和提高吸收剂流率。

当吸收塔只有两块理论板时，用有效吸收因子A'_e表示式(11－13)等式右侧的第二项中的吸收因子项，可得

$$\frac{A_2+1}{A_1A_2+A_2+1} = \frac{A_1A_2+A_2}{A'_e(A_1A_2+A_2+1)}$$

整理得

$$A'_e = \frac{A_1A_2+A_2}{A_2+1} = \frac{A_2(A_1+1)}{A_2+1} \tag{11-25}$$

以有效吸收因子A_e取代式(11－13)等式右端第一项，可得

$$\frac{A_1A_2+A_2}{A_1A_2+A_2+1} = \frac{A_e^2+A_e}{A_e^2+A_e+1}$$

整理得

$$A_e = \sqrt{A_2(A_1+1)+0.25}-0.5 \tag{11-26}$$

当具有N块理论板时，由于吸收过程主要是由塔顶和塔底两板来完成，所以埃德密斯特提出，以A_N代替式(11－25)和式(11－26)中的A_2，则可得出计算具有N块理论板的吸收塔的有效吸收因子A_e和A'_e的计算式。

$$A'_e = \frac{A_N(A_1+1)}{A_N+1} \tag{11-27}$$

$$A_e = \sqrt{A_N(A_1+1)+0.25}-0.5 \tag{11-28}$$

所以只要知道了底板的吸收因子A_N和顶板吸收因子A_1，就可依据以上两式求得有效吸收因子A_e和A'_e的计算式。

由式(11－24)，令

$$R = \left(\frac{A_e^{N+1}-A_e}{A_e^{N+1}-1}\right) = \frac{v_{N+1}-v_1}{v_{N+1}}\Bigg/\left(1-\frac{l_0}{v_{N+1}A'_e}\right)$$

可解得

$$N = \frac{\ln\dfrac{A_e-R}{1-R}}{\ln A_e}-1 \tag{11-29}$$

为了计算有效吸收因子，就必须知道离开塔的顶板和底板的气、液相流率（即 V_1、L_1、V_N、L_N）和温度，这就需要预先估计整个吸收过程的总吸收量，为此，采用以下两个假定来估计各板的流率和温度。

① 各板的吸收率相同，即塔内任意相邻两板的气相流率的比值相等。

$$\frac{V_1}{V_2}=\frac{V_2}{V_3}=\cdots=\frac{V_n}{V_{n+1}}=\cdots=\frac{V_N}{V_{N+1}}$$

可得

$$\frac{V_1}{V_{N+1}}=\left(\frac{V_n}{V_{n+1}}\right)^N$$

所以

$$\frac{V_n}{V_{n+1}}=\left(\frac{V_1}{V_{N+1}}\right)^{\frac{1}{N}} \tag{11-30}$$

$$\frac{V_{n+1}}{V_{N+1}}=\left(\frac{V_1}{V_{N+1}}\right)^{\frac{N-n}{N}} \tag{11-31}$$

式(11－30)和式(11－31)相乘可得

$$V_n=V_{N+1}\left(\frac{V_1}{V_{N+1}}\right)^{\frac{N+1-n}{N}} \tag{11-32}$$

由 n 板至塔顶作总量和组分的物料衡算，分别得

$$L_n=L_0+V_{n+1}-V_1 \tag{11-33}$$

$$l_n=l_0+v_{n+1}-v_1 \tag{11-34}$$

② 塔内的温度变化与吸收量成正比，即

$$\frac{t_N-t_n}{t_N-t_0}=\frac{V_{N+1}-V_{n+1}}{V_{N+1}-V_1} \tag{11-35}$$

根据以上两点假定，当已知进料气的流率、组成和温度，进塔吸收剂的流率、组成和温度，关键组分的吸收率和塔的操作压力时，可应用有效吸收因子法来计算塔顶尾气、吸收液数量和组成，其步骤如下：

① 应用平均吸收因子法初算 v_1 和 l_N。

首先估计总吸收量和平均温度，并据此计算塔顶和塔底的 L/V 值及其平均值和各组分的吸收因子。根据关键组分的吸收率和平均吸收因子由式(11－17)确定所需要的理论板数。按式(11－15)计算其他组分的 φ 和 v_1 值，然后计算总吸收量，并与估计的总吸收量比较是否一致，否则应重新设定总吸收量。最后由全塔范围内的组分物料衡算，按式(11－34)确定各组分离开 N 板的液相量。

② 用热量衡算确定塔底吸收液的温度。

设定塔顶板的温度 t_1，按全塔热量衡算确定塔底温度 t_N。

$$L_0H_0^{\mathrm{L}}+V_{N+1}H_{N+1}^{\mathrm{V}}=L_NH_N^{\mathrm{L}}+V_1H_1^{\mathrm{V}}+Q$$

式中 H^{V}、H^{L}——分别为气相和液相焓，取基准温度下液态纯物质的焓为零，kJ/kmol；

Q——引出吸收塔的热量，kJ/h。

③ 用有效吸收因子法核算 v_1、l_N 和 t_N。

按式(11－32)算出 V_2，再由式(11－33)算出 L_1，从而求出 A_1。再按式(11－32)算出 V_N，结合前面算出的 L_N、t_N 计算 A_N。然后由式(11－27)和式(11－28)求出 A_e'、A_e。由式

(11 - 24)算出 v_1，并用热量衡算核算 t_N。如果与前一步的结果不符，则应改设 t_1，重复②、③步骤。

在设计新塔时，也可以先取定理论塔板数进行计算。如果关键组分的吸收率达不到要求，则可改变理论塔板数、液气比、塔的操作温度等条件，直到符合要求为止。

11.5 解吸(蒸出)过程

在气液两相系统中，当溶质组分的气相分压低于溶液中该组分的气液平衡分压时，就会发生溶质组分从液相到气相的传质，这一过程叫做解吸或蒸出。

在生产中解吸过程有两个目的：①获得所需较纯的气体溶质；②使溶剂得以再生，返回吸收塔循环使用，经济上更合理。

解吸和吸收都是在推动力作用下的气、液相间的物质传递过程，不同的是两者的传质方向相反，推动力的方向也相反。所以解吸被看作是吸收的逆过程，由此可得知，凡有利于吸收的条件对解吸都是不利的，而对吸收不利的条件对解吸则是有利的，即温度升高、压强降低、气相流率增大对解吸是有利的。

解吸可通过不同的方式进行，但无论哪一种方式，都是为了创造从液相到气相的传质的有利条件——$y < y^*$ 或 $P < P^S$。常用的解吸方式有负压解吸、解吸剂(如惰性气体、水蒸气)作用下的解吸、加热解吸以及这些方式的联合。降压、负压和解吸剂的作用都是为了降低组分在气相的分压，也就是减小 y(或 P)；加热的作用则是升高温度，使气相平衡浓度 y^*(或平衡分压 P^S)增大，从而提高解吸推动力($y^* - y$)或($P^S - P$)。推动力越大，解吸越容易进行。

11.5.1 解吸方法

(1) 降压和负压解吸

降压是一种常用的解吸方法，特别适用于加压吸收之后的解吸，这时只需把吸收液降至常压，解吸就可进行到需要的程度，有时为了使组分充分解吸，需要进一步降至负压。如果吸收压力为常压，解吸就需在负压条件下进行。无论是降压还是负压解吸，都是因为总压降低后气相中溶质的分压也相应降低，溶质从吸收液中释放出来重新回到气相。溶质被解吸的程度取决于解吸的最终压力和温度。

(2) 解吸剂作用下的解吸过程

降压和负压解吸只是靠改变系统的压力来实现的。在许多情况下，由于压力条件的限制，解吸往往不可能充分进行，尤其是对溶解度较大的组分更难充分解吸，需要进一步用其他手段提高组分的解吸程度。解吸剂作用下的解吸，是普遍采用的有效方法，这种解吸是逆流接触过程。按逆流方式操作的解吸过程类似于逆流吸收，吸收液从解吸塔的塔顶喷淋而下，惰性气体(空气、水蒸气或其他气体)从底部通入自下而上流动。气液两相在逆流接触的过程中，溶质将不断地由液相转移到气相混于惰性气体中从塔顶送出，经解吸后的溶液从塔底引出。常用的解吸剂是惰性气体、溶剂蒸气、贫气和水蒸气。

① 使用惰性气体或贫气的解吸　如图 11 - 3 所示。在采用惰性气体为解吸剂的解吸塔

中，惰性气由塔底进入，自下而上流动，与由上而下流动的液体逆流接触。由于溶质组分不断地从液相转入气相，液相中组分的浓度将会由上而下逐渐降低；而气相中组分的浓度则由下而上逐渐增大。

在某些情况下，解吸剂并不是惰性气体，而是含有溶质组分的气体。当然，解吸组分的气相分压必须低于平衡分压(故称为贫气)。其他组分可以是溶解度较大的溶质，其气相分压也可能比平衡分压大，它们在过程中被下降的溶液所吸收。这就是说，在同一个塔中同时进行着吸收和解吸。在塔的一定范围内，对一些组分是吸收，对另一些组分却是解吸。

② 直接蒸汽解吸　为了使解吸在较高的温度下进行，可以用蒸汽作为解吸剂。饱和蒸汽或过热蒸汽从解吸塔底部通入，迎着下降的液流上升。它除了起到降低组分在气相的分压，导致解吸的作用外，由于蒸汽温度高于溶液温度，且通常是高于溶液的沸点，因而还可以加热溶液，从而促进解吸的进行。

在工业生产中常把吸收液预热到沸点再送入解吸塔。这时，溶液沿整个塔高都处于一定的沸腾温度下，如果组分的解吸不消耗热量，且没有对环境的热损失，那么，解吸将在等温下进行。而实际的情况要复杂，解吸过程必然要消耗一定的热量。当解吸剂是饱和蒸汽时，将发生蒸汽的部分冷凝以抵偿这些热量消耗；当解吸剂是过热蒸汽时，消耗的热量靠过热蒸汽的显热来抵偿。所以解吸过程实际上并不是等温过程。

(3) 间接蒸气加热解吸

间接蒸气加热解吸是利用再沸器加热解吸的。在解吸塔内，液体从塔顶进入并向下流动，液相浓度逐渐降低，转入气相的组分量也逐渐减少。流体流入再沸器中受热而沸腾，部分气化形成的蒸气自下而上与含被解吸组分的液体逆向流动，进行热量交换和质量交换。由于间接加热蒸气解吸过程的解吸剂是来自被解吸液体自身气化所产生的蒸气，而不是从外部引入的，所以这种解吸过程实质上就是吸收剂和被吸收组分混合物的精馏过程，它与精馏塔的提馏段操作相似。

11.5.2　解吸过程的计算

解吸和吸收的原理是相同的，吸收过程的各种计算方法、原理都可相应地运用于解吸计算中。吸收计算的吸收因子法也可以引用于计算解吸过程，只是表征过程的参数应结合解吸过程来定义。在吸收过程中，用吸收率表示组分从气体中回收的程度，在解吸过程中则用解吸率(蒸出率)表示组分从液体中脱出的程度。在吸收过程中气相组分被吸收的难易和操作条件的关系通过吸收因子来表示；而在解吸过程中液相组分被解吸的难易和操作条件的关系则是用解吸因子来表示。

下面介绍适用于以惰性气体或贫气为解吸剂的解吸因子法。对于塔板序号由下而上计数的逆流解吸塔，用类似于式(11－13)的推导方法，可以导出解吸过程相应的关系式。

定义第 N 板上组分的解吸因子为

$$S_N = \frac{K_N V_N}{L_N} \tag{11-36}$$

则用类似于式(11－13)的推导方法，可以导出

$$\frac{l_{N+1}-l_1}{l_{N+1}}=\frac{S_1S_2\cdots S_N+S_2S_3\cdots S_N+\cdots+S_N}{S_1S_2\cdots S_N+S_2S_3\cdots S_N+\cdots+S_N+1}-\frac{v_0}{l_{N+1}}\left(\frac{S_2\cdots S_N+S_3S_4\cdots S_N+\cdots+S_N+1}{S_1S_2\cdots S_N+S_2S_3\cdots S_N+\cdots+S_N+1}\right) \tag{11-37}$$

各板解吸因子取全塔范围内的平均值，则式(11－37)可简化为

$$\frac{l_{N+1}-l_1}{l_{N+1}}=\left(1-\frac{v_0}{Sl_{N+1}}\right)\frac{S^{N+1}-S}{S^{N+1}-1} \tag{11-38}$$

或

$$\frac{l_{N+1}-l_1}{l_{N+1}-l_0}=\frac{S^{N+1}-S}{S^{N+1}-1}=C_0 \tag{11-39}$$

C_0为相对吸收率，其值等于解吸出来的组分量与在气体入口端达到相平衡时可以从溶液中解吸的该组分的最大量的比值。

由上式可得

$$N=\frac{\ln\dfrac{S-C_0}{1-C_0}}{\ln S}-1 \tag{11-40}$$

为了提高计算的准确度，应用与有效吸收因子相同的处理方法，用有效解吸因子 S_e和 S'_e代替式(11－37)中的解吸因子 S 得

$$N=\frac{\ln\dfrac{S_e-M}{1-M}}{\ln S_e}-1 \tag{11-41}$$

其中

$$S_e=\sqrt{S_N(S_1+1)+0.25}-0.5 \tag{11-42}$$

$$M=\frac{\dfrac{l_{N+1}-l_1}{l_{N+1}}}{1-\dfrac{v_0}{S'_e l_{N+1}}} \tag{11-43}$$

$$S'_e=\frac{S_N(S_1+1)}{S_N+1} \tag{11-44}$$

11.6 流率加和法(SR 法)计算吸收和解吸过程

在 9.4 节所讨论的泡点法(BP 法)，是按 M－E 方程组的求解结果通过泡点或露点计算校正 T_j，由热平衡方程组校正 V_j、L_j。本节将讨论采用相反方案的算法，即由 M－E 方程组校正 V_j、L_j，而由热平衡方程组校正 T_j的流率加和法(SR 法)严格计算吸收过程。

在一般的精馏塔中，各板的温度主要取决于板上混合物的组成，流量的变化则主要取决于热平衡，因此宜用 M－E 方程校正 T_j而由 H 方程校正 V_j、L_j。而在许多吸收塔和解吸塔中，进料组分的沸点相差较大，对含有大量不凝气、组分沸点非常宽的吸收塔和解吸塔，气体组分基本留在气相，V_j和 L_j的变化主要取决于较重组分的溶解量(将导致两相组成有相应的变化)，而各板温度的变化则主要由所释放的吸收热量决定。因此，对这类体系宜用 M－E 方程校正 V_j、L_j，而由 H 方程校正 T_j。这种计算方法，称为流率加和法(SR 法)。其主要

计算步骤见图11－9。

9.4节中图9－10所示的通用模型塔同样适用于吸收和解吸过程的严格计算。SR法规定的变量是：进料流率、组成和状态（F_j、$z_{j,i}$、P_{Fj}、T_{Fj}或H_{Fj}）；各级上气相和液相侧线采出流率（G_j、U_j）；各级热负荷（Q_j）；各级的压力（P_j）；总级数（N）。

11.6.1 V_j和L_j的校正

为开始计算，必须假定迭代变量T_j和V_j的一组初值。对大多数问题来说，根据恒摩尔流的假定，从吸收塔塔底开始用规定的气相进料流率和各级气相侧线采出流率可以确定一组V_j初值。从假定的塔顶和塔底温度按线性内插可以确定一组T_j的初值。

计算的第一步与泡点法类似，由物料衡算式(9－41)解出液相组成$x_{j,i}$，但不对得到的结果归一化，而按当次迭代中所用的值计算两相中各组分的摩尔流率$l_{j,i}$和$v_{j,i}$。

$$l_{j,i} = L_j x_{j,i} \tag{11-45}$$

$$v_{j,i} = V_j y_{j,i} = V_j K_{j,i} x_{j,i} \tag{11-46}$$

SR法简单地将各组分的流率加和后（流率加和法名称的由来）作为下次迭代用的V_j和L_j，即

$$L_j^{(k+1)} = \left(\sum_{i=1}^{C} l_{j,i}\right)^{(k)} \tag{11-47}$$

$$V_j^{(k+1)} = \left(\sum_{i=1}^{C} v_{j,i}\right)^{(k)} \tag{11-48}$$

式中，上标k为迭代序号。

11.6.2 T_j的校正

迭代求出各级的V_j和L_j后，将$x_{j,i}$归一化，再计算相应的$y_{j,i}$并归一化。

至此，可列出一组新的以级温度为未知数的N个热量衡算式。由于摩尔焓是温度的非线性函数，所以当从热量衡算式求解一组新的级温度时需用Newton－Raphson法进行迭代。其形式为

$$\left(\frac{\partial G_j^{\mathrm{H}}}{\partial T_{j-1}}\right)^{(k)} \Delta T_{j-1}^{(k)} + \left(\frac{\partial G_j^{\mathrm{H}}}{\partial T_j}\right)^{(k)} \Delta T_j^{(k)} + \left(\frac{\partial G_j^{\mathrm{H}}}{\partial T_{j+1}}\right)^{(k)} \Delta T_{j+1}^{(k)} = -G_j^{H(k)} \tag{11-49}$$

式中

$$\Delta T_j^{(k)} = T_j^{(k+1)} - T_j^{(k)} \tag{11-50}$$

$$\left(\frac{\partial G_j^{\mathrm{H}}}{\partial T_{j-1}}\right)^{(k)} = L_{j-1}\left(\frac{\partial H_{j-1}^{\mathrm{L}}}{\partial T_{j-1}}\right)^{(k)} = \overline{A}_j \tag{11-51}$$

$$\left(\frac{\partial G_j^{\mathrm{H}}}{\partial T_j}\right)^{(k)} = -(L_j + U_j)\left(\frac{\partial H_j^{\mathrm{L}}}{\partial T_j}\right)^{(k)} - (V_j + G_j)\left(\frac{\partial H_j^{\mathrm{V}}}{\partial T_j}\right)^{(k)} = \overline{B}_j \tag{11-52}$$

$$\left(\frac{\partial G_j^{\mathrm{H}}}{\partial T_{j+1}}\right)^{(k)} = V_{j+1}\left(\frac{\partial H_{j+1}^{\mathrm{V}}}{\partial T_{j+1}}\right)^{(k)} = \overline{C}_j \tag{11-53}$$

$$G_j^{\mathrm{H}(k)} = L_{j-1}H_{j-1}^{\mathrm{L}(k)} + V_{j+1}H_{j+1}^{\mathrm{V}(k)} + F_j H_j^{\mathrm{F}} - (L_j + U_j)H_j^{\mathrm{L}(k)} - (V_j + G_j)H_j^{\mathrm{V}(k)} + Q_j = -\overline{D}_j \tag{11-54}$$

则式(11－49)变为

$$\overline{A}_j \Delta T_{j-1}^{(k)} + \overline{B}_j \Delta T_j^{(k)} + \overline{C}_j \Delta T_{j+1}^{(k)} = \overline{D}_j \tag{11-55}$$

当气、液相流量和各偏导数值给定时，式(11－55)表示一以 ΔT_j 为未知数的线性方程组，其系数形成一三对角矩阵，因此，可用9.4节中求解M－E方程组相同的方法求解H方程组得 ΔT_j。

SR法计算吸收过程(或其他多级分离过程)的计算顺序如图11－9。

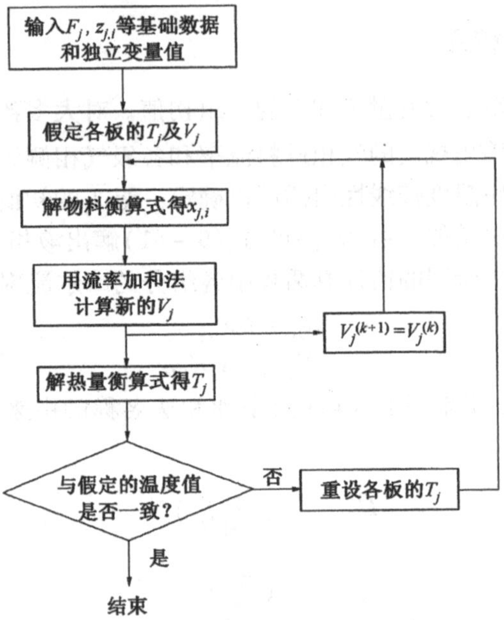

图11－9　SR法程序示意图

在迭代中需求取摩尔焓对温度的偏导数，因此计算过程非常复杂。当采用Excel软件进行计算时，无需解式(11－51)～式(11－54)求极其复杂的偏导数，应用其内置的迭代计算功能，与BP法相同，仍然解简单的H方程组式(9－54)就可轻松完成迭代计算，求得各级温度 T_j。

SR法严格计算吸收过程(或其他多级分离过程，($\Phi-\Phi$)法计算相平衡常数 K)的Excel计算步骤如图11－10。

【例11－2】用流率加和法模拟吸收塔。此塔有6个平衡级，操作压力517.1kPa，气体进料温度290K，流率1980mol/h，进料组成(摩尔分数)列于表11－3。

表11－3　气体进料组成

组　分	CH_4	C_2H_6	C_3H_8	$n-C_4H_{10}$	$n-C_5H_{12}$	$n-C_{12}H_{26}$
组　成	0.830	0.084	0.048	0.026	0.012	0.0

吸收剂为正十二烷($n-C_{12}H_{26}$)，进料流率530mol/h，进入温度305K。无气相和液相侧线采出，也没有级间的热交换器。

解：按图11－10所示计算框图进行Excel计算。因原料气中甲烷含量较高，属贫气吸收，系统温升应不高，所以将吸收剂温度设为塔顶温度，原料气温度设为塔底温度。按恒摩尔流和塔顶、塔底温度的线性内插得各级温度和气相流率的初值列于表11－4；在假定的级温度及517.1kPa压力下查 K 图2－1(A)得 $K_{j,i}$ 初值列于表11－5；$x_{j,i}$ 初值中，将吸收剂正十二烷($n-C_{12}H_{26}$)的初值取为0.95，其余组分按进料组成的5%计算，$x_{j,i}$ 初值列于表11－6；各级液相压缩因子 Z_j^L 初值取为0.06；各级气相压缩因子 Z_j^V 初值取为1。

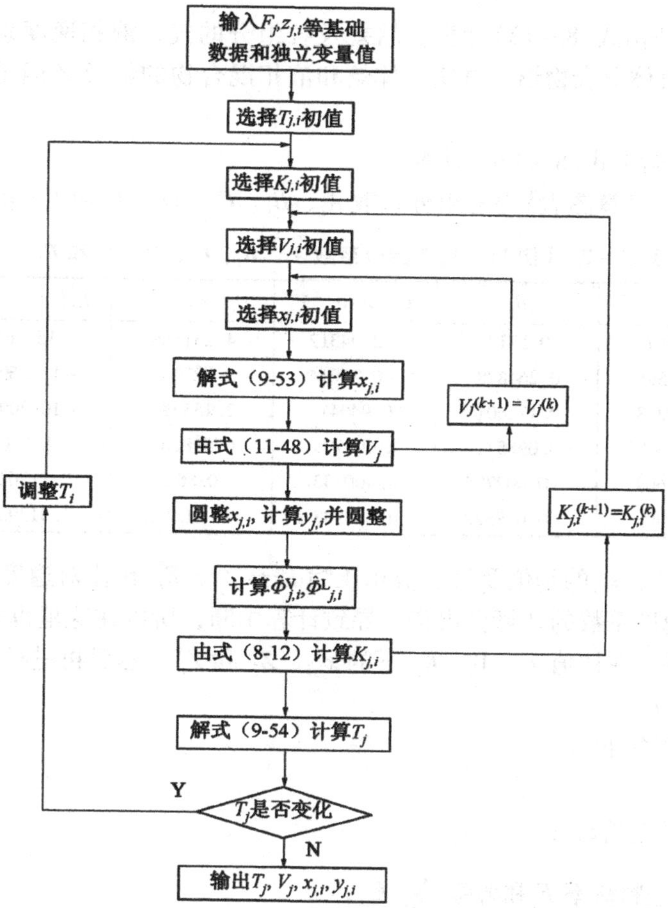

图 11－10　SR 法 Excel 计算框图

表 11－4　【例 11－2】迭代变量 V_j 和 T_j 初值

级序号，j	V_j/(mol/h)	T_j/K	级序号，j	V_j/(mol/h)	T_j/K
1	1980	300	4	1980	297
2	1980	299	5	1980	296
3	1980	298	6	1980	295

表 11－5　【例 11－2】$K_{j,i}$ 初值

组　分	$K_{j,i}$					
	1	2	3	4	5	6
CH_4	30	29.5	29.2	29	28.9	28.8
C_2H_6	5.7	5.61	5.59	5.57	5.5	5.4
C_3H_8	1.9	1.85	1.8	1.75	1.7	1.65
$n-C_4H_{10}$	0.55	0.54	0.52	0.51	0.5	0.48
$n-C_5H_{12}$	0.17	0.165	0.16	0.158	0.153	0.15
$n-C_{12}H_{26}$	0	0	0	0	0	0

表 11－6　【例 11－2】$x_{j,i}$ 初值

组　分	CH_4	C_2H_6	C_3H_8	$n-C_4H_{10}$	$n-C_5H_{12}$	$n-C_{12}H_{26}$
组　成	0.0415	0.0042	0.0024	0.0013	0.0006	0.95

K 采用($\Phi-\Phi$)法由式(8－12)计算，焓差及各组分的气、液相逸度系数$\hat{\Phi}^{\mathrm{V}}$ 和$\hat{\Phi}^{\mathrm{L}}$ 采用 PR 方程计算。理想气体混合物焓、真实气体焓和液相混合物的焓及 Z 因子计算等涉及的公式见【例 9－9】。

纯物质理想气体焓由式(8－130)计算。

查《石油化工工艺计算图表》得各组分系数 A_i、B_i、C_i、D_i、E_i和 F_i(表 11－7)。

表 11－7　【例 11－2】各组分系数 A_i、B_i、C_i、D_i、E_i和 F_i

组　分	A_i	B_i	$C_i(\times10^{-4})$	$D_i(\times10^{-7})$	$E_i(\times10^{-11})$	$F_i(\times10^{-15})$
CH_4	58.4016	0.5717	－2.94312	4.231568	－15.2674	19.45261
C_2H_6	163.0596	0.264878	－0.25014	2.923341	－12.86053	18.22057
C_3H_8	165.7238	0.172601	0.94041	2.155433	－10.70986	15.92794
$n-C_4H_{10}$	164.444	0.098571	2.691795	0.518202	－4.20139	6.560421
$n-C_5H_{12}$	173.4609	－0.002795	4.400733	－0.86288	0.817644	－0.19715
$n-C_{12}H_{26}$	152.444	－0.018522	4.538933	－0.964642	1.013931	－0.296646

与【例 9－9】相似，$x_{j,i}$的初值及气、液相压缩因子 Z_j^{L}、Z_j^{V} 初值对逸度系数的影响很大，如果选择不合适，逸度系数的计算会出错，导致计算中断，所以在这里也采用分步计算，即首先通过规划求解解出在初值 T_j、V_j、$K_{j,i}$下的 $x_{j,i}$、Z_j^{L} 和 Z_j^{V}，然后再进行后续的计算。计算步骤如图 11－10。

EXCEL 计算过程如下

① 初值的输入

[B2:G2]输入原料气组成 $z_{6,i}$；

[B5:C10]输入各级进料流率 F_j和各级 $\sum_{m=1}^{j} F_{\mathrm{m}}$；

[D5:S10]输入各级 T_j、$K_{j,i}$、V_j、$x_{j,i}$、Z_j^{L} 和 Z_j^{V} 初值；

[R11]输入吸收剂液相压缩因子 Z^{L}的初值；

[S11]输入原料气气相压缩因子 Z^{V}的初值；

[T5:T10]输入单位数组，用于矩阵运算。

T_j、$K_{j,i}$、V_j、$x_{j,i}$、Z_j^{L}、Z_j^{V}、Z^{L} 和 Z^{V} 初值输入情况如图 11－11。

	A	B	C	D	E	F	G	H	I	J	K	L	M	N	O	P	Q	R	S	T
1										SR法计算吸收过程										
2	$z_{6,i}$	0.83	0.084	0.048	0.026	0.012	0													
3	j	F_j	ΣF_m	T_j			$K_{j,i}$				V_j			$x_{j,i}$				Z_j^L	Z_j^V	单位矩阵
4																				
5	1	530	530	300	30	5.7	1.9	0.55	0.17	0	1980	0.0415	0.0042	0.0024	0.0013	0.0006	0.95	0.06	1	1
6	2	0	530	299	29.5	5.61	1.85	0.54	0.165	0	1980	0.0415	0.0042	0.0024	0.0013	0.0006	0.95	0.06	1	1
7	3	0	530	298	29.2	5.59	1.8	0.52	0.16	0	1980	0.0415	0.0042	0.0024	0.0013	0.0006	0.95	0.06	1	1
8	4	0	530	297	29	5.57	1.75	0.51	0.158	0	1980	0.0415	0.0042	0.0024	0.0013	0.0006	0.95	0.06	1	1
9	5	0	530	296	28.9	5.5	1.7	0.5	0.153	0	1980	0.0415	0.0042	0.0024	0.0013	0.0006	0.95	0.06	1	1
10	6	1980	2510	295	28.8	5.4	1.65	0.48	0.15	0	1980	0.0415	0.0042	0.0024	0.0013	0.0006	0.95	0.06	1	1
11	进料																	0.06	1	

图 11－11　【例 11－2】已知条件及初值的输入

② 修正的 M 方程的输入

[B14:B19]输入修正的 M 方程式(9－53)的系数 A_j初值，在 B14 单元格输入 0(A_1)，B15:B19 单元格输入式(9－37)的数组公式“{＝K6:K10＋C5:C9－K5}”计算 $A_2\sim A_6$；

[C14:H19]输入式(9－38)的数组公式“{＝－(K6:K11＋C5:C10－K5＋K5:K10＊E5:J10)}”计算式(9－53)中各组分 B_j初值；

[I14:N19]I14:N18 单元格输入式(9－39)的数组公式“{＝K6:K11＊E6:J11}”计算式(9－

53)中各组分 $C_1 \sim C_5$初值，I19:N19 输入 0，即各组分的 C_6；

[O14:T19]输入式(9-53)中的 D_j初值，在 T14 输入 -530，在 O19:T19 输入式(9-40)的数组公式"{=-B10*B2:G2}"计算各组分的 D_6，其余单元格输入 0；

[B21:G26]输入修正的 M 方程式(9-53)三对角矩阵组成的方程组的数组公式"{=B14:B19*L4:Q9+C14:H19*L5:Q10+I14:N19*L6:Q11-O14:T19}"；

[H21:M26]输入式(11-46)的数组公式"{=K5:K10*E5:J10*L5:Q10}"计算 $v_{j,i}$；

[N21:N26]输入式(11-48)的数组公式"{=MMULT(H21:M26,T5:T10)}"计算 V_j；

[O21:T26]输入式"$y_{j,i}=K_{j,i}x_{j,i}$"的数组公式"{=L5:Q10*E5:J10}"计算 $y_{j,i}$。

③ PR 方程的输入及逸度系数和相平衡常数的计算

[B30:G32]输入各组分的 T_{Ci}、ω_i、P_{Ci}；

[B33:G33]输入式(8-53)的数组公式"{=0.37464+1.54226*B31:G31-0.26992*B31:G31^2}"计算 PR 方程涉及到的斜率 m_i；

[B34:G34]输入式(8-50)的数组公式"{=0.45724*8.314^2*B30:G30^2/B32:G32/10^6}"计算 a_{Ci}；

[B35:G35]输入式(8-51)的数组公式"{=0.0778*8.314*B30:G30/B32:G32/10^6}"计算 b_i；

[I29:N34]输入式(8-52)的数组公式"{=(1+B33:G33*(1-(D5:D10/B30:G30)^0.5))^2}"计算 $\alpha_{j,i}(T)$；

[I35:N35]输入式(8-52)的数组公式"{=(1+B33:G33*(1-(290/B30:G30)^0.5))^2}"计算原料气的 $\alpha_i(T)$；

[O29:T34]输入式(8-49)的数组公式"{=I29:N34*B34:G34}"计算 $a_{j,i}(T)$；

[O35:T35]输入式(8-49)的数组公式"{=I35:N35*B34:G34}"计算原料气的 $a_i(T)$；

[B37:G42]输入式(8-55)的数组公式"{=O29:T34*517.1*1000/8.314^2/D5:D10^2}"计算 $A_{j,i}$；

[B43:F43]输入式(8-55)的数组公式"{=O35:S35*517.1*1000/8.314^2/290^2}"计算原料气的 A_i；

[H37:M42]输入式(8-56)的数组公式"{=B35:G35*571.1*1000/8.314/D5:D10}"计算 $B_{j,i}$；

[H43:L43]输入式(8-56)的数组公式"{=B35:F35*517.1*1000/8.314/290}"计算原料气的 B_i；

[N37:N42]输入混合规则式(8-23)的数组公式"{=MMULT(L5:Q10*O29:T34^0.5,T5:T10)^2}"计算液相混合物的 PR 方程参数 a_{mj}^{L}；

[N43]输入式(8-49)的计算式"=G34*(1+G33*(1-(305/G30)^0.5))^2"计算吸收剂的 PR 方程参数 a^{L}；

[O37:O42]输入式(8-24)的数组公式"{=MMULT(B35:G35*L5:Q10,T5:T10)}"计算液相混合物的 PR 方程参数 b_{mj}^{L}；

[O43]输入"=G35"，即为吸收剂的 PR 方程参数 b^{L}；

[P37:P42]输入式(8-55)的数组公式"{=N37:N42*517.1*1000/8.314^2/D5:D10^2}"，由 a_{mj}^{L}计算液相混合物的 PR 方程参数 A_{mj}^{L}；

[P43]输入式(8-55)"=N43*517.1*1000/8.314^2/305^2"计算吸收剂的 A^{L}；

[Q37:Q42]输入式(8-56)的数组公式“{ =O37:O42 * 517.1 * 1000/8.314/D5:D10}”，计算液相混合物的 PR 方程参数 B_{mj}^{L}；

[Q43]输入式(8-56)“ =O43 * 517.1 * 1000/8.314/305”，计算吸收剂的 B^{L}；

[R37:U43]与平衡液相相似，分别输入式(8-23)、式(8-24)、式(8-55)和式(8-56)的计算式计算气相混合物和原料气的 PR 方程参数 a_{mj}^{V}、b_{mj}^{V}、A_{mj}^{V}和 B_{mj}^{V}；

[B45:B50]输入 PR 方程式(8-54)的数组公式“{ =R5:R10^3 - (1 - Q37:Q42) * R5:R10^2 + (P37:P42 -2 * Q37:Q42 - 3 * Q37:Q42^2) * R5:R10 - (P37:P42 * Q37:Q42 - Q37: Q42^2 - Q37:Q42^3)}”用于计算各级 Z_j^{L}；

[B51]输入吸收剂的 PR 方程式(8-54)“ =R11^3 - (1 - Q43) * R11^2 + (P43 -2 * Q43 - 3 * Q43^2) * R11 - (P43 * Q43 - Q43^2 - Q43^3)”用于计算吸收剂的 Z^{L}；

[C45:C51]与平衡液相、吸收剂相似，输入平衡气相和原料气的 PR 方程式(8-54)的数组公式或 Excel 计算式，计算各级 Z_j^{V} 和原料气的 Z^{V}；

[D45:I50]输入式(9-56)的数组公式“{ = EXP(B35:G35/O37:O42 * (R5:R10 - 1) - LN (R5: R10 - Q37:Q42) - P37:P42/Q37:Q42/8^0.5 * (2 * (B37:G42/P37:P42)^0.5 - H37:M42/Q37:Q42) * LN((R5:R10 + (1 +2^0.5) * Q37:Q42)/(R5:R10 + (1 -2^0.5) * Q37:Q42)))}”计算平衡液相各级各组分的逸度系数 $\hat{\Phi}_{j,i}^{L}$；

[J45:O50]与平衡液相相似，输入平衡气相式(9-56)的数组公式计算平衡气相各级各组分的逸度系数 $\hat{\Phi}_{j,i}^{V}$；

[P45:U50]输入式(8-12)的数组公式“{ =D45:I50/J45:O50}”计算各级各组分的 $K_{j,i}$。

④ 焓值计算及热量衡算方程的输入

[B54:G54]输入各组分的相对分子质量；

[B55:G60]输入式(8-130)中各组分的系数：A_i、B_i、C_i、D_i、E_i和 F_i；

[I54:N59]输入式(8-130)的数组公式“{ =0.556 * B55:G55 + B56:G56 * D5:D10 + 1.8 * B57:G57/10^4 * D5:D10^2 + 3.24 * B58:G58/10^7 * D5:D10^3 + 5.83 * B59:G59/10^11 * D5:D10^4 + 10.5 * B60:G60/10^15 * D5:D10^5}”计算各级各组分的理想气体焓 $H_{j,i}^{0}$(kcal/kg)；

[O54:T59]输入数组公式“{ =I54:N61 * B54:G54 * 4.817}”将 $H_{j,i}^{0}$换算为单位 J/mol 的值；

[I60:T61]相似的，分别输入吸收剂和原料气各数组公式计算吸收剂和原料气各组分的 H_i^{0}；

[B64:B69]输入式(8-128)的函数数组公式“{ = MMULT(O54:T59 * O21:T26,T5:T10)}”计算各级气相混合物理想焓 H_j^{0V}；

[C64:C69]输入式(8-128)的函数数组公式“{ = MMULT(O54:T59 * L5:Q10,T5:T10)}”计算各级液相混合物理想焓 H_j^{0L}；

[D64:D69]输入式(9-55)的数组公式“{ = ((S5:S10 - 1) - (R37:R42^0.5 * MMULT(O21:T26 * B33:G33 * (B34:G34 * D5:D10/B30:G30)^0.5,T5:T10) + R37:R42)/8^0.5 /S37:S42/8.314/D5:D10 * LN((S5:S10 + (1 + 2^0.5) * U37:U42)/(S5:S10 + (1 - 2^0.5) * U37:U42))) * 8.314 * D5:D10}”计算各级气相混合物焓差 $(H-H^{0})_j^{V}$；

[E64:E69]相似的，输入式(9-55)的数组公式计算各级液相混合物焓差 $(H-H^{0})_j^{L}$；

[F64:F69]输入式(8-127)的数组公式“{ =D64:D69 + B64:B69}”计算各级气相混合物的真

实焓 H_j^{V}；

[G64:G69]相似的，输入式(8－127)的数组公式计算各级液相混合物的真实焓 H_j^{L}；

[H69]输入数组公式"{＝SUM(O61:T61 * B2:G2)}"计算原料气混合物的理想焓 $H_{\mathrm{F}}^{0\mathrm{V}}$；

[I69]输入式(9－55)的数组公式"{＝((S11－1)－(R43^0.5 * MMULT(B2:G2 * B33:G33 * (B34:G34 * 290/B30:G30)^0.5,T5:T10)＋R43)/8^0.5/S43/8.314/290 * LN((S11＋(1＋2^0.5) * U43)/(S11＋(1－2^0.5) * U43))) * 8.314 * 290}"计算原料气混合物的焓差 $(H-H^0)_{\mathrm{F}}^{\mathrm{V}}$；

[J64]相似的，输入式(9－55)的数组公式计算吸收剂的焓差 $(H-H^0)_{\mathrm{F}}^{\mathrm{L}}$；

[K64:K69]K64 输入式(8－127)"＝T60＋J64"计算吸收剂的真实焓，K69 输入式(8－127)"＝T69＋J69"计算原料气的真实焓，其余单元格输入 0，形成进料焓 H_j^{F} 数组；

[L64:L69]输入式(9－44)的数组公式"{＝G63:G68－F64:F69}"，计算热量衡算方程即 H 方程式(9－54)的系数 α_j；

[M64:M69]输入式(9－45)的数组公式"{＝F65:F70－G64:G69}"，计算 H 方程式(9－54)的系数 β_j；

[N64:N69]输入式(9－46)的数组公式"{＝(C4:C9－K5) * (G64:G69－G63:G68)＋B5:B10 * (G64:G69－K64:K69)}"，计算 H 方程式(9－54)的系数 γ_j；

[O64:O69]输入 H 方程式(9－54)的数组公式"{＝L64:L69 * K5:K10＋K6:K11 * M64:M69－N64:N69}"用于计算各级 T_j。

⑤ 修正的 M 方程和 PR 方程的规划求解

"规划求解"对话框中"设置目标单元格"栏设为"$C$51"，"值为"设置为 0(即原料气的 PR 方程)。可变单元格栏设为"$K$5:$Q$10，$R$5:$S$11"，即 V_j、$x_{j,i}$、Z_j^{L}、Z_j^{V} 及吸收剂和原料气的压缩因子 $Z_{\mathrm{F}}^{\mathrm{L}}$ 和 $Z_{\mathrm{F}}^{\mathrm{V}}$。在"约束"栏中通过"添加"按钮填入各级各组分修正的 M 方程、液相及气相的 PR 方程及 V_j 迭代式，即填入"$B$21:$G$26＝0"、"$B$45:$B$51＝0"、"$C$45:$C$50＝0"和"$K$5:$K$10＝$N$21:$N$26"。规划求解参数设置如图 11－12。

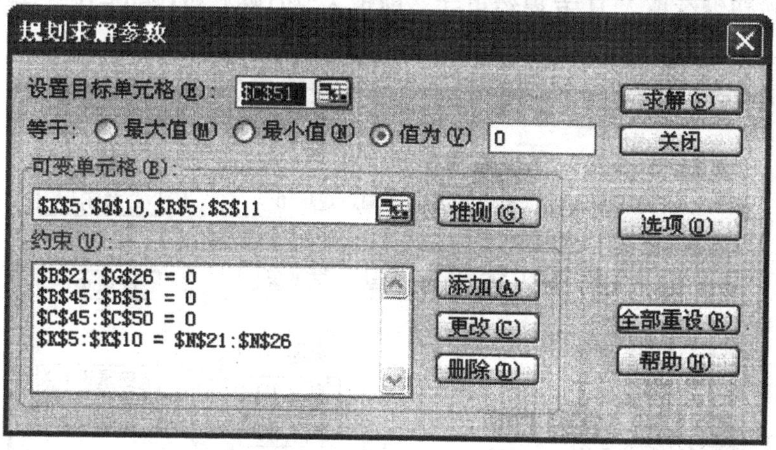

图 11－12 【例 11－2】修正的 M 方程、PR 方程和 V_j 规划求解参数设置

单击"求解"按钮，可计算出初值下 $x_{j,i}$、V_j 及各压缩因子值。

⑥ 加入 $K_{j,i}$ 迭代计算的规划求解

可变单元格栏中补加"$E$5:$J$10"，即将 $K_{j,i}$ 补加为待求变量。在"约束"栏中通过"添加"按钮补加 $K_{j,i}$ 迭代式，即填加"$E$5:$J$10＝$P$45:$U$50"。规划求解参数设置如图 11－13。

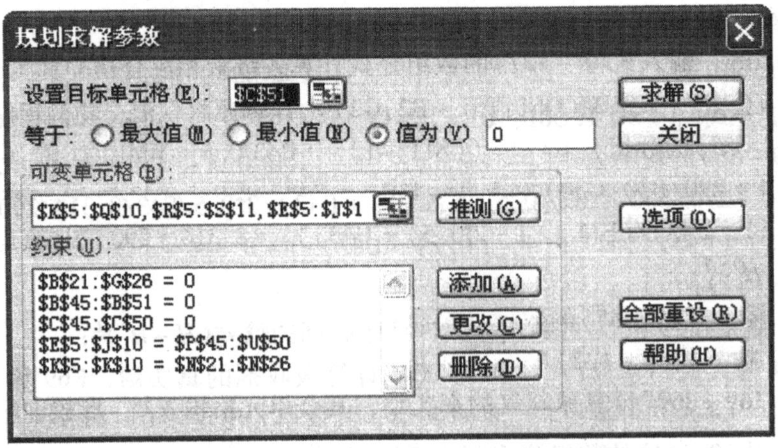

图 11－13 【例 11－2】加入 $K_{j,i}$ 迭代计算的规划求解参数设置

单击“求解”按钮，经两次规划求解计算后的结果如图 11－14。

	D	E	F	G	H	I	J	K	L	M	N	O	P	Q	R	S
1								SR法计算吸收过程								
2	0.048	0.026	0.012	0												
3	T_j			$K_{j,i}$				V_j			$x_{j,i}$				Z^L	Z_i^V
4																
5	300	39.416	7.993	2.54254	0.8196	0.28052	0.0003	1904.7	0.0217	0.0105	0.017	0.0193	0.0036	0.9279	0.0505	0.9837
6	299	39.18	7.8842	2.49472	0.8	0.27247	0.0003	1945.9	0.0215	0.0108	0.019	0.0264	0.0075	0.9148	0.0502	0.9829
7	298	38.951	7.7745	2.44621	0.7801	0.26428	0.0003	1954	0.0216	0.0109	0.0195	0.0298	0.0121	0.9061	0.05006	0.9824
8	297	38.722	7.6652	2.39806	0.7605	0.25624	0.0003	1959.6	0.0217	0.011	0.02	0.0319	0.0179	0.8975	0.04993	0.982
9	296	38.493	7.5566	2.35055	0.7412	0.2484	0.0002	1965.1	0.0217	0.0112	0.0204	0.0336	0.0255	0.8876	0.04976	0.9816
10	295	38.264	7.449	2.30382	0.7224	0.24078	0.0002	1971.7	0.0218	0.0113	0.0208	0.0353	0.0361	0.8747	0.0495	0.9811
11															0.05247	0.9798

图 11－14 【例 11－2】修正的 M 方程、PR 方程、V_j 和 $K_{j,i}$ 规划求解结果

⑦ 添加 H 方程迭代计算的规划求解

“设置目标单元格”仍然不变。可变单元格栏设为“$K$5:$Q$10，$R$5:$S$11，$E$5:$J$10，$D$5:$D$10”，即除了 $x_{j,i}$、V_j、Z_j^L、Z_j^V、Z_F^L、Z_F^V 和 $K_{j,i}$ 外，又添加了 T_j。在“约束”栏中通过“添加”按钮继续填入 H 方程约束式，即填入“$O$64:$O$69＝0”。规划求解参数设置如图 11－15。

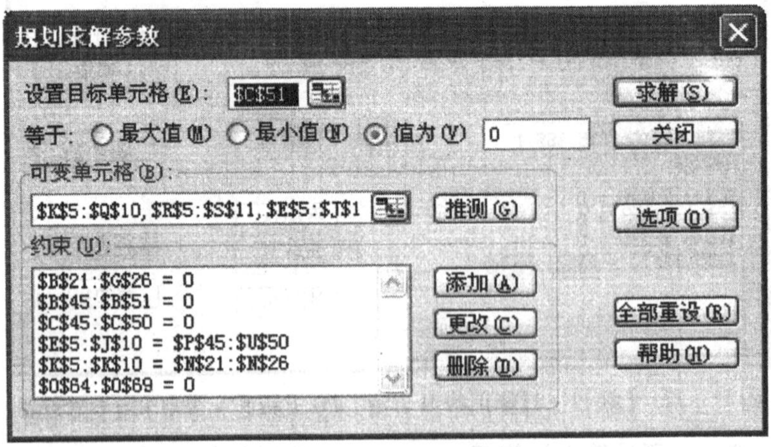

图 11－15 【例 11－2】添加 H 方程迭代计算的规划求解参数设置

单击“求解”按钮，计算的最终结果如图 11－16。

因采用分步计算，加强了收敛性，所以这里省略了 $x_{j,i}$ 和 $y_{j,i}$ 的圆整，使计算过程更简单。

	A	B	C	D	E	F	G	H	I	J	K	L	M	N	O	P	Q	R	S	T	U
1											SR法计算吸收过程										
2	$z_{6,i}$	0.83	0.084	0.048	0.026	0.012	0														
3	j	F_j	ΣF_m	T_j				$K_{j,i}$			V_j			$x_{j,i}$				Z^L	Z^V	单位矩阵	
4																					
5	1	530	530	308.05	41.181	8.9121	2.967	1.0003	0.3575	0.0005	1915.7	0.0207	0.0094	0.0148	0.0179	0.007	0.9302	0.0495	0.9847	1	
6	2	0	530	308.78	41.325	8.9991	3.0094	1.019	0.3658	0.0006	1955.5	0.0203	0.0094	0.0158	0.0224	0.0122	0.9199	0.0491	0.9842	1	
7	3	0	530	308.92	41.352	9.0163	3.0179	1.0229	0.3675	0.0006	1961.9	0.0202	0.0094	0.0158	0.0236	0.0164	0.9147	0.0489	0.984	1	
8	4	0	530	308.44	41.248	8.9608	2.9918	1.0115	0.3626	0.0006	1965.2	0.0203	0.0094	0.0159	0.0242	0.02	0.9103	0.0489	0.9838	1	
9	5	0	530	306.73	40.881	8.7634	2.8988	0.9711	0.345	0.0005	1967.9	0.0204	0.0096	0.0164	0.0253	0.0242	0.904	0.0489	0.9834	1	
10	6	1980	2510	302.08	39.866	8.2348	2.6544	0.8669	0.3005	0.0004	1971.6	0.0209	0.0102	0.018	0.0288	0.032	0.8902	0.0491	0.9824	1	
11	进料																	0.0525	0.9798		
12											解物料衡算方程计算组成区										
13	j	A_j				B_j						C_j						D_j			
14	1	0	-79459	-17643	-6254	-2486	-1255	-570.9	80811	17598	5884.9	1992.7	715.32	1.0959	0	0	0	0	0	-530	
15	2	569.83	-81388	-18174	-6461	-2569	-1292	-577.3	81128	17689	5920.9	2006.7	721.01	1.1113	0	0	0	0	0	0	
16	3	576.22	-81707	-18269	-6500	-2586	-1300	-580.6	81058	17609	5879.3	1987.7	712.47	1.0815	0	0	0	0	0	0	
17	4	579.48	-81640	-18192	-6462	-2570	-1295	-583.3	80447	17245	5704.5	1911.1	678.98	0.9736	0	0	0	0	0	0	
18	5	582.18	-81033	-17831	-6290	-2497	-1265	-586.9	78600	16236	5233.4	1709.2	592.53	0.725	0	0	0	0	0	0	
19	6	585.92	-79195	-16830	-5828	-2303	-1187	-595	0	0	0	0	0	0	-1643	-166.3	-95.04	-51.48	-23.76	0	
20	j			三对角矩阵方程						$v_{j,i}$				V_j				$y_{j,i}$			
21	1	3E-12	3E-12	3E-12	1E-11	-9E-12	0	1631	160.25	84.367	34.367	4.7681	0.9489	1915.7	0.8514	0.0837	0.044	0.0179	0.0025	0.0005	
22	2	9E-12	5E-12	5E-12	3E-12	-2E-11	-5E-13	1642.8	165.6	92.825	44.587	8.7351	1.0081	1955.5	0.8401	0.0847	0.0475	0.0228	0.0045	0.0005	
23	3	3E-12	6E-13	8E-13	-5E-12	-2E-12	5E-13	1642.7	165.67	93.456	47.259	11.805	1.0165	1961.9	0.8373	0.0844	0.0476	0.0241	0.006	0.0005	
24	4	-4E-12	-3E-12	-3E-12	-6E-12	9E-12	1E-12	1642.7	165.68	93.514	48.014	14.255	0.9844	1965.2	0.8359	0.0843	0.0476	0.0244	0.0073	0.0005	
25	5	-6E-12	-4E-12	-3E-12	-3E-12	1E-11	5E-14	1642.8	165.73	93.627	48.429	16.417	0.8802	1967.9	0.8348	0.0842	0.0476	0.0246	0.0083	0.0004	
26	6	-3E-12	-2E-12	-2E-12	-1E-12	5E-12	-1E-12	1642.9	165.88	93.984	49.215	18.935	0.6454	1971.6	0.8333	0.0841	0.0477	0.025	0.0096	0.0003	
27											PR方程计算K区										
28								j				$a_{j,i}(T)$						$a_{j,i}(T)$			
29	i	1	2	3	4	5	6	1	0.7987	0.9953	1.1081	1.2095	1.3021	1.8752	0.1993	0.6019	1.1276	1.82	2.6941	14.099	
30	T_{ci}	190.56	305.32	369.83	425.12	469.7	658	2	0.7977	0.9941	1.1067	1.2081	1.3004	1.8726	0.1991	0.6012	1.1262	1.8178	2.6907	14.079	
31	ω_i	0.011	0.099	0.152	0.199	0.249	0.573	3	0.7975	0.9938	1.1064	1.2078	1.3001	1.8721	0.199	0.601	1.1259	1.8174	2.6901	14.076	
32	P_{ci}	4.599	4.872	4.248	3.796	3.37	1.82	4	0.7982	0.9947	1.1073	1.2088	1.3012	1.8738	0.1992	0.6015	1.1269	1.8189	2.6923	14.089	
33	m_i	0.3916	0.5247	0.6028	0.6709	0.7419	1.1697	5	0.8006	0.9976	1.1106	1.2123	1.305	1.8799	0.1998	0.6033	1.1301	1.8241	2.7002	14.135	
34	a_{ci}	0.2496	0.6047	1.0176	1.5047	2.0691	7.5187	6	0.8074	1.0056	1.1194	1.2218	1.3154	1.8966	0.2015	0.6081	1.1391	1.8385	2.7218	14.26	
35	b_i	3E-05	4E-05	6E-05	7E-05	9E-05	0.0002	原料气	0.8254	1.0268	1.1428	1.2472	1.3432	1.9409	0.206	0.621	1.1629	1.8767	2.7791	14.593	
36	j				$A_{j,i}$						$B_{j,i}$			a^L_{mj}	b^L_{mj}	A^L_{mj}	B^L_{mj}	a^V_{mj}	b^V_{mj}	A^V_{mj}	B^V_{mj}
37	1	0.0157	0.0474	0.0889	0.1435	0.2124	1.1114	0.006	0.009	0.0126	0.0162	0.0201	0.0521	12.678	0.0002	0.9994	0.0447	0.2724	3E-05	0.0215	0.0061
38	2	0.0156	0.0472	0.0884	0.1426	0.2111	1.1047	0.006	0.009	0.0125	0.0161	0.0201	0.052	12.496	0.0002	0.9805	0.0442	0.2818	3E-05	0.0221	0.0062
39	3	0.0156	0.0471	0.0883	0.1425	0.2109	1.1034	0.006	0.009	0.0125	0.0161	0.02	0.052	12.414	0.0002	0.9731	0.0441	0.285	3E-05	0.0223	0.0062
40	4	0.0157	0.0473	0.0886	0.143	0.2117	1.1079	0.006	0.009	0.0125	0.0161	0.0201	0.0521	12.357	0.0002	0.9717	0.044	0.287	3E-05	0.0226	0.0063
41	5	0.0159	0.048	0.0899	0.145	0.2147	1.1239	0.006	0.0091	0.0126	0.0162	0.0202	0.0524	12.298	0.0002	0.9779	0.0441	0.2892	3E-05	0.023	0.0063
42	6	0.0165	0.0499	0.0934	0.1507	0.2231	1.169	0.0061	0.0092	0.0128	0.0165	0.0205	0.0532	12.178	0.0002	0.9984	0.0443	0.2932	3E-05	0.024	0.0064
43	原料气	0.0183	0.0552	0.1034	0.1669	0.2472		0.0057	0.0087	0.0121	0.0155	0.0193		14.181	0.0002	1.14	0.0477	0.3028	3E-05	0.0269	0.0067
44	j	EOS(L)	EOS(V)			$\hat{\Phi}^L_{ji}$						$\hat{\Phi}^V_{ji}$						$K_{j,i}$			
45	1	0	2E-16	40.804	8.6197	2.8126	0.9293	0.3255	0.0004	0.9908	0.9672	0.948	0.9291	0.9106	0.79	41.181	8.9121	2.967	1.0003	0.3575	0.0005
46	2	0	1E-16	40.955	8.7027	2.8515	0.9461	0.3327	0.0004	0.991	0.9671	0.9475	0.9284	0.9096	0.7874	41.325	8.9991	3.0094	1.019	0.3658	0.0006
47	3	1E-16	1E-16	40.983	8.7186	2.8591	0.9494	0.3341	0.0004	0.9911	0.967	0.9474	0.9281	0.9092	0.7865	41.352	9.0163	3.0179	1.0229	0.3675	0.0006
48	4	1E-16	-6E-17	40.879	8.6631	2.8332	0.9383	0.3294	0.0004	0.9911	0.9668	0.947	0.9276	0.9086	0.7849	41.248	8.9608	2.9918	1.0115	0.3626	0.0006
49	5	9E-17	-2E-17	40.509	8.467	2.7424	0.8996	0.3129	0.0004	0.9909	0.9662	0.9461	0.9263	0.907	0.7812	40.881	8.7634	2.8988	0.9711	0.345	0.0005
50	6	0	-2E-17	39.485	7.9432	2.5046	0.8001	0.2713	0.0003	0.9904	0.9646	0.9436	0.923	0.9027	0.7718	39.866	8.2348	2.6544	0.8669	0.3005	0.0004
51	进料	0	8E-18																		
52											热量衡算方程计算区										
53								j			$H^0_{j,i}$ (kcal/kg)						$H^0_{j,i}$ (J/mol)				
54	分子量	16.043	30.07	44.097	58.124	72.151	170.33	1	190.94	189.45	176.63	170.67	163.01	147.97	14756	27442	37520	47785	56653	121407	
55	A_i	58.402	163.06	165.72	164.44	173.46	152.44	2	191.34	189.76	176.93	170.98	163.3	148.27	14786	27487	37583	47870	56757	121647	
56	B_i	0.5717	0.2649	0.1726	0.0986	-0.003	-0.019	3	191.41	189.82	176.99	171.03	163.36	148.32	14792	27495	37595	47886	56777	121693	
57	$C_i\times10^{-4}$	-2.943	-0.25	0.9404	2.6918	4.4007	4.5389	4	191.15	189.62	176.79	170.83	163.16	148.13	14772	27465	37553	47830	56708	121533	
58	$D_i\times10^{-7}$	4.2316	2.9233	2.1554	0.5182	-0.863	-0.965	5	190.23	188.89	176.09	170.11	162.46	147.44	14700	27359	37404	47629	56463	120968	
59	$E_i\times10^{-11}$	-15.27	-12.86	-10.71	-4.201	0.8176	1.0139	6	187.73	186.92	174.2	168.18	160.57	145.59	14507	27074	37003	47089	55807	119451	
60	$F_i\times10^{-15}$	19.453	18.221	15.928	6.5604	-0.197	-0.297	吸收剂	0	0	0	0	0	146.75	0	0	0	0	0	120402	
61								原料气	181.27	181.88	169.39	163.27	155.77	140.89	14009	26345	35981	45712	54137	115593	
62	j	H^V_{0j}	H^{0L}_j	$(H-H^\circ)^V$	$(H-H^\circ)^L$	H^V_j	H^L_j	H^{*V}_F	$(H-H^\circ)^V_F$	$(H-H^\circ)^L_F$	H^F_j	α_j	β_j	γ_j	$G_j(T)$						
63																					
64	1	17569	115304	-125.1	-54526	17444	60777			-57723	62679	-17444	-42966	-1E+08	3E-07						
65	2	17941	114820	-129.4	-54131	17811	60689				0	42966	-42763	122510	-4E-07						
66	3	18056	114518	-130.9	-53954	17925	60564				0	42763	-42604	172983	-3E-07						
67	4	18092	114072	-132.2	-53842	17959	60230				0	42604	-42311	462824	3E-08						
68	5	18053	113109	-134	-53742	17919	59367				0	42311	-41624	1E+06	1E-07						
69	6	17881	110715	-138.1	-53558	17743	57157	17405	-148.9		17256	41624	-57157	8E+07	0						

图 11－16 【例 11－2】规划求解结果

11.7 化学吸收

前面讨论的吸收过程，气体组分在吸收剂中只是单纯的溶解，因而称为物理吸收。在有些情况下，被溶解的组分与吸收剂中的活性组分发生化学反应，这种伴有化学反应的吸收过程称为化学吸收。

一般气体在溶剂中的溶解度不高，利用适当的化学反应，可大幅度地提高溶剂对气体的吸收能力。如环氧乙烷生产中采用化学吸收方法脱除二氧化碳(见图7－2)。二氧化碳在水中的溶解度甚低，但若以碳酸钾水溶液吸收二氧化碳时，则在液相中发生碳酸钾、二氧化碳和水生成碳酸氢钾的化合反应，使碳酸钾水溶液具有较高的吸收二氧化碳的能力。同时，化学反应本身的高度选择性必定赋予吸收操作以高度选择性。可见，利用化学反应大大扩展了吸收操作的应用范围。

作为化学吸收，可被利用的化学反应一般应满足两个条件：

(1) 可逆性

如果该反应不可逆，溶剂将难以再生和循环使用。例如，用氢氧化钠吸收二氧化碳时，因生成碳酸钠而不易再生，势必消耗大量氢氧化钠。当然，若反应产物本身即为过程的产品时又另当别论。

(2) 较高的反应速率

若所用的化学反应速度较慢，则应研究加入适当的催化剂以加快反应速率。工业吸收操作多数是化学吸收，这是因为化学吸收有以下优点：

① 化学反应提高了吸收的选择性；

② 加快吸收速率，从而减小设备容积；

③ 反应增加了溶质在液相中的溶解度，减少吸收剂用量；

④ 反应降低了溶质在气相中的平衡分压，可较彻底地除去气相中很少量的有害气体。例如，为清洗氯乙烯气体中的HCl，先用水进行吸收，然后用碱液为吸收剂除去氯乙烯中残留的少量HCl气体。

化学吸收的缺点是再生不完全，选化学吸收剂时要兼顾吸收与解吸。

11.7.1 化学吸收过程分析

化学吸收是指吸收过程中吸收质与吸收剂有明显化学反应的吸收过程。对于化学吸收，溶质从气相主体到气液界面的传质机理与物理吸收完全相同，其复杂之处在于液相内的传质。溶质在由界面向液相主体扩散的过程中，将与吸收剂或液相中的其他活泼组分发生化学反应。因此，溶质的组成沿扩散途径的变化情况不仅与其自身的扩散速率有关，而且与液相中活泼组分的反向扩散速率、化学反应速率以及反应产物的扩散速率等因素也有关。

由于溶质在液相内发生化学反应，溶质在液相中呈现物理溶解态和化合态两种方式，而溶质的平衡分压仅与液相中物理态的溶质有关。因此，化学反应消耗了进入液相中的吸收质，使吸收质的有效溶解度显著增加而平衡分压降低，从而增大了吸收过程的推动力；同时，由于部分溶质在液膜内扩散的途中即因化学反应而消耗，使过程阻力减小，吸收系数增大，所以发生化学反应总会使吸收速率得到不同程度的提高。

对于化学吸收，溶质从气相主体向气液界面传质的机理与物理吸收相同；液相中反应传质速率的影响反映在传质推动力和液相传质分系数的变化上。溶质A在液膜中为反应所消耗，使液相主体中A的浓度c_{AL}降低。传质推动力为气液界面组分A的浓度c_{Ai}与液相主体中A的浓度c_{AL}的差值，即($c_{Ai}-c_{AL}$)，因而c_{AL}降低会增加传质推动力。

11.7.2 化学吸收的类型

在化学吸收中，液相中不仅存在着扩散过程，而且还有不同类型的化学反应，且两者交织在一起，使过程较为复杂。不同类型的反应，如瞬时反应、快速反应、中速反应、慢速反应等决定了液膜和液相主体对化学反应所起的作用，表现出各类化学吸收过程有不同的浓度分布特征。下面采用双膜模型来说明化学吸收的浓度分布。

双膜模型是由惠特曼提出的，其要点是：①流动状态，在假设的气液接触界面两侧，分别存在着一层稳定的滞流膜，它不等于流体力学的滞流边界层。该膜的厚度将取决于传质构件的结构和流体的湍动程度，可厚可薄，但不消失。②就传递方式而言，在膜两侧的主体流动区内由于湍流的激烈程度已使主体内物质的浓度趋于一致，但滞流膜内传质方式将以分子扩散来实现。因此传质的阻力将由气相主体、气膜、界面、液膜和液相主体等各部分阻力叠加而成。而实际上阻力将集中在界面两侧的液膜和气膜。③对于界面，气液两相立即达到平衡，所以界面无阻力。

(1) 慢速反应

慢速反应时溶质 A 的反应速率 r_A 远远小于其传质速率 N_A，即 $r_A \ll N_A$。被吸收组分 A 通过液膜扩散来不及反应便进入液相主体，反应主要是在液相主体进行，如图 11－17，液膜的传质阻力是整个吸收过程传质阻力的组成部分。

这类吸收过程，在液相主体中存在一定数量的化学反应，而液膜中的反应量几乎可以忽略，因而液膜中的扩散过程几乎和物理吸收一样。此类过程的一种极限情况是液相中溶质和溶剂间的反应量极少，以致化学反应量与物理溶解量相比可以忽略，此时该过程可视为物理吸收过程。

(2) 中速反应

中速反应的特征是 $r_A \approx N_A$，反应既在液膜中进行，又在液相主体中进行。反应从液膜开始，边扩散边反应，反应区一直扩展到液相主体，如图 11－18。

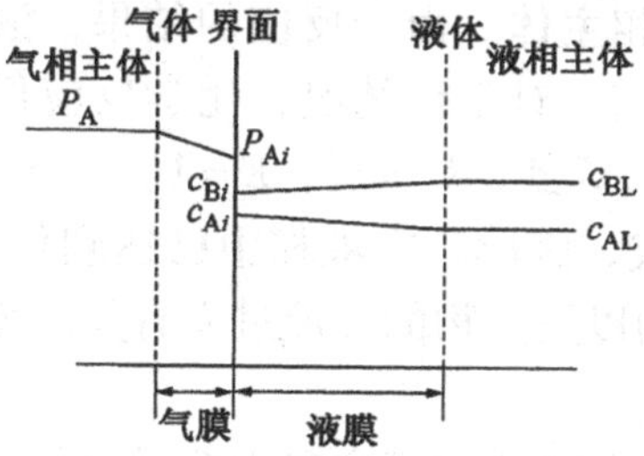

图 11－17 慢速反应的浓度扩散

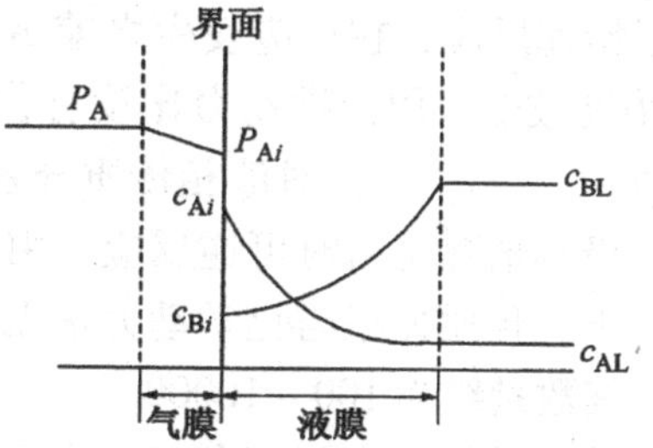

图 11－18 中速反应的浓度扩散

(3) 快速反应

快速反应指当反应速率足够快时，$r_A > N_A$，被吸收组分 A 在液相中边扩散边反应，其浓度随膜厚的变化不再是直线关系，而是向下弯曲的曲线。在液膜内存在一个吸收组分 A 与吸收剂 B 的共存区，在此区域内完成反应，如图 11－19。

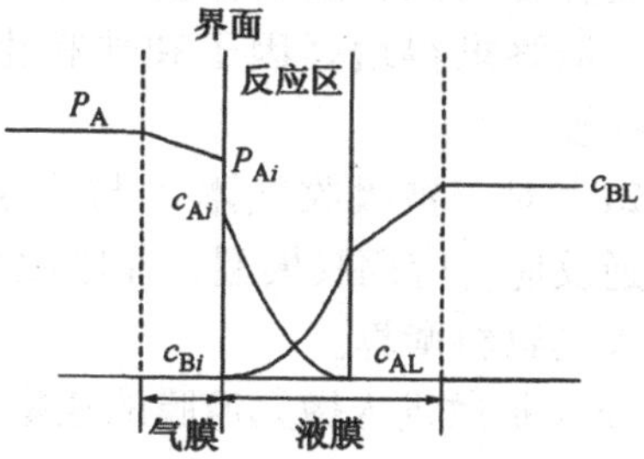

图 11－19 快速反应的浓度扩散

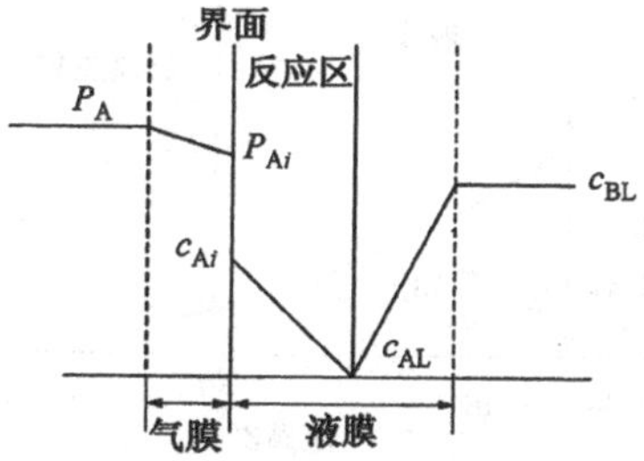

图 11－20 瞬时反应的浓度扩散

（4）瞬时反应

瞬时反应即被吸收组分 A 与吸收剂活性组分 B 一旦相遇立即完成反应，此类反应的特点是反应速率远远大于传质速率，即 $r_A \gg N_A$，反应必将在液膜内某一反应面上完成。若吸收剂活性组分 B 的浓度很高，传递又快，反应面将与气液界面重合，如图 11－20。

11.7.3 化学吸收中的传质速率

（1）传质速率和增强因子

化学吸收中，反应的存在会影响气液平衡关系，影响液相传质速率，这两者会体现为液相传质分系数 k_L 的增加。因此，引入“增强因子”的概念来表示化学反应对传质速率的增强程度。所谓增强因子就是与相同条件下的物理吸收比较，由于化学反应而使传质系数增加的倍数。增强因子 E 的定义为

$$E=\frac{k_L}{k_L^0} \tag{11-56}$$

式中 k_L——化学吸收的液相传质分系数，m/s；

k_L^0——无化学反应的液相传质分系数，m/s。

相应的传质速率方程为

$$N_A=k_L(c_{Ai}-c_{AL})=Ek_L^0(c_{Ai}-c_{AL}) \tag{11-57}$$

式中 N_A——组分 A 的吸收速率，kmol/(m^2·s)；

c_{Ai}——气液界面被吸收组分 A 的浓度，kmol/m^3；

c_{AL}——液相主体被吸收组分 A 的浓度，kmol/m^3。

对于慢速反应，在反应发生之前 A 已扩散进入液相主体。由于反应的结果，液相主体中 A 的浓度较低，因而推动力比没有化学反应发生时高。对于该情况，化学反应仅影响传质推动力 $(c_{Ai}-c_{AL})$，而对液相传质分系数无增强作用，因此，$k_L=k_L^0$，$E=1$。

另一极端情况是瞬时可逆反应，由于反应瞬间完成，因此，在液相中已达到化学平衡。在该情况下，传质速率与化学动力学无关，而与反应物以及产物的传递过程有关。增强因子 E 很大，其数量级为 100～10000。

在上述两种情况之间存在着一个很宽的范围，一般包括快速反应和中速反应。在该情况下，分传质系数是反应速率的函数，同时也受传质的影响。然而，E 基本上与这些因素无关。

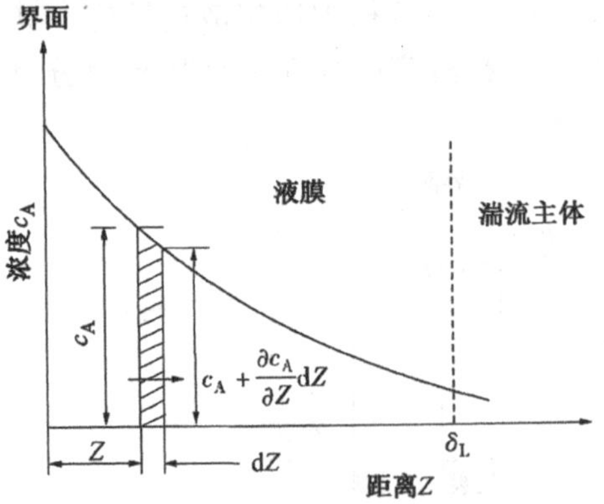

图 11－21 化学吸收微元液膜

（2）双膜模型的反应—扩散方程

为了研究化学吸收过程中液相的传质，必须建立反应—扩散微分方程式，然后根据具体反应过程进行积分求解，最终求得增强因子和伴有化学反应的液相传质分系数。

如图 11－21，对于被吸收气体 A 与溶液中活性组分 B 的不可逆反应，应用膜模型，作厚度为 dZ 的微元液膜体积 A 的物料衡算。

在 Z 处组分 A 扩散进入微元液膜的速率为

$$-D_A\left(\frac{\partial c_A}{\partial Z}\right)$$

式中，D_A为组分 A 在液相中的扩散系数，m^2/s。

从$(Z+dZ)$处组分 A 扩散离开微元液膜的速率为

$$-D_A\left(\frac{\partial c_A}{\partial Z}+\frac{\partial^2 c_A}{\partial Z^2}dZ\right)$$

在 dZ 之间组分 A 的反应速率为

$$r_A dZ$$

式中，r_A为组分 A 的反应速率，kmol/s。

在 dZ 之间组分 A 的积累速率为

$$\frac{\partial c_A}{\partial \tau}dZ$$

式中，τ 为时间，s。

根据物料平衡方程

（扩散进入微元液膜的速率）-（扩散离开微元液膜的速率）=（积累速率）+（反应速率）得

$$-D_A\frac{\partial c_A}{\partial Z}+D_A\left(\frac{\partial c_A}{\partial Z}+\frac{\partial^2 c_A}{\partial Z^2}dZ\right)=\frac{\partial c_A}{\partial \tau}dZ+r_A dZ$$

简化为

$$D_A\frac{\partial^2 c_A}{\partial Z^2}=\frac{\partial c_A}{\partial \tau}+r_A \qquad (11-58)$$

式(11－58)是双膜模型的扩散—反应微分方程。它描述的是被吸收组分浓度随体系的空间(Z)、时间(τ)和化学反应速率(r)的变化规律。在具体求解式(11－58)时，需根据不同的传质机理和反应机理进行分析。同一化学吸收过程，可以用不同的传质模型求解。对不同化学吸收系统可分为瞬时、快速和慢速反应等不同类型；在反应机理上可是一级、二级和 n 级反应，可以是可逆的和不可逆的，以及是单一反应和复杂反应等。因此，求解化学吸收要比物理吸收来得复杂。就传质模型而言，有双膜模型、渗透模型、表面更新模型。在许多情况下，以双膜模型、渗透模型和表面更新模型所解得的结果，其相互间的差异要小于在这些计算中所用的物理量的不可靠性，因此，对模型的选用多以使用是否方便为依据。一般来说，双膜模型的计算比较简单，因为它只需处理常微分方程而无需处理偏微分方程，而后两个传质模型要求解偏微分方程。

（3）一级不可逆反应

目前，只有一级反应，才能对式(11－58)求解析解，其他情况只能求近似解或数值解。

混合气中被吸收组分 A 和活性组分 B 进行反应生成产物 P。其反应式为

$$A+vB\xrightarrow{k_1}P$$

反应为不可逆反应，若吸收剂中 B 的浓度很高，以致在液膜中浓度变化可以忽略。反应可视为拟一级不可逆反应，则有

$$r_A=k_1c_A$$

该反应的反应—扩散方程为

$$D_A\frac{\partial^2 c_A}{\partial Z^2}=\frac{\partial c_A}{\partial \tau}+k_1c_A \qquad (11-59)$$

用膜模型求解析解。在稳态下$(\partial c_A/\partial \tau)=0$，则式(11－59)变为

$$D_A \frac{\partial^2 c_A}{\partial Z^2} = k_1 c_A \tag{11-60}$$

初始和边界条件为：$Z=0$，$c_A = c_{Ai}$；$Z=\delta_L$，$c_A = c_{AL}$。

解式(11－60)得

$$c_A = \frac{1}{\sinh\sqrt{M}}\left[c_{AL}\sinh Z\sqrt{\frac{k_1}{D_A}} + c_{Ai}\sinh\left(\frac{D_A}{k_L^0} - Z\right)\sqrt{\frac{k_1}{D_A}}\right] \tag{11-61}$$

式(11－61)为液相中组分A的浓度分布。在化学吸收时，界面上组分A的扩散量包括通过液膜的传递量和与吸收剂活性组分的反应量，由费克定律求出

$$N_A = -D_A\left(\frac{\partial c_A}{\partial Z}\right)_{Z=0} \tag{11-62}$$

将式(11－61)代入(11－62)解得

$$N_A = k_L^0\left(c_{Ai} - \frac{c_{AL}}{\cosh\sqrt{M}}\right)\frac{\sqrt{M}}{\tanh\sqrt{M}} \tag{11-63}$$

式中 k_1——一级反应速度常数，s^{-1}；

M——化学吸收参数，对一级反应等于 $D_A k_1/(k_L^0)^2$；

$\cosh\sqrt{M}$——双曲余弦，$\left(=\frac{e^{\sqrt{M}}+e^{-\sqrt{M}}}{2}\right)$；

$\tanh\sqrt{M}$——双曲正切，$\left(=\frac{e^{\sqrt{M}}-e^{-\sqrt{M}}}{e^{\sqrt{M}}+e^{-\sqrt{M}}}\right)$。

对于快速反应，$M \gg 1$（或$\sqrt{M}>3$），则 $\tanh\sqrt{M}\approx 1$，溶质A到达液相主体前完全反应。此时 $c_{AL}=0$，式(11－63)变成

$$N_A = c_{Ai}\sqrt{D_A k_1} \tag{11-64}$$

若为物理吸收，且设 $c_{AL}=0$，则 $N_A = k_L^0 c_{Ai}$，所以

$$E = k_L/k_L^0 = \sqrt{D_A k_1}/k_L^0 = \sqrt{M} \tag{11-65}$$

由式(11－65)，对于一级反应，化学吸收速率取决于 k_L、D_A和 c_{Ai}，与液相流体力学条件无关，任何加剧液相湍动的措施均不能提高吸收速率，只有改善反应条件和界面浓度以及增加传质表面积才能使吸收率提高。

对于慢速反应，$M \leqslant 1$（或$\sqrt{M}<3$），$\tanh\sqrt{M}\approx\sqrt{M}$，$\cosh\sqrt{M}\approx 1$，所以 $E\approx 1$，吸收过程的液相传质系数与物理吸收相同。

(4) 二级不可逆反应

二级反应在化学吸收过程很常见，当反应不可逆时，其反应式为

$$A + vB \xrightarrow{k_2} P$$

动力学方程为

$$r_A = k_2 c_A c_B;\ r_B = v r_A$$

代入式(11－58)，得二级扩散反应方程为

$$D_A \frac{\partial^2 c_A}{\partial Z^2} = \frac{\partial c_A}{\partial \tau} + k_2 c_A c_B \tag{11-66}$$

$$D_A \frac{\partial^2 c_A}{\partial Z^2} = \frac{\partial c_A}{\partial \tau} + v k_2 c_A c_B \tag{11-67}$$

经推导可得

① 瞬时反应

$$N_A = k_L^0 c_{Ai}\left(1 + \frac{D_B c_{BL}}{v D_A c_{Ai}}\right) \tag{11-68}$$

$$E_\infty = 1 + \frac{D_B c_{BL}}{v D_A c_{Ai}} \tag{11-69}$$

式中 k_2——二级反应速率常数，$m^3/(kmol \cdot s)$；

c_{BL}——液相主体 B 的浓度，$kmol/m^3$；

v——计量系数比；

D_B——组分 B 在液相中的扩散系数，m^2/s；

E_∞——瞬时反应的增强因子。

此时，吸收速率由 A 与 B 各自扩散到反应面上的速率决定，反应速率的大小对吸收速率无关紧要。当 $c_{Ai} \leqslant c_{AL}$时，上式简化为

$$N_A = k_L^0 \frac{D_B c_{BL}}{v D_A} \tag{11-70}$$

在该情况下，吸收速率与 A 的界面浓度 c_{Ai}无关，即与 P_{Ai}无关，由 B 组分向界面扩散速率控制。

② 快速反应　在快速反应的边界条件下，式(11－68)和式(11－69)无解析解，只有近似解。这些近似解拟合成下列方程

$$N_A = E k_L^0 c_{Ai} \tag{11-71}$$

$$E = \frac{\sqrt{M}(E_\infty - E)/(E_\infty - 1)^{1/2}}{\tanh\{\sqrt{M}[(E_\infty - E)/(E_\infty - 1)^{1/2}]\}} \tag{11-72}$$

式中的$\sqrt{M}$，对二级反应

$$\sqrt{M} = \frac{\sqrt{D_A k_2 c_{BL}}}{k_L^0} \tag{11-73}$$

$$E_\infty = 1 + \frac{D_B c_{BL}}{b D_A c_{Ai}} \tag{11-74}$$

式(11－71)的拟合误差小于 10%。式(11－72)是隐函数，求解较复杂。用图 11－22 表示$\sqrt{M}$、E_∞与 E 的关系更方便实用。

由图 11－22 可见，对给定的 E_∞值，随$\sqrt{M}$的增加，E 逐渐趋向极限。若

$$\sqrt{M} > 10E_\infty$$

或

$$\sqrt{D_A k_2 c_{BL}} > 10 k_L^0\left(1 + \frac{D_B c_{BL}}{b D_A c_{Ai}}\right)$$

即反应速率常数很大，或液相反应物浓度(c_{BL})远远小于气相溶解度(c_{Ai})，或液相分传质系数很小，则式(11－71)与 $N_A = E_\infty k_L^0 c_{Ai}$在数值上很接近。

若

$$\sqrt{M} < 0.5E_\infty$$

或

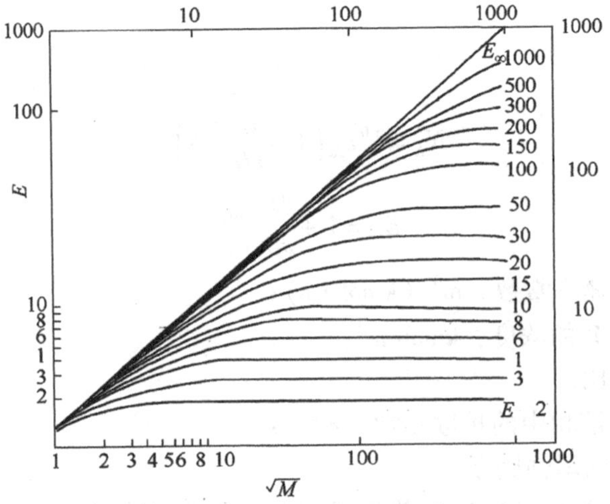

图 11－22　二级不可逆反应的增强因子

$$\sqrt{D_A k_2 c_{BL}} < 0.5 k_L^0 \left(1 + \frac{D_B c_{BL}}{b D_A c_{Ai}}\right) \tag{11-75}$$

图 11－22 表示的增强因子的点，将落在非常靠近从左下角到右上角的对角线上。在这种情况下，反应是拟一级的，其增强因子可由式(11－63)给出。当 $c_{AL}=0$ 时，式(11－63)变成

$$N_A = E k_L^0 c_{Ai}$$

式中的 $E=\sqrt{M}/\tanh\sqrt{M}$。该情况下的物理意义是在反应进行的过程中传质系数足够大，以致液相反应物浓度实际上不变，并直到界面附近为止都等于液相主体浓度 c_{BL}。

若满足式(11－75)的同时还满足 $\sqrt{M}>3$（即 $\sqrt{D_A k_2 c_{BL}}>3k_L^0$），可以近似认为 $E=\sqrt{M}$，即

$$N_A = c_{Ai}\sqrt{D_A k_2 c_{BL}} \tag{11-76}$$

它表示快速拟一级反应。

(5) 可逆反应

① 一级可逆反应

$$A \underset{k_{-1}}{\overset{k_1}{\rightleftharpoons}} P$$

式中 k_1 和 k_{-1} 为正逆反应速度常数。对于组分 A 和 P 为等扩散系数的情况，吸收速率由下式表示

$$N_A = \frac{k_L^0 (c_{Ai} - c_{AL})(1+K)}{1 + \{K\tanh[D_A k_1 (1+K)/(k_L^0)^2 K]^{1/2} / [D_A k_1 (1+K)/(k_L^0)^2 K]^{1/2}\}} \tag{11-77}$$

式中　　$K = (P_A/c_A)_{平衡} = k_1/k_{-1}$

当 $K\to\infty$，$c_{AL}\to 0$ 时，式(11－77)可简化为

$$N_A = k_L^0 c_{Ai} = \frac{[D_A k_1/(k_L^0)^2]^{1/2}}{\tanh[D_A k_1/(k_L^0)^2]^{1/2}} \tag{11-78}$$

该式与 $c_{AL}=0$ 的一级不可逆反应的吸收速率方程是一样的。

② 瞬间可逆反应

对于反应　　$A + bB \rightleftharpoons cP$

吸收速率
$$N_A = k_L^0\left[\left(c_{Ai} + \frac{D_P c_{Pi}}{D_A c}\right) - \left(c_{AL} + \frac{D_P c_{PL}}{D_A c}\right)\right] \tag{11-79}$$

若 A 与 P 的扩散系数相等，则吸收速率为

$$N_A = k_L^0\left[\left(c_{Ai} + \frac{c_{Pi}}{c}\right) - \left(c_{AL} + \frac{c_{PL}}{c}\right)\right] \tag{11-80}$$

或

$$N_A = k_L^0(c_{Ai}^T - c_{AL}^T) \tag{11-81}$$

式中 c_{Ai}^T——组分 A 在界面上的总浓度，包括未反应的和已反应的 A，$kmol/m^3$；

c_{AL}^T——组分 A 在液相主体的总浓度，包括未反应的和已反应的 A，$kmol/m^3$；

b——化学反应式中反应物 B 的化学计量系数。

c——化学反应式中生成产物 P 的化学计量系数。

此时吸收速率仍属于扩散过程控制，与化学动力学无关，但比不可逆反应多了一个化学平衡的限制。

11.7.4 化学吸收计算

伴有化学反应的传质方程还没有广泛用于吸收和解吸的设计上，还是以实验数据作为设计依据。

化学吸收的计算方法原则上与物理吸收是相同的，只是由于有化学反应发生，所以必须考虑由此而引起的吸收速率的增加，即应当考虑增强因子。基本原则是联解下列方程：物料衡算式、相平衡关系式、传质方程式、反应动力学方程式。计算任务是：回收率一定时最小吸收剂用量；回收率一定时实际吸收剂用量；吸收塔的传质单元数或容积。此外，由于化学吸收的热效应较物理吸收大些，所以还需要通过热量衡算来确定合适的换热方式，以保证过程在适宜的条件下进行。

由双膜模型可知，一个用液体吸收气体中组分 A 的过程，只要是稀溶液，单位体积填料的气膜和液膜吸收速率方程分别为

$$N_A a = k_G a(P_A - P_{Ai}) = k_G aP(y_A - y_{Ai}) \tag{11-82}$$

$$N_A a = Ek_L^0(c_{Ai} - c_A) \tag{11-83}$$

气液平衡关系用亨利定律表示

$$P_A = H_A c_A$$

将亨利定律代入式(11-83)，再与式(11-82)联立得

$$N_A a = \frac{1}{\dfrac{1}{k_G a} + \dfrac{H_A}{Ek_L^0 a}}(y_A - y_A^*) \tag{11-84}$$

式(11-84)为用气相总传质系数表示的化学系数速率方程，所以

$$K_G a = \frac{1}{\dfrac{1}{k_G a} + \dfrac{H_A}{Ek_L^0 a}} \tag{11-85}$$

物理吸收的气相总传质系数为

$$K_G^0 a = \frac{1}{\dfrac{1}{k_G a} + \dfrac{H_A}{k_L^0 a}} \tag{11-86}$$

比较式(11-85)和式(11-86)可得

$$K_{G}a=\frac{1+B}{1+\frac{B}{E}}k_{G}^{0}a \tag{11-87}$$

式中 $B=k_{G}H_{A}/k_{L}^{0}$；

k_{G}——气相分传质系数，kmol/(m^{2}·s·kPa)；

H_{A}——亨利常数，m^{3}·kPa/kmol；

a——单位体积填料的传质表面积，m^{2}/m^{3}；

K_{G}——气相总传质系数，kmol/(m^{2}·s·kPa)；

K_{G}^{0}——物理吸收的气相总传质系数，m/s。

设填料塔截面积为 S，在高度为 dZ 的填料层微元体内，组分 A 的吸收速率为

$$\mathrm{d}(G'Sy_{A})=GS\mathrm{d}\left(\frac{y_{A}}{1-y_{A}}\right)=GS\frac{\mathrm{d}y_{A}}{(1-y_{A})^{2}} \tag{11-88}$$

式中 G'——单位塔截面积的混合气体流率，kmol/(m^{2}·s)；

G——单位塔截面积的惰性气体流率，kmol/(m^{2}·s)；

y_{A}——气相主体中组分 A 的摩尔浓度。

由式(11-85)~式(11-87)也可求出在 dZ 的填料层体积内组分 A 的吸收速率。

$$N_{A}aS\mathrm{d}Z(G'Sy_{A})=\frac{1+B}{1+\frac{B}{E}}k_{G}^{0}aP\mathrm{d}(y_{A}-y_{A}^{*})S\mathrm{d}Z \tag{11-89}$$

联立求解(11-88)和式(11-89)，积分得

$$Z=\frac{G}{k_{G}^{0}aP}\int_{y_{2}}^{y_{1}}\frac{\mathrm{d}y_{A}}{(1-y_{A})^{2}(y_{A}-y_{A}^{*})(1+B)(1+B/E)} \tag{11-90}$$

式中 Z——填料高度，m；

P——总压，kPa；

y_{1}，y_{2}——吸收塔气体进出口的气相摩尔分数。

式(11-90)是计算化学吸收填料塔高度的通用算式，$k_{G}^{0}aP$ 对物理吸收是传质单元高度。积分项为传质单元数，是 k_{G}、k_{L}^{0} 和 E 的函数。

【例 11-3】用浓度为 $c_{B}=0.5$kmol/m^{3}的 NaOH 溶液吸收 CO_2，已知 $k_{L}=1.5\times10^{-4}$m/s，$k_{2}=5\times10^{3}$m^{3}/(kmol·s)，$D_{A}=1.8\times10^{-9}$m^{3}/s，$H_{CO_2}=1.4\times10^{-4}$kmol/(kPa·m^{3})，界面上分压为 0.001MPa，假定液膜中 c_{B}为恒值，求化学吸收的增强因子和吸收速率。

解：

① 由反应类型知该反应为不可逆反应，由 $k_{2}=5\times10^{3}$m^{3}/(kmol·s)知反应为二级反应，但因液膜中 B 的浓度为恒值，反应可视为拟一级反应

$$k_{1}=k_{2}c_{B}=5\times10^{3}\times0.5=2.5\times10^{3}\mathrm{s}^{-1}$$

$$\sqrt{M}=\frac{\sqrt{D_{A}k_{1}}}{k_{L}}=\frac{\sqrt{2.5\times10^{-3}\times1.8\times10^{-9}}}{1.5\times10^{-4}}=14.14$$

由于$\sqrt{M}\gg1$，所以有

$$E=Ha=14.14$$

② 吸收速率

当亨利系数的单位为 kmol/(kPa · m^3)时，亨利定律的形式为 $P=c/H$，则

$$c_{Ai}=PH=0.001\times1000\times1.4\times10^{-4}=1.4\times10^{-4}(\text{kmol/m}^3)$$

习 题

1. 某厂裂解气的组成(摩尔分数)为：13.2% 氢(1)、37.18% 甲烷(2)、30.2% 乙烯(3)、9.7% 乙烷(4)和 9.72% 丙烯(5)。拟用 C_4馏分作吸收剂，从裂解气中回收 99% 的乙烯。该吸收塔处理的气体量为 100kmol/h，操作压力为 4.053MPa，平均操作温度为 −14℃。现忽略 C_4馏分向气相中的挥发及 H_2在吸收剂中的溶解度，在此操作条件下各组分的相平衡常数分别为 $K_2=3.1$，$K_3=0.72$，$K_4=0.52$，$K_5=0.15$。试计算

(1) 最小液气比；

(2) 操作液气比为最小液气比的 1.5 倍时所需的理论板数；

(3) 各组分的吸收率和塔顶尾气的数量和组成；

(4) 吸收液的流量和组成。

2. 含乙烷 0.86，丙烷 0.09，正丁烷 0.05 的混合气体在吸收塔中用烃油吸收。操作条件下各组分的相平衡常数为乙烷 10.5，丙烷 3.7，正丁烷 1.15。要求正丁烷的吸收率为 0.85(以上均为摩尔分数)，已知混合气流量为 100kmol/h。试用平均吸收因子法计算：(1)最小液气比；(2)操作液气比为最小液气比的 1.3 倍时的平衡级数；(3)各组分的吸收率和贫气组成。

3. 含有乙烯(1)86%、丙烯(2)9%、丁烷(3)5%(以上均为摩尔分数)的气体，进料量为 300kmol/h。在 0.3MPa 下用烃油吸收，吸收塔的平均温度为 $t=38$℃，丁烷相平衡常数可由式 $K=1.65+0.0045T$(单位：K)计算。如果要求丁烷的吸收率为 0.85，试

(1) 选择关键组分；

(2) 计算完成吸收任务所需的最小液气比；

(3) 操作液气比是最小液气比的 1.5 倍时，计算所需的理论板数；

(4) 设乙烯(1)、丙烯(2)完全不吸收，当进塔吸收剂中不含吸收质时求吸收剂的用量。

4. 在一定温度压力下，用甲基吡咯烷酮为吸收剂，吸收混合气体中的乙炔，混合气的组成为

组　分	CH_4(1)	C_2H_6(2)	C_2H_2(3)	C_3H_8(4)	$\sum$
组成/%(体积分数)	60	15	9	16	100

经实测获得该塔下列数据

吸收塔尾气中乙炔的浓度：0.045%；

进吸收塔混合气体处理量：1937kmol/h；

吸收剂用量：2479kmol/h(不含被吸收组分)；

吸收液量：2704kmol/h；

已知操作条件下丙烷及乙炔在甲基吡咯烷酮中的相平衡常数：

$K_{C_3H_8}=0.28$；$K_{C_2H_2}=0.778$。

试用平均吸收因子法求

(1) 理论板数；

（2）C_3H_8(4)的吸收率；

（3）说明影响 C_2H_2 吸收率的主要因素是什么？

5. 用烃油吸收含 85% 乙烷(1)，10% 丙烷(2)和 5% 正丁烷(3)(以上均为摩尔分数)的气体，采用的油气比为 1，该塔处理的气体量为 100kmol/h，操作压力为 0.3MPa，实际板数为 20 块，板效率为 25%。计算

（1）平均温度为多少才能回收 90% 的丁烷；

（2）各组分的平衡常数；

（3）吸收因子、吸收率；

（4）尾气的组成。

操作条件下各组分的平衡常数如下

乙烷：$K_1 = 0.13333t + 5.46667$

丙烷：$K_2 = 0.06667t + 1.13333$

正丁烷：$K_3 = 0.02857t + 0.08571$（t 的单位为℃）

6. 具有 3 个平衡级的吸收塔，用来处理表所列组成的富气（V_{N+1}），吸收剂和富气入口温度按塔的平均操作温度 32℃计算；塔在 2.13MPa 压力下操作；富气流量为 100kmol/h；吸收剂流量为 20kmol/h。试求贫气 V_1 中各组分的流量。

编　号	组　分	$v_{N+1,i}$	$L_{0,i}$	K_i
1	CH_4	70	0	12.991
2	C_2H_6	15	0	2.1808
3	C_3H_8	10	0	0.3598
4	$n-C_4H_{10}$	4	0	0.18562
5	$n-C_5H_{12}$	1	0	0.05369
6	$n-C_6H_{14}$	0	20	0.02419
$\sum$		100	20	

7. 用 SR 法计算具有如下规定和 4 个平衡级的吸收塔的产品流率和组成、级温度、级间气和液相流率及组成。

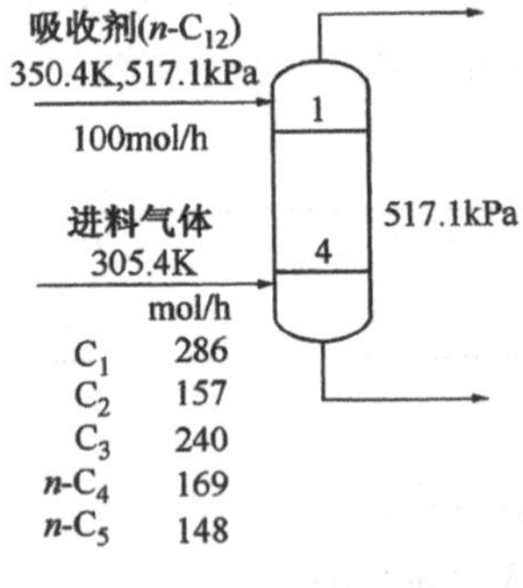

习题 7 附图

8. 用 NaOH 水溶液吸收气体中的 CO_2，为二级不可逆反应：$CO_2(g) + 2NaOH(l) = Na_2CO_3(l) + H_2O(l)$。已知 NaOH 浓度 0.5kmol/m^3，界面 CO_2 浓度 0.04kmol/m^3，$k_L = 10^{-4}$m/s，$k_2 = 8 \times 10^3 m^3/(kmol \cdot s)$，$D_A = 1.8 \times 10^{-9} m^3/s$，$D_B = 3 \times 10^{-9} m^3/s$，求(1)吸收速率；(2)界面浓度降到多少时可按拟一级反应处理；(3)界面浓度提高到多少时可按瞬时反应处理。

第12章　气液传质设备

精馏和吸收是两种典型的传质单元操作过程，它们所基于的原理虽然不同，但均属于气液间的相际传质过程。它们具有共同的特点，即气液两相要密切接触，且接触后的两相又要及时得到分离。因此，精馏和吸收可在同样的气液传质设备中进行。气液传质设备的形式多种多样，其中应用最多的是塔设备。工业上通常选用的塔型主要为填料塔和板式塔中的筛板塔与浮阀塔三种。

12.1　板式塔

12.1.1　板式塔的结构

板式塔结构如图12-1。板式塔是使用量最大、应用范围最广的气液传质设备。它是逐级接触式的气液传质设备，由圆柱形壳体、塔板、溢流堰、降液管及受液盘等部件组成。操作时，塔内液体依靠重力作用，由上层塔板的降液管流到下层塔板的受液盘，然后横向流过塔板，从另一侧的降液管流至下一层塔板。溢流堰的作用是使塔板上保持一定厚度的流动液层。气体则在压力差的推动下，自下而上穿过各层塔板的升气道（泡罩、筛孔或浮阀等）分散成小股气流，鼓泡通过各层塔板的液层。在塔板上，气液两相密切接触，进行热量和质量的交换。在板式塔中，气液两相逐级接触，两相的组成沿塔高呈阶梯式变化。在正常操作下，液相为连续相，气相为分散相。

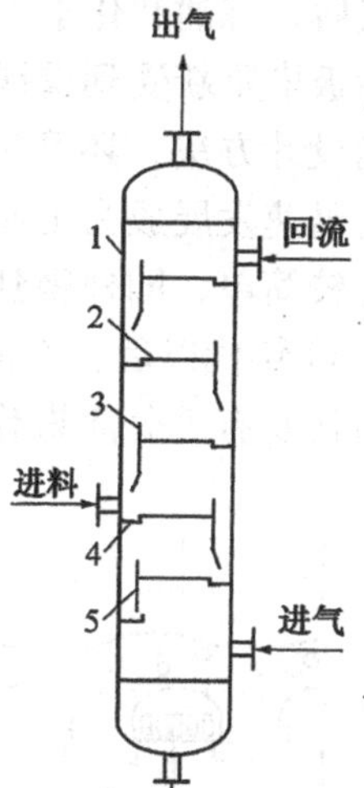

图12-1　板式塔结构示意图
1—塔壳体；2—塔板；3—溢流堰；4—受液盘；5—降液管

一般而言，板式塔的空塔速度较高，因而生产能力较大，操作弹性大，塔板效率稳定，且造价低，检修、清洗方便，故工业上应用较为广泛。

12.1.2　塔板的组成

塔板又称塔盘，是板式塔中气液两相接触传质的部位，决定塔的操作性能，通常主要由以下三部分组成。

（1）气体通道

为保证气液两相充分接触，塔板上均匀地开有一定数量的通道供气体自下而上穿过板上的液层。气体通道的形式很多，它对塔板性能有决定性影响，也是区别塔板类型的主要标志。筛板塔塔板的气体通道最简单，只是在塔板上均匀地开设许多小孔（通称筛孔），气体穿过筛孔上升并分散到液层中。泡罩塔塔板的气体通道最复杂，它是在塔板上开有若干较大的圆孔，孔上接有升气管，升气管上覆盖分散气体的泡罩。浮阀塔塔板则直接在圆孔上盖以可浮动的阀片，根据气体的流量，阀片自行调节开度。

(2) 溢流堰

为保证气液两相在塔板上形成足够的相际传质表面，塔板上须保持一定深度的液层，为此，在塔板的出口端设置溢流堰。塔板上液层高度在很大程度上由堰高决定。对于大型塔板，为保证液流均布，还在塔板的进口端设置进口堰。

(3) 降液管

液体自上层塔板流至下层塔板的通道，也是气(汽)体与液体分离的部位。为此，降液管中必须有足够的空间，让液体有所需的停留时间。此外，还有一类无溢流塔板，塔板上不设降液管，仅是块均匀开设筛孔或缝隙的圆形筛板。操作时，板上液体随机地经某些筛孔流下，而气体则穿过另一些筛孔上升。无溢流塔板虽然结构简单，造价低廉，板面利用率高，但操作弹性太小，板效率较低，故应用不广。

12.1.3 塔板的类型

塔板可分为有降液管式塔板(也称溢流式塔板或错流式塔板)及无降液管式塔板(也称穿流式塔板或逆流式塔板)两类，在工业生产中，以有降液管式塔板应用最为广泛。在此只讨论有降液管式塔板。

工业上最早出现的板式塔是筛板塔和泡罩塔。泡罩塔结构复杂，但容易操作，自从应用于工业生产以后，很快得到推广，直到20世纪50年代初，它始终处于主导地位。第二次世界大战后，炼油和化学工业发展迅速，泡罩塔结构复杂、造价高的缺点日益突出，而结构简单的筛板塔重新受到重视。通过大量的实验研究和工业实践，逐步掌握了筛板塔的操作规律和正确设计方法，还开发了大孔径筛板，解决了筛孔容易堵塞的问题。因此，50年代起，筛板塔迅速发展成为工业上广泛应用的塔型。与此同时，还出现了浮阀塔，它操作容易，结构也比较简单，同样得到了广泛应用。而泡罩塔的应用则日益减少，除特殊场合外，已不再新建。60年代以后，石油化工的生产规模不断扩大，大型塔的直径已超过10m。为满足设备大型化及有关分离操作所提出的各种要求，新型塔板如喷射型塔板等不断出现，已有数十种。

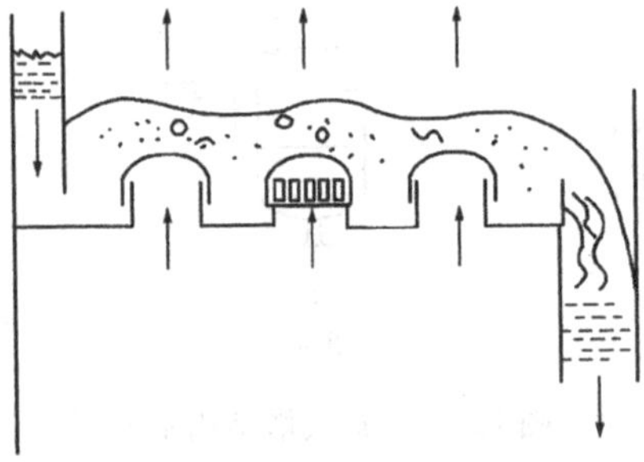

图12-2　泡罩塔塔盘

(1) 泡罩塔板

泡罩塔板是工业上应用最早的塔板，其结构如图12-2所示，它主要由升气管及泡罩构成。泡罩安装在升气管的顶部，分圆形和条形两种，以前者使用较广。泡罩有f80、f100、f150mm三种尺寸，可根据塔径的大小选择。泡罩的下部周边开有很多齿缝，齿缝一般为三角形、矩形或梯形。泡罩在塔板上为正三角形排列。

操作时，液体横向流过塔板，靠溢流堰保持板上有一定厚度的液层，齿缝浸没于液层之中而形成液封。升气管的顶部应高于泡罩齿缝的上沿，以防止液体从中漏下。上升气体通过齿缝进入液层时，被分散成许多细小的气泡或流股，在板上形成鼓泡层，为气液两相的传热和传质提供大量的界面。

泡罩塔板的优点是操作弹性较大，塔板不易堵塞；缺点是结构复杂、造价高、板上液层厚、塔板压降大、生产能力及板效率较低。泡罩塔板已逐渐被筛板、浮阀塔板所取代，在新建塔设备中已很少采用。

（2）筛孔塔板

筛孔塔板简称筛板，其结构如图 12－3 所示。塔板上开有许多均匀的小孔，孔径一般为 3～8mm，筛孔直径大于 10mm 的筛板称为大孔径筛板。筛孔在塔板上为正三角形排列。塔板上设置溢流堰，使板上能保持一定厚度的液层。

操作时，气体经筛孔分散成小股气流，鼓泡通过液层，气液间密切接触而进行传热和传质。在正常的操作条件下，通过筛孔上升的气流，应能阻止液体经筛孔向下泄漏。筛板操作见图 12－4。

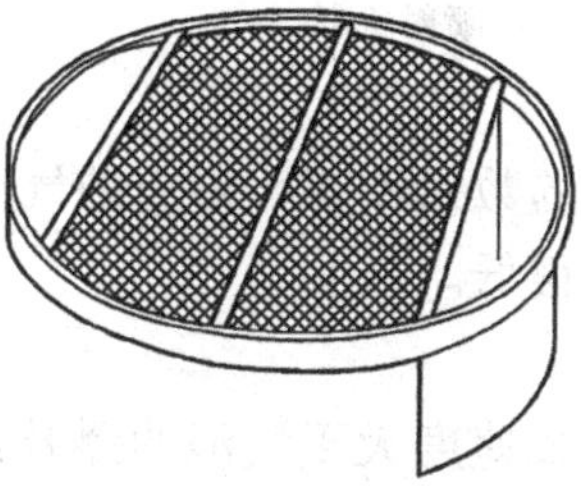

图 12－3　筛板塔塔盘

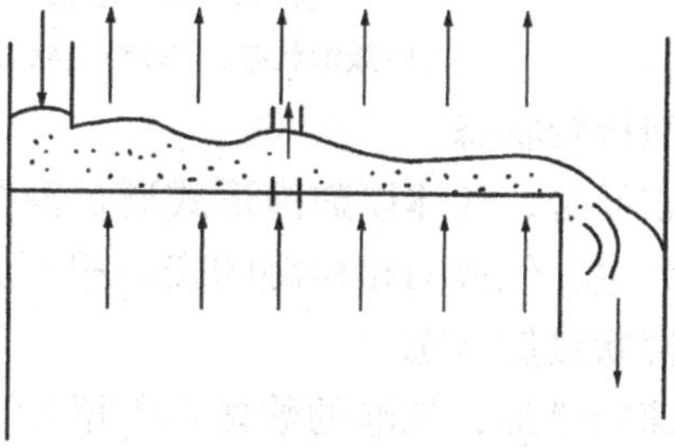

图 12－4　筛板操作示意图

筛板的优点是结构简单、造价低，板上液面落差小，气体压降低，生产能力大，传质效率高。其缺点是筛孔易堵塞，不宜处理易结焦、黏度大的物料。

应予指出，筛板塔的设计和操作精度要求较高，过去工业上应用较为谨慎。近年来，由于设计和控制水平的不断提高，可使筛板塔的操作非常精确，故应用日趋广泛。

（3）浮阀塔板

浮阀塔板具有泡罩塔板和筛孔塔板的优点，应用广泛。浮阀的类型很多，国内常用的有 F1 型、V－4 型及 T 型等。

浮阀塔板的结构见图 12－5。浮阀塔板的结构特点是在塔板上开有若干个阀孔，每个阀孔装有一个可上下浮动的阀片，阀片本身连有几个阀腿，插入阀孔后将阀腿底脚拨转 90°，以限制阀片升起的最大高度，并防止阀片被气体吹走。阀片周边冲出几个略向下弯的定距片，当气速很低时，由于定距片的作用，阀片与塔板呈点接触而坐落在阀孔上，在一定程度上可防止阀片与板面的黏结。

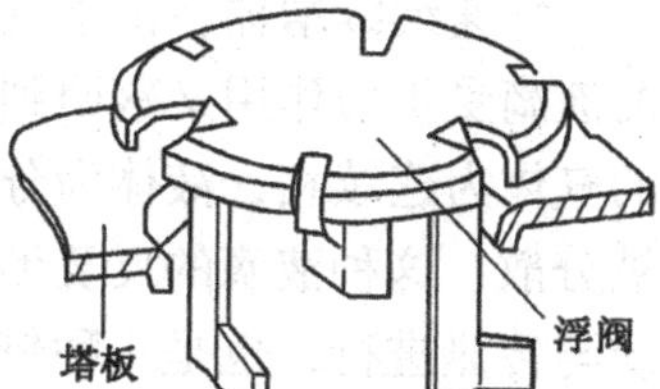

图 12－5　浮阀塔板

操作时，由阀孔上升的气流经阀片与塔板间隙沿水平方向进入液层，增加了气液接触时间，浮阀开度随气体负荷而变，在低气量时，开度较小，气体仍能以足够的气速通过缝隙，避免过多的漏液；在高气量时，阀片自动浮起，开度增大，使气速不致过大。

浮阀塔板的优点是结构简单、造价低，生产能力大，操作弹性大，塔板效率较高。其缺点是处理易结焦、高黏度的物料时，阀片易与塔板黏结；在操作过程中有时会发生阀片脱落或卡死等现象，使塔板效率和操作弹性下降。

12.1.4　板式塔的流体力学性能

气液两相的传热和传质与其在塔板上的流动状况密切相关，板式塔内气液两相的流动状况即为板式塔的流体力学性能。

12.1.4.1 塔板上气液两相的接触状态

塔板上气液两相的接触状态是决定板上两相流体力学及传质和传热规律的重要因素。当液体流量一定时，随着气速的增加，可以出现四种不同的接触状态。如图 12－6 所示。

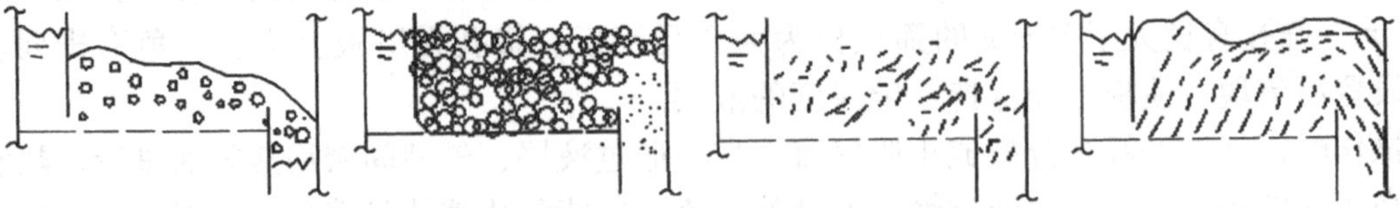

(1)　　　　(2)　　　　(3)　　　　(4)

图 12－6　塔板上气液两相的接触状态

(1)鼓泡状态；(2)蜂窝状态；(3)泡沫状态；(4)喷射状态

(1) 鼓泡接触状态

当气速较低时，气体以鼓泡形式通过液层。由于气泡的数量不多，形成的气液混合物基本上以液体为主，气液两相接触的表面积不大，传质效率很低。

(2) 蜂窝状接触状态

随着气速的增加，气泡的数量不断增加。当气泡的形成速度大于气泡的浮升速度时，气泡在液层中累积。气泡之间相互碰撞，形成各种多面体的大气泡，板上为以气体为主的气液混合物。由于气泡不易破裂，表面得不到更新，所以此种状态不利于传热和传质。

(3) 泡沫接触状态

气速继续增加，气泡数量急剧增加，气泡不断发生碰撞和破裂，此时板上液体大部分以液膜的形式存在于气泡之间，形成一些直径较小、扰动十分剧烈的动态泡沫，在板上只能看到较薄的一层液体。由于泡沫接触状态的表面积大，并不断更新，为两相传热与传质提供了良好的条件，是一种较好的接触状态。

(4) 喷射接触状态

气速继续增加，由于气体动能很大，把板上的液体向上喷成大小不等的液滴，直径较大的液滴受重力作用又落回到板上，直径较小的液滴被气体带走，形成液沫夹带。此时塔板上的气体为连续相，液体为分散相，两相传质的面积是液滴的外表面。由于液滴回到塔板上又被分散，这种液滴的反复形成和聚集，使传质面积大大增加，而且表面不断更新，有利于传质与传热进行，也是一种较好的接触状态。

如上所述，泡沫接触状态和喷射状态均是优良的塔板接触状态。因喷射接触状态的气速高于泡沫接触状态，故喷射接触状态有较大的生产能力，但喷射状态液沫夹带较多，若控制不好，会破坏传质过程，所以多数塔均控制在泡沫接触状态下工作。

12.1.4.2 气体通过塔板的压降

气体通过塔板的压降(塔板的总压降)包括：塔板的干板阻力(即板上各部件所造成的局部阻力)，板上充气液层的静压力及液体的表面张力。

塔板压降是影响板式塔操作特性的重要因素。塔板压降增大，一方面塔板上气液两相的接触时间随之延长，板效率升高，完成同样的分离任务所需实际塔板数减少，设备费用降低；另一方面，塔釜温度随之升高，能耗增加，操作费用增大，若分离热敏性物系时易造成物料的分解或结焦。因此，进行塔板设计时，应综合考虑，在保证较高效率的前提下，力求减小塔板压降，以降低能耗和改善塔的操作。

12.1.4.3 塔板上的液面落差

当液体横向流过塔板时，为克服板上的摩擦阻力和板上部件(如泡罩、浮阀等)的局部阻力，需要一定的液位差，则在板上形成由液体进入板面到离开板面的液面落差。液面落差也是影响板式塔操作特性的重要因素，液面落差将导致气流分布不均，从而造成漏液现象，使塔板的效率下降。因此，在塔板设计中应尽量减小液面落差。

液面落差的大小与塔板结构有关。泡罩塔板结构复杂，液体在板面上流动阻力大，故液面落差较大；筛板板面结构简单，液面落差较小。除此之外，液面落差还与塔径和液体流量有关，当塔径或流量很大时，也会造成较大的液面落差。为此，对于直径较大的塔，设计中常采用双溢流或阶梯溢流等溢流形式来减小液面落差。

12.1.4.4 塔板上的异常操作现象

塔板的异常操作现象包括漏液、液泛和液沫夹带等，是使塔板效率降低甚至使操作无法进行的重要因素，因此，应尽量避免这些异常操作现象的出现。

(1) 漏液

在正常操作的塔板上，液体横向流过塔板，然后经降液管流下。当气体通过塔板的速度较小时，气体通过升气孔道的动压不足以阻止板上液体经孔道流下时，便会出现漏液现象。漏液的发生导致气液两相在塔板上的接触时间减少，塔板效率下降，严重时会使塔板不能积液而无法正常操作。通常，为保证塔的正常操作，漏液量应不大于液体流量的10%。漏液量达到10%的气体速度称为漏液速度，它是板式塔操作气速的下限。

造成漏液的主要原因是气速太小和板面上液面落差所引起的气流分布不均匀。在塔板液体入口处，液层较厚，往往出现漏液，为此常在塔板液体入口处留出一条不开孔的区域，称为安定区。

(2) 液沫夹带

上升气流穿过塔板上液层时，必然将部分液体分散成微小液滴，气体夹带着这些液滴在板间的空间上升，如液滴来不及沉降分离，则将随气体进入上层塔板，这种现象称为液沫夹带。

液滴的生成虽然可增大气液两相的接触面积，有利于传质和传热，但过量的液沫夹带常造成液相在塔板间的返混，进而导致板效率严重下降。为维持正常操作，需将液沫夹带限制在一定范围，一般允许的液沫夹带量为 $e_V < 0.1$kg(液)/kg(气)。

影响液沫夹带量的因素很多，最主要的是空塔气速和塔板间距。空塔气速减小及塔板间距增大，可使液沫夹带量减小。

(3) 液泛

塔板正常操作时，在板上维持一定厚度的液层，以和气体进行接触传质。如果由于某种原因，导致液体充满塔板之间的空间，使塔的正常操作受到破坏，这种现象称为液泛。由于引起液泛的原因不同，液泛又分为夹带液泛和降液管液泛。

当塔板上液体流量很大，上升气体的速度很高时，液体被气体夹带到上一层塔板上的量剧增，使塔板间充满气液混合物，最终使整个塔内都充满液体，这种由于液沫夹带量过大引起的液泛称为夹带液泛。

当降液管内液体不能顺利向下流动时，管内液体必然积累，致使管内液位增高而越过溢流堰顶部，两板间液体相连，塔板产生积液，并依次上升，最终导致塔内充满液体，这种由于降液管内充满液体而引起的液泛称为降液管液泛。

液泛的形成与气液两相的流量相关。对一定的液体流量，气速过大会形成液泛；反之，对一定的气体流量，液量过大也可能发生液泛。液泛时的气速称为泛点气速，正常操作气速应控制在泛点气速之下。

影响液泛的因素除气液流量外，还与塔板的结构，特别是塔板间距等参数有关，设计中采用较大的板间距，可提高泛点气速。

12.1.4.5 塔板的负荷性能图

影响板式塔操作状况和分离效果的主要因素为物料性质、塔板结构及气液负荷，对一定的分离物系，当设计选定塔板类型后，其操作状况和分离效果便只与气液负荷有关。要维持塔板正常操作和塔板效率的基本稳定，必须将塔内的气液负荷限制在一定的范围内，该范围即为塔板的负荷性能。将此范围在直角坐标系中，以液相负荷 L 为横坐标，气相负荷 V 为纵坐标进行绘制，所得图形称为塔板的负荷性能图，如图 12-7 所示。

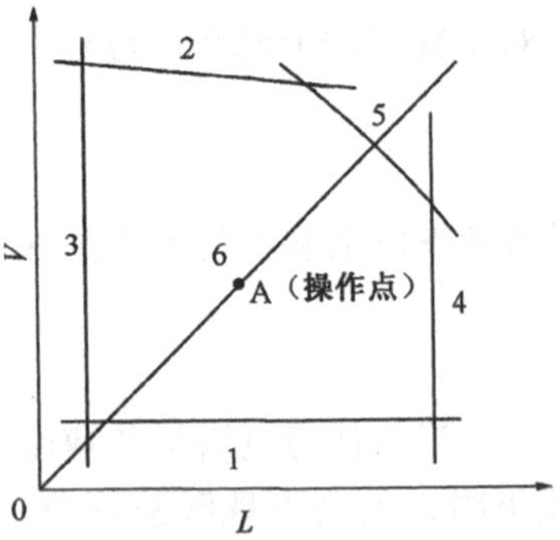

图 12-7 塔板的负荷性能图

负荷性能图由以下五条线组成。

(1) 漏液线

图 12-7 中线 1 为漏液线，又称气相负荷下限线。当操作的气相负荷低于此线时，将发生严重的漏液现象。此时的漏液量大于液体流量的 10%。塔板的适宜操作区应在该线以上。

(2) 液沫夹带线

图 12-7 中线 2 为液沫夹带线，又称气相负荷上限线。如操作的气液相负荷超过此线时，表明液沫夹带现象严重，此时液沫夹带量 $e_V > 0.1$kg(液)/kg(气)。塔板的适宜操作区应在该线以下。

(3) 液相负荷下限线

图 12-7 中线 3 为液相负荷下限线。若操作的液相负荷低于此线时，表明液体流量过低，板上液流不能均匀分布，气液接触不良，易产生干吹、偏流等现象，导致塔板效率的下降。塔板的适宜操作区应在该线以右。

(4) 液相负荷上限线

图 12-7 中线 4 为液相负荷上限线。若操作的液相负荷高于此线时，表明液体流量过大，此时液体在降液管内停留时间过短，进入降液管内的气泡来不及与液相分离而被带入下层塔板，造成气相返混，使塔板效率下降。塔板的适宜操作区应在该线以左。

(5) 液泛线

图 12-7 中线 5 为液泛线。若操作的气液负荷超过此线时，塔内将发生液泛现象，使塔不能正常操作。塔板的适宜操作区在该线以下。

12.1.4.6 板式塔的操作分析

在塔板的负荷性能图中，由以上五条线所包围的区域称为塔板的适宜操作区。操作时的气相负荷 V 与液相负荷 L 在负荷性能图上的坐标点称为操作点，图 12-7 中点 A 即为操作点。在连续精馏塔中，回流比为定值，故操作的气液比 V/L 也为定值。因此，每层塔板上的操作点沿通过原点、斜率为 V/L 的直线而变化，该直线称为操作线，图 12-7 中线 6 即为操作线。操作线与负荷性能图上曲线的两个交点分别表示塔的上下操作极限，两极限的气体流量之比称为塔板的操作弹性。设计时，应使操作点尽可能位于适宜操作区的中央，若操作点紧靠某一条边界线，则负荷稍有波动时，塔的正常操作即被破坏。

应予指出，当分离物系和分离任务确定后，操作点的位置即固定，但负荷性能图中各条线的相应位置随着塔板的结构尺寸而变。因此在设计塔板时，根据操作点在负荷性能图中的位置，适当调整塔板结构参数，可改进负荷性能图，以满足所需的操作弹性。例如：加大板间距可使液泛线上移，减小塔板开孔率可使漏液线下移，增加降液管面积可使液相负荷上限线右移等。

图 12 -7 所示为塔板性能负荷图的一般形式，实际上，塔板的负荷性能图与塔板的类型密切相关，如筛板塔与浮阀塔的负荷性能图的形状有一定的差异，对于同一个塔，各层塔板的负荷性能图也不尽相同。

塔板负荷性能图在板式塔的设计及操作中具有重要的意义。通常，塔板设计后均要作出塔板负荷性能图，以检验设计的合理性。对于操作中的板式塔，也需作出负荷性能图，以分析操作状况是否合理。当板式塔操作出现问题时，通过塔板负荷性能图可分析问题所在，为问题的解决提供依据。

12.2 填料塔

12.2.1 填料塔的结构

填料塔于 19 世纪中期已应用于工业生产，此后，它与板式塔竞相发展，构成了两类不同的气液传质设备。填料塔与板式塔不同，塔内不设塔板，而是填充适当高度的填料，以增加两种流体间的接触表面。填料塔广泛应用于气体吸收、蒸馏、萃取等操作。填料塔结构较简单，如图 12 -8 所示。填料塔的塔身是一直立式圆筒，底部装有填料支承板，填料以乱堆或整砌的方式放置在支承板上。填料的上方安装填料压板，以防被上升气流吹动。液体从塔顶经液体分布器喷淋到填料上，并沿填料表面流下。气体从塔底送入，经气体分布装置(小直径塔一般不设气体分布装置)分布后，与液体呈逆流连续通过填料层的空隙，在填料表面上，气液两相密切接触进行传质。填料塔属于连续接触式气液传质设备，两相组成沿塔高连续变化，在正常操作状态下，气相为连续相，液相为分散相。

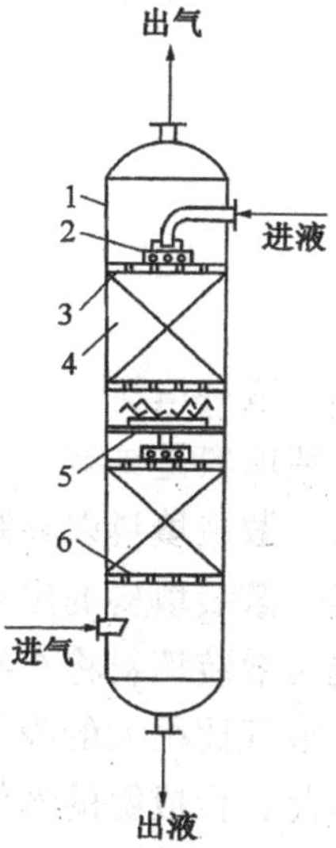

图 12 -8　填料塔结构示意图
1—塔壳体；2—液体分布器；3—填料压板；4—填料；5—液体再分布装置；6—填料支承板

当液体沿填料层向下流动时，有逐渐向塔壁集中的趋势，使得塔壁附近的液流量逐渐增大，这种现象称为壁流。壁流效应造成气液两相在填料层中分布不均，从而使传质效率下降。因此，当填料层较高时，需要进行分段，中间设置再分布装置。液体再分布装置包括液体收集器和液体再分布器两部分，上层填料流下的液体经液体收集器收集后，送到液体再分布器，经重新分布后喷淋到下层填料上。

填料塔具有生产能力大，分离效率高，压降小，持液量小，操作弹性大等优点。

填料塔也有一些不足之处，如填料造价高；当液体负荷较小时不能有效地润湿填料表面，使传质效率降低；不能直接用于有悬浮物或容易聚合的物料；对侧线进料和出料等复杂精馏不太适合等。

随着石油化工的发展，填料塔日益受到人们的重视，填料塔技术有了长足的进步，涌现出不少高效填料与新型塔内件，特别是新型高效规整填料的不断开发与应用，冲击了蒸馏设备以板式塔为主的局面，且大有取代板式塔的趋势。最大直径规整填料塔已达 14～20m，结束了填料塔只适用于小直径塔的历史。这标志着填料塔的塔填料、塔内件及填料塔本身的综合设计技术进入了一个新阶段。纵观填料塔的发展，可以看出，直至 20 世纪 80 年代末，新型填料的研究始终十分活跃，尤其是新型规整填料不断涌现，所以当时有人说是规整填料的世界。但就其整体来说，塔填料结构的研究又始终是沿着两个方面进行的，即同步开发散堆填料与规整填料。另一个研究方向是进行填料材质的更换，以适应不同工艺要求，提高塔内气液两相间的传质效果，以及对填料表面进行适当处理(包括在板片上碾压细纹或麻点，在板片上粘接石英砂，表面化学改性等)，以改变液相在填料表面的润湿性。

12.2.2 填料类型及性能评价

填料是填料塔的核心，它提供了气液两相接触传质的相界面。填料塔操作性能的好坏与所选用的填料直接相关。

12.2.2.1 填料类型

常用填料有散装填料和规整填料，材质有实体材料和网体材料。常用填料见图 12－9。

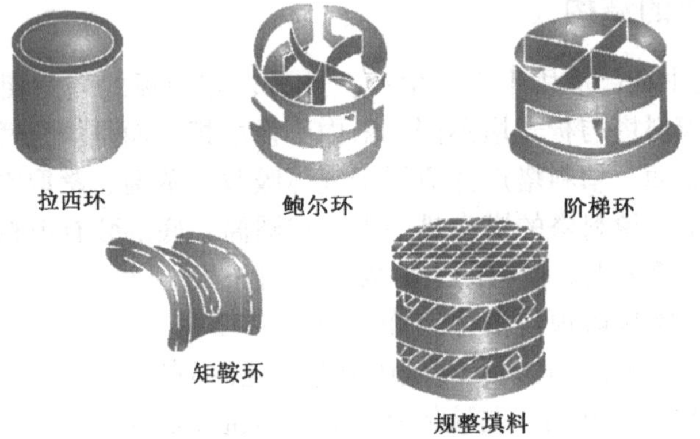

图 12－9 常用填料的形状

(1) 散装填料

散装填料是具有一定几何尺寸的颗粒体，在塔内以散堆方式堆积，又称为乱堆填料或颗粒填料。散装填料以其制作简单、装填方便、分离效果好等优点被人们广泛应用。近年一些新型高效散装填料的出现及在一些行业的成功应用，如环保行业从烟气中除去 HCl 和 SO_2 等，说明散装填料将在某些领域得到新的发展。另外，国内外最新的研究工作表明，在液液萃取、液气比很大的吸收和高压精馏的情况下，应用散装填料的操作性能优于规整填料和塔盘。因此在合成氨的气体净化、石油化工和焦化等领域，散装填料得到了广泛的应用。

散装填料根据结构特点不同，又可分为环形填料、阶梯环填料、鞍型填料、矩鞍型填料等。

① 拉西环填料　拉西环填料是使用最早的一种填料，常用的拉西环为外径与高度相等的圆环，在强度允许的条件下，壁厚应尽量薄一些，以提高空隙率及降低堆积密度。拉西环

在塔内的充填方式有乱堆和整砌两种。乱堆填料装卸方便，但气体阻力较大。一般直径在50mm以下的填料都采用乱堆方式，直径在50mm以上的填料可采用整砌，即整齐排列的方式。拉西环的主要缺点在于液体的沟流及壁流现象较严重，因而效率随塔径及层高的增加而显著下降；对气速的变化也较敏感，操作弹性范围较窄；气体阻力较高，通量较低。目前拉西环工业应用较少，已逐渐被其他新型填料所取代。

② 鲍尔环　鲍尔环是在拉西环的基础上发展起来的，是近期具有代表性的一种填料。鲍尔环的构造是在拉西环的侧壁上沿周向冲出一层或两层长方形小孔，但小孔的母材不脱离圆环，而是将其向内弯向环的中心，形成内伸的舌叶。此种构造提高了环内空间和环内表面的有效利用程度，使气体流动阻力大为降低，因而对真空操作尤为适用。其环上的两层方孔是错开的，在堆积时即使相邻填料形成线接触，也不会阻碍气液两相的流动而产生严重的偏流和沟流现象。因此，采用鲍尔环填料，床层一般无需分段。

鲍尔环填料与拉西环填料相比，在相同压强降下的气体通量可增大50%以上，传质效率增加30%左右。鲍尔环填料是近几年国内外一致公认的性能优良的填料，得到了广泛的应用。

③ 阶梯环填料　阶梯环填料又是对鲍尔环填料加以改进的产物。阶梯环填料的构造与鲍尔环相似，环壁上开有长方形孔，环内有两层交错的十字形翅片。阶梯环比鲍尔环短，高度通常只有直径的一半。阶梯环的一端制成喇叭口形状，因此，在填料层中填料之间多呈点接触，床层均匀且空隙率大。它与鲍尔环填料相比，气体流动阻力可降低25%左右，生产能力能提高10%左右。它是目前使用的环形填料中性能最为良好的一种。

④ 矩鞍填料　矩鞍填料是在弧鞍填料的基础上发展起来的。为克服弧鞍填料容易套叠的缺点，将弧鞍填料两端的弧形改为矩形，且两面大小不等，即形成矩鞍填料。在填料塔内，矩鞍填料具有较好的稳定性，填充密度及液体分布都较均匀，效率较高，且空隙率也有所提高，阻力较小，不易堵塞。其性能不如鲍尔环，但制造却比鲍尔环简单。

（2）规整填料

规整填料是在塔内按均匀几何图形排布、整齐堆砌的填料。它能降低每个理论级的压力降，可以降低塔底物料温度，因而能降低能量消耗，尤宜用于热敏物系和减压物系的分离。同时，它能克服散堆填料液体随机流动的缺点，使液体趋向均布。实践证明，规整填料在大型塔中已应用成功。

规整填料种类很多，根据其几何形状可以分为栅格填料、波纹填料、脉冲填料等，现介绍几种较为典型的规整填料。

① 栅格填料　栅格填料是以条状单元体经一定规则组合而成的，其结构随条状单元体的形式和组合规则而变，因而具有多种结构形式。工业上应用最早的栅格填料为木栅格填料。目前应用较为普遍的有格里奇栅格填料、网孔栅格填料、蜂窝栅格填料等，其中格里奇栅格填料最具有代表性。格里奇栅格填料见图12-10。

图12-10　格里奇栅格填料

② 波纹填料　波纹填料是一种新型高效整砌结构填料，是由许多片波纹薄板组成的圆饼状填料，其直径略小于塔壳内径。波纹与水平方向成45°倾角，相邻两板反向靠叠，使波纹倾斜方向互相垂直。圆饼的高度约为40~60mm，各饼垂直叠放于塔内，

相邻的上下两饼之间，波纹板片排列方向互成90°角。由于波纹填料结构紧凑，具有很大的比表面积，且因相邻两饼间板片相互垂直，使上升气体不断改变方向，下降的液体也不断重新分布，故传质效率高；填料的规整排列，使流动阻力减小，从而空塔气速可以提高。波纹填料的缺点是：不适于处理黏度大、易聚合或有沉淀物的物料；此外，填料的装卸、清理也较困难，且造价高。

波纹填料分为丝网波纹填料和板波纹填料两种。

丝网波纹填料是由丝线编织的波网片按一定方向，并且相邻波网片的波纹方向相反地平行直立放置组合而成的盘状规整填料，因丝网细密，故波纹网填料的空隙率很高，比表面积很大，且表面利用率高。它是近代发展起来的一种性能良好的高效规整填料，压降小，操作弹性大，气、液分布好，放大效应小。丝线可采用不锈钢、铜、镍等贵重材料或采用塑料等材料制成，能适应不同塔设备的要求，主要用于难分离物系的真空精馏、精密精馏等场合，为难分离物系、热敏性物系及高纯度产品的精馏提供了有效的手段。但造价高、制造加工、安装要求严格，维修比较困难。金属丝网波纹填料是网波纹填料的主要形式，见图12－11。

板波纹填料，结构与金属丝网波纹填料相似，只是采用金属波纹薄板或塑料波纹薄片代替波纹丝网；在薄板(片)上除冲有一系列小孔，以加强横向的混合外，还可加设沟纹以进一步细分液体，促进和增强液体的均布和填料的润湿性能，提高传质效率。

金属孔板波纹填料是板波纹填料的主要形式，见图12－12，它是在金属薄板表面打孔、轧制小纹、大波纹，最后组装而成。它在工业上的应用最广泛，可用于塔径十几米的超大型塔器。此种填料应用于负压、常压和加压操作，是传统的工业高效填料。

图12－11　金属丝网波纹填料

图12－12　金属孔板波纹填料

图12－13　金属压延孔板波纹填料

压延孔板波纹填料(也称刺孔板波纹填料)是另一种有代表性的板波纹填料，如图12－13。它是由0.1～0.12mm金属薄板刺孔轧成波纹而成的。由于表面刺有许多小孔，延长了气液在填料表面的滞留时间，使塔内气液交换更加充分，提高了分离效率。该填料几何尺寸与孔板波纹填料相似，小孔孔径为0.4～0.5mm，该填料通常用耐腐蚀不锈钢制造，用于油脂行业及精细化工、制药设备等。

(3) 脉冲填料

脉冲填料是由带缩颈的中空棱柱形个体，按一定方式拼装而成的一种规整填料，如图12－14所示。脉冲填料组装后，会形成带缩颈的多孔棱形通道，其纵面流道交替收缩和扩大，气液两相通过时产生强烈的湍动。在缩颈段，气速最高，湍动剧烈，从而强化传质。在扩大段，气速减到最小，实现两相的分离。流道收缩、扩大的交替重复，实现了“脉冲”传质过程。脉冲填料的特点是处理量大，压降小，是真空精馏的理想填料。因其优良的液体分布性能使放大效应减少，故特别适用于大塔径

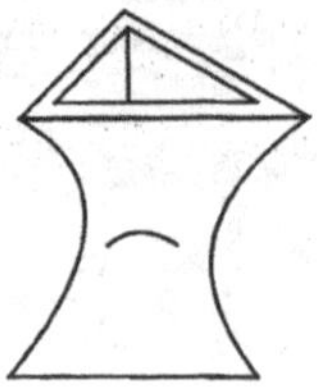
图12－14　脉冲填料

的场合。

12.2.2.2 填料特性的评价

填料不仅提供了气液两相的接触表面，而且促使气液两相分散，液膜不断更新。填料性能可以由以下三方面予以评价。

（1）比表面积

填料应提供尽可能多的表面积，以单位填充体积所具有的填料表面来表示填料的这一特性，称为比表面积，以 a 表示，单位为 m^2/m^3。填料的比表面积越大，所提供的气液传质面积越大，所以比表面积是评价填料性能优劣的一个重要指标。

（2）空隙率

单位体积填料所具有的空隙体积，称为空隙率，以 ε 表示，其单位为 m^3/m^3。气体是在填料间的空隙内流动的，为减少气体的流动阻力，提高填料塔的允许气速，填料层应有尽可能大的空隙率。

（3）填料因子

填料的比表面积与空隙率三次方的比值，即 a/ε^3，称为填料因子，以 ϕ 表示，其单位为 1/m。填料因子分为干填料因子与湿填料因子，填料未被液体润湿时的 a/ε^3 称为干填料因子，它反映填料的几何特性；填料被液体润湿后，填料表面覆盖了一层液膜，a 和 ε 均发生相应的变化，此时的 a/ε^3 称为湿填料因子，它表示填料的流体力学性能。ϕ 值越小，表明流动阻力越小。

12.2.3 气液两相在填料层内的流动

（1）液体

液体理想的流动状态是自上而下，沿填料表面成膜状流动，液膜从一个填料到另一个填料不断更新。要求液体在填料表面铺展成膜、液体在塔内的分布要均匀、液膜厚度要合适。

液体在乱堆填料中有一定的自分布能力。因此，对于小塔，可利用自分布能力，预分布要求较低；对于大塔，很难利用填料的自分布能力达到全塔截面的分布均匀，对初始分布要求较高；另外，填料层内可能出现沟流现象或壁流现象，需对液体进行再分布。

液体在塔内的液膜厚度与持液量有关，持液量是单位填充体积所具有的液体量。喷淋量大，持液量也大，液膜厚度增加；在正常操作的气速范围内，气速的增加，对液膜厚度的影响不大。

（2）气体

气体在填料塔内在压强差的推动下自下而上穿过填料空隙上升，并与液膜接触进行传质。气体通过填料层的压降与气速及液体流量等因素有关。当液体量为零时，干填料的压降 ΔP 随气速 u 的增大而增大。当有液体喷淋时，液体量一定，气速 u 增大，压降 ΔP 增大，相同气速下压降 ΔP 较干填料的压降高。在气速 u 较小时，气速 u 增大，液膜厚度变化不大。当气速 u 增大到某一值时，液膜厚度开始增大，持液量也增大，出现拦液现象，此时，填料层压降与空塔速度关系曲线的斜率增大，此点称为载点。自载点以后，气速 u 继续增大到某一值时，持液量大增，液体积累，出现液泛现象，此气速值称为泛点气速。液体量增大，泛点气速下降，在相同气速下，液体量大，压降也大。

（3）液泛

液泛是填料塔的非正常操作。发生液泛时，液体不能顺利流下，气液传质不能正常进行。在泛点之前，气体为连续相，液体为分散相；泛点之后，气体为分散相，液体为连续相。泛点又称为转相点，此时，压降 ΔP 剧增，液体返混和气体液沫夹带的现象严重，传质效果极差。

(4) 填料塔的操作范围

当液体量一定时，若气体量很小，传质过程主要靠扩散进行，传质效果不好；若气体量很大，将会导致液泛发生。

当气体量一定时，若液体量很小，会有部分填料得不到润湿，传质效果不好；若液体量很大，将会导致液泛发生。

最大气体量或最大液体量，可以根据泛点气速来估计；最小气体量和最小液体量必须根据经验来确定。

12.2.4 填料塔的流体力学性能

填料塔的流体力学性能主要包括填料层的持液量、填料层的压降、液泛、填料表面的润湿及返混等。这些性能是选择填料及设计填料塔时必须考虑的因素。在吸收操作中需知压强降 ΔP 以确定动力消耗；在蒸馏操作中需知压强降 ΔP 以确定釜压和顶压。液泛气速是确定塔径的依据。持液量，一方面影响压强降及液泛速度，另一方面影响填料塔操作的灵敏性以及对填料支承装置的强度要求。气、液两流体在塔截面上的均匀分布，更是保证填料塔传质效率及消除放大效应的重要问题。

(1) 填料层的持液量

填料层的持液量是指在操作条件下，单位体积填料层内，在填料表面和填料空隙中所积存的液体之体积量，一般以 m^3液体/m^3填料表示。

持液量可分为静持液量 H_s、动持液量 H_o和总持液量 H_t。总持液量为静持液量和动持液量之和，即

$$H_t = H_s + H_o \tag{12-1}$$

总持液量是指在一定操作条件下存留于填料层中的液体总量。静持液量是指当填料被充分润湿后，停止气液两相进料，并经适当时间的排液，直至无液滴时存留于填料层的液量。静持液量只取决于填料和流体的特性，与气液负荷无关。动持液量是指填料塔停止气液两相进料时流出的液量，它与填料、液体特性及气液负荷有关。

填料层的持液量可由实验测定，也可由经验公式计算。一般来说，适当的持液量对填料塔的操作稳定性和传质是有益的，但持液量过大，将减少填料层的空隙和气相流通截面，使压降增大，处理能力下降。

(2) 填料层的压降

在逆流操作的填料塔内，液体从塔顶向下流动，依靠重力作用在填料表面成液膜，液膜与填料表面的摩擦和与上升气体间的摩擦构成了液膜流动阻力，形成了填料层的压降。填料层压降与液体喷淋量及气速有关，在一定的气速下，液体喷淋量越大，压降越大；在一定的液体喷淋量下，气速越大，压降也越大。压强降的大小决定了填料塔的动力消耗，是设计过程的重要参数。

(3) 液泛

在液泛情况下，因液体占据填料层空隙的程度较严重，气体通过时的阻力大增，流体出现脉动现象，顶端填料往往在液体的腾涌中翻上摔下被打碎，操作基本遭破坏。

在泛点气速下，持液量的增多使液相由分散相变为连续相，而气相则由连续相变为分散相，此时气体呈气泡形式通过液层，气流出现脉动，液体被大量带出塔顶，塔的操作极不稳定，甚至会被破坏，此种情况称为淹塔或液泛。影响液泛的因素很多，如填料的特性、流体的物性及操作的液气比等。

填料特性的影响集中体现在填料因子上。填料因子 ϕ 值在某种程度上能反映填料流体力学性能的优劣，填料因子 ϕ 值越小，越不易发生液泛现象。

流体物性的影响体现在气体密度 ρ_V、液体密度 ρ_L 和黏度 μ_L 上。液体的密度越大，因液体靠重力下流，则泛点气速越大；气体密度越大，相同气速下对液体的阻力也越大，液体黏度越大，流动阻力越大，故均使泛点气速增大。

操作的液气比愈大，则在一定气速下液体喷淋量愈大，填料层的持液量增加而空隙率减小，故泛点气速愈小。

（4）液体喷淋密度和填料表面的润湿

填料塔中气液两相间的传质主要是在填料表面流动的液膜上进行的。要形成液膜，填料表面必须被液体充分润湿，而填料表面的润湿状况取决于塔内的液体喷淋密度及填料材质的表面润湿性能。

液体喷淋密度是指单位塔截面积上，单位时间内喷淋的液体体积，以 U 表示，单位为 $m^3/(m^2 \cdot h)$。为保证填料层的充分润湿，必须保证液体喷淋密度大于某一极限值，该极限值称为最小喷淋密度，以 U_{min} 表示。最小润湿速率是指在塔的截面上，单位长度的填料周边的最小液体体积流量。实际操作时采用的液体喷淋密度应大于最小喷淋密度。若喷淋密度过小，可采用增大回流比或采用液体再循环的方法加大液体流量，以保证填料表面的充分润湿；也可采用减小塔径予以补偿；对于金属、塑料材质的填料，可采用表面处理方法，改善其表面的润湿性能。

填料表面润湿性能与填料的材质有关，就常用的陶瓷、金属、塑料三种材质而言，以陶瓷填料的润湿性能最好，塑料填料的润湿性能最差。

（5）返混

在填料塔内，气液两相的逆流并不呈理想的活塞流状态，而是存在着不同程度的返混。造成返混现象的原因很多，如：填料层内的气液分布不均；气体和液体在填料层内的沟流；液体喷淋密度过大时所造成的气体局部向下运动；塔内气液的湍流脉动使气液微团停留时间不一致等。

填料塔内流体的返混使得传质平均推动力变小，传质效率降低。因此，按理想的活塞流设计的填料层高度，因返混的影响需适当加高，以保证预期的分离效果。

12.2.5 板式塔与填料塔的比较

对许多逆流接触的过程，填料塔和板式塔都可以使用。各种塔型各有优劣，应根据物系综合考虑选择。

板式塔与填料塔的选用原则如下：

① 塔径较大时宜采用板式塔，这是因为：板式塔以单位塔板面积计的造价，随塔径增大而减少，填料塔的造价则与其体积成正比。小直径填料塔（0.8m 以下）的造价一般都比板式塔低；板式塔直径大，其效率可提高，填料塔直径大则液体分布较难均匀，效率会下降；大塔板的检修比填料清理容易。

② 当所需要传质单元数或理论板数比较多而塔很高时，板式塔比较适宜，此情况下填料塔则要分成许多段，须进行多次液体再分布，否则液体分布不匀，液体或气体产生沟流，影响传质效率。

③ 若有热量须从塔内移除，宜用板式塔，因为塔板上更便于安设冷却管。

④ 板式塔可适应比较小的液体流量，若此时用填料塔则易致填料润湿不足。

⑤ 板式塔适用于处理有悬浮物的液体，填料层则易被悬浮物堵塞。

⑥ 板式塔便于侧线出料。

⑦ 填料塔适于处理有腐蚀性的物料，塔板若用耐腐蚀的金属材料制造，则造价高得多。

⑧ 填料塔压降比较小。真空蒸馏时须控制塔内压降在很小的数值之下，用填料塔通常能满足要求。

⑨ 填料塔内滞留的液体量比较少，物料在塔内停留的时间短，对于间歇蒸馏及热敏性物料的蒸馏适合。

⑩ 填料塔适于处理易发泡的液体。

第 13 章　过程系统模拟计算

化工流程模拟系统也称为化工过程模拟系统，是指应用计算机辅助手段对某化工过程进行稳态模拟的计算机软件系统。化工流程模拟是化工系统工程的组成部分，模拟系统已是化工设计的常用工具，对于提高化工设计的水平起着重要作用。

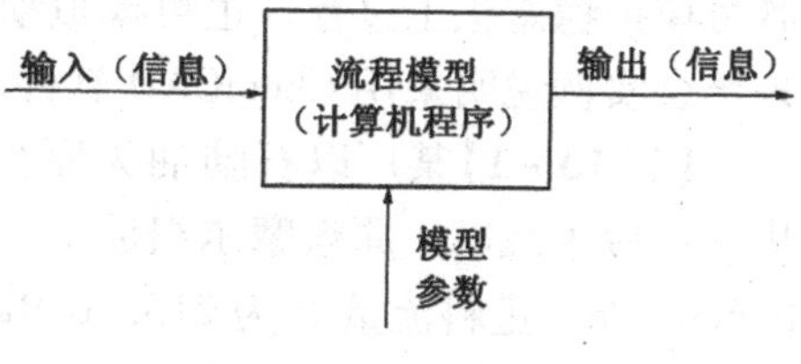

图 13 - 1　流程模拟

这里所说的化工流程模拟，是对某化工过程进行稳态的热量衡算、物料衡算、费用及尺寸计算，属于数学模拟，即用数学模型描述化工过程结构、单元操作和反应器，并应用相应的解算方法用计算机解出数学模型，得到有用的数据资料。在此，数学模型和解法已经编制成了计算机程序，图 13 - 1 形象地示明了流程模拟。描述化工过程性能的模型方程被编成程序送入计算机中，过程的输入物流信息以及设备的特性参数作为求解模型方程的必要信息也送入计算机中，计算机调用相应的程序求解得出输出信息。

利用计算机高超的能力解算化工过程的数学模型、以及模拟化工过程系统的性能，这种技术已早在 20 世纪 50 年代开始在化学工业中应用。大多数化工过程是连续稳态操作的，对其模拟计算的研究已相当成熟，已有数十种化工流程模拟系统作为商品出售。例如，国际上比较著名的有美国 ASPEN TECH 公司的 ASPEN PLUS、Monsando 公司的 FLOWTRAN、Simulation Sciences 公司的 PROCESS 等。化工流程模拟系统通常是指稳态化工过程的模拟系统。此外，还有一类对非定态化工过程进行模拟计算的软件系统，称为动态模拟系统，可用于模拟间歇操作的化工过程，也可以用于研究化工过程的动态特性，为过程的控制和检测提供依据，又能指导生产的开、停工，模拟生产事故和培训生产人员等。随着计算技术的发展和计算机的普及，计算机辅助化工过程设计已经逐步成为化工设计工作者和工厂工艺工程师的基本手段和有力工具，有效地利用化工模拟软件进行化工设计工作可以极大地提高工作效率。

目前，可供计算各类蒸馏过程使用的最广泛的化工流程模拟软件有 ASPEN PLUS、PRO/II、加拿大 HYPROTECH 公司的 HYSYS。这 3 个软件均拥有先进且成熟的流程模拟理论和技术，集成了庞大的经过严格校正的物性数据库和精确的物性预测系统，处于化工模拟界的领导地位，并得到国内外炼油企业和设计单位的广泛应用。炼油企业用于对已有装置的校核与优化，设计单位用于新流程的筛选和新建装置的设计。部分炼油企业采用这 3 个模拟软件针对炼油装置、气体分馏装置、芳烃分离等工艺过程进行了模拟，模拟计算的准确性和可靠性得到了实践验证。国外不少企业已经将 ASPEN PLUS 和 PRO/II 列为企业标准。

ChemCAD 是美国 Chemstations 公司推出的全流程模拟软件，它以图形用户界面方式输入。该软件基本上具备 PRO/II、ASPEN 软件的各种功能，可以进行单元或者全过程的计算与模拟，也可用于评价已有的化工装置，达到优化操作的目的。ChemCAD 规模略小，目前还不能跻身于上述几大商品软件之列，但其价格相对低廉，并提供有网络版(多至 25 人同时使用)，所以较适合于学校教学使用，已经被北美、欧洲、东南亚等 1000 多家公司、大学、研究单位采用。

模拟系统根据其工作模式又可分为核算模式(又称模拟模式)和设计模式两类。所谓核算模式，其特点是给定了流程的全部输入信息和设备的特性参数，也即设定了一个流程，核算流程的输出信息，此时模拟系统中的信息流方向与化工过程中的物流方向相同。所谓设计模式，其特点是从指定的输出要求(例如分离纯度、回收率、转化率和处理量等)及部分输入信息和设备参数，推算出其余的设备参数和(或)输入信息。由于模拟系统大多用作设计工具，因此，理想的模拟系统应该是设计模式的。但是核算模式比设计模式在计算上更简单、更稳定，故模拟系统大都采用核算模式。如果应用核算模式解决设计问题，可以采用多组设定条件的重复模拟计算，再从多组模拟结果中对照设计要求得出设计解答。ChemCAD 既可模拟稳态化工过程，也可模拟动态化工过程，其工作模式既有核算模式又有设计模式。现结合实例说明采用 ChemCAD 软件对精馏过程进行工艺设计的方法和步骤。

【例 13-1】某厂以石脑油为原料通过催化重整生产芳烃。现要求设计其中一常规精馏塔——脱丁烷塔。原料摩尔组成 x_{Fi} 如表 13-1 所示，进料温度 T_F 为 52.2℃，进料压力 P_F 为 0.606MPa，进料流量 F 为 213.2629kmol/h。要求塔顶馏出液中戊烷的含量 $x_{D,7}$ 低于 0.18%，塔釜液中丁烯的含量 $x_{W,5}$ 低于 0.105%，塔顶压力 $P_顶$ 为 0.525MPa。

表 13-1　进料组成

序　号	组　分	$x_{F,i}$	序　号	组　分	$x_{F,i}$
1	丙二烯	0.00370	7	正戊烷	0.13293
2	丙烯	0.00025	8	正己烷	0.00521
3	丙烷	0.00008	9	正庚烷	0.00402
4	1，3-丁二烯	0.43455	10	苯	0.03535
5	1-丁烯	0.37393	11	甲苯	0.00139
6	正丁烷	0.00859			

(1) 初值的确定

分离计算首先应根据初值进行模拟计算，然后进行操作条件的选择及理论级数的确定。可采用简捷法确定初值。

简捷法计算精度不高，不适合作为塔的设计依据。当物料的非理想性较强时，误差较大，特别是当存在共沸物时，简捷法可能会得到错误结果，但简捷法的计算结果可以为严格精馏计算提供参考。采用 ChemCAD 软件的 Shortcut 模块进行简捷计算，K 值采用 Peng-Robinson 法计算。简捷计算法得到理论板数为 27.3 块，理论进料板数为 10.8 块，回流比为 0.687。塔顶及塔底产品的模拟结果如表 13-2 所示。

表 13-2　塔顶及塔底产品的模拟结果

项　目		塔顶馏出液	塔底釜液
温度/℃		46.1	105.7
压力/MPa		0.525	0.57
流量/(kmol/h)		175.3098	37.9531
组成(摩尔分数)	丙二烯	0.00450	—
	丙烯	0.00030	—
	丙烷	0.00010	—
	1，3-丁二烯	0.52822	0.00188
	1-丁烯	0.45466	0.00105

项目		塔顶馏出液	塔底釜液
组成(摩尔分数)	正丁烷	0.01043	0.00010
	正戊烷	0.00179	0.73865
	正己烷	—	0.02928
	正庚烷	—	0.02259
	苯	—	0.19864
	甲苯	—	0.00781

注：轻关键组分丁烯回收率0.9995，重关键组分戊烷回收率0.0111；操作压力：塔顶0.525MPa，塔压降0.045MPa。

(2) 严格计算

采用ChemCAD软件的SCDS模块进行严格计算。板效率取0.6，根据简捷计算法结果可得实际板数N_T为46块，进料板N_F为18块，塔顶产品流量的估计值、回流液的流量、顶板温度、底部一块塔板温度，运行后可得初步计算结果。

操作条件与塔所需的理论级数是相互影响的。操作条件的改变，达到相同的分离要求所需的理论级数也会改变。反之，理论级数改变，其操作条件也应做相应调整，才能达到相同的分离要求。

在初步计算结果基础上，对主要设计参数及操作条件采用变量轮换法进行灵敏度分析，从而选择适宜的操作条件及设计参数。在ChemCAD中，有单灵敏度分析和双灵敏度分析，即搜索某单变量或某两变量对某一目标函数值的影响关系，以确定该变量的适宜范围。通常收敛目标不会只有一个，可能有多个目标，而收敛难度也不会在同一水平。

① 实际塔板数N_T的确定　在所有操作条件不改变的条件下，对塔板数N_T与再沸器负荷Q_W进行单灵敏度分析，结果如图13－2所示。

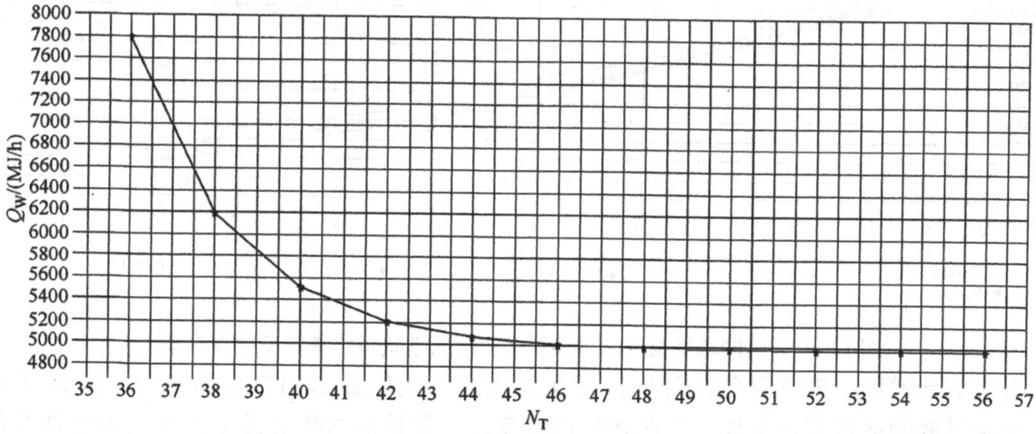

图13－2　再沸器热负荷随总板数位置的变化

注：$N_T=46$；$N_F=18$；$x_{D,7}=0.0018$；$x_{W,5}=0.00105$；操作压力：塔顶0.525MPa，塔压降0.045MPa，冷凝器压降0.01MPa

由图13－2曲线趋势可见，当塔板数增至46块时其对再沸器负荷Q_W的影响不大，塔板数N_T选择46合适。

② 进料板位置选择　理论级数N_T仍为46，其他参数不变，对进料位置N_F与再沸器负荷Q_W进行灵敏度分析，结果如图13－3所示。

从图13－3可以看出，第26块塔板进料时，再沸器热负荷及回流量最小，因此选第26块板为进料板。

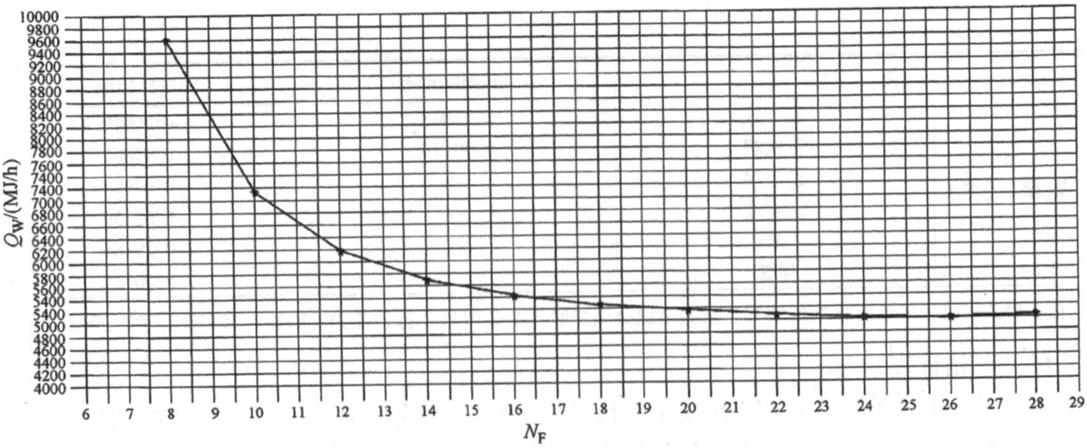

图 13－3 再沸器热负荷随进料板位置的变化

注：$N_T=46$；$N_F=18$；$x_{D,7}=0.0018$；$x_{W,5}=0.00105$；操作压力：塔顶 0.525MPa，塔压降 0.045MPa，冷凝器压降 0.01MPa

③ 进料板位置与总板数的双灵敏度分析　实际塔板数 N_T 仍为 46，进料位置 N_F 调整为 26，对进料位置 N_F 和实际板数 N_T 与再沸器负荷 Q_W 做双灵敏度分析，结果如图 13－4 所示。

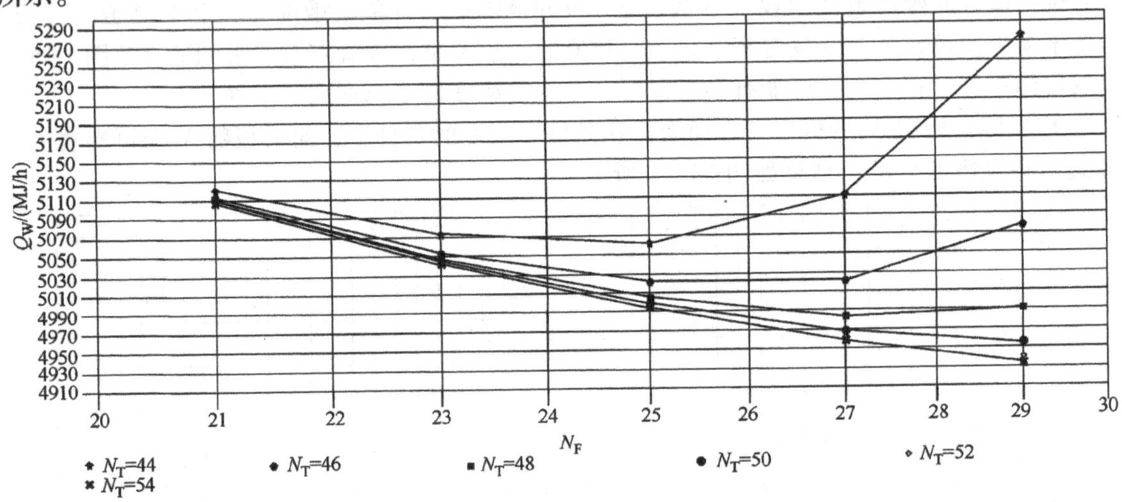

图 13－4 不同总塔板数时再沸器热负荷随进料板位置的变化放大图

总塔板数增加，再沸器负荷降低，即在最佳进料板位置时的热负荷减少，操作费用减少，但是塔的制造费用要增加。当各费用可计算时，最佳的总板数及回流比应由计算得到的最低总费用决定。由双灵敏度分析图 13－4 可知，塔板数由 48 增加至 50，再沸器负荷降低减缓，因此选择塔板数为 48 块。塔板数为 48 块时，合适的进料板为第 27 块。所以最终的操作条件：塔板数 48 块，进料板第 27 块。

根据以上所选定的热力学模型以及实际塔板数和进料位置，对该塔进行严格模拟计算，获得回流比为 0.632，再沸器负荷为 5805.33MJ/h，冷凝器负荷为－5604.3193MJ/h。获得塔内气、液相中各组分的组成分布，其中关键组分丁烯和戊烷的液相组成如图 13－5 所示。温度分布如图 13－6 所示。液、气相流量，压力、黏度分布等如表 13－3 所示。

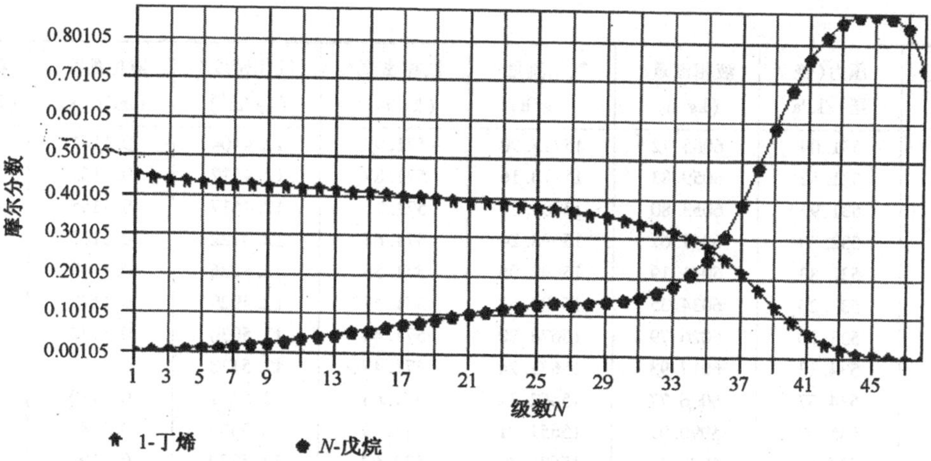

图 13-5 塔内丁烯、戊烷液相组成分布

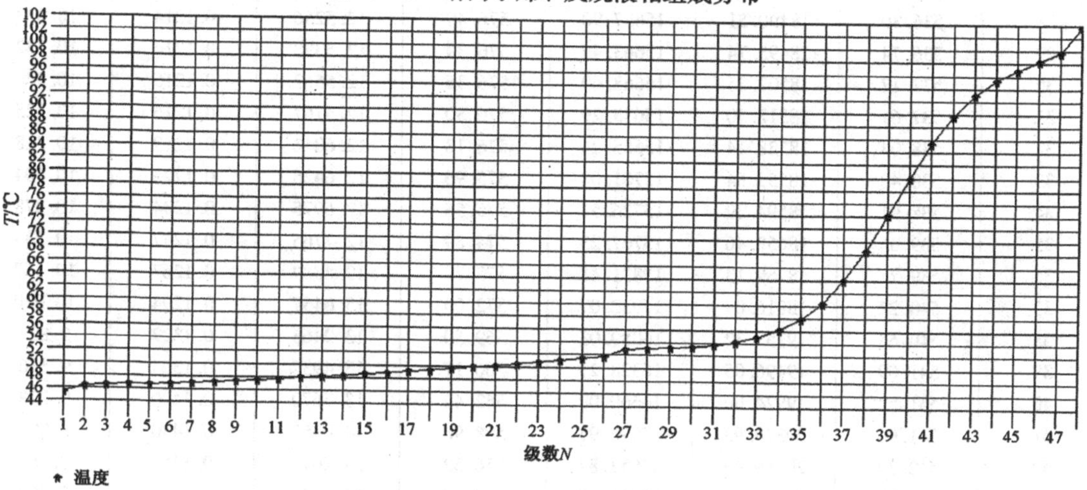

图 13-6 塔内温度分布

表 13-3 塔内气、液相流量及物流性质分布

塔板序号	压力(绝压)/kPa	液相流量/(kg/h)	气相流量/(kg/h)	液相密度/(kg/m^3)	气相密度/(kg/m^3)	液相黏度/(mPa·s)	表面张力/(10^{-3}N/m)
1	515.00	6097.44	—	574.10	—	0.1157	10.399
2	525.00	6125.39	15741.89	573.15	12.2974	0.1148	10.321
3	525.43	6122.50	15769.83	573.15	12.3075	0.1147	10.320
4	525.87	6119.35	15766.94	573.11	12.3172	0.1147	10.318
5	526.30	6116.13	15763.79	573.05	12.3271	0.1148	10.315
6	526.74	6112.79	15760.58	572.99	12.3271	0.1148	10.311
7	527.17	6109.25	15757.23	572.91	12.3272	0.1149	10.307
8	527.61	6105.46	15753.69	572.83	12.3575	0.1150	10.303
9	528.04	6101.41	15749.90	572.74	12.3678	0.1151	10.298
10	528.48	6097.07	15745.85	572.65	12.3781	0.1152	10.294
11	528.91	6092.44	15741.51	572.55	12.3885	0.1153	10.289
12	529.35	6087.56	15736.89	572.45	12.3989	0.1155	10.283
13	529.78	6082.42	15732.00	572.34	12.4093	0.1156	10.278
14	530.22	6077.03	15726.86	572.23	12.4198	0.1158	10.272
15	530.65	6071.46	15721.47	572.11	12.4303	0.1160	10.267

续表

塔板序号	压力(绝压)/kPa	液相流量/(kg/h)	气相流量/(kg/h)	液相密度/(kg/m^3)	气相密度/(kg/m^3)	液相黏度/(mPa·s)	表面张力/($10^{-3}N/m$)
16	531.09	6065.72	15715.90	571.99	12.4404	0.1161	10.261
17	531.52	6059.83	15710.16	571.87	12.4512	0.1163	10.254
18	531.96	6053.80	15704.27	571.75	12.4617	0.1165	10.248
19	532.39	6047.62	15698.24	571.64	12.4722	0.1167	10.242
20	532.83	6041.19	15692.06	571.55	12.4826	0.1169	10.236
21	533.26	6034.35	15685.63	571.47	12.4929	0.1172	10.230
22	533.70	6026.79	15678.80	571.44	12.5030	0.1174	10.226
23	534.13	6017.93	15671.24	571.48	12.5128	0.1177	10.223
24	534.57	6006.77	15662.37	571.64	12.5221	0.1180	10.223
25	535.00	5990.99	15651.21	571.99	12.5305	0.1185	10.228
26	535.43	5928.12	15635.44	572.67	12.5370	0.1191	10.241
27	535.87	18484.95	15572.56	576.40	12.5118	0.1215	10.334
28	536.30	18490.51	15657.90	576.40	12.5256	0.1214	10.333
29	536.74	18495.74	15663.46	576.39	12.5398	0.1214	10.332
30	537.17	18502.35	15668.69	576.36	12.5562	0.1215	10.330
31	537.61	18512.30	15675.29	576.30	12.5767	0.1216	10.325
32	538.04	18528.14	15685.24	576.18	12.6042	0.1219	10.318
33	538.48	18553.64	15701.08	575.96	12.6426	0.1225	10.304
34	538.91	18594.29	15726.58	575.56	12.6975	0.1234	10.278
35	539.35	18658.46	15767.23	574.89	12.7765	0.1247	10.234
36	539.78	18759.13	15831.41	573.79	12.8889	0.1267	10.157
37	540.22	18916.09	15932.07	572.05	13.0437	0.1294	10.030
38	540.65	19155.32	16089.03	569.50	13.2465	0.1327	9.837
39	541.09	19496.05	16328.27	566.17	13.4937	0.1364	9.576
40	541.52	19924.00	16669.00	562.44	13.7670	0.1400	9.278
41	541.96	20379.93	17096.93	558.96	14.0352	0.1430	8.993
42	542.39	20789.46	17552.87	556.32	14.2671	0.1452	8.763
43	542.83	21104.80	17962.40	554.79	14.4462	0.1469	8.604
44	543.26	21315.82	18277.75	554.41	14.5736	0.1482	8.511
45	543.70	21434.90	18488.77	555.20	14.6595	0.1495	8.473
46	544.13	21477.83	18607.85	557.28	14.7162	0.1509	8.483
47	544.57	21180.23	18650.78	560.96	14.7534	0.1528	8.540
48	545.00	2827.05	18353.17	575.69	14.6429	0.1588	8.845

参 考 文 献

1 侯文顺．化工设计概论(第二版)．北京：化学工业出版社，2005
2 蒋培华编著．反应与分离工程基础．北京：中国石化出版社，2008
3 冯连芳，王嘉峻编著．反应器．北京：化学工业出版社，2010
4 李绍芬主编．反应工程．北京：化学工业出版社，2000
5 陈甘棠主编．化学反应工程(第二版)．北京：化学工业出版社，1990
6 王凯，冯连芳著．混合设备设计．北京：机械工业出版社，2000
7 陈乙崇主编．搅拌设备设计．上海：上海科学技术出版社，1985
8 陈炳河，许宁主编．化学反应过程与设备——反应器选择、设计和操作(第二版)．北京：化学工业出版社，2009
9《化学工程手册》编委会．化学工程手册．北京：化学工业出版社，1989
10 杨基和，蒋培华主编．化工工程设计概论．北京：中国石化出版社，2005
11 朱丙辰主编．化学反应工程(第三版)．北京：化学工业出版社，2001
12 陈炳河，许宁主编．化学反应过程与设备．北京：化学工业出版社，2003
13 Levenspiel O. Chemical Reaction Engineering(Third Edition)．北京：化学工业出版社，2002
14 廖晖，辛峰，王富民编．化学反应工程习题精解．北京：科学出版社，2003
15 张濂，许志美编著．化学反应器分析．上海：华东理工大学出版社，2006
16 Yerushalmi J, Cankurt N T. Further Studies of the Regimes of Fluidization. Powder Technology，1979，24(2)：187～205
17 黄璐，王保国编．化工设计．北京：化学工业出版社，2001
18 北京石油设计院编．石油化工工艺计算图表．北京：烃加工出版社，1985
19 陈洪钫，刘家祺编著．化工分离过程(第二版)．北京：化学工业出版社，2007
20 宋华，陈颖主编．化工分离工程．哈尔滨：哈尔滨工业大学出版社，2003
21 邓修，吴俊生编著．化工分离工程．北京：科学出版社，2000
22 陈欢林主编．新型分离技术．北京：化学工业出版社，2008
23 叶庆国主编．分离工程．北京：化学工业出版社，2008
24 叶庆国，刘名礼，曾涛编著．分离工程学习指导与习题集．北京：化学工业出版社，2009
25 郭天民编著．多元气—液平衡和精馏．北京：石油工业出版社，2002
26 Smith J M, Van Ness H C, Abbott M M. Introduction to Chemical Engineering Thermodynamics (Sixth Edition)．北京：化学工业出版社，2002
27 马沛生主编．化工热力学．北京：化学工业出版社，2008
28 郑丹星编著．化工热力学教程．北京：中国石化出版社，2000
29 Dodge M, Stimson C 著，汉扬天地科技发展有限公司编译．Excel 2000 中文版使用大全．北京：清华大学出版社，2000
30 刘敏，邱翠青，翟立海等．EXCEL 在化工计算中的应用．聊城大学学报(自然科学版)，2004，17(2)：46～48
31 冯积社，张万生，胡浩斌．基于 Excel 的化学计算方法．化学通报，2006，(11)：865～868
32 彭海静．基于 Excel 求高次方程的解．计算机应用与软件，2006，23(2)：142～144
33 郑立辉，吴高明．EXCEL 在化工工艺计算中的应用．化学工程师，2001，85(4)：24～25
34 刘敏，邱翠青，翟立海等．EXCEL 在化工计算中的应用．聊城大学学报(自然科学版)，2004，17(2)：46～48
35 Winston W L 著，徐达生译．精通 Excel 2007 数据分析与业务建模．北京：清华大学出版社，2008
36 班玉凤，朱海峰，朱静等．基于 Excel 计算复杂的流体混合物的化工热力学性质．计算机应用与软件，

2010，27(11)：181～183
37 班玉凤，常圣泉，朱海峰等．EXCEL在非理想系泡露点计算中的应用．计算机应用与软件，2011，28(10)：275～277
38 贾绍义，柴诚敬主编．化工传质与分离过程．北京：化学工业出版社，2001
39 刘乃鸿主编．工业塔新型规整填料应用手册．天津：天津大学出版社，1993